토목·건축

시설물유지관리공학 I

도서
출판 맑은샘

6.25 한국동란으로 전 국토의 70%가 황폐화 된 채 사회적 정치적 혼란 속에 우리는 전후의 빈곤함을 이겨내야 했던 과거가 있었고, 이러한 역경 속에 우리는 자주와 자립의 정신으로 다시 일어나 각 산업분야에서 불철주야의 노력을 아끼지 않았다.

특히 건설산업분야는 모든 경제발전의 밑바탕이 되어 황폐화 된 우리 국토를 다시 일으켜 세우려는 의욕으로 1962년 충주댐, 섬진강댐 등의 대형 건설공사를 착수하면서 비로소 우리나라에 근대건설의 첫 삽질이 시작 되었고, 1968년 조흥은행 본점건물, 삼일로빌딩 등의 대형 건축물들을 착수하면서 건축분야에서도 본격적인 근대건설이 시작 되었다. 그 이후 겨우 30~40여년 만에 우리는 지금 우리의 모습을 만들어내어 세계를 놀라게 하였다.

그러나 양적으로 팽창하며 달려오기만 하였던 우리의 건설은 장충동 축대붕괴, 와우아파트 붕괴, 청주우암상가아파트 붕괴 등의 수많은 붕괴사고들을 겪어오면서도 뒤돌아 볼 여유가 없었던 것이 우리들의 역사적 현실이었으며, 이는 결국 성수대교 붕괴로 세계를 놀라게 하였고, 마침내 삼풍백화점의 붕괴는 전 국민을 분노와 비통함 속으로 빠지게 하였다.

질적 무관심이 결국은 이러한 대형 참사를 불러오게 되었고, 이를 계기로 우리는 시설물의 안전에 대한 새로운 인식속에 비로소 유지관리산업이 시작된 계기가 되었다. 이로 인해 완공된 시설물들을 Life Cycle 개념과 EC(Engineer Construction)개념으로 접근하여 진일보된 관리체계를 갖추어나가고 있으며, 이에 따라 유지관리공학의 학술적 정착과 유지관리기술자(Maintenance engineer)들의 배양이 절대적이라 할 수 있겠다.

선진외국에서는 이미 오래전부터 유지관리산업의 시장이 신규건설산업을 앞질러 Maintenance Business로 정착된 지 오래되었으며, 이에 Maintenance Engineer들의 활동이 활발하고, ICRI(International Concrete Repair Institute)의 활동 또한 경이할 만하다. 더욱이 우리나라의 경우 한정된 국토에서 조만간 신규건설물량의 지역적 한계에 도래할 전망이며, 특히 인구감소 현상에 따른 소요한계가 더욱 이를 부채질 할 것으로 예상되어 시설물의 재고물량이 증대됨에 따라 정부차원에서도 신규공사보다는 기존시설물에 대한 개보수 및 리모델링 등의 유지관리산업을 적극 지원하며 추진하고 있는 실정임을 감안 할 때 앞으로의 유지관리산업 분야는 더욱 광범위하게 발전하리라 믿어 의심치 않는다.

특히, 1970년대에 본격적으로 건설되기 시작한 우리나라의 시설물들이 2030년대부터는 점차 고령화되어 우리에게 다가올 노후시설물에 대한 정부차원의 대비정책과 아울러 기술적 및 학술적 대책이 절실한 현 시점에서 유지관리 전문기술인 양성이라는 정책적 과제를 안고 있으나 시설물유지관리에 관한 간행물들만 있을 뿐 관련서적조차 빈약하여 대학교 교재용으로나

실무 기술자들의 참고용 도서로서 마땅한 서적이 없는 실정인지라 그동안 20여년을 대학과 건설

기술교육원 및 각 산업체와 관련 공무원 교육원에서 유지관리공학을 가르쳐오며 느낀 경험들과 그동안 축적된 자료들을 바탕으로 좀 더 체계적인 학습 및 실무교재용으로 본 도서를 2007년도 초판으로 출간한 바 있다.

그러나 시간의 경과에 따른 보완의 필요성과 함께 독자분들의 지속적인 요구가 있어 이에 재판을 준비하면서 초판의 두터운 분량을 전편과 후편으로 분리하여 출간함으로서 독자들의 불편해소와 함께 필요한 부분만을 선택할 수 있도록 하였다.

시설물이란 건설공사를 통하여 만들어진 구조물 및 그 부대시설로서 도로, 교량, 터널, 댐, 수리시설 및 건축물 등을 총칭하는 것으로서 공히 철재 또는 굳은 콘크리트의 동일성질을 지니고 있기 때문에 시설물유지관리는 현행법상으로도 토목 과 건축 구조물을 함께 다루도록 규정되어 있으므로 본 도서가 대학교 교재뿐만 아니라 토목, 건축 산업현장에서 종사하는 실무자들의 참고도서로서도 사용될 수 있도록 편간하여 토목, 건축 시설물의 유지관리과정에 조금이라도 보탬이 되었으면 하는 마음이나 저자의 능력과 시간부족으로 만족할만한 것으로 만들지 못한 아쉬움은 앞으로 계속적인 보충 및 보완으로 완성코자 하오니 널리 이해해 주시기 바란다.

끝으로 본 도서를 출간하기까지 많은 성원과 지도를 아끼지 않으신 많은 분들의 호의에 보답하기 위해서라도 이 책이 건설기술 및 유지관리 기술발전에 다소나마 도움이 되기를 기원한다. 그리고 이 책을 발행하는데 도움을 주신 출판사 제위 및 특히 감수의 노고를 아끼지 않으신 고려대학교 김상대 교수님과 연세대학교 홍갑표 교수님, 그리고 구조실무에 다년간의 경험을 지니신 CS구조연구소의 김종수 소장님에게 진심으로 사의를 표하는 바이다.

2014년 05월
저자 김 양 중

CONTENTS

시설물유지관리공학 Ⅱ

PART 01

총론 및 개요

총론 및 개요

1.1. 시설물 유지관리 산업의 도입 배경

1.1.1. 시설물의 정의

시설물이란 인간이 부락이나 도시를 형성하기 위하여 건설공사를 통하여 만든 구조물 및 그 부대시설로서 도로, 교량, 터널, 댐, 하천, 수리시설 및 건축물 등을 총칭하는 것이다.

1.1.2. 고령화 시설물의 유지관리

(1) 외국 교량의 고령화 및 유지관리

미국의 경우 교량시설물이 본격적으로 건설되기 시작한 것은 1920년대로서 이러한 시설물들이 1980년대부터 고령화되기 시작하였다. 이에 미국 정부는 1950년대부터 향후 다가올 고령시설물들에 대한 유지관리의 필요성을 절감하고 시설물 유지관리 산업을 육성 발전시켜 이제는 안정된 체제를 유지하고 있다.

일본의 경우에는 교량시설물들이 1950년대부터 본격적으로 건설되기 시작하였고 당시의 교량들이 2010년부터 고령화되기 시작하였으므로 1980년대부터 유지관리의 필요성과 특히 지진에 대한 내진정책이 병행하여 시설물 유지관리 산업이 크게 육성 발전되어 왔다.

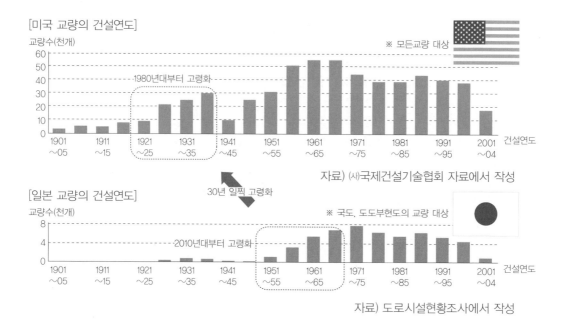

그림1. 01 미국 및 일본의 교량시설물 건설 연도

(2) 국내 교량의 고령화 및 유지관리

서울 한강의 교량은 건국 이전에는 일제시대 때 건립된 한강철교와 한강대교 및 1936년도에 건립된 광진교를 포함하여 3개뿐이었다. 건국 이후 1965년도에 제1호로 건립된 양화대교를 시작으로 1969년 한남대교, 1970년도 마포대교가 건립되면서 평균 2년에 1개씩 건설되어 현재 28개의 교량이 있다.

전국의 교량은 1970년대에는 9,332개, 1980년대에는 11,534개를 보유하는 등 1970년도부터 본격적으로 건설되면서 2013년도 현재 전국의 교량은 28,713개를 보유하고 있다.

그러므로 1970년대에 건립된 교량들이 2030년도부터는 고령화되기 시작하므로 정부에서는 이에 대한 유지관리의 절대적 필요성을 느끼고 시설물 유지관리 전문기술인 양성 정책과 함께 시설물 유지관리 산업의 육성 정책을 활발하게 추진하고 있다.

연도	교량명
1900	한강철교
1917	한강대교
1936	광진교
1965	양화대교
1969	한남대교
1970	마포대교
1972	잠실대교
1973	영동대교
1976	천호대교
1978	행주대교
1979	성수대교
1979	잠실철교
1980	성산대교
1981	원호대교
1982	반포대교
1983	당산대교
1984	동작대교
1984	동호대교
1990	올림픽대교
1991	강동대교
1995	팔당대교
1997	김포대교
1999	서강대교
2000	방화대교
2001	청담대교
2002	가양대교
2008	일산대교
2009	미사대교
2014	암사대교
2016	월드컵대교

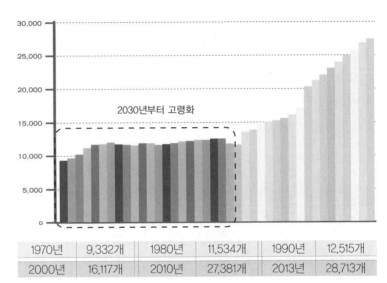

1970년	9,332개	1980년	11,534개	1990년	12,515개
2000년	16,117개	2010년	27,381개	2013년	28,713개

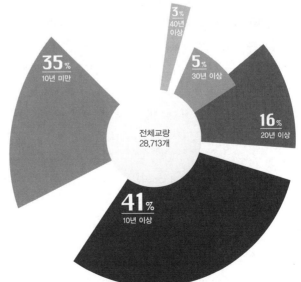

그림1. 02 한강 교량 및 국내 교량시설물의 건설 연도(2013년도 현재)

11

표1. 01 국내 교량의 연도별 건설 현황

구분	합계	고속국도	일반국도	특별광역시도	국가 지원 지방도	지방도	시도	군도	구도
합계	28,713	8,302	6,876	1,087	1,191	3,527	3,075	3,984	671
03년~현재	9,960	3,731	3,366	310	404	754	546	712	137
93년~02년	11,605	3,796	2,356	385	375	1,493	1,200	1,788	212
83년~92년	4,589	658	846	203	256	884	706	891	145
73년~82년	1,572	43	224	106	97	245	386	374	97
72년 이전	923	74	84	82	55	147	196	207	78
연도 미상	64	0	0	1	4	4	41	12	2

1.1.3. 안전 관리 체계의 필요성

1962년 우리나라 근대 건설의 효시라 할 수 있는 섬진강댐을 시작으로 60, 70년대 "경제성장 우선주의"라는 사회적 요구에 따라 성장·발전만을 위하여 단기간 건설 규모는 선진국 대열에 버금가는 양적 규모로 성장해 왔으나 반면 품질면에서는 극히 열악한 양면성을 피할 수 없었던 것이 당시 사회적 현실이었다.

마포 와우어아파트 건설 중 붕괴(1970.4.8), 대연각호텔 화재(1971.12.25), 서울 현저동 지하철 공사장(3호선) 붕괴(1982.4.8) 등의 대형사고가 연이어 발생하면서 1986년 8월 4일 개관 11일을 앞두고 발생된 천안 독립기념관 화재 사고를 계기로 건설 기술 관리의 체계화를 강화하고자 그 이듬해 건설기술관리법이 제정 발효되었으나 시설물의 준공 후 기존 시설물에 대한 안전과 유지관리 분야에 대한 인식 부족 등으로 완벽한 사후 관리 체계를 구축하지 못하였다.

그러던 중 1990년대에 남해 창선대교 붕괴 사고(1992.7.30), 청주우암 상가아파트 붕괴 사고(1993.1.7), 구포역 열차 전복참사 사고(1993.3.28) 등과 함께 1994년 10월 21일 전 세계를 놀라게 한 성수대교 붕괴 사고로 기존 시설물에 대한 선진국형 유지관리 제도를 도입하고, 유지관리 산업을 육성·발전시켜 국민의 생명과 재산을 보호코자 하는 국가적 차원에서 '시설물 안전관리에 관한 특별법'을 대통령 특별법으로 1995년 1월 5일 제정 공포하고 1995년 4월 20일 그에 따른 시행령을 공포하였다.

그러나 1996년 6월 3일 시행 규칙이 공포되자마자 동월 29일 507명의 사망자와 1,000여 명의 부상자가 나온 삼풍백화점 붕괴 대참사가 발생하였다. 이로 인해 기존 시설물에 대한 안전관리가 전 국민적 관심사가 되었고 이를 계기로 '시특법'에 의한 유지관리 산업이 빠르게 정착하게 되었다.결국 성수대교와 삼풍백화점 붕괴 사고는 우리나라 유지관리 산업의 도입 계기가 되었다.

와우어 아파트 붕괴 사고

창선대교 붕괴 사고

성수대교 붕괴 사고

삼풍백화점 붕괴 사고

사진1. 01 국내 건설 붕괴 사고의 대표적 사례

표1. 02 국내 주요 시설물 건설사고 사례

연월일	사고 내용	인명피해		비고
		사망	부상	
61. 9. 2	서울 장충동 축대 붕괴	23	–	
64. 5. 2	서울 도동 4층 건물 붕괴	10	27	
70. 4. 8	서울 마포 와우어아파트 1동 붕괴	33	19	
71. 12. 25	서울 대연각호텔 화재	175	67	
75. 3. 9	서울 신대방동 콘크리트 축대 붕괴	17	–	
81. 12. 26	서울 대한화재보험 지하식당 가스폭발	3	130	
83. 6. 13	대구 금호대교 교각 붕괴	2	4	
88. 5. 6	대구 동천 배수펌트장 붕괴	3	6	
89. 4. 8	올림픽대교 접속 교량 붕괴(70m)	1	2	5천만 원 피해
91. 3. 26	팔당대교 사장교 붕괴(196m)	1	–	16억 피해
92. 6. 6	과천선 지하철터널 낙반 사고	3	1	
92. 7. 30	남해 창선대교 붕괴	2	–	
93. 1. 7	청주 우암 상가아파트(5층) 붕괴	28	48	
93. 3. 28	구포역 열차 전복 참사	78	198	30억 피해
94. 10. 21	성수대교 상판 붕괴	32	17	
94. 12	아현동 가스기지 폭발	12	5	건물145동 피해
95. 6. 29	서울 삼풍백화점 붕괴	501	937	2,500억 피해
99. 7. 3	화성 씨랜드 청소년 수련원 화재 사고	23	–	유치원생 사상
03. 2. 18	대구 지하철 화재 참사	207	138	85명 실종 포함

1.1.4. 시설물의 제고 확대

우리나라는 개발도상국 시절이었던 지난 30~40년간 급속한 경제성장 위주의 고도 성장기를 거쳐 오면서 엄청난 물량의 시설물을 건조해 왔다. 하지만 2000년대 선진국 대열에 진입하면서 그러한 시설물들은 제한된 국토 면적과 출산율 저하에 따른 지역적, 소요적 한계 및 장수명화에 따라 많은 시설물의 재고가 축적되는 현상을 초래하게 된다.

이는 곧 신축의 수요가 축소되는 현상을 초래하여 신규 건설 시장의 중요성과 비중은 줄어드는 반면, 재고 시설물들에 대한 리모델링과 유지관리와 관련된 수요는 점차 늘게 된다는 것을 의미한다. 이러한 현상은 앞으로 해를 거듭할수록 더욱 크게 나타날 것으로 예상된다.

우리나라보다 앞선 선진국들의 건설 시장 변화 추이를 살펴보면 우리나라에서의 향후 건설의 향방을 가늠할 수 있다. 즉 서구유럽의 경우 오랜 기간에 걸쳐 점진적인 건설 발전을 거듭해 온 결과, 이미 신규 공사의 수요가 줄어들고 있는 반면 유지관리 시장이 확대되어 그 비중이 이미 신규 공사 시장을 앞서고 있는 실정으로서 유지관리 체계가 안정되어 정착 발전되어 왔다.

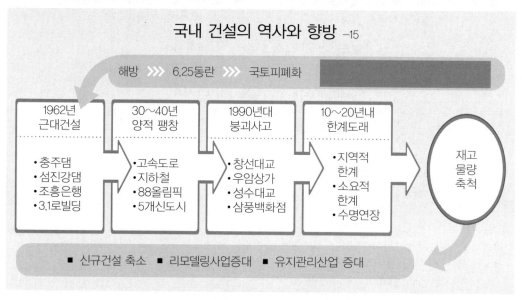

그림1. 03 국내 건설의 역사와 향방

아래의 표1.03은 선진국들의 연간 건설 규모 중에서 리모델링을 포함한 유지관리 산업이 전체 건설 규모에서 차지하는 비율을 보여주고 있다. 우리나라는 2010년대 연평균 총 건설 규모 120조 원 중에서 리모델링을 포함한 유지관리 시장 규모가 10조 원 정도로 겨우 8.2%를 차지하는 반면 선진국들은 50%를 전후하는 것을 볼 수 있다. 이는 해당 국가가 어느 정도의 선진국 대열에 진입하였는가를 가늠하는 척도가 되기도 한다.

표1.03 선진국별 유지관리 시장의 비중도

국가별	유지관리산업										신규건설산업										비고
	5	10	15	20	25	30	35	40	45	50	55	60	65	70	75	80	85	90	95	100	
독일									43%												
이탈리아											54%										
영국											51%										
프랑스											52%										
미국								40.2%													
일본						31%															
한국	8.2%																				

주: 46th EUROCONSTRUCT Conference Berlin 1998/ifo Institute, 일본 주택리폼센터, 2000
  1995년도 한국은행 산업연관표 등을 참조하여 리모델링 및 유지보수 공사 포함 작성

– 상기도표는 유지관리산업의 Portion을 나타냄.
– 선을 그어줌으로써 유지관리산업과 신규건설산업의 비율을 알 수 있음.

표1. 04 연대별 우리나라 건설 발전의 역사 및 추이

연대	사회상	건설 동향	GNP 규모
1950년대	6.25동란 발발 및 전후	전 국토의 피폐화	$50~$80
1960년대	경제개발5개년 계획 기간건설의 착수	섬진강댐, 춘천댐, 충주호 건설 조흥은행본점, 3.1로빌딩 건설	$80~$250
1970년대	독일 광부 및 간호사 파견 월남 전 참전, 외화 획득	경부, 호남고속도로 건설 연간 6~10만호 주택 건설	$250~$1,660
1980년대	서울시 지하교통망 확충 서울올림픽 개최, 특수	서울시 지하철공사, 올림픽 특수공사	$1,660~$6,300
1990년대	5개신도시 건설 시설물 붕괴 참사, IMF	200만호 신도시 건설 성수대교, 삼풍백화점 붕괴	$6,300~$11,300
2000년대	IMF탈피; 및 경제도약 GNP $2만 시대	건설품질, 안전관리 정착 안정성 평가 및 유지관리 정착	$11,300~$22,170
2010년대	경제안정으로 선진국화. GNP $3~4만 시대	내구성평가의식 및 내구설계 건설의 역사성, 철학성 문화	$22,170~$40,000

표1. 05 국민소득별 건설산업의 현상

GNP	내용	비고
$500	건설보다는 빈민 상태로서 기아 대책에 우선	북한, 탄자니아, 잠비아
$1,500	기아 대책과 아울러 주택 부족에 따른 열악한 주거 정책	나이지리아, 인도, 베트남
$3,000	주택 정책과 아울러 국가 기간 시설 착수, 개발도상국	필리핀, 인도네시아, 파라과이
$5,000	대대적인 국가 기간 시설 및 주택 정책	중국, 태국, 페루
$10,000	건설 물량 증대와 함께 품질 및 안정성에 대한 의식 제고	멕시코, 폴랜드, 말레이지아
$20,000	시설물의 내구성 및 수명에 따른 Life Cycle 개념 정착	한국, 포루투갈, 그리스, 이탈리아
$50,000	시설물의 문화적 역사성 및 철학적 엔지니어링화	미국, 독일, 스웨덴, 캐나다

1.2. 시설물 유지관리의 개념

준공 이후의 시설물들은 시간이 경과함에 따라 노후화의 과정을 거치게 된다. 그러므로 설계 및 시공 당시부터 내구 설계 및 유지관리를 감안한 설계 및 시공으로 예지보전을 통하여 건축물의 내구성과 사용성을 확보하여야 하며, 완공된 이후에는 시설물의 사용가치(V)를 최상화하기 위하여 예방보전을 통하여 준공 당시의 기능(F)을 가장 최적의 비용(C)으로 보존 유지하며 사용코자 하는 일련의 활동을 시설물의 유지관리라 말한다.

$$V = \frac{F}{C}$$

V: Value (가치)
F: function(기능)
C: Cost (비용)

Ct : Total cost
Ci : Initial cost
Cm: Maintenance cost

Ct = Ci+Cm (유지관리에서의 LCC)
총생애주기비용 = 초기 투입비(설계비+시공비) + 유지관리비

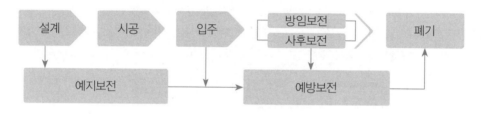

그림1. 04 예지보전과 예방보전 체계도

1.2.1. 유지관리 용어의 정의

시설물의 유지관리란 완공된 시설물의 기능을 보전하고 시설물 이용자의 편의와 안전을 높이기 위하여 시설물을 일상적으로 점검·정비하고 손상된 부분을 원상복구하며 경과시간에 따라 요구되는 시설물의 개량·보수·보강에 필요한 활동을 하는 것을 말한다. (시특법 2조12항)

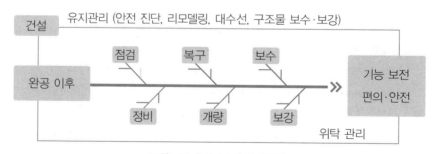

그림1. 05 유지관리 용어 개념도

1.2.2. 예지보전

예지보전이란 시설물의 기획·설계 단계에서부터 향후 완공될 시설물의 사용상 유익한 유지관리를 감안하여 설계에 반영하는 기법을 말한다. 즉, 사용 중 시설물의 점검, 수선, 교체 등이 용이하게 설계하거나, 수요자가 요구하는 내구년한을 충족시킬 수 있도록 계획한 내구 설계 등으로 해당 시설물의 총생애주기비용(LCC)을 최소화함으로써 시설물의 가치를 높이고자 하는 유지관리의 공학적 행위 방식이다.

예: – 모듈화 설계 기법 적극 활용
  – 경량, 조립, 건식 구조 형태
  – 외부 영구 마감재 소재 적용
  – Space Frame 점검 통로 설치
  – 외부 수선용 밧줄고리 정착
  – 상시 자동계측System 설치
  – 전기, 설비 라인의 개방화
  – 리모델링 감안한 평면 구성

사진1. 02 빙상 경기장 Space Frame 점검 통로

1.2.3. 예방보전

예방보전이란 완공된 시설물을 사용하면서 시간의 경과에 따라 예상되는 시설물의 노후 징후를 미리 예측하여 성능 저하의 조기감실에 적극적으로 대처함으로써 시설물의 수명을 극대화시키고, 이로 인해 시설물의 생애주기비용(Life Cycle Cost)을 최소화시킴으로써 시설물의 가치를 높이는 일련의 행위 방식이다.

이를 실현하기 위해서는 각종 점검 및 진단을 통하여 발생된 이상 징후 및 결함을 조기에 발견하고 이를 즉각적으로 보수·보강 시행하는 것이 중요하다.

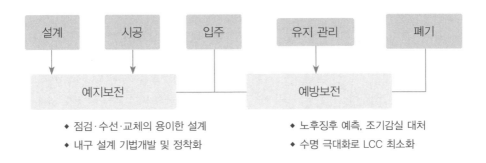

그림1. 06 유지관리 흐름도

17

1.3. 유지관리와 LCC (Life Cycle Cost)

1.3.1. LCC의 개념

모든 시설물은 기획·설계 단계 및 건설 공사 단계로 구분되는 초기 투자 단계를 지나 완공 후에는 사용자의 운용·관리 및 내구년한 도래에 따른 폐기 처분 단계로 이어지는 일련의 과정을 거치게 된다. 이를 건물의 생애(Life Cycle)라 하며, 이 기간 동안에 건물에 투입되는 총비용을 총생애주기비용(Life Cycle Cost)이라 한다. LCC는 일반적으로 프로젝트 진행 단계에 따라 초기 투자비, 운용 관리비, 폐기 처분비로 분류한다.

Planing & Design Engineering					Construction Engineering	Maintenance Engineering		
Projec 발굴	기획	타당성 조사	예비 설계	본설계	시공	인도	유지관리	폐기
Turn-Key Base								
Soft Ware					Hard Ware	Soft Ware		
E.C화 (Engineering Construction-종합건설업화)								

그림1. 07 총생애주기비용 구성도

총생애주기비용은 건축물 투자에 관한 좀 더 효과적인 의사결정을 위하여 LCC(Life Cycle Costing)에 근거한 제반 경제적 평가를 가리킨다. 이러한 측면에서 LCC 기법은 시설물의 설계·시공 단계뿐만 아니라 유지관리를 포함한 전체 사용 기간 동안의 전략적 의사결정을 위한 필수적인 관리 기법 중의 하나이다.

그러므로 Life Cycle 전 과정에 투입되는 운용 관리비를 포함한 총비용을 체계적으로 분석하여, 그 결과를 반영할 수 있는 효과적인 방법론이 도입 활용되어야 한다.

LCC : Summation of Total Costs during LC

= Σ(Total Costs during LC)

= Planning C. + Design C. + Construction C. + Running C. + Demolition C.

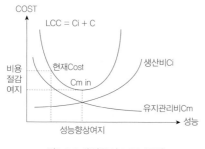

그림1. 08 사설물의 LCC 곡선

표1. 06 동경청사의 LCC 비용 대비

항목	투입 비율
1. 설계, 기획	3~4%
2. 건설, 시공	19%
3. 유지관리	77%
4. 폐기 처분	0.1~1%
계	100%

1.3.2. 유지관리에서의 최적 LCC

시설물의 종합 LCC를 평가하기 위해서는 성능면에서 융통성을 충분히 고려하여야 하며 내구성과 보전성 등 장기 성능을 충분히 고려하여야 한다.

대안으로서 평가하는 방법은 ①성능을 고정하고 LCC를 비교하는 방법과, ②LCC를 고정하고 성능을 비교하는 방법, ③성능과 LCC를 서로 비교하는 방법 등을 제시하고 있다. 이 같은 방법의 제시는 Dell'Isola/krik이 제시한 계량적 평가 방법으로서 통상 LCC를 계획, 설계 , 시공, 운용 및 폐기단기 등에서 순차적으로 운용할 것을 제안하고 있다.

완공된 시설물에 대한 유지관리상의 LCC(Life Cycle Costing)분석은 각각의 대안에 대하여 생애에 걸쳐서 발생하는 의미 있는 비용을 항목별로 선정하여 화폐가치로 평가하는 절차와 각 비용이 발생하는 시점이 상이하기 때문에 각 비용을 일정한 기준시점을 정하여 환산하는 절차가 요구된다. 즉, 어떤 대안의 전체 생애(Life Cycle)에 대한 비용 항목을 연도별로 찾아내어 이를 합산하고, 합산한 금액을 일정한 기준을 정하여 환산 및 합산하여 가장 비용이 적게 드는 대안(Alternative)을 선정하는 절차를 가진다. 이러한 절차를 통하여 기능(F)을 극대화시키며 동시에 유지관리의 소요비용(C)을 최소화시킴으로써 유지관리에서의 시설물 사용가치(V)를 높이는 것이 유지관리의 기본이라 하겠다. 그러나 시설물의 기능은 이미 초기 투입비(설계비+시공비)가 투자된 상태에서 설계상의 기능이 이미 시공 완료된 상태이기 때문에 기능을 극대화시키는 데는 한계가 있다. 그러므로 한계성의 기능 증대는 유지관리상의 최적 소요비용을 적기에 투입시킴으로써 가능한 일이다.

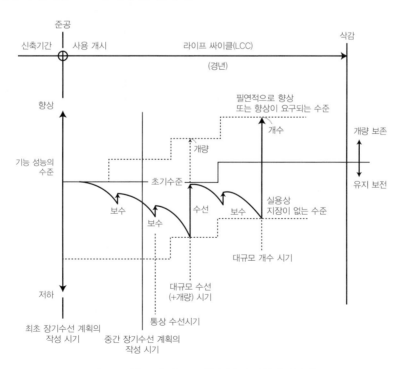

그림1. 09 건축물의 성능 곡선(장기수선 계획의 개념도)

19

1.4. 시설물의 성능 곡선

시설물의 성능은 준공 후 시간의 경과에 따라 노후화하면서 수명을 다하게 되는데, 유지관리를 어떻게 하느냐에 따라 그 성능과 수명은 크게 달라진다.

과거 유지관리 체계가 없었을 때에는 시설물에 대한 유지관리 의식이 전연 없이 사용 하다가 그 성능이 다하였을 때(1차 수명)에야 비로소 성능 복원을 하려 하여 부득이 막대한 비용을 지출하여 왔다. 그러나 이미 성능을 다한 시설물의 복원(2차 수명)은 한계가 있기 마련이다.

이에 반하여 성능이 다소 떨어졌을 때 점검을 통하여 시설물의 결함 유무 및 조기 발견으로 조기 조치 할 경우 적은 비용으로 복원이 이루어지게 된다. 이때의 복원 비용을 성능 말기 때의 성능 회복 비용과 비교한다면 큰 차이가 있음을 알 수 있다.

이러한 수명 연장을 조기 보수를 통한 수명 연장이라 하며, 이러한 행위를 정기적으로 지속 반복함으로써 장수명화를 이룰 수 있다.

정부는 이러한 행위의 반복으로 시설물을 사용할 것을 권장하고 있으며, 규모가 일정 이상 되는 시설물에는 국민들의 편의와 안전을 위하여 이를 법으로 제도화하고 이행치 않을 경우에는 과태료 등의 부과로 강제화하였다.

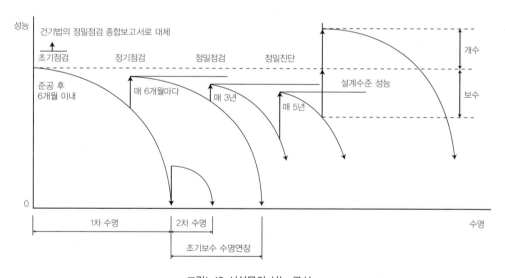

그림1. 10 시설물의 성능 곡선

상기 그림1. 10의 성능 곡선에서 보수와 개수의 의미는 다음과 같다.
- 보수 : 시설물의 손상된 부위를 원상태로 복원하는 행위
- 개수 : 시설물을 원상태 그 이상으로 만들고자 하는 일련의 행위

1.5. 유지관리의 절차

1.5.1. 취지 및 기본 지침

1) 유지관리의 취지

   ① 체계적 유지관리 조직 운영 및 의식 제고

   ② 시설물의 내구년한 연장 및 재산 가치의 보존

   ③ 기능 불량, 사고 등의 이상 징후 조기 발견 및 유지보수로 기능성 극대화

   ④ 효율적 유지관리로 유지관리 보수 비용의 절감

2) 유지관리의 기본 지침

   ① 연간 유지관리 계획에 의한 관리 ⇨ 유지관리계획서

   ② 시설물의 기능 극대화 ⇨ 세심한 점검 및 유지관리

   ③ 시설물의 결함 또는 파손을 초래하는 요인 조기 발견 ⇨ 정기적 점검

   ④ 발견된 결함의 진행 여부 파악 및 발생 시기 판단 ⇨ 결함 분석

   ⑤ 결함 발생 원인에 대한 정확한 판정 ⇨ 원인 규명

   ⑥ 결함 요인의 확대 방지 및 신속한 보수 조치 ⇨ 보수공법 선정

   ⑦ 결함에 대한 효율적인 보수 작업 계획의 수립 ⇨ 보수 계획 수립

   ⑧ 사전 계획에 의한 불필요한 유지비용의 낭비 근절 ⇨ 보수비용 절감

   ⑨ 점검 및 보수 작업 시 안전의 최우선 고려 ⇨ 철저한 안전 관리

   ⑩ 모든 점검 및 보수작업의 철저한 기록 및 보관 유지 ⇨ 유지관리대장

표1. 07 유지관리의 지침 및 유의사항

구분	세부 내용
장비이력 카드 작성	– 시설별, 기기별로 장비이력 카드 작성 및 보관 – 점검일시, 성능 검사, 마모 상태, 주유 및 청소, 분해 정비, 보수작업 일시 및 내용, 교체 예정 시기 등의 기록 유지 관리 – 예방 정비 실시 및 내구년한 연장, 시설물 기능의 유지
장비운전 매뉴얼 비치	– 장비별 운전 및 점검, 정비 업무를 손쉽게 수행하도록 세부 매뉴얼 작성, 비치 – 장비 오작동 사고의 방지 및 유사시 업무 지원자의 참고자료로 활용 – 기술인력의 교체시 업무 인수인계의 최단기화 가능
장비 명판 부착	– 장비 및 밸브, 배관, 스위치별로 부착 – 기기별 용도 및 조작을 손쉽게 확인하여 신속한 유지관리 업무 수행
자동제어 성능 유지	– MCC판넬의 자동제어(저수조 및 고가수조, 정화조, 급수 및 배수펌프 등)의 정기점검으로 사고 방지 – 저수조, 고가수조, 배수펌프에 자동제어의 HIGH포인트 위와 LOW포인트 아래에 별도의 경보벨을 설치하여 작동 불능에 대비
비상시설의 관리	– 정전에 대비한 발전기의 성능 유지 및 정기적 운전 – 소화기의 충약 및 소화전의 적재적소 배치 및 점검 – 비상설비의 비상시 사용가능하도록 지속적 성능 유지 및 점검

1.5.2. 유지관리의 절차

시설물 유지관리의 궁극적 목적은 시설물의 효율성을 극대화시켜 유지관리 비용을 절감시킴으로써 시설물의 재산적 가치를 보존시키는 것이다.

즉, 수시 또는 정기적 점검과 정밀진단 등의 과정을 통하여 시설물에 발생되는 여러 가지 이상 유무 및 결함 등을 조기에 발견하고 그 발생원인 및 상태에 따라 적절한 조치를 조기 시행함으로써 시설물로서의 견실한 상태를 지속적으로 유지시키기 위한 일련의 활동을 계속 반복하여야 한다.

이러한 활동은 유지관리 취지 및 지침을 인지하고 유지관리 계획서에 따라 시설물의 변형, 결함 예측 부위에 대한 예견, 점검, 평가, 대책 수립 및 조치 등을 조합 시행하고 이에 대한 원인, 진행 여부, 성능 결과 등을 유지관리대장에 기록 유지하며 당해 시설물이 폐기 처분될 때까지 이를 반복하게 된다.

이런 과정에서 기록 유지되었던 모든 자료는 향후 다른 시설물들을 기획하고 설계·시공되는데 반영될 수 있는 중요한 기초 자료가 된다.

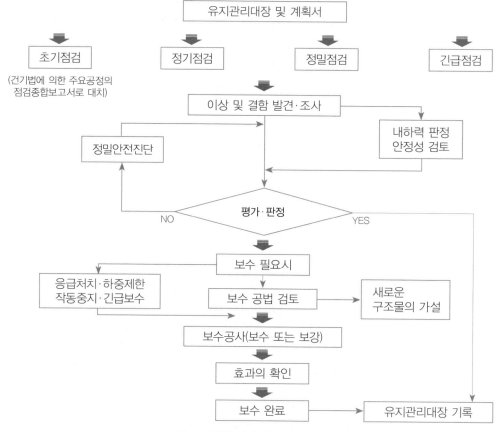

그림1. 11 시설물의 유지관리 절차도

1.6. 안전점검 및 진단의 종류

안전진단은 크게 점검과 진단으로 대별되며, 점검은 정기 점검과 정밀 점검으로 나뉜다. 그 외 관리 주체의 필요에 따라 시행하는 수시 점검, 특별 점검 등이 있으며 상황 발생 정도에 따라 시행한다.

표1. 08 점검 및 진단의 종류 및 내용

종류	시행 주기	내용
1. 초기 점검 (종합보고서로 대체됨)	준공 후 6개월 이내 (건기법에 의해 준공후 3개월 이내 종합보고서로 대체)	육안 검사+계기 검사+상태 평가 – 유지관리대장. 이력 및 평가 자료 획득 – 향후 점검. 진단 시 평가의 초기치 획득
2. 정기 점검	매6개월마다 시행	육안 검사
3. 정밀 점검	도로, 교량, 터널 등: 2년마다 건축물 및 부대시설: 3년마다 상태 등급에 따라 주기연수 상이	육안 검사+계기 검사+상태 평가 (정밀진단 필요여부 판단) – 이전 상태와 비교 판단, 자료 제공
4. 정밀 안전 진단	준공 10년 이후부터 5년마다 – 10년 경과된 1종 건축물 – 공동주택은 제외 – 전회 양호한 경우 차기 1회 생략	육안 검사+계기 검사+변위 검사+화학반응 검사+재하시험+구조해석+상태 평가+보수·보강 설계

1.6.1. 수시 또는 특별 점검

시설물에 특이한 사항이 발견되었거나 또는 동절기, 해빙기, 우기와 같은 특이한 기후현상인 경우 수시 점검 또는 특별한 계획 하에 시행되는 특별 점검 등이 있으며, 해당 사안에 따른 전문가들에 의해 시행되는 것이 통례이다.

1.6.2. 정기 점검

정기 점검은 육안 검사에 의해 행하여지는 점검으로서 시설물의 구조적 특성과 용도, 계절적 특성에 따른 관리 사항을 점검하여야 하며, 시설물의 기능적 상태와 현재의 사용 요건에 대하여 지속적 만족 여부를 관찰한다.

1.6.3. 정밀 점검

정밀 점검은 시설물의 현재 상태를 정확히 판단하고, 최초 및 이전에 기록된 상태로부터 변화 정도를 확인하며 구조물이 현재의 사용 조건을 안전하게 계속적으로 유지하고 있는지를 확인하는 데 목적이 있다. 면밀한 육안 검사 및 비파괴 검사와 같은 계기에 의한 검사를 시행하여 손상·이상 상태가 발생되었는가를 부위별로 세밀하게 조사하여야 한다.

정밀 점검에는 시설물의 상태 평가와 필요시 안전성 평가가 포함되며, 또한 구조적 보수 또는 보강이 필요한 경우에는 그에 적절한 보수·보강안을 제시하여야 한다. 부득이 심각한 결함 또는 손상이 확인되어 정밀한 조사 및 구조적 검토가 필요한 경우에는 이에 대한 정밀 안전 진단 필요 여부를 판단하여야 한다.

1.6.4. 정밀 안전 진단

정밀 안전 진단은 시설물에 내재되어 있는 위험 및 수명 단축 요인들을 소정의 책임기술자에 의해 조사·평가하여 적시에 그에 적절한 보수·보강 조치를 하게 함으로써 시설물의 안전 및 유지관리를 체계적으로 행하여 시설물의 기능을 적정하게 확보하고 재해 및 재난을 예방하고 시설물의 수명을 연장하기 위함을 목적으로 한다.

정밀 점검 과정에서 쉽게 발견하지 못하는 결함 부위를 발견하기 위하여 정밀한 육안 조사 및 조사 측정 장비에 의하여 실시하는 근접 검사를 시행하며, 또한 구조 검토 및 구조 해석을 통하여 안전성 평가, 구조물의 기능이나 잔존 수명의 예측, 구조부재의 내력 등을 판단하고 필요한 경우 보수·보강 방법 및 이에 대한 설계를 첨부한다.

1.6.5. 상태 평가

보고서의 결과표는 외관 조사 및 상태 평가 등을 종합적으로 검토·분석한 결과를 기재하며, 점검 대상 건축물의 전체에 대한 종합평가등급을 기재한다. 또한 중대한 결함이 발견된 경우에는 정밀 안전 진단의 시행 여부를 판단하며, 시특법 시행령 제12조에 의거하여 필요한 후속 조치 사항을 기재한다.

표1. 09 안전 등급 기준

등급	평가 점수		평가 내용
	범위	대표값	
A	0≤x<2	1(우수)	• 문제점이 없는 최상의 상태
B	2≤x<4	3(양호)	• 보조부재에 경미한 결함, 기능상 지장이 없는 양호한 상태
C	4≤x<6	5(보통)	• 주요부재에 경미한 결함, 전반적 안정성을 확보한 보통의 상태
D	6≤x<8	7(미흡)	• 주요부재 결함, 긴급한 조치, 안정성 확보가 곤란한 미흡한 상태
E	8≤x<10	9(불량)	• 주요부재 심각한 결함, 사용금지의 붕괴 우려로 심각한 상태

표1. 10 부재내력의 안정성 평가 등급 기준

등급	평가 기준	대표값	비고
A	SF ≥ 100%	1	
B	SF ≥ 100%(경미한 손상이 있음)	3	
C	90% ≤ SF < 100%	5	
D	75% ≤ SF < 90%	7	
E	SF < 75%	9	

1.7. 시설물의 구분

모든 시설물은 견실한 상태로 안전하게 사용하기 위하여 유지관리 방법 및 절차에 따라 관리되도록 규정되어 있으며, 일정 규모 이하의 시설물에 대해서는 종외 시설물로서 관리주체 스스로 판단하여 관리하도록 하되 행정안전부 소방방재청 소관으로 하고 있다.

일정 규모 이상의 시설물은 국토교통부 산하의 제도 안에서 관리되며, 그 규모 및 정도에 따라 1종 시설물과 2종 시설물로 구분된다. 그 구분은 다음과 같이 규정하고 있다.

    ① 1종 시설물 : 도로, 철도, 항만, 댐, 교량, 터널, 건축물중 안전을 위하여 특별관리 또는 유지관리상 고도 기술이 필요하여 대통령령이 정하는 시설물
    ② 2종 시설물 : 1종 시설물 외의 시설물로서 대통령령이 정하는 시설물

표1. 11 1종 및 2종 시설물의 구분 (시설물 안전 관리에 관한 **특별법** 제2조 및 **별표1**) 2012. 01

구분		1종 시설물	2종 시설물
1. 교량	도로 교량	- 현수교, 사장교, 아치교, 트러스교량 - 최대경간장 50미터 이상의 교량 - 연장 500미터 이상의 교량	- 경간장 50미터 이상인 한경간 교량 - 연장 100미터 이상의 교량으로서 1종 시설물에 해당하지 아니하는 교량
	철도교량	- 고속철도교량 - 도시철도교량 및 고가교 - 트러스교, 아치교 교량	- 연장 100미터 이상의 교량으로서 1종 시설물에 해당하지 아니하는 교량
	복개 구조물	- 폭 12미터 이상으로서 연장 500미터 이상인 복개구조물	- 폭 6미터 이상이고 연장 100미터 이상인 복개구조물로서 1종 시설물에 해당하지 아니하는 복개구조물
2. 터널	도로 터널	- 연장 1천 미터 이상의 터널 - 3차로 이상의 터널	- 고속국도·일반국도 및 특별시도. 광역시도의 터널로서 1종 시설물에 해당하지 아니하는 터널 - 연장 500미터 이상의 지방도, 시도, 군도 및 구도의 터널
	철도 터널	- 고속철도 터널 - 도시철도 터널 - 연장 1천 미터 이상의 터널	- 1종 시설물에 해당되지 않는 터널로서 특별시 또는 광역시에 있는 터널
	지하차도	- 연장 500미터 이상의 지하차도	- 연장 100미터 이상의 지하차도로서 1종 시설물에 해당하지 아니하는 지하차도
3. 항만		- 갑문시설 - 20만톤급 이상 선박의 하역시설로서 원유부이(BUOY)식 계류시설 및 그 부대시설인 해저 송유관 시설 - 말뚝구조의 계류시설(5만톤급 이상)	- 1만톤급 이상의 계류시설로서 1종 시설물에 해당하지 아니하는 계류시설
4. 댐		- 다목적댐·발전용댐, 홍수전용댐 - 저수용량 1천만톤 이상의 용수전용 댐	- 1종 시설물 외의 지방상수도 전용 댐 - 저수용량 1백만톤 이상의 용수전용댐

구분		1종 시설물	2종 시설물
5. 건축물	공동주택	–	– 16층 이상의 공동주택
	그 외 건축물	– 21층 이상 또는 연면적 5만㎡ 이상의 건축물	– 1종 시설물에 해당하지 않는 16층 이상 건축물 – 연면적 3만㎡ 이상의 건축물
	다중시설	– 연면적 3만㎡ 이상의 철도역사 및 관람장	– 1종 시설물에 해당되지 않는 고속철도, 도시철도 및 광역철도역사 – 1종 시설물에 해당되지 않는 다중이용건축물 – 연면적 5천m2 이상의 전시장
	지하도상가	– 연면적 1만㎡ 이상의 지하도 상가 (지하보도면적 포함)	– 연면적 5천㎡ 이상의 지하도 상가로서 1종 시설물에 해당하지 아니하는 지하도 상가
6. 하천	하구둑	– 하구둑 – 포용조수량 8천만 톤 이상의 방조제	– 1종 시설물에 해당되지 않는 포용조수량 1천만 톤 이상의 방조제
	수문통문	– 특별시 또는 광역시 안에 있는 국가 하천의 수문 및 통문	– 특별시 또는 광역시 및 시에 있는 지방하천의 수문 및 통문 – 1종 시설물에 해당되지 않는 국가하천의 수문 및 통문
	제방	–	– 국가하천의 제방 (부속시설인 통관 및 호안 포함)
	보	– 국가하천에 설치된 높이 5미터 이상인 다기능 보	– 1종 시설물에 해당되지 않는 보로서 국가하천에 설치된 다기능 보
7. 상하수도	상수도	– 광역상수도 – 공업용수도 – 1일 공급능력 3만톤 이상의 지방상수도	– 1종 시설물에 해당하지 아니하는 지방상수도
	하수도	–	– 공공하수처리시설 (1일 최대처리용량 500톤 이상인 시설만 해당)
8. 옹벽 및 절토사면			– 지면으로부터 노출된 높이가 5미터 이상인 부분의 합이 100미터 이상인 옹벽 – 지면으로부터 연직 높이 50미터 이상을 포함한 절토부로서 단일 수평연장 200미터 이상인 절토사면

※ 비고

1. 위 표의 건축물에는 건축설비·소방설비·승강기설비 및 전기설비를 포함하지 아니 한다.

2. 건축물의 연면적은 지하층을 포함한 동별로 산정한다. 단 2동 이상의 건축물이 하나의 구조로 연결된 경우와 둘 이상의 지하도 상가가 연속되어 있는 경우에는 연면적의 합계를 말한다.

3. 건축물중 주상복합건축물은 공동주택 외의 건축물로 한다.

4. 교량의 "최대경간장"이라 함은 한 경간에 대하여 교대와 교대 사이(교대와 교각사이)에 대하여는 상부구조의 단부와 단부 사이 거리를, 교각과 교각 사이에 대하여는 교각과 교각의 중심선간의 거리를 경간장으로 정의할 때, 교량의 경간장 중에서 최대값을 말한다.

5. 도로의 "복개구조물"이라 함은 하천 등을 복개하여 도로 용도로 사용하는 일체의 구조물을 말한다.

1.8. 시설물의 내구년한

시설물은 시간의 경과에 따라 노후화가 되어 성능이 저하되며 어느 시점에 다다르게 되면 시설물로서의 안전 및 기능 유지가 어려워 안정성을 상실하게 되는데 그 한계에 이르게 되면 더 이상 사용하지 못하고 폐기 처분하게 된다.

이렇게 시설물이 사용상 안정성을 잃게 되는 한계를 수명 또는 내구년한이라 한다.

1.8.1. 물리적 내구년수

물리적 내구년수란 시간의 경과에 의한 마모파손, 자연풍화, 화학적 부식, 지진, 화재, 풍수해 등에 의한 손상, 노후화, 설계 미비에 의한 손상부의 촉진 등 건축물과 부대설비의 물리적 감모 현상에 따른 내구년수를 말한다.

한편, 일본을 비롯한 각국의 철근콘크리트 구조물에 대한 내용년수는 국가별로 다소 차이가 있어 각국의 구조체별 설계상 내용년수는 다음의 표와 같으나, 이는 설계상 연수이며 유지관리 정도에 따라 현저히 다를 수 있다.

표1. 12 철근콘크리트 구조물의 설계상 내용년수

규격·규준명	내용	년수	비 고
일본 도로교 시방서. 동해설 공통편(1978)	풍화중에 대해.	50년	비초과율 0.6을 고려한 기본 풍속
일 본 [항만관계보조금 등 교부규칙 실시요령에 관하여]	안벽. 방파제 교 량. 잔 교.	50년 60년 50년	물리적 요인에 의해 정해지는 년수
일본 대장성령 제15호 [감가상각자산의 내용년수]	교 량. 터 널. 침 목.	50년 60년 20년	철도용 또는 괘도용
BS 5400 Steel, Concrete & Composite Bridge(1978)		120년	설계수명(Design Life)
CEB-FIP Model Code(1978) International System Unified Standard Code of Practice for Structure Vol.1, App.1	가 설 물. 일 반 구 조 물. 기 념 구 조 물.	5년 50년 500년	레벨"2"방법에 의한 설계수명(Design Life)
Rule for the Design Construc-tion and Inspection of Offshore Structure (1977) by DNV		100년	설계기간(Design Period) [환경하중 설정에서 설계기간]

1.8.2. 기능적 내용년수

기능의 감모에 따른 내용년수로서 당초 설계시 기능이 각종 사회 및 경제활동의 진전, 생활양식의 변화 등에 따른 시설물의 편익과 효용의 현저한 저하로 기능의 상대적 저하에 따른 수명을 말한다. 예를 들면 구조체의 내구년수는 아직 충분하나 수용 인원 증가에 의한 건물의 협소화, 혹은 설비의 개선에 대응할 수 없는 경우 등의 효용을 상실하는 경우이다. 즉, 구조물 자체 성능은 견실하나 내·외부 마감, 또는 전기·설비의 노후화에 따른 건축물의 기능적 감모로 발생할 수 있다.

표1. 13 건축물 외부의 공종별 내구년한

부위	공종	예상 내구년한	
		평균치	최빈치
지붕, 옥상	옥상 방수	11.3년	10년
	홈통 및 루프드레인	10.9년	10년
	난간	13.9년	10년
주 현관	도장	5.2년	5년
	현관 문틀	11.1년	5년
건물 외벽	도장	5.1년	5년
	모르타르 마감	11.2년	10년

표1. 14 건물 내부의 공종별 내구년한

부위	공종	예상 내구년한		부위	공종	예상 내구년한	
		평균치	최빈치			평균치	최빈치
복도벽	도장	5.4년	5년	바닥	모르타르마감	14.5년	20년
	회반죽 마감	12.4년	8년		인조석 갈기	14.9년	15년
계단실	도장	5.4년	5년	내부 창문	도장	5.9년	5년
	계단 논슬립	11.3년	15년		문틀	13.1년	20년
	계단실 바닥	14.5년	20년		창틀	13.1년	20년

전기 및 설비 분야는 '공동주택의 장기수선계획에 관한 기준'에 의하면, 전기 변압기인 경우 17년, 승강기 및 인양기인 경우 18년으로 예상하며, 설비의 보일러는 15년, 순환펌프 10년, 가스저장탱크 15년, 유류탱크는 30년 정도로 표1.14와 같이 예상한다.

표1. 15 전기 및 기계설비의 내용년한

구분	주요 시설	내용년한
전기	변압기	17년
	고압케이블	30년
	발전기	16년
	승강기 및 인양기	18년
기계	보일러	15년
	열교환기	20년
	저탕조	25년
	순환 펌프	10년
	가스 저장 탱크	15년
	유류 탱크	30년

1.8.3. 사회적 내용년수

건축물의 기능적 감모현상보다는 시설물의 주변여건 변화와 같은 사회적 환경 변화에 적응이 불가능하기 때문에 야기되는 효용성의 감소에 따른 수명을 말한다. 즉, 새로운 도시계획안에 따른 도로의 신설 또는 확장 등으로 시설물의 일부 또는 전체가 헐리게 되거나, 공장이나 가축

사육장 또는 혐오시설 등의 확장 및 신설 등 주변 여건의 변화로 이전되거나 헐리게 되는 경우, 특히 도심지에서는 신규 아파트 단지와 같은 새로운 건축물 군이 들어섬에 따라 기존의 건물이나 연립주택 단지가 비록 구조상으로는 여전히 안전하다 할 수 있더라도 슬럼화 등의 사회적 현상으로 더 이상 존립하지 못하고 헐리게 되는 경우가 많다.

이와 같은 사회적 변화에 따른 수명을 사회적 내용년수라 한다.

1.8.4. 법정 내용년수

원고와 피고간의 재산 가치에 대한 분쟁 시 재산가치의 판단기준이나, 또는 고정자산의 감가상각 산출에 대한 기본이 되는 것으로 세금·조세의 산출 및 금융 부문에서 이용되는 경우가 많다.

우리나라의 경우 법인세법 제15조 3항과 관련하여 시행규칙 별표에서 '건축물 등의 기준 내용년수 및 내용년수 범위표'로 오래전부터 규정되어 수차례의 개정을 거쳐 현재 아래의 표와 같이 정하고 있으며, 이를 법정 내용년수라 한다.

당초 우리나라의 법정 수명은 51년이었으나 90년대의 각종 붕괴 사고를 거치면서 2000년 개정되었는데 일반 철근콘크리트 건축물이나 철골철근콘크리트 건축물인 경우 40년, 조적조 및 목조 건축물인 경우 20년으로 되었으며, 이는 일반적인 경우로서 건축물의 종류 및 진동, 부식 인자에 노출된 경우에는 이를 감안하여 선택적으로 적용할 수 있도록 하였다.

반면, 토목구조물은 대부분이 국가소유로서 관리 주체가 정부이므로 별도의 법정 내용년수가 정해져 있지 않다.

표1. 16 건축물 등의 기준 내용년수 및 내용년수 범위표
(법인세법 시행령 제 49조 및 시행규칙 제 15조 3항 관련: 2004.3.5)

구분	내용년수(하한~상한)	구조 또는 자산명
1	4년(3년~5년)	차량 및 운반구, 공구, 기구 및 비품 (감가상각비가 판매비와 일반관리비를 구성하는 경우)
2	20년(15년~25년)	연와조, 블록조, 콘크리트조, 토조, 토벽조, 목조, 기타조의 모든 건축물
3	40년(30년~50년)	철골·철근콘크리트조, 철근콘크리트조석조, 연와석조, 철골조의 모든 건축물

변전소, 발전소, 공장, 창고, 차고, 폐수폐기물처리용건물 기타 진동이 심하거나 부식성 물질에 노출된 것은 2항은 10년 (7~13년), 3항은 20년(15년~25년)으로 선택적 적용 할 수 있다.

1.8.5. 경제적 내용년수

경우에 따라 포함되는 건축물의 경제적 가치를 상실하는 시점까지를 말한다.

1.9. 점검 기록 및 관계 도서의 보관

시설물의 유지관리 과정에서 발생되는 기록과 보관은 향후의 대처방안 선택 시 중요한 자료가 될 뿐만 아니라 폐기 처분 시의 정산을 통하여 시설물의 총생애주기비용(Life Cycle Cost) 산정 및 분석 자료에 중요한 근거가 된다.

시설물의 유지관리는 유지관리 계획서 및 유지관리 대장을 가장 중요한 근간으로 하여 시행함으로써 시설물의 점검·진단 및 유지보수를 할 경우에는 그 내용 및 투입비 등을 상세히 기록해 두는 것이 좋다. 이러한 시설물의 이력은 향후의 유지관리에 참고가 되고, 문제가 발생한 경우에도 신속하고 적절하게 대처할 수 있기 때문이다. 또한 이러한 유지관리 대장의 기록과 함께 건물 준공 시에 인수받는 설계도서와 각종 서류는 가능한 한 통합하여 보관함으로써 시설물의 수선과 개축, 설비 등의 변경 시에 용이하게 활용하도록 한다.

표1. 17 설계도서 보존의 주요 관련 법규 조항

법 제17조 (설계도서 등의 보존의무 등)

① 시설물의 발주자는 감리보고서를 한국시설안전기술공단에, 시설물의 시공자는 설계도서 등 관련 서류를 관리 주체 및 한국시설안전기술공단에, 관리주체는 시설물 관리대장을 한국시설안전기술공단에 각각 제출하여야 한다. 대통령령이 정하는 중요한 보수·보강의 경우에도 또한 같다. 〈개정 2013.1.14〉 − (과태료 300만원)

② 관리 주체 및 한국시설안전공단은 제1항의 규정에 의하여 제출받은 감리보고서·설계도서 및 시설물관리대장 등 관련 서류를 보존하여야 한다. 〈개정 2013.1.14〉 − (과태료 2000만원)

[별표3] 설계도서 등 관련 서류의 종류 및 제출 시기 등(제12조관련) − 〈개정 2013〉

구분	설계도서 등 관련서류	감리보고서	시설물관리대장
종류	1. 준공도면 2. 준공내역서 및 시방서 3. 구조계산서 4. 그밖에 시공상 특기한 사항에 관한 보고서 등	최종감리보고서	법 제13조의 규정에 의한 안전점검 및 정밀안전진단지침에서 정한 시설물관리대장
제출자	시공자	발주자	관리 주체
제출처(기관)	관리 주체 및 시설안전관리공단	시설안전관리공단	시설안전관리공단
제출 시기	준공검사 전(준공검사원은 제출 여부를 확인)		
보존 기간	시설물의 존속 기간		
열람 범위 및 절차	법 제25조의 규정에 의하여 설립된 한국시설안전관리공단이 건설교통부장관의 승인을 얻어 정한 지침에 따른다.		

1.10. 자산 관리 및 가치 평가

1.10.1. 개요

시설물은 해마다 증가하고 있으며, 국토교통부의 도로업무편람(2013)에 따르면 2013년도 말 기준 전국 교량의 수가 28,713개로서 1972년도 987개, 1982년도 2,559개, 1992년도 7,148개, 2002년도 18,753개로 증가하였으며, 이에 따른 도로의 연장과 함께 여타 시설물들도 함께 증가되어 왔다.

이와 같이 증가하는 시설물의 효율적 자산 관리를 위해서는 관리대상 자산의 규모를 공학적으로 나타낼 수 있는 자산 가치 평가가 필요하다.

자산 가치 평가는 자산 가치를 평가하는 절차를 통해 산출된 결과를 지칭하는 의미로 사용되며, 도출된 가치 평가 결과는 화폐 단위의 객관적인 지표로 나타내는 특수성을 지닌다. 일반적으로 자산 가치 평가는 유지관리 과정에서 필요한 의사결정과 적절한 비용의 책정 및 재무관리 계획, 그리고 다시 자본화되는 비율 등을 파악하는 데 필수적이며, 자산 관리 시스템을 이용하여 사회간접자본을 관리하는 데 관리 자산을 올바르게 판단하기 위한 의사결정을 도와주는 도구가 된다.(한국건설기술연구원, 2010)

1.10.2. 자산 가치 평가의 효과

자산 가치 평가는 1970년 Marston에 의해 '공학적인 가치로 볼 때, 전문적인 공학지식과 판단이 필요한 특정한 자산의 기대되는 수명 동안 발생하는 여러 가지 유용한 서비스를 제공하는 것에 대한 가치를 추정하는 것'이라고 정의하였다. 그리고 이 가치는 자산의 생애주기 동안 대표적인 지표로 사용될 수 있어야 하며, 아래와 같은 효과를 지닌다.[17]

① 자산 관리자가 자산의 전체적 규모를 쉽게 파악할 수 있다.
② 효과적 자산 관리를 위한 기초적인 지표가 된다.
③ 시설물 이용자가 자산이 주는 혜택 및 편리성에 대한 인식이 높아진다.
④ 유지관리 과정에서 필요한 의사결정과 적절한 비용 책정 및 재무관리 계획 수립
⑤ 자산 가치의 우선순위를 통해 예산의 합리적인 분배가 가능하다.

1.10.3. 자산 가치 평가 방법

1.10.3.1. 자산 항목의 분류

시설물의 자산 가치를 평가하기 위한 기초자료로서 토지와 건물 및 공작물로 크게 대별할 수 있으며, 공작물은 다시 8개의 사화기반시설별로 도로, 철도, 항만, 댐, 공항, 상수도, 하천 및 어항시설 등으로 구분할 수 있다.(기획재정부 2009)[17]

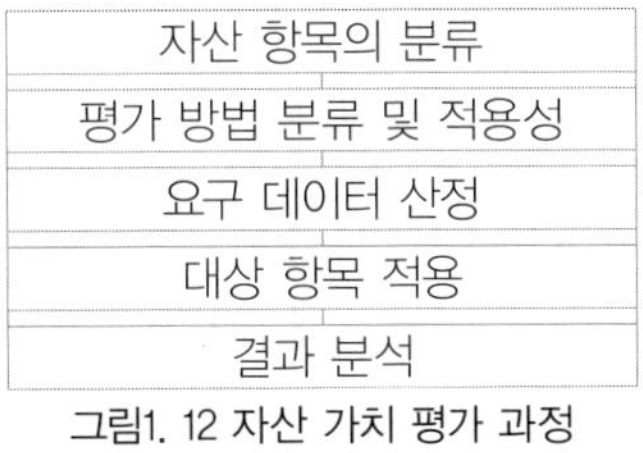

자산 항목의 분류
평가 방법 분류 및 적용성
요구 데이터 산정
대상 항목 적용
결과 분석

그림1. 12 자산 가치 평가 과정

1.10.3.2. 평가 방법 분류 및 적용성

평가 방법에 사용가능한 자산 가치 평가 방법들을 아래와 같이 분류한다.[17]

표1. 18 자산 가치 평가 방법론[17]

기본단가	자산 가치 평가 방법	방법	감가상각 반영
취득원가	취득원가	역사적 원가라고도 하며, 자산의 초기건설비용	×
	취득원가로부터의 가치	과거 기록되어진 공공시설물 건설비용에서 추산한 가치	×
	상응현재가치	취득원가를 인플레이션, 감가상각, 소모 및 마모에 의해 조정된 자산의 가치	○
	수정된 GASB34	시설물 상태가 보존된다는 가정하에, 감가상각은 하지 않고 추가 및 개선비용 자본화	×
	GASB34	정액법을 사용하여 취득원가를 감가상각하여 자산 가치를 평가하는 방식	○
	장부가격	회계장부상에서 감가상각을 고려한 가치, 즉 감가상각을 고려한 조정된 취득원가를 나타내는 방법	○
	갱신회계방법	GASB34의 수정 방식과 동일한 전제조건을 갖지만, 별도의 감가비용 산출방식을 사용	○
대체원가	대체원가	과거의 자산을 현재의 시점에서 재건설하는 비용	×
	Deflated RC	현재 시점에서의 대체원가(RC)를 준공시점으로 Deflate하여 현재 가치를 산정	×
	감가대체원가방법	현행 대체원가를 이용하여 감가상각하는 방법	○
	상각후 대체원가	시간에 따른 노후화를 고려하여 상태가 하락한 만큼의 가치를 감가한 평가 방법	×
	순 공제금액	자산의 대체원가 및 건설 당시의 자산 상태로 되돌리기 위해 투입된 비용을 고려하는 방식	×
–	생산성 실현가치	자산의 잔여수명 동안 사용하면서 발생하는 이익의 흐름에 대한 자산의 가치	×
–	시장가치	시장에서 현재 자산을 거래할 때의 자산 가치로 자산을 처분하는 이해 당사자들에게 적용되는 개념	○

- 취득원가 : 건설원가 혹은 총사업비로 자산을 처음 취득하였을 당시의 금액을 말하며, 매입자산의 매입대가에다 취득에 소요되는 부대비용을 포함한다.
- 취득원가로부터의 가치 : 자산의 완공된 시점부터 현재까지 자산에 투입된 모든 금액의 합산으로 추정되는 가치로 자산에 소요된 비용을 추산할 수 있지만, 기술의 변화에 따른 가치의 다양화 및 기대되는 서비스를 고려할 수 없다는 단점이 있다.
- 상응현재가치 : 자산의 투입된 자본화된 금액을 인플레이션을 고려하여 현재가치법으로 산출하는 방법이다. 인플레이션을 고려했기 때문에 가격 및 사용에 대한 변화를 설명할 수 있다. 이때, 인플레이션비율은 실질할인율을 사용한다.
- 수정된 GASB34 : 취득원가에 자본화된 금액만을 합산한 가치로 자본화된 비용을 파악

할 수 있지만 시간의 흐름에 따른 자산의 노후화를 고려하지 못하는 단점이 있다.

- GASB34 및 장부가격 : 취득원가에 자본화된 금액을 가치상승분으로 합산한 후 감가상각액을 감해 주어 산출되는 가치이다. 이는 자산의 수명과 노후화를 고려한 감가상각 산정의 어려움이 발생할 수 있다.
- 갱신회계방법 : 취득원가에서 이연유지관리비를 감하여 산출하는 방법이다. 이연유지관리비는 필요유지관리비에서 집행유지관리비를 제외한 금액으로 적정 시기에 투입되지 못한 만큼의 예산을 감가상각액으로 간주하는 방법이다.
- 대체원가 : 자산을 현재 시점에서 대체할 수 있는 시설물로 재건설할 때 소요되는 비용을 가치로 평가하는 방법으로서, 이해하기 쉬우며 아주 단순하다. 그러나 새로운 자산과 과거 자산의 가치가 동일시되는 자산의 가치왜곡을 불러일으킬 수 있다.
- Deflated RC : 현재 시점에서의 대체원가를 현재가치법을 이용하여 준공시점으로 되돌려서 가치를 산정하는 방법이다. 그동안 시설물 유지관리와 성능 및 수명 향상을 위해 투입된 비용의 가치가 고려되지 못하는 단점이 있다.
- 감가대체원가 : 현재 시점의 대체원가에 사용수명만큼의 감가상각액을 감하여 산출하는 방법으로서, 현재 시점에서 시설물을 대체하는 새로운 자산을 건설할 때 필요한 대체비용에서 노후화, 성능 및 서비스 수준 하락 등에 의한 가치 감소분을 차감하여 최적화 된 가치를 산정하는 방식이다.
- 순공제금액 : 대체원가에서 현상태를 건설 당시의 상태로 되돌리기 위한 금액을 감해 주는 방법으로서, 감가상각 부분을 자산의 초기 상태로 되돌리기 위해 필요한 복구비용으로 표현하는 방법이다.
- 생산성실현가치 : 자산의 생애주기 동안 발생하는 이익을 산출하는 방법으로 시설물에 대한 상대적 중요성을 설명하기 위해 사용되고 있지만 공공시설물에 대한 금전적 가치의 흐름을 평가하는 것은 어려운 일이기 때문에 보통 많은 가정과 추정을 필요로 한다.
- 시장가치 : 현재 자산을 시장 차원에서 접근하는 방식으로 자산의 소유주로부터 다른 사람에게 판매하거나 이전할 때의 거래비용이다. 시장에서는 많은 요인들이 자산에 영향을 주며, 이러한 영향에는 자산의 남은 수명 동안 발생가능한 경제적 상황, 비슷한 조건의 자산이 판매되는 가치 등이 포함될 수 있다.

1.10.3.3. 요구 데이터

취득원가는 자산의 건설 당시 금액으로서 자산의 관리 주체가 일반적으로 관리하며, 최근 자산을 통합적으로 관리할 수 잇도록 정보화시스템을 이용하여 데이터가 구축되고 있다. 대체원가는 자산의 실제 설계도에 의해 현재에서 재견적되어야 한다.

유지보수 및 보수보강비는 자산의 유지관리를 위하여 투입된 금액을 말하며, 이는 자산의 과거 이력을 통하여 추정한다. 잔존가치는 자산이 이미 가용수명이 다한 것으로 예상되는 상태에 있을 경우 처분 추정 비용을 공제한 후 관리 주체가 자산의 처분을 통하여 현재 확보할 수 있는 추정액이다. 내용년수는 사용 목적을 충족시키지 못할 때까지의 기간, 관리기관에서 자산을 사용할 수 있을 것으로 예상되는 기간 등으로 말할 수 있다.

감가상각은 시간의 경과나 환경적 요인으로 인하여 자산의 가치가 감소하는 것을 말하며, 일반적으로 정액법을 사용한다.

자산의 상태 평가는 재료 시험 및 외관 조사에 의해 시설물의 각 부재로부터 발견되는 상태 변화를 근거로 하여 상태 평가 기준에 따른다. 실질할인율은 현재의 가치가 그대로 미래에도 같은 가치를 가진다는 개념으로 정의되며, 현재가치법에서 이를 활용한다.[17]

1.10.3.4. 대상 항목 적용

자산 구분과 항목 분류를 통해 구별된 자산을 분류된 가치평가방법론들을 적용시키기 위한 항목을 적용하는 단계이다. 대상항목은 사화기반시설물 전체를 대상으로 가치평가방법론을 선택적으로 적용시킬 수 있다.[17]

1.10.3.5. 교량의 적용 사례[17]

(1) 평가대상 교량 선정

현재 우리나라 교량은 28,713개의 중요한 기간시설물로서 아래의 교량을 대상으로 자산 가치를 평가해 본다.

표1. 19 평가대상 교량

형식	면적	완공 연도	상태 등급
PSC–BO– ILM	95.45 m2	1993년	B

(2) 요구 데이터

교량의 자산 가치 평가를 위해 필요한 요구 데이터는 다음의 표와 같다.

표1. 20 교량의 요구 데이터

취득원가(천원)	8,560,000	감가상각액(천원)	3,081,600
대체원가(천원)	17,123,730	자산상태지수	80.5
잔존가치(천원)	0	실질할인율	4.5%
내용 연수	50년	–	–

대상 교량의 취득원가는 8,560,000천 원이다. 대체원가는 교량의 면적을 이용하여 도로업무편람(국토해양부 2010)에 제시하고 있는 교량의 형식별 평균단가를 적용하여 산출하였다. 또한 교량의 해체·폐기비용보다 재활용 비용이 더 적고, 잔존가액은 중요치 않다고 예상되므

로 잔존가액을 0원으로 나타냈다. 내용년수는 교량형식별 공용수명(한국도로공사 2004)을 이용하여 PSC 박스거더교의 공용수명 50년을 적용하였다. 감가상각액은 교량의 사용연수 18년과 공용수명 50년을 활용하여 정액법으로 산출하였다. 자산상태지수는 안전점검 및 정밀안전진단 세부지침(국토해양부 2010)에서 제시하고 있는 B등급의 결함도 범위 평균값을 산출하여 백분율로 환산하였다. 실질할인율은 경제통계연보(한국은행 2010)을 이용하여 실질할인율의 평균치를 적용하였다.[17]

(3) 보수보강 이력

대상 교량의 보수보강 이력은 다음의 표1.21과 같다.

표1. 21 대상교량의 보수보강 이력

연도	2004	2005	2007
비용(천원)	13,721	10,221	27,043

(4) 평가 결과

평가된 자산 가치는 평가 방법에 따라 요구되고 사용되는 자료가 다르기 때문에 하나의 통일된 값으로 산출되지 않았으며, 가치평가 방법은 취득원가를 기반으로 한 방법론과 대체원가를 기반으로 한 방법론으로 분류할 수 있었다. 가장 높은 수치를 나타내는 가치평가 방법은 대체원가 방법이었으며, 이는 자산의 시간 흐름에 따른 노후화를 고려하지 않고 현재 자산의 대체비용만을 고려했기 때문인 것으로 판단된다.

취득원가로부터 대체원가를 기반으로 한 방법론이 취득원가를 기반으로 한 방법론보다 평균가치가 3,571,706천 원 높은 것으로 나타났다.[17]

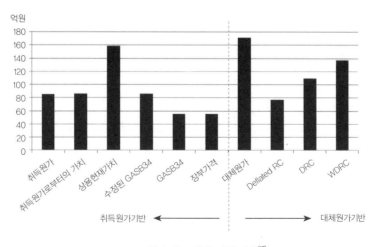

그림 1. 13 교량의 자산 가치[17]

토목·건축

시설물유지관리공학 I

PART 02

성능저하 원인 및 대책

성능저하 원인 및 대책

2.1. 굳은 콘크리트의 역학적 특성

2.1.1. 개요 및 적용

콘크리트 구조물에 압축력, 인장력, 전단력, 휨모멘트 등이 작용하면 구조물의 부재에 변형이 발생되는데, 작용하는 힘을 응력으로, 부재의 변형을 변형도로 나타낸다.

한편, 콘크리트에 작용하는 힘이 매우 크게 되면 파괴가 일어나는데, 비중이나 열에 의한 물리적 성질과 달리 이와 같이 작용하는 힘과 관계되는 재료의 성질을 역학적 성질이라고 하며, 이것은 콘크리트가 하나의 구조체로서 외력을 지지하는데 사용되기 때문에 매우 중요한 요소가 된다.

콘크리트의 역학적 성질 중에서 가장 중요한 것은 다음과 같은 2가지이다.

① 응력 – 변형도 관계(힘-변형의 관계)
② 강도(재료의 파괴와 직접 관계가 있다)

콘크리트의 변형이나 강도 특성이라고 하는 역학적 성질은 콘크리트를 사용하는 장소 및 용도에 따라 구분되어 적용되어야 하는데, 구조체에 작용하는 응력의 종별, 하중속도의 조건과 환경조건 등이다.

구조체에 작용하는 응력은 1방향의 응력만이 작용하는 단축, 또는 2방향 또는 3방향으로 작용하는 다축의 경우 이외에도 압축, 인장, 휨, 비틀림, 전단 등의 하중 종별에 따라서 분류된다.

또한 작용하는 하중의 속도는 시간을 고려하지 않은 정적인 하중의 경우와 시간을 고려해야 하는 동적인 경우가 있다. 하중 작용 시간을 고려해야 하는 경우는 충격적인 급속 재하의 경우와 반복 하중이 작용하는 경우, 그리고 지속적인 하중이 작용하는 크리프(creep)의 경우가 있다.

환경조건으로서는 저온, 상온, 고온 외 극저온, 극고온 등과 같은 온도조건과 건조 상태나 습윤 상태와 같은 습도 조건 그리고 동결 융해 등 여러 가지가 함께 고려된다.

2.1.2. 콘크리트의 강도

굳은 콘크리트의 강도라는 의미는 무척 광범위한 포괄적 의미를 지니는 것으로서 압축, 인장, 휨, 전단, 지압 등의 강도, 철근과의 부착강도, 조합응력에 대한 강도, 지속하중 및 반복하중 하에서의 작용하는 시간과 관련된 강도(예: 피로강도) 등이 모두 포함된 용어이다. 그러나 단순히 콘크리트 강도라는 말은 일반적으로 압축강도를 지칭하는데 그 이유는 다음과 같다.

① 압축강도가 다른 강도에 비하여 상당히 크고, 또한, 콘크리트 부재의 설계 시에도 압축강도가 가장 유효하게 사용되기 때문이다.
② 압축강도로부터 다른 강도의 추정과 굳은 콘크리트의 성질이 압축강도와 밀접한 연관관계를 지니고 있어 그 성질들을 개략적으로 추정할 수 있기 때문이다.
③ 상기의 이유와 아울러 다른 강도의 시험 방법보다도 압축강도의 시험 방법이 간단하기 때문이다.

콘크리트 내에 존재하는 공극은 콘크리트의 파괴과정(Failure mechanism)과 깊은 연관이 있기 때문에 콘크리트의 강도에 큰 영향을 미치며, 일반적으로 재료의 파괴 시 변형률이 0.001~0.005 사이에 들면 취성거동한다고 칭하는데, 콘크리트는 정적하중하의 비교적 낮은 변형률에서 파괴하기 때문에 다소의 소성작용을 갖는다 하더라도 취성재료로 간주된다.
그러므로 철근과의 조합에 의한 연성화로 철근콘크리트 구조체를 형성하게 된다.

2.1.3. 재령에 따른 강도 변화

대부분 콘크리트의 강도 실험은 장기재령강도보다 낮은 강도를 내는 재령 28일에 시행하게 된다. 과거에는 재령 28일 후에 증가되는 강도는 구조의 안전율을 여유 있게 하는 데 기여한다는 정도로만 여겨왔다. 그러나 1957년 이후 일부 국가의 철근콘크리트 및 프리스트레스트 콘크리트의 설계시방서에서는 무세골재(no-fines)콘크리트의 경량콘크리트인 경우를 제외한 모든 콘크리트에 대하여 28일 이후의 재령까지 하중을 받지 않을 경우에는 28일 이후의 강도 증진을 고려하도록 규정하고 있는 경우도 있다. 예를 들어 1972년 제정된 영국기준 CP110의 강도증진계수는 표2.01과 같다.

표2. 01 재령에 따른 강도증진계수(BS Code CP110:1972)

전설계하중이 작용되었을 때 부재의 최소재령 (월)	재령 28일 강도에 대한 강도증진계수		
	28일 강도 10~30MPa	28일 강도 40~50MPa	28일 강도 60MPa
1	1.00	1.00	1.00
2	1.10	1.09	1.07
3	1.16	1.12	1.09
6	1.20	1.17	1.13
12	1.24	1.23	1.17

또한 28일 강도에 대한 보통 시멘트콘크리트의 재령별 상대강도로 다음의 표를 참조한다.

표2. 02 콘크리트 28일 강도에 대한 상대강도

재 령	7일	14일	28일	3개월	6개월	1년	2년	5년
강도비	0.67	0.86	1.00	1.17	1.23	1.27	1.31	1.35

2.1.4. 콘크리트의 응력-변형도 관계

2.1.4.1. 개요 및 일반

콘크리트 구조물의 설계 방법이 콘크리트의 응력-변형도 관계를 직선으로 간주하는 탄성설계에 따른다는 경우로 콘크리트의 변형에 관한 일반적인 성질을 응력-변형도 곡선 즉, 탄성계수로 나타낸다. 단축압축을 받는 콘크리트의 응력-변형도 곡선은 다음의 그림 2.01과 같이 응력이 작은 범위에서는 거의 직선적이며, 응력이 커짐에 따라 기울기가 완만해지면서 위로 볼록한 곡선이 되어 최대 응력에 도달한다. 이 점을 지나면 곡선은 아래 방향으로 향하게 되고, 콘크리트는 순간적으로 파괴해 버린다. 여기서, 콘크리트의 순간적인 파괴가 일어나지 않도록 적절한 장치를 하여 콘크리트의 외력에 대한 내력이 다할 때까지의 응력-변형도 곡선을 구하면 그림2.01의 파선 부분과 같다.

그림2.01은 3종류의 강도가 서로 다른 콘크리트의 응력-변형도 곡선의 예이다. 이 그림에서 보는 것과 같이 콘크리트의 강도가 커짐에 따라 응력-변형도 곡선의 초기 기울기 즉, 탄성계수가 커지며, 강도가 클수록 최대 응력점 이후의 응력 하강역 기울기도 크게 된다는 것을 알 수 있다. 저강도의 콘크리트는 최대 응력점을 지나서 내력이 급격하게 저하되지 않기 때문에, 콘크리트의 파괴가 서서히 일어나며, 파괴 시에 콘크리트가 폭발적으로 분산하는 것도 없다. 경량콘크리트의 경우, 초기 기울기(탄성계수)가 작고, 재응력-변형도 곡선은 보다 직선적이며, 최대 응력 이후, 급격한 내력저하를 보인다.

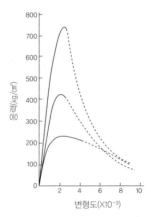

그림2.01 콘크리트의 응력-변형도 곡선

변형에는 힘을 제거하면 원점으로 되돌아오는 탄성변형과 힘을 제거해도 원점으로 되돌아오지 않는 소성변형이 있다. 콘크리트의 최대응력에서 변형도는 약 0.2%, 보통의 압축시험에서 파괴시의 변형도는 약 0.3~0.4%이며, 이것은 철강이나 고분자 등의 재료에 비해 소성적인 변형이 훨씬 작고, 취성재료라고도 한다.

또한, 콘크리트의 내력이 다할 때까지의 하강역을 포함한 전체 응력-변형도 곡선을 구하면 최대 변형은 1%를 넘는다.

2.1.4.2. 응력-변형도 곡선과 내부 균열

콘크리트는 굵은 골재와 잔골재가 시멘트 페이스트 즉, 모르타르로 결합되어 있다. 콘크리트의 조직은 원래 골재와 모르타르의 경계에서 부착력이 모르타르 부분의 접착력보다 약하고, 굵은 골재의 하면에는 블리딩(bleeding)에 의한 공극이 존재하며, 또한, 일반적인 골재의 탄성계수는 모르타르의 탄성계수보다 크기 때문에 콘크리트 조직에 압축력이 가해질 경우 작용하는 힘이 크게 되면, 약한 면에 있는 골재와 모르타르의 경계면에 있는 부착면에 큰 힘이 작용하게 되어 부착균열이 발생한다.

계속하여 힘이 가해지면, 그 수도 증가하면서 곧 균열의 선단이 모르타르 내부로 진전되어 가는데 이러한 균열을 모르타르균열(mortar crack)이라 한다.

콘크리트의 조직은 매우 복잡하고 다양하므로 부착균열이나 모르타르균열은 어떤 일정한 응력에서 콘크리트 중에 전체적으로 갑자기 발생하는 일은 없고, 가장 발생하기 쉬운 곳으로부터 순차적으로 일어난다. 균열의 발생은 연속적이지만, 부착균열의 길이나 폭이 증가하기 시작하는 것은 압축응력이 압축강도의 약 30~50%에 달할 때이다. 이때 응력−변형도 관계는 거의 직선적이며, 이 한도를 비례한도라고 하며, 그 이후는 응력이 증가함에 따라 부착균열이 진전되어 응력−변형도 관계는 곡선으로 된다.

더욱이 하중이 증가하여 압축강도의 70~80% 응력에 달하면 부착균열이 모르타르 중에 진전하기 시작하고, 그 위에 압축강도의 80~90%의 응력에서는 모르타르균열의 진전이 현저하게 나타나서 부착균열이 모르타르균열에 연결되어 연속된 균열 패턴이 형성된다. 이 모르타르균열의 방향은 주로 하중 방향과 일치한다. 그 후 모르타르균열의 폭이 갑자기 증대하여 응력−변형도 곡선이 최대점에 달한 후에는 내력이 감소하기 시작하여 곧바로 콘크리트는 파괴된다.

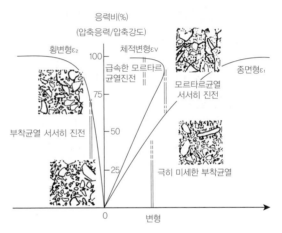

그림2. 02 응력−변형곡선과 내부균열

2.1.4.3. 횡변형도 및 체적변형도

콘크리트 부재의 상부에서 압축하중이 작용할 때 하중 방향의 변형도를 종변형도라 부르고, 이를 ε_1로 표기하며, 이에 대해 하중 방향과 수직 방향인 횡변형도에는 즉, ε_2와 체적변형도 ε_v 가 있다.

여기에서, 종변형도와 횡변형도는 직접 측정될 수 있지만, 체적변형도는 그림 2. 03과 같이 종변형도와 횡변형도로부터 3방향 변형도의 조합으로서 다음과 같이 구한다.

$$\varepsilon_v = \varepsilon_1 + \varepsilon_2$$

횡변형도와 체적변형도의 응력에 대한 관계는 그림2.03과 같으며, 그림에 도시된 바와 같이 횡변형도는 종변형도와 부호가

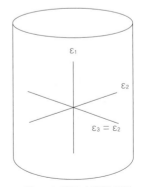

그림2. 03 하중과 변형 방향

반대이고, 압축시험에서는 종방향이 압축되는데 대해서 횡방향은 인장을 나타낸다.

응력이 더욱 증가해서 응력-변형도 상에 종변형도가 직선으로부터 곡선으로 되어도, 체적변형도와 응력의 관계는 거의 직선이다. 응력이 증가해서 압축강도의 약 80~90%가 되면 횡변형도의 급격한 증가가 시작되고, 이에 따라서 체적 변형도가 그때까지의 감소 경향으로부터 증가하는 경향으로 바뀌며, 이 경계를 임계응력이라 한다.

횡변형도의 급격한 증가는 전술한 바와 같이 하중 방향과 일치한 모르타르균열의 급격한 진전에 의한 것이다. 또한, 모르타르균열이 진전하기 시작하는 것은 압축강도의 70~80%의 응력에서이며, 이것을 개시응력이라 한다.

2.1.4.4. 반복응력 콘크리트의 변형 특성

반복응력에서 콘크리트의 응력-변형도 곡선 변화는 그림2.04와 같으며, 이때 상·하한 응력시의 변형도는 그림2.05와 같다. 첫 번째 재하 때의 응력-변형도 곡선은 정적재하와 같이 위로 볼록한 곡선이며, 반복회수가 증가함에 따라 응력-변형도 관계는 직선에 가까워지면서 기울기가 점차 감소되고, 결국 파괴에 이르러서는 S자형으로 된다. 이와 같이 응력의 반복에 따라 그 변형응답은 다르며, 상·하한 응력시의 변형도가 반복 회수에 따라 커진다. 즉, 최대 변형도와 반복 회수와의 관계는 최초의 위로 볼록한 곡선으로 직선 부분을 지나 아래로 볼록한 곡선으로 되고, 결국에는 파괴에 이른다.

상한 응력시의 변형도와 하한 응력시의 변형도의 차이는 반복 회수가 증가함에 따라 크게 된다. 이러한 변형거동은 크리프 파괴의 시간과 변형 관계와 거의 같은 형태를 띤다.

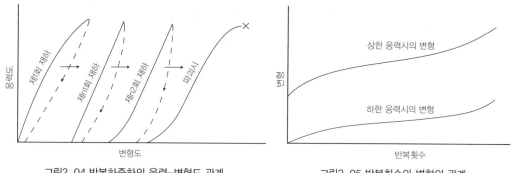

그림2. 04 반복하중하의 응력-변형도 관계   그림2. 05 반복회수와 변형의 관계

2.1.5. 탄성계수

콘크리트는 구조재료로서 강도뿐만 아니라 변형성능도 매우 중요한 요소이다. 재료의 변형성능을 평가하는 물리적 정량의 하나로서 탄성계수가 있다. 구조설계에 이용되고 있는 콘크리트의 탄성계수는 그림2.06과 같이 곡선의 1/3~1/4점이 있는 할선계수를 이용한다. 이 값이 큰 콘크리트일수록 같은 응력을 가할 때 변형량이 작다는 것을 의미한다

이 값이 큰 콘크리트일수록 같은 응력을 가할 때 변형량이 작다는 것을 의미한다.

콘크리트의 탄성계수는 콘크리트의 재질이나 강도의 영향을 강하게 받지만, 강재의 탄성계수는 재질이나 강도 특성에 관계없이, 거의 $2.1 \times 10^6 \text{kg/cm}^2$으로 일정한 값을 나타낸다. 같은

종류의 콘크리트에서는 압축강도가 클수록
탄성계수가 크며 또한, 같은 강도의 콘크리트
에서는 보통 콘크리트보다도 경량 콘크리트
쪽이 탄성계수가 작은 값을 나타낸다.

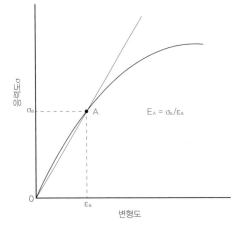

그림2. 06 탄성계수를 구하는 방법

콘크리트와 같은 복합재의 변형 성질은 그
것을 구성하고 있는 소재 즉, 시멘트 페이스
트(cement paste)와 골재의 변형 특성의 용
적 비율에 따라 좌우된다. 지금 콘크리트 중
의 골재 및 시멘트 페이스트 등이 점유한 용적
률을 각각 Va 및 Vp, 골재 및 시멘트 페이스
트의 탄성계수를 각각 Ea 및 Ep라고 한다면,
그림2.18(a)의 점유용적인 경우 상하로 균일
하게 압축할 때의 탄성계수 Ec는 아래와 같이 나타낼 수 있다.

$$Ec = EaVa + EpVp$$

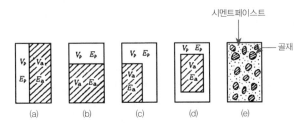

그림2. 07 각종 골재 및 시멘트 페이스트 점유 콘크리트 모델

또한, 골재 및 시멘트 페이스트를 그림2. 07(b)의 점유용적인 경우 상하로 일정한 응력으로
압축할 때의 탄성계수 Ec는 다음과 같이 나타낼 수 있다.

$$1/Ec = VaEa + Vp/Ep$$

Vp : 시멘트 페이스트 용적비   Va : 골재의 용적비

Ep : 시멘트 페이스트 탄성계수   Ea : 골재의 탄성계수

2.1.6. 콘크리트의 크리프

2.1.6.1. 크리프 변형

콘크리트 부재에 일정한 지속력이 작용하면 그 크기에 따라 콘크리트의 변형 특성은 다소 다
르게 된다. 비교적 지속응력이 낮은 경우의 변형은 시간이 경과함에 따라 증가하다가 일정 값
에 접근하지만, 지속응력이 큰 경우의 변형은 시간이 경과함에 따라 계속 증대해서 결국 콘크
리트는 파괴한다. 아래 그림2.08과 그림2.09는 일정한 지속력이 작용하는 콘크리트의 변형도
와 시간의 관계를 나타낸 것이다.

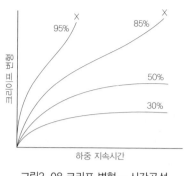
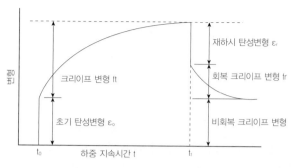

그림2. 08 크리프 변형 – 시간곡선   그림2. 09 변형도와 하중지속시간 관계

일정한 지속응력을 받는 콘크리트의 시간적인 소성변형을 "크리프"라 하며, 지속응력 하에서의 파괴를 "크리프 파괴"라 한다.

그림2.09에서 재령 t_0에서 하중이 재하되면 ε_0이라는 탄성변형이 생기며, 이것을 "초기 탄성변형"이라 한다. 그 이후 시간이 경과함에 따라 변형 속도는 줄면서 크리프(creep) 변형은 증대하며, 수년 후에는 거의 변형의 증대 없이 어떤 일정 값을 가지게 된다. 이것을 "종국 크리프"라고 한다. 만약, 재령 t_1에서 지속하중을 제거하면 곧바로 "탄성회복 변형" ε_r이 생기며, 그 후 시간이 지남에 따라 "회복 크리프"가 생기는데, 이 회복 크리프는 곧이어 일정한 값에 접근한다. 지속하중의 재하보다 재하 시까지의 사이에서 탄성계수는 증가하기 때문에 재하시의 탄성변형은 초기 탄성변형보다 작게 된다. 회복 크리프가 일정한 값으로 된 후에 잔류변형을 "비회복 크리프"라 한다.

콘크리트 구조물에서의 크리프에 관한 다음과 같은 2가지의 법칙이 가정된다.

① 크리프 변형은 응력에 비례하고 압축 및 인장에 대해서 비례정수는 같다. 이 법칙은 "Davis-Glanville)의 법칙" 또는 "크리프에 관한 후크의 법칙"이라 하며, 지속응력의 크기가 정적강도의 50% 정도 이하에서는 거의 성립하는 것이 실험적으로 확인되고 있다.
② 같은 콘크리트에서 단위 응력에 대한 크리프 진행은 일정불변이다. 이 법칙을 "Whitney의 법칙"이라 한다.

2.1.6.2. 크리프 파괴
지속응력의 크기가 정적강도의 80% 정도 이상이 되면, 크리프(creep) 변형은 이미 일정 값을 넘어서서 콘크리트는 파괴되는데 이와 같은 파괴를 "크리프 파괴"라고 한다.
우측의 그림2.10은 콘크리트가 크리프 파괴 시의 변형과 시간의 관계를 나타낸다. 콘크리트의 크리프 파괴 곡선은 금속이나 토질 재료 등과 같이 변형 속도가 시간이 지남에 따라 감소하는 "변천 크리프" 부분과 변형 속도가 시간에 무관하게 일정 또는 최소인 "정상 크리프" 부분 및 변형 속도가 차차 증대에서 파괴에 도달하는 "가속 크리프" 부분의 3단계로 분류할 수 있다.

정상 크리프 부분의 직선 기울기 즉, 정상 크리프 속도와 크리프 파괴까지의 시간 사이에는 밀접한 관계가 있으며, 일반적으로 정상 크리프 속도가 작게 되면, 크리프 파괴까지의 시간은 길게 된다. 크리프 파괴까지의 시간이 무한대로

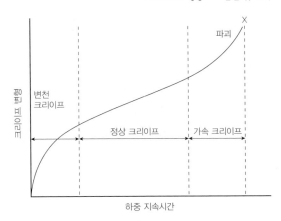

그림2. 10 크리프 파괴에서 변형 성분

크고, 변형이 일정하게 되어 미리 파괴하지 않을 때의 지속응력 또는 지속응력의 정적강도에 대한 비율(응력비)을 "크리프 한도"라고 한다. 이것은 피로파괴의 피로한도에 해당한다. 콘크리트의 크리프 한도는 정적강도의 약 75~90% 정도라 한다.

2.1.7. 콘크리트의 건조수축

2.1.7.1. 수축의 종류
콘크리트의 수축 형태는 다음과 같이 일반적으로 경화, 건조, 탄산화에 의한 수축의 3가지 경우로 나뉜다.

(1) 경화수축
경화수축은 수분 공급이 없을 때의 체적감소현상으로서 혼합된 시멘트와 물의 절대용적이 수화반응의 진행과 동시에 감소하며 수축되는 현상을 말한다. 이는 외부로부터 수분 공급이 차단되고, 또한 수분 증발이 없는 경우 시간이 지남에 따라 수축하는 현상이 발생된다. 경화수축의 근본적 원인은 수화반응에 기인하므로 수화반응을 한편 체적감소반응이라고도 한다.

그러나 수중양생과 같이 수분 공급이 충분한 경우에는 시멘트 경화체의 체적은 천천히 팽창한 후 안정되어서 거의 일정한 상태로 지속된다.

(2) 건조수축
건조수축은 수분의 증발에 의한 체적감소현상으로서 콘크리트를 공기 중에서 양생하면 수분이 증발하기 때문에 수축하게 된다. 이것은 겔수의 유출, 증발이 건조수축의 주요인이라 할 수 있다. 시멘트 경화체 중에는 이 외에도 화학적 결합수, 모세관 공극 중의 모세관수 등이 함유되지만, 결합수는 건조에 의해 유출되지 않고, 모세관수의 분산도 수축에 영향을 주지 않는다.

(3) 탄산화에 의한 수축

대기 중에서 양생된 시멘트 경화체는 수분의 증발 분산에 의해 중량 감소와 수축이 초기에는 평형하게 진행되지만, 후기에는 외기습도와 평형 상태로 된 다음, 중량 감소가 정지하고, 이후 서서히 중량 증가로 전환하는데도 수축 현상은 계속 진행된다.

이는 시멘트 수화물의 탄산화에 의한 체적변화라 할 수 있다. 탄산화에 의한 수축 현상에서는 내부습도에 상응한 수산화석회의 결정에 압력이 가해진 상태에서 탄산화가 있으면, 그 결정이 분해하기 때문에 수축이 일어난다.

2.1.7.2. 건조수축의 진행

콘크리트의 건조수축은 주로 시멘트 페이스트의 수축에 의한 것이기 때문에 시멘트 페이스트 양을 가능한 한 적게 하며, 그 질을 개선하는 것이 최우선 과제이다. 일반적으로 시멘트 페이스트, 모르타르, 콘크리트의 순으로 시멘트의 사용량은 감소하고 또한, 골재에 따른 수축억제 작용은 강하기 때문에 건조수축량도 같은 순으로 감소한다.

콘크리트의 건조수축은 콘크리트로부터 수분의 유출과 분산이 장기간에 걸쳐서 억제

수축값의 최종치를 ε_{sn}이라 하고 임의 시간의 수축량을 ε_{st}라 할 때, 일정한 온도와 습도에서 수축량은 대략 다음과 같은 식으로부터 얻을 수 있다.

$$\varepsilon_{sn} = \varepsilon_{st}\left(1-e^{-At}\right) \quad \text{또는} \quad \varepsilon_{st} = \frac{t}{B + C \cdot t}$$

여기서, A, B, C : 실험정수   t : 시간

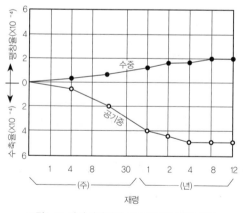

그림2. 11 장기재령에서 콘크리트의 장기 변화

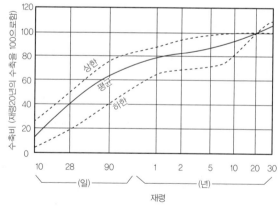

그림2. 12 콘크리트의 재령과 수축의 관계

2.1.7.3. 수축응력과 균열 발생의 관계

철근콘크리트 부재에서 콘크리트에 수축응력이 발생하면 철근은 콘크리트의 수축 변형을 억제하려 한다.

이로 인해 콘크리트에는 인장응력이 일어나고 결국 균열이 발생하게 된다.

콘크리트 부재의 단위 길이에 대한 수축 변형의 메커니즘을 그림2.13의 도시에서 살펴보면, 콘크리트는 본래 ε_{sn}의 자유수축이 일어나지만 철근에 의해 억제되어 $\varepsilon_s{}'$의 수축이 일어나게 되므로 콘크리트에는 $\varepsilon_s{}'$의 인장변형이, 철근에는 $\varepsilon_s{}'$의 압축변형이 발생하게 된다.

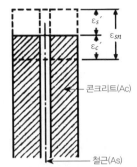

그림2. 13 건조소축에 의한 응력의 발생

콘크리트와 철근의 응력도를 각각 $\sigma_c{}'$ 및 $\sigma_s{}'$, 단면적을 A_c 및 A_s, 그리고 탄성계수를 E_c 및 E_s라 하고, 전 압축력을 C, 전 인장력을 T라 하면,

$$\varepsilon_c{}' = \frac{\sigma_c{}'}{E_c} = \frac{T}{E_c\ A_c} \qquad\qquad \varepsilon_s{}' = \frac{\sigma_s{}'}{E_s} = \frac{C}{E_s\ A_s}$$

적합조건으로부터

$$\varepsilon_{sn}{}' = \varepsilon_c{}' + \varepsilon_s{}' = \frac{T}{E_c\ A_c} = \frac{C}{E_s\ A_s}$$

평형조건으로부터

$$T = C = \frac{\varepsilon_{sn}\ E_s\ A_s}{1 + \dfrac{E_s\ A_s}{E_c\ A_c}} + \frac{\varepsilon_{sn}\ E_s\ A_s}{1 + np}$$

여기서, $n = E_s / E_c$, $p = A_s / A_c$
따라서,

$$\sigma_s{}' = \frac{C}{A_s} = \frac{\varepsilon_{sn}\ E_s}{1 + np}$$

$$\sigma_c{}' = \frac{C}{A_c} = \frac{pepsilon_{sn}\ E_s}{1 + np}$$

참고로, $\varepsilon_{sn} = 30 \times 10^{-5}$, $E_s = 2.1 \times 10^6 \mathrm{kg/cm^2}$, n=10, p=2%로 한 수치계산 예를 나타내면 $\sigma_s{}'$ =525kg/cm², $\sigma_c{}'$ =10.5kg/cm²로 된다. ε_{sn}과 p가 큰 경우에는 $\sigma_c{}'$가 증대되고 균열로 이어지기 때문에 건조수축량을 작게 하기 위한 연구와 철근량을 적당하게 하고 동일한 철근비이면서 직경이 작은 철근을 이용하는 등의 조치가 필요하다.

2.2. 시설물의 노후화

시설물 구조체의 주재료인 콘크리트는 내화성, 내구성, 내진성 및 경제성이 좋은 재료로서 거의 반영구적으로 50년 이상 사용가능한 재료라고 생각하여 건설 시설물에 많이 사용되어 왔으나, 과거 20여 년 전부터 염화물 이온(Cl^-)의 침투에 의한 염해나 알칼리골재 반응, 조기 중성화 등에 의한 철근콘크리트 구조물의 조기 노후화 현상이 대두되어 오다가 최근 콘크리트 구조물의 붕괴 및 안전사고 등을 겪으면서 콘크리트의 조기 열화와 내구성 저하 사례가 빈번하여 사회문제로 대두되고 있다.

최근 국내의 상황을 살펴보면 철근콘크리트 구조물의 내구성 저하 및 조기 노후화의 조짐과 우려의 배경을 크게 4가지로 나누어 설명할 수 있겠다.

첫째, 건설 산업의 양적 고도성장에 따른 양질의 천연골재의 고갈과 염분제거가 불충분한 바다모래 및 자갈의 무분별한 사용, 둘째, 건설 기술의 진보 및 향상에 따라서 철근콘크리트 구조물 사용 분야의 새로운 시도와 가혹한 사용 환경에 노출됨으로써 예상치 못한 하중과 환경의 거동, 셋째, 콘크리트의 제조 및 타설 기술의 분업화와 공사 단계별 유기적 정보 교류의 실패에 따른 품질 저하, 넷째, 대기오염과 관련된 공기 중의 탄산가스, 아황산가스, 질소산화물, 등의 증가에 따른 화학적 침식 등이다.

이러한 현상들은 콘크리트의 수명이 반영구적인 것으로 인식되어 왔던 반면에 콘크리트 내구성 신화의 붕괴로 일컬어져 콘크리트의 열화 및 내구성에 대한 많은 연구가 진행되고 있으며 사회간접자본으로서의 유지관리가 큰 관심사로 대두되게 되었다.

시설물은 시간의 경과에 따라서 자연적 또는 인위적 환경요소의 영향에 의해 그 성능이나 기능이 저하되어 노후되기 마련이다. 여기서, 노후화란 건축물이 경과 연수의 증가에 따라 사용 재료의 내구성과 구조물의 안전성 그리고 기능성 등의 요건을 충족시켜 주기 위한 각종의 재료나 부품 등 제 성능의 저하나 부재 및 부품의 결함과 손상에 의해서 제 기능을 발휘하지 못하게 되어 결국 그 효용가치가 한계 상태에 다다르게 되고 건물의 잔존수명이 줄어들게 되는 현상이라 정의할 수 있다.

그렇기 때문에 건축물의 사용 기간 동안에 사용자의 요구 조건에 충족할 만한 제 기능을 오래도록 유지시켜 주기 위해서는 노후화를 완화 혹은 예방 및 복원하는 등의 방법을 통하여 저하된 건축물의 기능을 회복시켜 그 수명을 보장하거나 연장시키는 공학적 활동이 절대적으로 필요하며, 이러한 공학적 활동을 유지관리 활동이라 할 수 있다.

이러한 효과적인 유지관리 활동은 건축물 소유자 각 개인의 안정성과 경제성을 확보시켜 줄 뿐만 아니라 국가적인 차원에서도 건설 자원의 확보 및 절약과 건설 폐자재에 의한 환경훼손의 예방 차원에서도 매우 중요한 의미를 갖고 있으므로 제한된 국토의 영역에서 유지관리 산업은 국가적 차원의 미래 지향적 창조경제 산업분야라 할 수 있다.

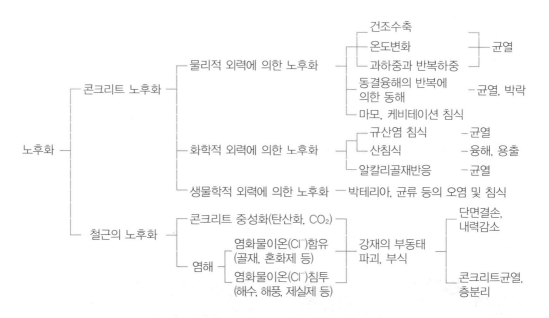

그림 2. 14 철근콘크리트구조물의 노후화 및 원인별 분류

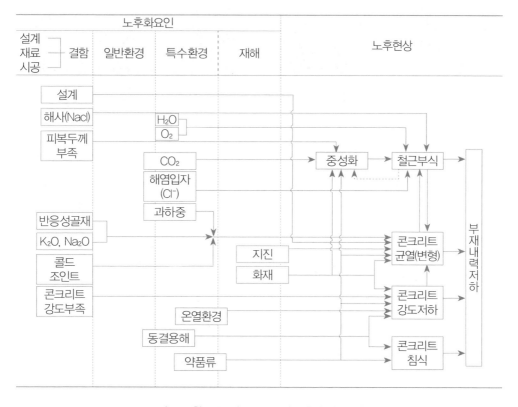

그림2. 15 철근콘크리트 구조물의 노후화 인자와 현상

2.2.1. 노후도 평가 항목 및 기준

시설물의 상태평가 등급 기준은 건설교통부 시설물유지관리지침에 따라 표2.03과 같으나 이 기준은 건축물의 상태를 검사자 개인의 주관적 관념에 치우친 정성적인 평가등급으로 설정하고 있으므로 이것으로부터 시설물의 노후상태를 정량적으로 객관화하는 데는 한계가 있다.

그러므로 보다 나은 객관적 평가를 위해 열화의 유형별로 세분화된 상태평가 항목과 기준이 필요하다. 세분화된 항목으로서는 균열, 콘크리트의 중성화, 염해, 철근부식, 콘크리트의 강도저하, 표면노후 등으로 정할 수 있으며, 표면노후에는 표면손상, 동결융해, 박리, 박락, 마모, 패임(Pop out), 백화(태), 그리고 오염 등을 포함한다.

또한 점검·진단에서 기존 시설물의 상태평가는 구조물을 구성하고 있는 각 부위의 부재들에 대한 평가 결과를 종합하고, 각 부재에서 얻어진 평가결과를 층단위로 종합하여 최종적으로 전체 구조물에 대하여 표2.04의 5단계 등급으로 구성토록 한다.

사진2. 01 노후화된 교량의 모습

사진2. 02 노후화된 건물의 모습

■ 중대한 결함

건축시설물에서 중대한 결함이란 아래의 범위와 같으며, 시설물의 전반적인 상태 및 환경에 따라 결함이 시설물의 안정성에 미치는 영향 정도를 고려하여 책임기술자가 조정할 수 있다.

① 건축물의 기둥. 보 또는 내력벽의 내력 손실(부재내력 안정성평가기준 "d" 이하)
② 철근콘크리트의 염해 또는 중성화에 따른 내력 손실(상태평가 기준 "e"인 경우)
③ 조립식 구조체의 연결부실로 인한 내력 상실(안정성 평가기준 "d"이하)
④ 주요 구조부재의 과다한 변형 및 균열 심화(상태평가기준 "d"이하)
⑤ 지반침하 및 이로 인한 활동적인 균열(상태평가기준 "d"이하)
⑥ 누수·부식 등에 의한 구조물의 기능 상실(철근부식 상태평가기준 "e"인 경우)

표2. 03 건축물의 상태 및 안전성 평가 등급

등급	평가 점수 범위	평가 점수 대표값	노후화 상태	조치
A	0≤×<2	1(우수)	문제점이 없는 최상의 상태	정상적인 유지관리
B	2≤×<4	3(양호)	보조부재에 경미한 손상이 있으나 기능 발휘에 지장이 없으며, 내구성 증진을 위하여 일부의 보수가 필요한 상태	지속적인 주의관찰이 필요함
C	4≤×<6	5(보통)	주요부재에 경미한 결함 또는 보조부재에 광범위한 결함이 있으나 전체적 시설물 안전에 지장이 없으며, 주요부재에 내구성, 기능성 저하 방지를 위한 보수가 필요하거나 보조부재에 간단한 보강이 필요한 상태	지속적인 감시와 보수·보강이 필요함
D	6≤×<8	7(미흡)	주요부재에 결함이 발생하여 긴급한 보수·보강이 필요하며 사용제한 여부를 결정하여야 하는 상태	사용제한 여부의 판단과 정밀안전진단이 필요함
E	8≤×≤10	9(불량)	주요부재에 발생한 심각한 결함으로 인하여 시설물의 안전에 위험이 있어 즉각 사용을 금지하고 보강 또는 개축을 하여야 하는 상태	사용금지 및 긴급 보강 등 안전조치가 필요함

표2.04 철근콘크리트 건축물의 상태평가 항목과 등급기준(안)
(노후화 유형 분류 및 평가기법 개발에 관한 연구－건교부,시설안전기술공단)

등급	상태	상태평가 항목 중성화	염해(kg/㎥)	철근 부식	균 열	강도 저하	표면 노후
A	최상	t ≤ 0.3D	CI ≤ 0.3	부식 없음, 약간의 점녹(0 < E)	d ≤ 0.3D	100% ≤ α	최상
	매우양호						
B	양호			넓은 점녹 (−200 < E ≤ 0)			양호
	비교적 양호 (필요시 보수)						
C	보통 (경미한 보수)	0.3D < t ≤ 0.5D	0.3 < CI ≤ 0.6	면녹, 부분 들뜸 (−350 < E ≤ −200)	0.3D < d ≤0.5D	85% ≤ α < 100%	국부적 노후화(깊이: 10mm이내)
	사용한계상태 (즉시 보수보강)						
D	불량 (즉시 보수보강)	0.5D < t ≤ D	0.6 < CI ≤ 1.2	넓은 들뜸, 20% 이하의 단면결손 (−500 < E ≤ −350)	0.5D < d ≤ D	75% ≤ α < 85%	노후화가광범위하나, 부분 단면 결손 (깊이: 20mm 이내)
	심각 (사용제한, 근본적 보수보강)						
E	위험 (사용제한, 교체 보강)	D < t	1.2 < CI	두꺼운 층의 녹 20%이상의 단면 결손(E ≤ −500)	D < d	α < 75%	광범위한 노후화, 단면결손 큼(깊이: 철근 위치)
	성능 상실 (사용금지, 철거)						

[주] t: 중성화 깊이(mm), D: 피복 두께(mm), E: 자연전위(mV), d: 균열 깊이(mm), α: 코아강도/설계기준강도(%)

2.2.2. 퍼지이론에 의한 노후도 평가

2.2.2.1. 가능성 이론
(1) 확률과 가능성

불확실성이란 애매하고 모호한 상태를 나타내는 말로서 이를 표현하는 데는 확률이론과 퍼지이론(Fuzzy theory)이 이용된다. 여기서는 먼저 확률이론과 가능성이론에 대하여 살펴보고 그 다음에 불확실성의 특성에 대하여 알아보기로 한다.

① 확률이론

퍼지 개념이 1965년 Zadeh에 의하여 제안된 이후로 퍼지이론과 기존의 확률이론 사이의 관계에 대하여 많은 논의가 있어 왔으나 두 가지 이론 모두가 불확실성을 표현하고 있으며, 또한 불확실한 정도를 구간 [0, 1]의 값으로 표시하기 때문에 서로 매우 유사한 면이 있다.

확률이론은 기본적으로 전체집합 내에서 어느 원소가 발생할 가능성을 다루고 있으며, 전체집합을 표본공간이라 하고, 어느 원소가 발생하는 것을 사건이라 한다. 이때 동일한 표본공간 내에 있는 원소(즉, 사건)는 서로 상호 배타적으로 발생한다.

전체집합인 표본공간(S) 내에서 사건의 발생 가능성을 나타내기 위하여 확률 분포 $P(A)$를 다음과 같이 정의한다.

i) $0 \leq P(A) \leq 1$
ii) $P(S)=1$
iii) 상호 배타적 사건 A_1, A_2, …가 있을 때$(i \neq j, A_i \cap A_j = \emptyset)$
$$P(\cup A_i)=\Sigma P(A_i)$$

이제 2개의 표본공간 S와 S'가 있을 때, 사건 A는 S에서, 사건 B는 S'에서 발생한다고 할 경우. 이것들이 상호 독립적으로 발생하고 있을 때, A와 B가 모두 일어날 결합확률 $P(AB)$는 다음과 같다

$$P(AB)=P(A) \cdot P(B)$$

이때 사건 B가 발생한 후에 A가 발생할 조건확률은 $P(A|B)$로 표시하고 다음과 같이 정의된다.

$$P(A|B)=P(AB)/P(B)$$

② 가능성이론

앞에서 퍼지집합은 전체집합에 대한 제약이라 하였다. 예를 들어서 어느 변수나 명제, 객체가 가질 수 있는 값을 퍼지집합으로 나타낸다고 하여 보자. 이 변수가 가질 수 있는 모든 값을 전체집합 X라 생각하면, 이 전체집합 중에서 퍼지제약이 주어져 퍼지값 A가 정하여진다고 생각할 수 있기 때문이다.

정수 값을 가질 수 있는 변수 v를 생각하여 보자. 그리고 이 변수의 값을 퍼지집합 A라 하자. 즉, "v는 A이다."

$$v = A$$

여기에서 퍼지집합 v가 "작은 정수"라면

"v는 작은 정수이다."

따라서 집합 v는 정수 집합 중에서 제약이 가해져 정의된 퍼지집합이라 할 수 있다. 물론 이 퍼지집합은 소속함수에 의하여 정의된다.

이상과 같이 변수 v가 전체 집합 X 내의 값을 갖도록 하는 퍼지제약은 가능성 분포 $\mathbb{I}_v$ 에 의해 정의될 수 있다. 이 가능성 분포 $\mathbb{I}_v$는 변수 v에 따라 정의되고, 이 분포에 의하여 v 값인 퍼지집합 A가 결정된다.

원소 x의 가능성(즉,v=x의 가능성)은 $\mathbb{I}_v(x)$로 표시되고, 이 $\mathbb{I}_v(x)$들이 모여 퍼지집합 A를 구성한다. 따라서 결국 분포함수 값 $\mathbb{I}_v(x)$와 집합 A의 소속함수 값 $\mu_A(x)$는 일치한다.

$$A = \{\mathbb{I}v(x)\}, \quad \mathbb{I}v(x) = \mu A(x)$$

앞에서 확률 분포에서 모든 확률의 합은 1이 되어야 하지만 가능성 분포에서는 이러한 조건이 필요하지 않다.

예를 들어서 "갑돌이는 매일 달걀 v개를 먹는다."라는 명제가 있다 하자.

$$v = 1, 2, 3, 4, \cdots$$

이때 가능성 분포와 확률 분포 모두가 변수 v를 정의하는 데 이용될 수 있다. 가능성 분포 $\mathbb{I}_v(x)$는 단순히 갑돌이가 먹을 수 있는 달걀의 숫자 x를 나타낸다. 그리고 확률 분포 $P_v(x)$는 갑돌이를 100일 동안 관찰하여 먹은 달걀의 각 개수 x별로 확률을 계산하여 얻을 수 있다. 표 2. 05는 달걀 숫자 v에 대한 가능성을 가능성 분포와 확률 분포로 나타낸 것이다.

표2. 05 확률 분포와 가능성 분포

x	1	2	3	4	5	6	7
$\mathbb{I}_v(x)$	1	1	1	0.8	0.6	0.2	0
$P_v(x)$	0.4	0.5	0.1	0	0	0	0

여기에서 가능성이 높다고 해서 반드시 확률이 높지 않다는 것을 알 수 있다. 그러나 가능성이 낮으면 확률도 낮다는 것을 알 수 있다. 따라서 가능성은 확률의 상한 값이라 생각할 수 있다.

한편 v와 w를 각각 전체집합 X와 Y내의 변수라 하자. 그리고 v는 A값을 가질 수 있고, w는 B값을 가질 수 있다고 하자.

"v가 A일 때 w는 B이다"

의 상황은 조건 가능성 분포에 의하여 표현될 수 있다.

즉, $\Pi_v(x)$가 변수 v의 가능성 분포, $\Pi_{(w|v)}$가 조건(W|V) 가능분포를 나타낸다 할 때, V와 W의 결합 가능분포는 다음과 같이 된다.

$$\Pi_{(w|v)}(x,y)=Min\{\Pi_v(x),\Pi_{(w|v)}(y|x)\}$$

확률과 가능성은 모두 불확실한 상황을 표현한다는 점에서 공통적인 성질이 있다. 이 두 가지 개념을 다시 한 번 정리하면 다음과 같다.

- 확률 : 표본공간 내에서 어떤 사건이 일어나는지 일어나지 않는지 확실히 알지 못할 때, 그 사건이 일어날 확실성을 수량으로 나타낸 값이다. 이때 표본공간 내의 모든 가능한 사건의 확률을 합한 것은 1.0이 된다.
- 가능성 : 일상 언어에서 불확실성을 비교적 비정형적으로 나타낸 값이다. 앞에서도 살펴본 바와 같이 어느 사건의 가능성은 확률값의 상한 값이라 할 수 있다. 즉, 가능성이 적으면 확률도 낮다고 할 수 있으나, 확률이 낮다고 해서 가능성이 적다고 할 수 는 없다. 다시 말하면, 사건 A의 가능성 $\Pi(A)$와 확률 $P(A)$는 다음과 같은 관계가 있다.

$$\Pi(A)\geq P(A)$$

(2) 불확실성

불확실성의 개념은 크게 두 가지로 나눌 수 있다. 첫째는 vagueness개념으로서 대상으로 하는 사물들을 구분할 때 그 경계가 모호한 상태를 퍼지정도(fuzzy degree)로 표현하여 나타낸다. 예를 들어 어느 원소 x가 있을 때 이 원소가 집합 A에 포함될 가능성이 애매모호하여 그 정도가 0.4나 0.5 등으로 구간[0, 1]의 값을 갖는 경우를 말한다. 이러한 상황을 표현하기 위하여 퍼지집합 개념을 이용한다.

둘째, 우리가 불확실한 상황에서 결정(또는 선택)을 하여야 할 처지에 놓여 있다고 하여 보자. 이때는 여러 개의 가능성 중에서 하나를 결정하여야 하는 불확실성이 존재하는데 이러한 불확실성을 ambiguity개념이라 한다.

즉, 여러 가능성 중에서 하나를 결정(선택)할 때 불확실한 상황을 퍼지척도(fuzzy measure)로 표현하여 나타낸다. 예를 들어 원소 x가 주어졌을 때, 이것이 A_1에 포함된다고 할 가능성이 0.4, A_2에 소속될 가능성이 0.5라고 한다든지 하는 척도가 퍼지척도가 된다. 경계가 애매모호한 분류를 나타내는 개념은 퍼지집합으로 표현되고, 여러 개의 가능성 중에서 선택하여야 하는 상황의 불확실성은 퍼지척도로 표현된다.

2.2.2.2. 퍼지이론의 개념

기존시설물에 대한 노후도 상태 등급이 주관적인 견해와 노후 현상의 원인이 복잡하고 불확정적인 문제가 내재된 까닭으로 판단자에 따라 주관적이고 모호한 표현을 내포한 정성적으로 상이하게 판정될 수 있다. 이를 객관적이고 정량화시키는 효율적인 방법으로서 퍼지집합론을 이용할 수 있겠다. 퍼지이론은 인간의 모호한 표현을 처리할 수 있는 이론적 바탕을 제공하고 있으며, 수학적 방법으로 노후도를 계량화하고 객관적으로 전개할 수 있다.

퍼지이론은 1965년 미국 버클리대학의 Lofti A.Zadeh 교수에 의해 처음 소개되었다. 이 이론은 인간이 접하는 모든 자연, 사회현상은 시대가 갈수록 복잡해지고 있으며, 이러한 복잡한 현상의 문제를 해결코자 이를 수학적으로 단순화시켜 우리가 이해할 수 있는 간단한 문제로 만든 다음 그 문제를 해결하는 것이다. 그러나 단순화하는 과정에서 필연적으로 문제에 관련된 정보가 손실되기 마련인데 이는 현대 컴퓨터 기술의 발달로 훨씬 더 많은 정보에 의해 더 복잡한 문제를 해결할 수 있게 되었다.

이러한 노력이 진행됨에 따라 우리가 일상적으로 많이 사용하는 애매한 표현도 쉽게 처리할 수 있다. 예를 들어 날씨가 춥다고 하는 경우 기온이 10℃인지 −5℃인지 매우 애매한 표현이 된다. 이 애매모호한 표현들은 계절 등 다른 요인들을 고려하기 전에는 몇 도인지 알 수 없는 불확실한 상태를 나타내는 표현이다. 이러한 경우 우리가 주위환경을 숫자로 바꾸어서 컴퓨터에 정보를 제공하여 계산함으로써 애매모호함을 수학적으로 계량화 객관화 하게 되는데, 이러한 인간의 애매모호한 표현을 처리할 수 있는 이론적인 바탕을 제공하는 것이 퍼지이론(Fuzzy theory)이다.

(1) 퍼지집합의 개념

퍼지집합이란 예를 들어 사과 두 개를 사오라고 했을 때 우리는 정확히 두 개를 사오면 된다. 그러나 사과 두어 개를 사오라고 했을 때는 정확히 몇 개를 사야 할지 망설이게 되는데 이때 애매모호한 숫자 '두어 개'는 두 개를 사든지 세 개를 사든지 알아서 하라는 뜻이다. 이때 살 수 있는 사과의 개수를 원소로 생각하여 집합하면 2,3이 될 것이다. 그러나 심부름을 시킨 사람은 과연 몇 개를 샀을 때 더 만족하겠는가? 아마 세 개를 사도되지만 두 개를 샀을 때 더 만족했을 것이다. 이것은 일상적으로 사용하는 '두어'란 말이 2 또는 3이지만 2를 강조하는 말이기 때문이다. 이것을 수학적으로 나타내면 2일 가능성이 1.0이고 3일 가능성이 0.5라고 정의할 수 있다.

이와 같이 정의하면 '두어'라는 집합에 숫자 2는 1.0이고, 3은 0.5의 가능성을 가지고 포함된다고 할 수 있으며, 이를 퍼지집합이라 한다. 이와 같이 퍼지집합의 경우에는 각 원소가 집합에 포함될 가능성을 붙여 다음과 같이 표현한다.

'두어' = (2, 1.0), (3, 0.5)

어느 원소 x가 보통집합 A에 소속되면 소속함수 $\mu_A(x)=1$, 소속되지 않으면 $\mu_A(x)=0$ 이 된다. 보통집합에서는 소속함수의 값이 1 또는 0이 된다. 한편 소속함수의 값이 1과 0뿐만이 아니라 1과 0 사이의 값을 가질 수 있도록 하는 집합을 퍼지집합이라 한다. 원소 x가 퍼지집합 A에 소속될 가능성을 $\mu_A(x)$로 표이 가능성은 0과 1 사이의 값이 된다. 앞에서 보통집합에서의 소속함수 μ_A는 전체집합 X의 모든 원소를 집합0.1으로 대응된다.

$$\mu_A : X \rightarrow 0,1$$

퍼지집합에서는 소속함수 μ_A 가 각 원소를 집합0,1으로 대응시킨다.

$$\mu_A : X \rightarrow 0,1$$

이때 0,1은 0과 1 사이의 모든 실수(0과 1 포함)를 나타낸다. 결국 보통집합에 비하여 퍼지집합(Fuzzy)은 집합의 경계가 애매모호한 집합이라 생각할 수 있다.

그림2. 16은 이 두 가지 집합을 소속함수로 표현한 예를 보이고 있다.

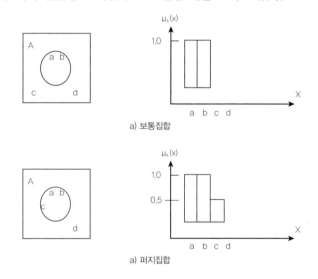

그림2. 16 보통집합과 퍼지집합의 표현

보통집합과 퍼지집합의 일반적인 표시는 다음과 같다.

보통집합: A= {a_1, a_2, a_3, ……, a_n},

퍼지집합: A= {(a_1, $\mu_A(a_1)$, (a_2, $\mu_A(a_2)$, ……, (a_n, $\mu_A(a_n)$}

= {(a, $\mu_A(a)$}

= $\mu_A(a_1)/a_1 + \mu_A(a_2)/a_2 + …… + \mu_A(a_n)/a_n$

$$= \Sigma\mu_A(a_1)/a_1$$

$$= \int\mu_A(a_1)/a_1 \text{ (원소들이 연속일 때)}$$

여기서, 소속함수 $\mu_A : A \rightarrow 0,\ 1$로 대응, 이때 0.1은 0과 1 사이의 모든 실수

$$\text{또는 } f : A \rightarrow B$$

따라서 치역 $ran(R)$은 $f(x)$들의 집합이라 할 수 있다.

$$\text{즉, } ran(R) = f(A) = \{f(x)|x \in A\}$$

(2) 관계의 특성 및 함수

f가 A에서 B로의 대응관계 R을 나타낸다고 할 때, 이 관계의 성질을 다음과 같이 분류할 수 있다.

① 전사(surjection, onto)

$f(A)=B$인 관계를 말한다. 즉, $ran(R)=B$인 경우이다. 다시 말하면 다음과 같은 관계가 성립되는 경우이다.

$$\forall y \in B, \quad \exists x \in A, \quad y=f(x)$$

이때는 $x_1 \neq x_2$일 경우에도 $f(x_1)=f(x_2)$가 가능하다.

② 단사(injection, into, one-to-one)

모든 $x_1, x_2 \in A$에 대하여 $x_1 \neq x_2$ 이면 $f(x_1) \neq f(x_2)$인 관계를 말한다.

따라서 $(x_1, y) \in R$이고 $(x_2, y) \in R$이면 $x_1=x_2$이다.

③ 전단사(bijection, one-to-one correspondance)

전사관계이면서 동시에 단사관계인 것을 말한다. 두 집합 A, B가 전단사관계를 만족하면 두 집합은 사실상 동치관계에 있다.(A=B), 즉 원소와 원소개수가 일치한다. 이때 원소의 이름은 다를 수 있다. 한편 대응관계 중에서 단사관계, 즉, $x_1, x_2 \in A$에 대하여 $x_1 \neq x_2$ 이면 $f(x_1) \neq f(x_2)$의 관계가 만족하는 대응을 함수라고 부른다. 다시 말하면 $dom(R)$에 있는 원소 x는 함수 f에 의해서 $ran(R)$의 원소 하나에만 대응된다. 그러나 일반적으로 전사관계를 갖는 것 도 함수라고 부르는 경우가 많다.

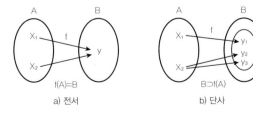
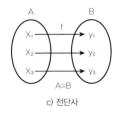

그림2. 17 전사, 단사, 전단사

한편, 집합 A와 B 사이의 관계를 관계행렬로 표시할 수 있다. A, B를 각각 m개와 n개의 원소를 가진 유한집합이라고 할 때, R이 A에서 B로의 관계라 할 때 R을 정의하면 m×n행렬 $M_R=(m_{ij})$로 표시할 수 있다.

(3) 퍼지집합(Fuzzy)의 예

이제 퍼지집합(Fuzzy) A=(0에 가까운 실수)를 예로서 정의해 보자. "0에 가까운 실수"라는 집합의 경계가 애매모호하다. 실수 x가 이 집합에 소속될 가능성을 다음과 같은 소속함수로 정리하자.

$$\mu_A(x)=1/(1+x^2)$$

이 함수를 그림으로 표시하면 아래의 그림 2.18과 같으며 이와 같이 정의되는 퍼지집합 을 다음과 같이 표현할 수 있다.

$A=\mu_A(x)/x\,|\,\mu_A(x)=1/(1+x^2)$
$\qquad = \int\mu_A(x)/x.$
where $\mu_A(x)= 1/(1+x^2)$

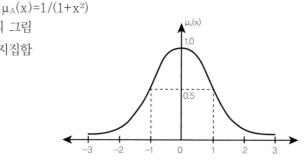

그림 2. 18 "0에 가까운 실수"라는 퍼지집합의 소속함수

이 함수에서 정의한 대로라면 실수 1이 집합 A에 속할 가능성은 $\mu_A(1)= 1/(1+1^2)=0.5$ 이며, 또한 2가 집합 A에 포함될 가능성은 0.2이고, 3이 포함될 가능성은 0.1이다.

이제 또 다른 퍼지집합으로 B=0과 매우 가까운 실수를 정의하고 이 집합의 소속함수도 다음과 같다.

$$\mu_B(x)= (1/(1+x^2))^2$$

이 함수에 의하면 1이 B집합에 포함될 가능성은 0.25, 2가 포함될 가능성은 0.04, 그리고 3이 포함될 가능성은 0.01이다.

이상의 소속함수를 이용한다면 퍼지집합 C=a에 가까운 실수의 소속함수는 다음과 같이 나타낼 수 있다.

$$\mu_C(x)= 1/(1+x-a)^2$$

2.2.2.3. 퍼지이론에 의한 노후도 평가 등급

전술한 퍼지이론(Fuzzy theory)을 국내의 실정에 적합하도록 노후도 평가 항목인 콘크리트 중성화(CA), 염해(CL), 철근부식(CO), 균열(CR), 강도저하(DS), 표면노후(SD) 등 6가지에 대하여 각각을 5단계의 평가등급(A, B, C, D, E)으로 구분하고 이를 퍼지이론을 이용하여 정량화하기 위하여 다시 10단계의 등급 수준으로 확장하고 여기에 0~10의 실수값을 평가

수치로 부여하였다.

즉, 노후도 평가등급 A, B, C, D, E는 최상(very good), 양호(good), 보통(well), 불량(poor), 매우 불량(very poor)과 같이 언어변수로 취하고 각 등급마다 퍼지 가능성 분포(소속함수)를 항상(always), 자주(often), 일반적인(unspecified), 드물게(seldom), 전혀없다(never) 등의 언어변수 값으로 각각 1.0, 0.75, 0.5, 0.25, 0의 실수를 갖는 퍼지집합으로 정의하고 다음과 같이 삼각형 퍼지숫자로 표현하고, 이들 퍼지숫자 중에서 소속 함수값이 0.75 이상 되는 α-수준집합을 각 등급수준을 나타내는 실수값 0~10을 평가수치로 부여한다.

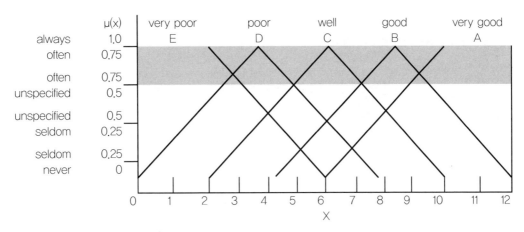

그림2. 19 상태평가등급 퍼지집합 DDM 의 소속함수($\mu(x)$)

이러한 관점에서 기존 건축물의 노후도 평가기준을 다음과 같이 설정할 수 있다.

표2. 06 건축물의 노후도 평가 기준(안)

(노후화유형분류 및 평가기법개발에 관한 연구-건교부, 시설안전기술공단)

등급	상태		노후도 평가 기준			
	지침	세부 지침	기호	수치	언어 변수	상태
A	최상	최상	A1	10~	최상 (Very good)	최상
			A2	9		매우 양호
B	양호	양호	B1	8	양호 (Good)	양호
			B2	7		비교적양호(필요시보수)
C	보조부재 손상이 있는 보통	문제점이 있으나 간단한 보수.보강으로 원상회복이 가능한 보통	C1	6	보통 (Well)	보통(경미한 보수필요)
			C2	5		사용 한계 (즉시 보수·보강 필요)
D	주요부재에 진전된 노후화 (강재피로균열, Conc. 전단 균열, 침하 등)로 긴급한 보수.보강이 필요한 상태로 사용제한여부 판단	주요부재에 발생된 노후화 정도가 고도의 기술적 판단이 요구되는 상태로 사용제한 여부 판단이 필요.	D1	4	불량 (Poor)	불량 (즉시 보수·보강 필요)
			D2	3		심각 (사용제한, 근본적인 보수·보강 필요)
E	주요부재에 심각한 노후화 또는 단면손실이 발생하였거나 안정성에 위험이 있어 시설물을 즉각 사용금지하고 개축이 필요.	주요부재 노후화 정도가 심각. 원상회복 불가능 또는 안전성에 위험이 있어 즉각 사용중지 하고 긴급한 보강 필요.	E1	2	매우 불량 (Very poor)	위험 (사용제한, 교체보강 필요)
			E2	0~2		성능 상실 (사용금지, 보수·보강 불능, 철거)

또한, 노후도 평가항목별 등급기준을 다음과 같이 설정한다.

표2. 07 철근콘크리트 건축물의 노후도 평가 항목과 등급기준(안)
(노후화유형분류 및 평가기법개발에 관한 연구-건교부, 시설안전기술공단)

등급	기호	수치	언어변수	상태	중성화	염해 kg/m³	철근 부식	균열	강도저하	표면노후
A	A1	10~	최상 (Very good)	최상	$t≤0.3D$	$CI≤0.3$	부식 없음, 약간의 점녹 $0<E$	$d≤0.3D$	$100%≤α$	최상
A	A2	9	최상 (Very good)	매우 양호	$t≤0.3D$	$CI≤0.3$	부식 없음, 약간의 점녹 $0<E$	$d≤0.3D$	$100%≤α$	최상
B	B1	8	양호 (Good)	양호	$t≤0.3D$	$CI≤0.3$	넓은 점녹 $-200<E≤0$	$d≤0.3D$	$100%≤α$	양호
B	B2	7	양호 (Good)	비교적 양호	$t≤0.3D$	$CI≤0.3$	넓은 점녹 $-200<E≤0$	$d≤0.3D$	$100%≤α$	양호
C	C1	6	보통 (Well)	보통(경미한 보수)	$0.3D<t≤0.5D$	$0.3<CI≤0.6$	면녹, 부분 들뜸 $-350<E≤-200$	$0.3D<d≤0.5D$	$85%≤α<100%$	국부적 노후
C	C2	5	보통 (Well)	사용한계(즉시 보수보강)	$0.3D<t≤0.5D$	$0.3<CI≤0.6$	면녹, 부분 들뜸 $-350<E≤-200$	$0.3D<d≤0.5D$	$85%≤α<100%$	국부적 노후
D	D1	4	불량 (Poor)	불 량(즉시 보수보강)	$0.5D<t≤D$	$0.6<CI≤1.2$	넓은 들뜸, 20%이하의 단면결손 $-500<E≤-350$	$0.5D<d≤D$	$75%≤α<85%$	광범위 노후, 부분단면결손 (깊이: 20mm 이내)
D	D2	3	불량 (Poor)	심각(사용제한, 근본적인보수보강)	$0.5D<t≤D$	$0.6<CI≤1.2$	넓은 들뜸, 20%이하의 단면결손 $-500<E≤-350$	$0.5D<d≤D$	$75%≤α<85%$	광범위 노후, 부분단면결손 (깊이: 20mm 이내)
E	E1	2	매우 불량 (Very poor)	위험(사용제한, 교체보강)	$D<t$	$1.2<CI$	두꺼운 층의 녹, 20%이상의 단면결손 $E≤-500$	$D<d$	$α<75%$	광범위 노후, 단면결손 큼 (깊이: 철근 위치)
E	E2	0~1	매우 불량 (Very poor)	성능상실(사용 금지,철거)	$D<t$	$1.2<CI$	두꺼운 층의 녹, 20%이상의 단면결손 $E≤-500$	$D<d$	$α<75%$	광범위 노후, 단면결손 큼 (깊이: 철근 위치)

2.2.2.4. 평가항목 사이의 퍼지관계 정의

노후도 평가항목 각 유형들 사이에는 상호관계가 형성되고 있지만 이 관계를 구체적이고 정량적으로 설명하기에는 사용재료, 주변환경, 사용여건 등의 제반조건 변수가 무수히 많기 때문에 자연어로써 정성적인 관계로 설명이 가능하다.

(1) 콘크리트 탄산화(CA)는 항상(always) 철근부식(CO)에 영향을 끼친다.
(2) 염해(CL)는 자주(often) 철근부식(CO)에 영향을 끼친다.
(3) 균열(CR)은 일반적으로(unspecified) 콘크리트 탄산화(CA)에 영향을 끼친다.
(4) 콘크리트 강도저하(DS)는 드물게(seldom) 콘크리트 탄산화(CA)에 영향을 끼친다.
(5) 콘크리트 탄산화(CA)는 전혀(never) 균열(CR)에 영향을 끼치지 않는다.

이와 같이 정성적인 관계의 정도(퍼지척도 혹은 소속함수)를 나타내는 자연어를 언어변수라 하고 이들에 대한 계량화를 하면 다음과 같이 정의할 수 있다.

- 항상(always) : 1.0
- 자주(often) : 0.75
- 일반적으로(unspecified) : 0.5
- 드물게(seldom) : 0.25
- 전혀(never) ~~하지 않는다 : 0

이렇게 계량화된 언어변수의 값은 평가항목을 나타내는 집합사이의 관계는 소속함수 μ(•) (혹은 퍼지 가능성 분포)가 포함된 퍼지관계로 정의된다.

2.3. 콘크리트 구조물의 내구성

콘크리트는 다른 재료에 비하여 내구성이 우수한 재료이며 장기간에 걸쳐서 콘크리트 구조의 내구성이 우수하다는 것이 입증되어 널리 사용되어 왔다. 그러나 최근 콘크리트 구조물이라도 충분한 내구성을 가지지 않는 경우가 종종 보고되고 있으며 철근콘크리트 구조물의 내구성이 미국, 유럽 각국 및 일본에서 사회문제화하고 있다.

콘크리트의 내구성을 저하시키는 요인과 그 정도는 각국의 기후, 자연여건에 따라 다르지만 공통적인 것은 건설 후 각종 자연현상이나 인위적인 물리작용을 받으며 연수가 더해질수록 화학적, 물리적인 변형 등 노후화가 진행되고, 이로 인한 각종 하자가 발생되며, 특히 설계, 재료, 시공이 부적절하였거나 사용조건 및 환경조건이 열악할 경우에는 그 취약 부위가 조기에 노후 및 손상이 뚜렷하게 나타나 구조물로서 안정성, 내구성 및 기능성이 현저하게 저하되는 것과 각종 환경조건에 있는 콘크리트 구조물의 사용기간 중에 정기적인 검사나 유지관리의 필요성을 중요시하지 않는다는 것을 들 수 있다.

콘크리트 구조물의 내구성이란 구조체에 장기간에 걸쳐 외부로부터 물리적 및 화학적 작용에 저항하는 콘크리트 구조체의 성능을 말하며 당초 시공 당시의 설계 조건과 같이 성능이 저하되지 않고 제 수명을 다할 수 있는 저항능력을 갖고 있는 구조체를 내구적, 또는 내구성이 충분한 상태라고 말할 수 있다. 그러나 이러한 내구성이 콘크리트의 열화현상에 의해 저하되게 되는데 열화의 정도에 따라 내구력이 결정되어 그 건축물의 수명 한계에 다다르게 된다.

이러한 수명을 물리적 내용년수라 하며, 그 이외 기능의 상대적 저하에 따른 수명을 기능적 내용년수, 사회적 환경변화에 따른 수명을 사회적 내용년수, 건축물의 재산상 가치기준을 계상하기 위해 법에서 규정한 수명을 법적 내용년수라 한다.

2.3.1. 내구성 관련 용어

짧은 기간 동안의 양적 팽창에 급급해 왔던 우리나라의 건설 현상은 품질의 저하를 초래하였다. 이 뿐만 아니라 완공 후에도 사용상의 유지관리 개념이 전무한 상태에서 사용함에 따라 내구성 저하 및 단기 노후화가 심화되어 왔던 것이 우리나라 건설의 현실이었다.

1995년 '시설물 안전관리에 관한 특별법'이 제정되면서 비로소 유지관리산업이 제도적으로 도입되었으나 아직 정착화의 초기단계로서 내구성에 관련된 용어들조차 혼용(混用)되어 오고 있으며 충분히 연구, 검토되어 있지 않은 실정이다. 앞으로 계속적인 논의와 검토가 필요하나 현재 사용되는 용어들에 대해 관련 참고서적들을 통하여 표현된 정의 및 의미를 아래와 같이 요약한다.

표2. 8 내구성 관련 용어 해설

용어	정의 및 의미
내구성 Durability	– 구조물 또는 그 부분의 성능저하에 대한 저항성 – 적어도 특정시간 이상으로 내용성을 유지하기 위한 건축물, 조립작업, 부품, 생산품, 시공의 성능 – 어느 주어진 조건하에서 경시적으로 또는 사용 시간의 경과와 함께 초기 물성이 어느 범위 내에 유지되는 정도 – 기상작용, 침식작용, 마모작용, 중성화, 강재의 부식, 반응성골재 등의 영향, 기타 콘크리트의 사용상 발생하는 여러 가지의 작용에 저항하여 장기간의 연수에 걸쳐 견딜 수 있는 성질
내구 성능 Performance over time	– 구조물 또는 그 부분의 성능저하에 대한 저항성을 어느 수준 이상의 상태에서 계속하여 유지하는 능력 – 선택한 특성의 측정값이 시간의 경과와 더불어 어떻게 변화하는가를 나타내는 기능
성능 기준 Performance criterion	– 요구 성능에 따르고 있다는 것을 확인하기 위하여 필요한 재료 또는 부품에 특유한 선택성능 또는 특성에 대한 한계조건 또는 양적 기준
내용성 Serviceability	– 구조물 또는 그 부분이 기능을 계속하여 유지하는 성질
내용 년수 Service life	– 구조물 또는 그 부분이 사용에 견딜 수 없게 될 때까지의 연수. – 정기적으로 유지보수를 행한 경우 설치 후 모든 본질적 특성이 최저 허용치가 되거나 또는 이것을 넘는 기간.
잔존 내용년수 Remain Sevice life	– 구조물 또는 그 부분이 사용에 견딜 수 없게 될 때까지의 금후의 연수
계획 내용년수 Planned Service life	– 구조물의 계획에 있어서 목표로 하는 구조물 또는 그 부분의 내용 연수
목표 내용년수	– 건축물의 건축주, 설계자, 시공자, 생산(가공)자, 사용자, 소유자, 거주자, 관리자 등이 그 사용법 등 어떤 요구조건 하에서 설정하는 내용년수.
설계 내용년수	– 표준 내용년수에 지역, 환경, 사용부위, 시공관리, 유지보수 등의 조건을 주어 추정하거나 또는 부재의 내용년수에 근거하여 설정하는 설계, 계획상의 내용년수.
수명 Life	– 구조물의 실제 성능이 요구되는 성능(필요성능)에 달했을 때 – 구조물의 내용성이 상실되기까지의 기간
내구 설계	– 건축물의 설계에 있어서 보통 행해지는 구조설계 및 의장설계 외에 건축물 또는 그 부분의 계획 내용년수에 따라 소요의 내구성능이 얻어질 수 있도록 특히 내구성을 고려하여 행하는 설계.
라이프 사이클 Life cycle	– 구조물 또는 그 부분의 기획, 설계에서부터 그것을 건설하여 운용한 뒤 폐기할 때까지의 기간 – 건물 또는 그 부품의 내용년수.
라이프사이클 코스트	– 라이프사이클(Life cycle)기간내에 소비되는 비용.

성능저하 Deterioration (Degradation)	– 물리적, 화학적, 생물적 요인에 의한 것으로 성능이 저하하는 것 단, 지진이나 화재 등에 의한 것을 제외 한다. – 품질 또는 가치가 저하하는 과정. – 최초 가지고 있던 재료의 품질이 시간의 경과와 함께 저하하는 현상
성능저하현상	– 성능저하요인의 영향에 의해 야기되는 성능이 저하한 상태로써, 콘크리트의 중성화, 철근부식, 균열 등이 있다.
성능저하요인 (인자)	– 물건의 성능저하에 영향을 미치는 주된 인자 – 건설재료 및 부품의 성능에 불리하게 영향을 미치는 기상, 생물, 응력, 부적합 사용 등을 포함한 외적 요인들.
성능저하 외력	– 사물의 내구성에 영향을 미치는 여러 요인의 총칭

유 지 관 리
Maintenance &
management
	– 시설물의 완공된 이후에 그 시설물에 대하여 점검, 정비, 복구, 개량, 보수, 보
	  강하는 활동
	– 구조체의 성능을 항시 적절한 상태로 유지할 목적으로 행하는 유지보수의 제
	  활동 및 그 관련 업무를 효과적으로 실시하기 위하여 시행하는 관리 활동

보 수
Repair or
Amendment
	– 성능저하한 콘크리트 부재의 성능, 기능을 실용상 지장이 없는 상태까지 회복
	  시키는 것
	– 콘크리트 구조물의 외력과 기상작용 등의 원인으로 균열이 발생하거나 표면이
	  박리했을 때 그 구조물의 기능을 회복시키기 위하여 이루어지는 행위

보강
Strengthening
	– 구조물에 있어서 콘크리트 구조부재의 변형과 내력을 개량하여 실용상 지장
	  이 없는 상태로 하는 것
	– 콘크리트 구조물의 외력과 기상작용 등의 원인으로 균열이 발생하거나 표면이
	  박리했을 때 그 구조물의 기능을 회복시키기 위하여 이루어지는 행위

수리(수선) Repair	– 성능저하한 콘크리트 부재, 부품 또는 기기의 성능 또는 기능을 원상태 혹은 실용상 지장이 없는 상태까지 회복시키는 것 다만, 보수의 범위에 포함되는 정기적인 소부품의 교체 등을 제외
교환 Replacement	– 성능저하한 콘크리트 부재, 부위의 전부 또는 부분을 교체하는 것

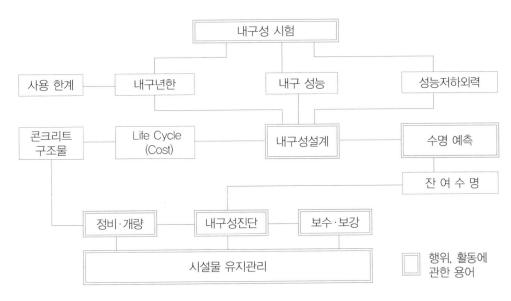

그림2. 20 내구설계 및 유지관리와 관련된 용어의 상호 관계

2.3.2. 내구설계

현재까지는 내구설계에 대한 인식 부족으로 특수한 경우를 제외하고는 건축주로부터 내구설계의 요구가 거의 전무한 상태일 뿐만 아니라, 또한 구조물의 내구설계 기법이 충분히 확립되어 있다고 볼 수 없는 것이 현 실정이나, 내구성 및 유지관리에 대한 인식 증대로 조만간 내구설계의 요구에 따른 내구설계 기법의 정착이 절실히 필요할 것으로 예상된다.

내구설계란 계획 중의 건축물에 대하여 계획 내용년수를 설정하고, 건축물의 환경적 입지조건 등으로부터 이 건축물에 가해지는 성능저하 외력을 상정하여 이에 대해 계획한 내용년수 사이에 일정한 성능저하 상태에 이르지 않도록 재료 선정, 설계, 시공상의 시방을 경제성과 함께 고려하여 설정하는 설계 기법을 말한다.

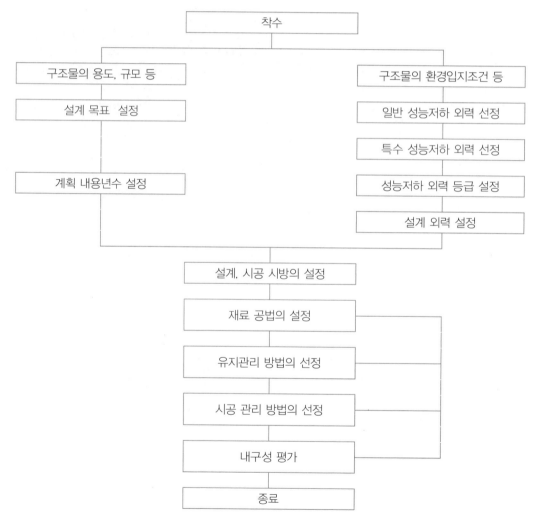

그림2. 21 내구설계의 개념 흐름도

2.3.2.1. 설계 내용년수

내구설계는 건축물의 용도, 성격 등에 따라 목표로 하는 내용년수를 설정하는 일부터 시작된다. 내용년수에는 물리적 내용년수, 기능적 내용년수, 사회적 내용년수와 법적 내용년수가 있으나 설계내용년수는 경제성을 고려한 물리적 내용년수만을 고려하는 경우가 일반적이다.

2.3.2.2. 성능저하 외력

설계 내용년수가 결정되면 그 연수에 따라 성능저하 외력을 상정하여야 하며 성능저하 외력으로서는 활하중, 지진의 영향, 풍하중, 설하중 등의 외력 외에 기온, 습도, 일사, 중성화, 동해, 염해 등이 있다.

또한 성능저하에 작용하는 요인들의 분류로는 크게 물리적 작용과 화학적 작용으로 대별할 수 있으며, 물리적 작용으로서는 손상(마모, 균열), 동해 등을 들 수 있다. 화학적 작용으로서는 콘크리트의 부식(산, 알칼리골재반응 등) 및 철근의 부식(중성화, 염화물 등)을 들 수 있다. 이 외에도 일반적인 것과 특수한 것으로도 나눌 수 있는데, 일반 성능저하 외력(外力)으로서는 기온, 습도, 일사열, 중성화, 동해, 염해가 있으며, 특수 성능저하 외력으로서는 침식, 고열, 극저온, 피로 등이 있다. 이들의 적용은 구조물의 용도, 입지조건 등의 환경적 조건으로부터 적절히 선정한다.

2.3.2.3. 허용되는 한계 상태

내용년수 및 성능저하 외력과 함께 허용되는 한계 상태(레벨)를 설정하여야 하는데, 한계 상태는 내력상, 사용상, 미관상 등의 관점으로 선정한다. 아래의 표는 이러한 한계 상태의 일례를 나타낸 것이다.

표2. 9 철근콘크리트 구조물의 한계 상태(예)

구분	성능저하 현상	성능저하의 상태
구조물전체	중성화	콘크리트의 중성화가 철근의 절반에 달했을 때
	철근 부식	콘크리트의 박리·박락에 의해 기물이나 인간에게 손상을 줄 위험이 생겼을 때
	균열(큰처짐) 강도 부족	구조적 요인, 부동침하 등에 의해 중대한 균열이 발생하여 이 균열이 진행성이 있을 때
	시공 결함	코어에 의한 압축강도/설계기준강도 = 60% 미만
부위·부재	누수	지붕: 수차에 걸쳐 보수했으나 누수가 멈추지 않고 방수층의 전면 개수 또는 지붕을 신설할 필요가 있을 때 외벽: 누수, 균열, 이음부 등이 다수 개소가 있으며 대규모의 보수나 현 상태의 외벽 외측에 철판외벽 등을 설치할 필요가 있을 때
	동결 융해	지붕, 파라펫, 처마, 외벽 등: 균열, 박리, 박락이 현저하고 철근이 노출되었을 때
	큰 처짐	바닥판: 균열폭 3mm이상, 길이 20mm이상, 처짐 70mm이상, 한계처짐량 1/100 이상
	표면 성능저하	박리, 균열 등이 극심하고 진행속도도 빠르고, 모르타르 기타로 표면을 다시 마감할 필요가 있을 때

2.3.2.4. 시방의 설정

내용년수, 성능저하 외력이 설정되면 구체적으로 설계, 재료, 시공의 시방을 설정하는데, 설계에 관한 시방으로서 구조물의 형상, 구조계획상의 균열제어, 부재의 설계, 배근의 설계, 균열제어, 부재의 설계, 배근의 설계, 철근의 피복 두께, 마감재 각각에 대하여 정하게 된다.

재료에 관한 시방으로서는 콘크리트의 종류, 품질, 사용 재료, 배합 등이며, 시공에 대한 시방으로서는 콘크리트의 제조, 시공, 운반, 타설, 다짐, 양생 등에 관한 시공 계획을 정한다.

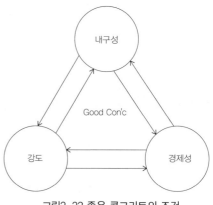

그림2. 22 좋은 콘크리트의 조건

2.3.2.5. 유지관리와 내구성 설계

설계, 재료 및 시공의 시방 설정 외에 유지관리에 대해서도 내구성 설계안에 포함시켜야 한다. 유지관리의 시방으로서는 각종 자동계측, 안전점검 및 진단의 주기와 방법, 점검 항목 및 검사 결과에 대한 조치에 대하여 사전에 설정한다.

또한 성능저하 속도 혹은 내용년수가 다른 많은 재료, 부품, 부재 등으로 이루어져 있기 때문에 구조물 전체로서의 설계 내용년수를 만족시키기 위하여 그 각각의 구성요소에 대한 내용년수를 미리 설정하여 내용년수가 짧은 구성요소에 대해서는 수리와 교환이 가능하도록 설계 시에 계획하여야 하는데 이것을 내용년수의 조정이라 한다.

2.3.2.6. 향후의 문제점

곧 머지않아 도래할 수요자의 내구설계 요구에 부응하여야 할 향후의 문제점은 아래와 같다.

① 성능저하 한계 상태의 설정: 내력, 사용성, 미관 등
② 내용년수의 선정 또는 결정
③ 각종 원인에 의한 성능저하 및 복합 성능저하의 예측
④ 구조설계와의 조화
⑤ 유지보수 등을 행한 경우의 성능저하 예측

내구설계의 요구는 국민소득의 증대에 따라 비례하게 되므로 향후 미래 건설산업의 요구에 충족하려면 상기의 여러 가지 사항들에 대한 정량적인 평가에 따른 산정 기법이 정착되도록 꾸준히 연구 개발되어져야 할 새로운 분야이다.

2.3.3. 내구성 저하의 원인

콘크리트 구조물의 내구성능을 저하시키는 요인과 그 정도는 각국의 사정에 따라 다르지만 공통적인 사실은 설계나 시공에 있어서 내구성에 대한 배려가 충분치 못한 것과 각종 사용 환경조건을 검토하고 정기적인 검사나 유지관리상 안전점검의 필요성과 중요성의 인식이 결여되었다는 점을 들 수 있다.

내구성 저하의 주원인은 물리적 요인과 화학적 요인으로 크게 대별할 수 있다.

물리적 요인으로서 마모 또는 균열 등의 손상과 동해 등을 들 수 있으며, 화학적 요인으로 콘크리트의 부식(산, 알칼리골재반응 등)과 철근의 부식(중성화, 염화물)을 들 수 있다.

또한 일반적인 요인과 특수한 요인으로 분류한다면 일반적인 요인으로는 기온, 습도, 일사열, 중성화, 동해, 염해 등을, 특수한 요인으로는 침식, 고열, 극저온, 피로 등을 들 수 있다. 이러한 현상들은 대부분 복합적으로 작용하여 구조물에 더욱 복잡한 하자와 콘크리트의 열화를 일으키게 되어 시설물을 노후화시킨다.

즉, ① 중성화 ② 알칼리 골재 반응 ③ 염해에 의한 침식 ④ 동해 ⑤ 화재 ⑥ 누수 ⑦ 균열 ⑧ 표면 열화 ⑨ 과 하중 ⑩ 무분별한 구조 변경 ⑪ 설계상의 오류 ⑫ 시공상의 부실 ⑬ 유지관리상 부실 등 이러한 현상들은 결국 균열을 유발시키고 철근의 부식 및 항복의 과정을 거쳐 결국 내력저하로 이어지게 되어 극단적인 경우 붕괴에 다다를 수 있다.

1) 탄산화 ⇨ 중성화 ⇨ 철근 부식 ⇨ 균열, 피복 박리 ⇨ 내력 저하
2) 염분침투 ⇨ 철근부식 ⇨ 콘크리트 균열, 피복 박리 ⇨ 내력 저하
3) 동해 ⇨ 콘크리트 균열, 피복 박리 ⇨ 철근 부식 ⇨ 내력 저하
4) 균열 ⇨ 주변 콘크리트의 중성화 ⇨ 철근 부식 ⇨ 내력 저하
5) 과다하중 ⇨ 처짐 ⇨ 균열, 피복 박리 ⇨ 철근 항복 ⇨ 내력 저하
6) 설계오류 ⇨ 부재단면 및 철근 부족 ⇨ 처짐 ⇨ 균열, 피복 박리 ⇨ 철근 항복 ⇨ 내력 저하

사진2. 03 콘크리트의 열화 모습

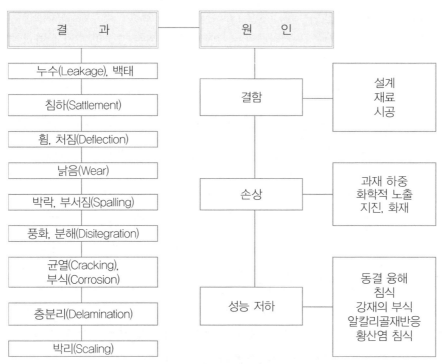

<table>
<tr><td>결   과</td><td>원   인</td></tr>
</table>

결 과	원 인	
누수(Leakage), 백태	결함	설계 재료 시공
침하(Sattlement)		
휨, 처짐(Deflection)		
낡음(Wear)	손상	과재 하중 화학적 노출 지진, 화재
박락, 부서짐(Spalling)		
풍화, 분해(Disitegration)		
균열(Cracking), 부식(Corrosion)	성능 저하	동결 융해 침식 강재의 부식 알칼리골재반응 황산염 침식
층분리(Delamination)		
박리(Scaling)		

그림2. 23 철근콘크리트 구조물의 내구성 저하기구 개념도

표2. 10 철근콘크리트 구조물의 내구성 저하 요인 분류

대분류	중분류		소분류
환경 조건	− 기후(주로 기온에 의함) − 해염의 영향 − 기타(특수조건)		− 한랭지역(동결융해), 온난지역, 고온다습지역 − 해상 및 해안가, 해안으로 거리(25m이하, 5〜50m, 50〜250m, 25〜1,000m, 1km이상) − 태풍통로, 계절풍지역, 다설지역, 공업지역, 온천지역, 폐기물처 리장 지역 등
사용 조건	− 온습도 환경		− 고온, 저온, 고온다습 등
	− 화학 공장 − 기타		− 화공약품류 − 과하중, 동하중, 진동 등
건축물 조건	− 외부	− 부위 − 돌출부 − 방위	− 기단, 외벽(빗물침수여부), 바닥, 기초, 계단 등 − 처마, 난간, 루버 등 − 한랭지 남쪽은 동결융해 횟수가 많아 동해 우려
	− 내부	− 일반 − 물 사용 부분	− 바닥, 벽, 보 등(건조한 상태) − 화장실, 다용도실, 급탕실, 욕실, 실험실, 작업실 등
재료, 시공 조건	− 시멘트		− 보통, 조강, 내황산염, 혼합시멘트 등
	− 골재	− 종별 − 품질	− 강골재, 쇄골재, 경량골재 등 − 비중, 흡수율, 실적률, 점토함유량, 유기불순물, 염분 함유량, 조 립률 등
	− 콘크리트	− 슬럼프 − W/C비	− 15cm 이하, 16〜18cm, 19〜21cm 등 − 55% 이하, 56〜60%, 61〜65% 등
		− 거푸집 존치기간	− 3일 이내, 4〜5일, 6〜9일, 9〜14일, 14일 이상

2.4. 성능저하(열화)의 원인 및 대책

"열화"는 일본에서의 한자표기에 의한 용어로서 우리나라에서는 근래 들어 이를 "성능저하"라는 용어로 쓰이기 시작하여 현재까지는 혼용되고 있다. 하지만 "열화"는 주로 재료적인 측면을 일컫는 반면, 성능저하는 구조적으로 건축물의 사용상 안정성 측면에서 이를 때 주로 많이 사용된다. 콘크리트 건물의 열화 즉, 성능저하 현상은 다음과 같이 나눌 수 있다.

1) 콘크리트의 중성화(탄산화)
2) 철근 콘크리트 부재내의 철근 부식
3) 콘크리트의 균열
4) 누수
5) 콘크리트 강도의 열화
6) 콘크리트 부재의 큰 처짐
7) 콘크리트 표면의 열화
8) 동해

사진2. 04 콘크리트의 열화

상기의 열화 현상들은 시설물의 성능저하 원인이 되므로 이를 콘크리트의 8대 열화 원인이라고도 하며, 시설물의 준공 이후 이러한 열화 현상들로 인하여 콘크리트 부재에 구조균열을 유발하고, 이는 부재 내의 철근 부식을 촉진하여 철근의 단면이 결손되어 결국 시설물의 내하력을 저하시키는 결과를 초래하게 된다.

그림2. 24 콘크리트의 8대 열화 원인

이러한 성능저하 현상을 일으키는 요인으로는 다음과 같이 대별하며, 대부분 여러 가지 요인들이 동시에 복합적으로 발생하는 경우가 일반적이다.

1) 재료적 요인 : 저품질의 골재, 화학 반응성의 골재, 해사
2) 설계, 시공상 요인 : 단면 부족, 피복 두께 부족, 철근량 부족, 강도 부족
3) 환경 조건상 요인 : 해풍, 환경오염, 기상, 동해
4) 기타의 요인 : 부동침하, 과하중, 화재

2.4.1. 중성화

2.4.1.1. 탄산화와 중성화의 정의

시멘트(CaO)가 물(H_2O)과 혼합되어 콘크리트를 생성하는 과정에서 수화반응에 의해 시멘트량의 1/3 정도로 수산화칼슘[$Ca(OH)_2$]이 생성되며 콘크리트로 경화되는데, 이때 생성된 수산화칼슘[$Ca(OH)_2$]은 시멘트풀 중에서 결정 또는 공극중의 포화수용액의 형태로 존재하며 이는 알칼리농도 pH 12~13 정도의 강알칼리성을 나타낸다.

$CaO + H_2O \Rightarrow Ca(OH)_2 + 열$	: 수화 반응식
$Ca(OH)_2 + CO_2 \Rightarrow CaCO_3 + H_2O$	: 탄산화 반응식

이러한 굳은 콘크리트 내부의 수산화칼슘[$Ca(OH)_2$]은 대기 중의 약산성인 이산화탄소(CO_2)와 반응하여 탄산화칼슘($CaCO_3$)과 물(H_2O)로 변화되면서 콘크리트의 알칼리 성분을 표면으로부터 점차 상실하여 pH 8~10 정도로 낮아지며 중성으로 변화되어 가는데 이러한 현상을 콘크리트의 중성화라 한다.

시멘트풀에서의 탄산화 반응은 수산화칼슘[$Ca(OH)_2$]뿐만 아니라 각종의 수화생성물 및 미수화물에서도 일어나지만 수산화칼슘[$Ca(OH)_2$]과의 반응 영향이 가장 크므로 이를 탄산화반응(Carbonation)이라 한다.

즉, 탄산화반응을 일으킴으로써 콘크리트의 알칼리농도가 떨어지며 중성화하는 것이므로 일반적으로 화학반응적인 측면에서는 탄산화라고 하고, 알칼리농도적인 측면에서는 중성화라 하여 이를 혼용하는 경우가 많다.

우리나라에서는 중성화라는 용어가 주로 쓰이고 있는 반면 미주 지역에서는 탄산화라는 용어가 주로 쓰이고 있어서 국제 세미나의 경우 다소 혼란스러운 경우도 있다.

사진2. 05 중성화에 의한 균열과 박락

일본의 탄산화연구위원회 보고서에서는 탄산화와 중성화를 다음과 같이 정의하고 있다.

● 탄산화(Carbonation) : 시멘트는 수화반응으로 인하여 수산화칼슘, 수산화나트륨, C-S-H, Ettringite, Monosulphate 등의 화합물을 생성한다. 이들 화합물이 이산화탄소(CO_2)에서 유래한 탄소이온 및 탄산수소이온운동과 반응하여 탄산화합물 및 기타 물질로 분해되는 현상을 탄산화라 정의한다. 이러한 탄산화반응에 의해 콘크리트는 조직이 변화를 일으키며 콘크리트의 물성에 영향을 끼치게 된다.

● 중성화(Neutralization) : 시멘트 경화체가 탄산화반응, 산성비, 산성토양의 접촉 및
화재 등의 요인으로 인하여 알칼리성이 저하하는 현상을 총칭하여 중성화라 하는데 그중
에서도 탄산화반응의 영향이 가장 크다.

2.4.1.2. 중성화(탄산화)와 콘크리트 물성의 영향

(1) 탄산화수축

이산화탄소(CO_2)가 존재하는 상태에서는 콘크리트에 탄산화수축 현상이 나타난다. 탄산화
수축의 크기는 중성화 깊이와 마찬가지로 상대습
도의 영향이 크게 작용하며, 상대습도 50%에서
가장 활발하게 나타난다.

또한 건조수축과 탄산화수축이 동시에 일어나
는 경우와 각각 연속해서 일어나는 경우에는 수
축의 정도가 다르다.

Shideler는 자연환경 하에서 빈배합 콘크리트
블록의 탄산화수축량이 건조수축의 1/2에 이른
다고 하며, 이와 같은 탄산화수축은 실제 구조물
에서 균열을 발생시키기도 한다.

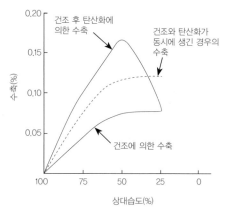

그림2. 25 건조와 탄산화의 수축 영향

(2) 강도에 미치는 영향

중성화(탄산화)는 콘크리트의 강도에 미세하나마 영향을 미친다. 촉진 탄산화한 공시체는 탄
산화에 의해 콘크리트의 강도가 증대된 경우가 많으나 실제 구조물에서 채취한 공시체는 역으
로 강도의 저하를 일으킨 사례가 많다.

이와 같이 실내 실험과 자연환경과의 상이한 결과가 나타나는 이유는 실내 실험인 경우 습
도조건이 일정하게 관리된 양호한 양생조건이며, 또한 경도값의 급상승이 발생하는데 반하여,
자연환경 경우에는 풍우 등에 의해 건조와 습윤이 반복되는 혹독한 환경조건에 기인한다.

그러나 실제 구조체에서는 이러한 강도저하는 구조체의 내력 저하에 끼치는 영향이 철근부
식 등에 의한 주요인에 비하여 미세한 경향이라 할 수 있다.

(3) 경도에 미치는 영향

이산화탄소(CO_2)의 영향으로 중성화(탄산화)가 촉진되면 미세하나마 강도의 저하를 초래하
는 반면, 콘크리트의 표면으로부터 중성화 깊이에 따라 콘크리트의 경도를 상승시키는 경향이
있다. 이로 인해 반발경도검사법(Schmit hammer)에 의한 비파괴 검사 시 콘크리트의 강도
를 추정할 경우 콘크리트의 재령에 따른 경도값의 상승 정도를 보정시켜주어야 하는데 이를 재
령보정이라고 한다.

표2. 11 콘크리트의 경도상승에 따른 보정 정도

재령(일)	10	20	28	50	100	150	200	300	500	1000	3000
α	1.55	1.15	1.00	0.87	0.78	0.74	0.72	0.70	0.67	0.65	0.63

2.4.1.3. 중성화와 내력에 미치는 영향의 메커니즘

콘크리트의 알칼리 성분은 콘크리트 속의 철근 주변에 부동태 피막을 형성하여 철근의 부식 요인들로부터 보호층을 형성시켜 보호하고 있으나, 중성화가 이루어지면 보호층인 부동태피막이 파괴되어 철근이 부식하게 되고 이러한 철근의 부식은 부식생성물에 의해 콘크리트와의 접착력이 저하됨과 동시에 철근의 부식에 따른 체적팽창압에 의해 콘크리트 내부에 균열이 발생한다.

이러한 균열을 통한 중성화의 촉진에 따라 철근 부식이 가속화되어 철근의 체적팽창압에 의해 결국 콘크리트의 박락을 초래한다.

이는 결국 철근단면 결손, 부착강도 감소, 피복콘크리트의 박리 등이 복합적으로 생기므로 구조물의 저항모멘트(Moment)가 저하되어 내구성 및 안전성에 치명적인 손상을 초래할 수 있다.

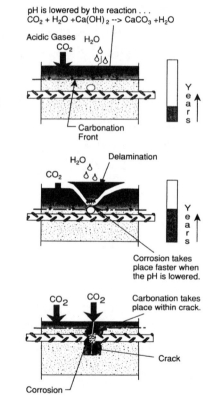

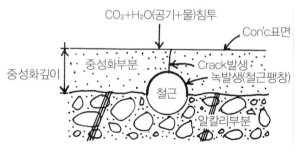

그림 2. 26 중성화의 영향도

2.4.1.4. 중성화 속도에 영향을 미치는 요인

콘크리트가 내부 속으로 진행해 가는 속도를 콘크리트의 중성화 속도라 하는데 이는 이산화탄소(CO_2-Carbon dioxide)의 확산현상 및 이산화탄소(CO_2-Carbon dioxide)와 콘크리트 조직간의 반응성에 의존한다. 이산화탄소의 확산현상은 콘크리트의 치밀한 조직, 이산화탄소(CO_2)의 농도 및 온도 등에 영향을 받으며, 탄산화반응은 세공용액의 조성, 반응생성물의 형태 및 조성 등에 영향을 받는다.

(1) 내적 물리적 요인

물리적 요인으로는 물시멘트비(W/C) 및 물 결합재비, 혼화재의 치환율, 공기량 및 초기양생 조건 등이 있다. 콘크리트의 물시멘트비(W/C) 및 물 결합재비가 증가할수록 콘크리트에 점유하는 공극도 증가하여 이산화탄소(CO_2)의 침투를 용이하게 한다. 또한 이산화탄소(CO_2)의 확산계수도 물시멘트비(W/C)에 비례하여 증가한다. 또한 충분한 양생을 실시하고 양생 시 상대습도를 높이면 탄소의 확산계수가 저감된다.

(2) 내적 화학적 요인

화학적 요인으로는 시멘트의 알칼리량(pH), 혼화재의 종류 등의 재료적 특성, 배합조건, 초기양생조건, 환경조건 등이 있다. 일반적으로 수화반응이 빠른 시멘트일수록 탄산화가 높고, 수화반응이 늦은 시멘트라도 충분한 양생을 하면 탄산화 속도를 지연시킨다.

- 수산화칼슘 : $Ca(OH)_2 + H_2CO_3 \Rightarrow CaCO_3 + 2H_2O$
- C-S-H : $3CaO \cdot 2SiO_2 3H_2O + H_2CO_3 \Rightarrow 3CaCO_3 + 2SiO_2 + 6H_2O$
- Ettringite : $3CaO \cdot Al_2O_3 \cdot 3CaSO_4 \cdot 32H_2O + 3H_2CO_3 \Rightarrow 3CaCO_3 + 2Al(OH)_3 + 3CaSO_4 + 32H_2O$
- Monosulphate : $3CaO \cdot Al_2O_3 \cdot CaSO_4 \cdot 12H_2O + 3H_2CO_3 \Rightarrow 3CaCO_3 + 2Al(OH)_3 + CaSO_4 + 12H_2O$
- 기타 : $4CaO \cdot Al_2O_3 \cdot Fe_2O_3 + 3CaSO_4 + 32H_2O + 3H_2CO_3 \Rightarrow 3CaSO_4 + 2(Al \cdot Fe)(OH)_3 + 3CaSO_4 \cdot 2OH_2O$

(3) 외적 요인

외적 요인으로는 온도, 습도 및 우수 등이 있다. 온도는 기체인 탄산가스의 활성화와 콘크리트 내부의 확산 속도 및 탄산화반응에 밀접하며, 온도가 상승하면 탄산화는 빠르게 진행된다.

상대습도의 영향은 상대습도가 0% 혹은 100% 부근에서는 탄산화가 진행되지 않고 상대습도 50~70%인 경우에 탄산화 속도가 최대이며, 그보다 습도가 높은 경우 콘크리트 내부 공극 중에 존재하는 수분으로 인하여 탄산가스의 확산이 저지되어 탄산화는 늦어진다. 또한 옥외는 옥내보다 탄산가스의 농도가 낮기 때문에 탄산화가 늦으며, 옥외라도 비에 젖는 부분보다 비에 젖지 않는 부분의 탄산화가 빠르다.

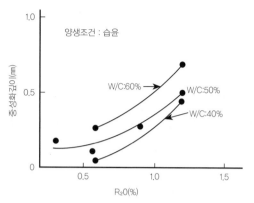

그림 2. 27 시멘트의 알칼리량과 중성화 깊이와의 관계

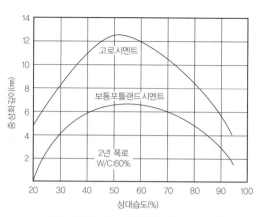

그림2. 28 모르타르의 탄산화 깊이에 미치는
상대습도의 영향(폭로2년)

2.4.1.5. 중성화와 철근 부식과의 관계

철근콘크리트 구조물에서 철근은 알칼리 성분에 의한 부동태피막을 형성하고 철근 부식 요인으로부터의 보호막을 형성하고 있는데 콘크리트가 대기 중의 이산화탄소(CO_2)와 반응하여 표면으로부터 서서히 알칼리농도(pH)를 상실해가며 철근부위까지 중성화가 되면 부동태피막이 파괴하기 시작하고 이때, 물과 산소의 공급이 충분하면 철근은 반응을 일으키며 부식하게 된다.

철근이 부식하게 되면 부식 생성물에 의해 콘크리트와의 부착력이 저하됨과 동시에 그 팽창 압력에 의해 피복콘크리트에 균열을 유발시키며, 이 균열을 통하여 중성화 촉진요인 및 철근 부식 촉진요인들의 침투에 의해 중성화와 철근 부식 속도는 급격히 가속되어 철근체적의 3배까지 팽창함에 따라 그 팽창압에 의해 결국 철근 부위의 콘크리트를 박락시키며 철근의 단면이 현격히 줄어들게 되어 철근콘크리트 구조물로서의 내력이 저하하게 된다.

따라서 콘크리트의 중성화는 철근 부식 및 철근단면 감소라는 관점에서 구조물의 내구성상 매우 중요한 성능저하 요인 중의 하나이다.

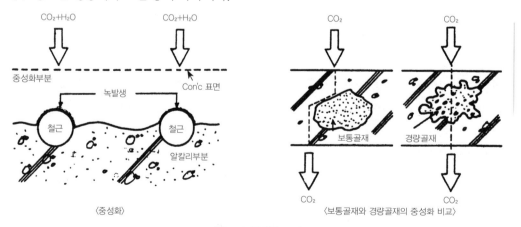

그림2. 29 중성화 모식도

2.4.1.6. 중성화 검사 방법

중성화 검사는 콘크리트 표면으로부터 어느 정도 깊이로 중성화가 진행되어 있으며, 잔여 알칼리 성분의 정도 등을 검사하는 것으로서 페놀프탈레인 1% 용액(100cc용액인 경우, 95%에 탄올 90cc+페놀프탈레인 분말 1g+증류수)을 검사시약으로 사용한다.

페놀프탈레인이란 약품은 pH-9 이상의 알칼리 성분과 만나면 진홍색의 색상을 띠게 되므로 시약을 콘크리트 내부에 분사시켜 보면, 중성화가 이루어져 알칼리 성분을 상실한 부위에서는 무색반응을 일으키므로 중성화 진행 정도를 파악할 수 있다.

자세한 사항은 제3장에서 기술토록 한다.

사진2. 06 공시체의 중성화 검사 모습

2.4.1.7. 중성화에 따른 상태평가

중성화에 따른 구조물의 성능저하 등급은 아래와 같으며, 등급 A, B인 경우 양호한 상태이나, 등급 C, D, E인 경우에는 보수가 필요하고 특히, E등급인 경우에는 철근의 부식도를 검토하여 적절히 보강 또는 사용중지 하여야 한다.

표2. 12 중성화에 의한 콘크리트 성능저하 등급

등급	중성화 깊이	비고
A	표면에서 0.5cm이하	중성화 속도 추정
B	피복두께 1/3 이하	중성화 속도 추정, 도장 등 보호 필요
C	피복두께 1/2 이하	중성화 속도 추정, 염화물 함량 검토 및 보수 필요
D	피복 약 3.0cm 이하	중성화 속도 추정, 염화물 함량과 철근 부식도 검토 및 보수 필요
E	철근 위치 이상	철근 부식도 검토 및 보수·보강 필요

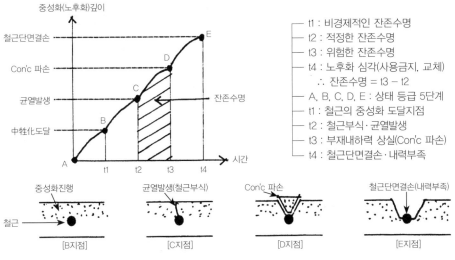

그림 2. 30 중성화 진행에 따른 피해도 및 잔존수명

2.4.1.8. 잔여 수명 추정

(1) 중성화에 따른 열화 진행 수식 ($\sqrt{t}$ 측 이론, square root theory)

중성화 재료, 단위 시멘트량 등의 조건에 따르되, 통상 실외에서 3~8, 실내에서 3~10 정도의 값을 택한다.

이때 중성화 속도계수의 단위는($\text{mm year}^{-\frac{1}{2}}$)이다.

$$C = A \sqrt{t}$$

C = 콘크리트 표면에서의 중성화 깊이(cm)
t = 년수
A = 중성화 속도계수: 통상 실외3~8, 실내3~10

(2) 잔존 수명 추정

중성화 심도(깊이)를 검사하여 잔여 알칼리 성분 정도를 파악함으로서 구조체의 잔여수명을 추정하는 방법으로서 흔히 사용되는 검사법이다.

$$A = \frac{C}{\sqrt{t_1}} \, (A \geq 0.373) \rightarrow t = (\frac{d}{A})^2 \rightarrow t_2 = t - t_1$$

t_1: 경과년수 t_2: 잔존 수명
t : 내용년수   C: 중성화깊이
d : 피복두께   A: 중성화 속도계수

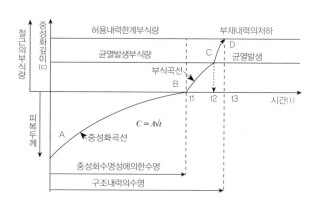
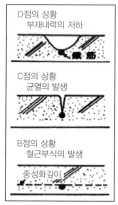

그림 2. 31 중성화의 진행과 철근 부식 개념도

2.4.1.9. 중성화 제어 및 대책

중성화는 콘크리트 구조체의 성능저하 요인 중에서 가장 대표적인 요인이며 또한 내구성에도 가장 큰 영향을 미친다. 중성화 진행에 의한 콘크리트 모체의 열화가 비록 국부적인 것이라 하더라도 장기적인 진행이 계속되면 구조물 전체의 내구 수명을 단축시키므로 중성화 제어 및 방지 대책은 중요한 사항이다.

(1) 재료적 측면의 대책

콘크리트 재료의 종류 및 배합 조건은 중성화 진행 속도에 커다란 영향을 미치므로 중성화 요인들의 침투가 억제되도록 콘크리트 내의 공극이 없게 하여야 한다.

① 콘크리트 조직이 치밀하도록 조밀콘크리트 타설

② 잉여수에 의한 공극이 없도록 물시멘트비(W/C) 저감

③ 공기량 및 세공량이 적도록 고강도 콘크리트 타설

④ 고비중의 양질 골재 사용

⑤ 진동다짐을 철저히 하여 골재분리 및 곰보 발생 억제

⑥ 초기 양생을 철저하고 충분히 한다.

(2) 표면 마감재 측면의 대책

콘크리트 표면으로 중성화의 요인들이 침투되지 않도록 콘크리트 표면에 마감재를 시공함으로써 요인들의 침투를 차단시킨다.

① 시멘트 모르타르 미장 바름

② 회반죽 미장 마름

③ 타일 붙이기 마감

④ 시멘트풀 도포

⑤ 침투성 방수재 도포

⑥ 페인트 도장

⑦ 에폭시 또는 우레탄 도포

⑧ 중성화 방지제 도포

(3) 관리적 측면의 대책

① 철저한 공정 관리

② 철저한 품질 관리

③ 철저한 노무 관리

사진 2. 07 부식 철근 취핑 후 중성화방지제 도포

2.4.1.10. 알칼리 환원 기술개발

중성화가 진행된 구조체에 상실된 알칼리 성분을 재환원시켜줌으로써 구조물의 상태를 견실하게 하고자 알칼리 환원공법이 최근 새로운 기술 개발로 적극 시도되고 있으나 비가역반응의 원리에 의해 개발의 어려움이 많다. 이는 앞으로 계속적인 연구개발이 요구되는 분야이다.

2.4.2. 알칼리골재반응(AAR)

2.4.2.1. 알칼리골재반응의 정의

알칼리골재반응(Alkali aggregate reaction)이란 시멘트 속에 함유되어 있는 알칼리 성

분(알칼리금속이온Na$^+$, K$^+$, 수산이온OH$^-$)과 골재 속의 반응 성분이 화학반응을 일으켜 콘크리트에 유해한 팽창을 일으키는 현상을 말한다. 즉, 알칼리 반응성 골재는 콘크리트의 공극 내에 있는 알칼리 성분인 산화나트륨[Na$_2$O] 및 산화칼륨[K$_2$O]과 반응하여 반응생성물인 겔(gel)을 생성하는데, 이 겔(gel)은 생성 초기에는 점성이 낮기 때문에 콘크리트 내부를 이동할 수 있지만 수화가 진행됨에 따라 콘크리트의 공극 중에 농축되기도 하고 표면으로 흘러나오기도 한다.

공극 등에 농축된 겔(gel)은 수분을 흡수하여 팽창하려는 성질이 있어, 이에 따라 콘크리트에 팽창압을 가하여 균열을 발생시키거나 심한 경우에는 콘크리트 구조물의 내구성을 크게 저하시킨다.

1940년 T.E.Stanton이 미국 King City교량에 발생한 원인불명의 균열을 알칼리와 골재의 화학반응이라고 지적한 것이 알칼리-골재반응에 관한 연구의 시초가 되었으며, 그 후 미국에서 연구가 진행되어 1950년에 골재의 AAR 판정시험방법으로서 현재 사용되고 있는 ASTM C 289의 화학법이, 1952년에 ASTM C 227 모르타르바법이 채택되었다.

한편, 일본에서는 1982년경부터 한 신고속도로공단의 콘크리트 구조물에 알칼리-골재반응에 의한 균열이 확인되어 건설업을 필두로 각 시험 연구기관에서 알칼리-골재반응에 관한 연구가 활발히 진행되어 JIS A 5308의 AAR 판정시험 방법이 확립되었으며, 일본 전국적으로 콘크리트 구조물의 실태조사, 골재조사, 알칼리골재반응의 억제대책과 성능저하된 구조물의 보수·보강 대책이 진지하게 검토되어 왔다.

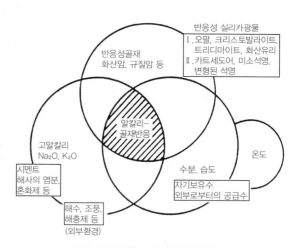

그림2. 32 알칼리-골재반응의 발생조건

우리나라의 경우, 그동안 사용되어왔던 하천골재에는 알칼리골재반응성 물질이 함유되지 않아 이러한 반응 사례가 보고된 경우가 전연 없어 무관심하였었으나, 1980년대 후반부터 88올림픽 및 5개 신도시 건설 등의 과다건설물량을 충족시키기에는 부득이한 골재의 부족으로 자연사 대신 해사사용에 따른 염분함유 및 하천골재 대신 부순자갈(쇄석골재)을 사용하는 경우가 점차 늘고 있음에 따라 이러한 부순자갈 중에 시멘트의 알칼리 성분과 반응하는 실리카

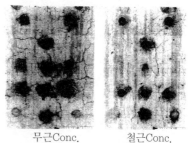

무근Conc.　　철근Conc.

사진2. 08 공시체의 변형 모습

(SiO_2), 실리케이트, 돌로마이트질의 석회암 등의 유해 광물질이 함유된 것들이 있어서 향후 시간의 경과에 따라 이러한 반응의 사례가 국내에서도 발생될 수 있을 것으로 예상된다. 사진 2.08은 공시체를 폭로한 뒤 2년 후의 균열 상황 모습이다.

$$SiO_2 + 2NaOH + nH_2O \Rightarrow Na_2SiO_3 \cdot nH_2O \quad \Rightarrow 팽창$$
$$Na_2SiO_3 \cdot nH_2O \Rightarrow Ca(OH)_2 + H_2O \Rightarrow CaSiO_3 \cdot nH_2O + 2NaOH \Rightarrow 팽창$$

2.4.2.2. 알칼리골재 반응의 종류

알칼리골재 반응은 반응 성분에 따라 다음의 3가지 유형으로 분류할 수 있다.

① 골재 내의 반응성 실리카(SiO_2)성분과 콘크리트 내의 알칼리가 반응하는 알칼리-실리카 반응(Alkali-Silica reaction)

② 골재 내의 실리케이트와 콘크리트의 알칼리가 반응하는 알칼리-실리케이트 반응

③ 골재 내의 이산화탄소(CO_2)를 함유한 백운석(돌로마이트, Dolomite)질 석회암과 콘크리트 내의 알칼리가 반응하는 알칼리-탄산염 반응

이중에서 알칼리-실리카 반응(Alkali-Silica reaction)이 세계적으로 보고 된 사례가 가장 많으므로 알칼리골재반응(AAR)이라 하면 일반적으로 통상 알칼리-실리카 반응(ASR)을 말하고 있으며, 주로 미주 지역에서 많이 발생하고 있으며, 일본에서도 1970~80년대 이로 인한 열화가 많이 생겨서 크게 문제가 된 바 있다.

그 외 실리케이트(SiO_4) 및 탄산염 반응은 캐나다의 일부 등에서 몇 가지 사례가 보고 된 것에 불과할 뿐 그 정도가 미미하다. 알칼리 반응성 골재로는 실리카(SiO_2) 성분을 가지고 있는 규산질 석회석, 규산질 돌로마이트(Dolomite), 응회암, 안산암, 화산암 등이 있다.

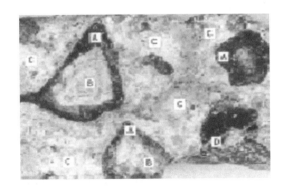

A: 반응 림(rim)
B: 굵은골재 파단면의 반응생성물
C: 모르타르 속에 확성 된 반응 생성물
D: 골재 균열 내부의 반응 생성물

사진2. 09 알칼리 골재 반응

(1) 알칼리-실리카 골재 반응

알칼리-실리카 반응은 주로 처트(Chert), 사암, 이판암, 실리카질 석화암 등의 퇴적암에 포함되어 있는 미소석영, 안산암, 유문암, 현무암, 석영안산암 등의 화산암에 함유되어 있는 화산글라스, 크리스토발라이트, 트리디마이트와, 점판암, 편마암, 편암 등의 변성암에 함유되어 있는 결정격자에 변형이 있는 석영 등이 주 반응물질로서 현재 알칼리 골재반응이라고 하면 대표적이므로 알칼리-실리카 반응을 가리킨다.

(2) 알칼리-실리게이트 골재반응

알칼리-실리게이트 반응은 실리게이트(SiO₄)성분을 함유하고 있는 골재와 시멘트의 알칼리 성분(pH)과의 반응을 말하고 있으나 그 사례는 미주 지역의 극소수로서 극히 드물다.

(3) 알칼리-탄산염 골재 반응

알칼리-탄산염 반응은 백운석(Dolomite)질의 석회암이 관여하는 반응이지만 그 발생지역은 한정되어 있으며, 캐나다의 일부에서 발생하였다는 예가 보고 되어있을 뿐이다.

2.4.2.3. 알칼리-실리카 골재반응의 메커니즘

실리카(SiO_2)는 결정질의 것이라면 일반적으로 안정된 광물이라고 생각할 수 있지만 알칼리 농도(pH)가 높은 용액에 대해서는 용해도가 매우 크며, 이것은 용액의 OH^-이온의 농도가 높아지면 실리카의 실록산 결합이 절단되기 때문이라고 한다.

이 경우 용출된 실리카(SiO_2)는 OH^-의 농도가 뚜렷이 높은 경우에는 실리게이트 이온 ($Si(OH)_6^{2-}$)의 상태로 되지만 용액의 알칼리농도(pH)가 11 이하에서는 $Si(OH)_4$라는 모노머 (Monomer)가 주체가 되며, 이 모노머는 콘크리트의 세공용액 속의 Na^+와 Ca^{2+}등의 촉매가 되어 겔(gel)을 형성한다.

이 경우의 반응식은 다음과 같으며 알칼리규산염 겔(gel)이 형성된다.

$$-Si-O^-+Na^+ \Rightarrow -Si-ONa \qquad -Si-O^-+K^+ \Rightarrow -Si-OK$$

알칼리 규산염 겔의 부피는 반응 전의 실리카(SiO_2)와 수산화 알칼리용액의 부피보다 도 작은데, 이것은 반응 초기의 콘크리트의 부피 변화로 밝혀졌으며, 시간의 경과와 함께 물을 흡수하고 팽윤하여 콘크리트 내부에서 국부적으로 팽창압을 일으킨다.

이 경우 반응을 일으킨 골재 입자 주변의 거칠고, 큰 공극은 이미 폴리머상태의 졸(sol)에 따라 충전되는 경우가 많다. 알칼리 규산염 겔(gel)의 흡수로 인한 팽창변동은 겔이 생성하는 시기와 물이 공급되는 시기의 상대적인 관계, 겔(gel)의 조성, 수산화칼슘의 생성량, 구속 압력 등으로 달라진다고 하지만 아직 분명하지 않은 점이 많다.

알칼리량이 많은 시멘트를 사용한 경우 콘크리트 속의 시멘트 경화체 조성은 저알칼리를 사용한 경우와 비교하여 다공질로 되며, 이것은 시멘트 속의 알칼리가 많아지면 C-S-H 겔의 조직이 불균일하게 되어 겔의 입자간에 모관공극이 남기 때문이다.

시멘트 경화체 조성의 이러한 상태는 알칼리의 확산. 이동을 쉽게 하므로 알칼리-실리카 반응의 진행은 이런 면에서도 빠르게 촉진되게 된다.

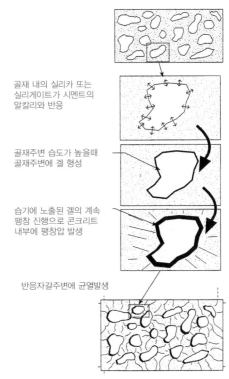

골재 내의 실리카 또는 실리게이트가 시멘트의 알칼리와 반응

골재주변 습도가 높을때 골재주변에 겔 형성

습기에 노출된 겔의 계속 팽창 진행으로 콘크리트 내부에 팽창압 발생

반응자갈주변에 균열발생

그림2. 33 알칼리-실리카 골재반응 메커니즘

2.4.2.4. 알칼리-실리카 골재반응의 속도 촉진 요인

알칼리-실리카 반응이 발생하는 데는 콘크리트속의 세공용액 속의 알칼리농도가 계속 높은 상태를 유지하고 있거나, 골재 속에 반응물질이 일정량을 초과하여 존재하는 것이 요인이 되어 반응의 속도를 촉진시킨다.

(1) 세공용액의 알칼리량

콘크리트에 사용한 시멘트 속에 함유되어 있는 알칼리량(pH)에 따라 다르게 되는데, 알칼리농도가 높은 상태에서 항상 지속적으로 유지되는 조건하에서는 알칼리골재반응의 속도가 빨라질 수밖에 없다.

(2) 골재속의 반응물질의 종류와 상태

은미정질 석영의 경우 결정도가 나쁠수록, 즉 비정질에 가까운 것일수록 알칼리반응 속도가 빠르고, 입자가 작을수록, 골재 속에 함유량이 높을수록 반응 속도는 빠르게 된다.

한편, 화산유리, 크리스토발라이트

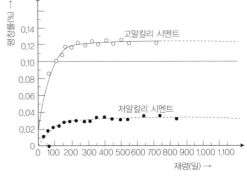

그림2. 34 시멘트알칼리의 팽창반응 비교

(Cristobalite)와 트리디마이드(Tridymite) 등을 함유한 골재의 반응성은 일반적으로 은미정질 석영에 비하여 높다고 되어 있지만 그들의 함유량이 같더라도 알칼리골재반응성은 산지에 따라 크게 다르다.

결정격자에 변형이 있는 석영의 반응성에 대해서는 거의 밝혀져 있지 않지만 반응 속도는 앞에 기술한 두 가지에 비하여 상당히 더디게 나타난다.

표 2. 13 반응성 광물 및 반응성 골재

| 반응성 광물 | 반응성 광물을 함유한 암석 | |
	천연 암석	인공 물질
화산 유리	안산암, 현무암, 유문암, 흑요암, 응회암 등	글라스 인공경량골재
크리스토발라이트 트리디마이트	안산암, 현무암, 유문암, 응회암 등	
미소석영	점판암, 혈암, 챠트, 사암, 유문암 등	
미소운모	편암, 천매암, 점판암, 현암, 사암 등	
파동소광석영	편마암, 편암, 챠트, 화강암, 섬록암 등	

(3) 환경의 영향

알칼리-실리카 반응(Alkali-Silicate reaction)은 주변의 온도, 물의 공급, 세공용액의 이동으로 인한 알칼리의 농축 등의 환경에 따라 크게 속도가 달라진다. 양생온도가 40℃ 정도로 높은 경우 반응 속도는 양생온도 20℃인 경우보다 빠르게 나타나는 반면 최종 팽창량은 오히려 20℃인경우가 더 크게 나타난다.

또한 물의 공급은 알칼리-실리카 반응의 속도에 많은 영향을 주므로 기초나 지하옹벽 등과 같이 지반 땅속에 묻혀 있는 콘크리트인 경우 지상의 콘크리트보다 그 반응 진행속도가 더 빠른 것으로 나타난다.

표2. 14 실리카의 물에 대한 용해도

실리카의 형태	pH≒7	pH>10
결정질실리카	5	100~
비정질실리카	100	1,000

(4) 염화물의 영향

바닷가의 해풍이나 해수에 노출되어 있는 콘크리트인 경우 해수, 해풍의 염화물은 시멘트 속의 알칼리와 같은 작용을 한다. 즉, 염화나트륨이나 염화칼슘은 콘크리트의 세공용액 속에는 이온에 해리(dissociation)하여 각각 Na^+와 K^+ 및 이에 평형하는 OH^-이온을 일으키기 때문이다. 따라서 충분히 세척되지 않은 바닷모래를 사용한 경우 그만큼 높은 알칼리 시멘트를 사용한 결과와 같다고 볼 수 있다. 근래 들어 동절기 우리나라의 도심지 도로에 살포되는 염화칼슘이 차량바퀴에 의해 지하주차장으로 유입되는 사례들도 향후 유지관리적인 측면에서 차륜의 세척시스템 적용이 필요한 실례이다.

2.4.2.5. 알칼리-실리카 골재반응의 열화 형상

알칼리 실리카 반응(Alkali-Silicate reaction)을 일으킨 콘크리트 구조물의 열화 영향은 외관적인 형상과 콘크리트 조직의 형상으로 구분하여 다음과 같다.

(1) 외관적인 형상

① 이상팽창을 일으킨다.

② 표면에 불규칙한 균열(거북등 형상의 균열, 구속방향과 평행한 균열)이 생긴다.

③ 알칼리-실리카 겔(gel)이 표면으로 흘러나오거나, 균열 및 공극에 충전되기도 한다.

④ 골재입자의 둘레에 검은색의 반응환이 보인다.

⑤ 골재 팽창으로 인한 구조물의 변형, 경사, 밀려남과 줄눈부의 엇갈림.

⑥ 팽창구속으로 인한 줄눈부의 폐색과 파손

(2) 콘크리트 조직의 형상

① 압축강도의 저하

② 영률 저하

③ 탄산화 진행 및 촉진

④ 부재 내부의 응력 발생

사진2. 10 석유탱크 방액둑 조인트 오른쪽 ASR 균열

2.4.2.6. 알칼리-실리카 반응에 따른 균열의 메커니즘 및 강도 저하

(1) 골재반응에 의한 균열 메커니즘

알칼리골재반응에 의한 콘크리트의 균열은 그 폭이 크고 콘크리트 표면에 미치는 경우가 있는데 깊이는 그다지 크지 않고 철근 위치 부근에서 머무르고 있는 경우가 많다.

이것은 콘크리트의 표층 부분에서는 알칼리가 외부로 용출하여 알칼리농도가 뚜렷이 낮아지기 때문에 골재반응이 표층부분에서는 일어나지 않고 콘크리트 내부에서만 주로 생기므로 내부의 팽창압에 의해 표면에 주로 생기기 때문이다. 그러나 지중에 있는 기초나 지하옹벽의 경우에는 이와는 다른 메커니즘을 갖는다.

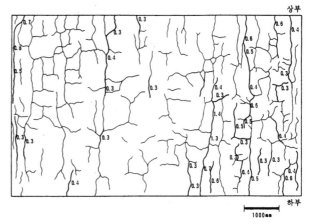

그림2. 35 골재반응에 의한 균열도

(2) 압축강도와 영률

알칼리-실리카 골재반응에 의해 콘크리트의 압축강도와 영률은 서서히 저하하게 되는데 그 저하 정도는 영률이 더 크다. 준공 후 10년 정도 경과한 철근콘크리트 건축물의 기초 콘크리트를 예로 볼 때 압축강도가 설계기준강도의 2/3정도까지 저하된 사례가 있는 것으로 보고되어 있다. 또한 콘크리트의 물성변화에서 압축강도의 저하는 물론이지만 탄성계수에서 더 예민한 저하를 나타내고 있는 것으로 알려져 있다.

2.4.2.7. 알칼리골재반응성 시험법

알칼리골재반응성에 대한 시험법은 아래와 같이 암석학적 분석방법, 화학적시험방법, 모르타르 바(Mortar Bar) 시험방법들이 있으며, 기타 상세한 검사 및 진단기법은 '제5장 비파괴 검사 및 안전진단'의 화학반응검사에서 상세히 다루도록 한다.

(1) 암석학적인 분석 방법

골재의 암석학적인 분석 방법으로 KS F 2548(콘크리트용 골재의 암석분류시험, ASTM C 295)이 있으며, 알칼리골재반응에 직접 관련된 시험으로(써)는 KS F 2545(골재의 알칼리잠재 반응시험(화학적방법), ASTM C 289) 및 KS F 2546(시멘트와 골재의 배합에 따른 알칼리 잠재반응 시험방법(모르터봉 시험방법), ASTMC 227)이 대표적이다.

그 외 콘크리트로서 시험하는 카나다의 방법 등이 있다.KS F 2547(콘크리트 골재용 탄산염암의 알칼리 잠재반응시험방법(원주형 암석공시체에 의한 방법)은 알칼리 탄산염암 반응에 관한 시험이다.

(2) 화학적 방법

화학적 방법은 알칼리에 대한 골재의 잠재적인 반응성을 화학적으로 시험하는 것으로서, 0.15 ~ 0.3㎜로 입도조정한 골재를 밀폐용기 안에 알칼리용액(1규정액의 수산화나트륨용액)과 같이 넣어 80℃에서 24시간 반응시켜 여과한 용액을 0.05 규정의 염산으로 적정하여 감소한 알칼리량을 측정함과 동시에 여과용액 중에 용출한 실리카량을 중량법 또는 흡광광도법으로 측정하여 이들 값을 정해진 판정도에 표시하여 골재의 반응성을 판정하는 것이다.

한편 구조물에서 채취한 겔(gel)을 그 화학조성으로 분류하여 판단하기도 한다.
아래의 표는 겔(gel)의 화학적 조성을 3종류로 분류한 것이다.
그룹I은 CaO량이 1% 정도 이하의 젤리상(jelly狀)의 알칼리 실리카상의 겔(gel)로서 알칼리 함유량 (등가 Na_2O량)이 14~28%로 높고, 화산암계의 골재를 사용할 경우에 생성된다. 원암보다 알칼리농도는 높고 조성변동이 적다. 그룹II는 CaO함유량이 4~7%로 적은 젤리상 알칼리-칼슘-실리카형 겔(gel)로서, 화산암계 골재와 퇴적암계 골재를 사용했을 경우에 나타난다. 그룹 III는 CaO 함유량이 높은 꽃잎상의 알칼리-칼슘-실리카형의 겔(gel)로서 Ca농도가 알칼리농도보다 높고 K의 함유량이 많은 퇴적암계 골재를 사용한 경우에 생성된다.

겔(gel)의 조성은 반응성 골재의 종류, 비반응성 골재와의 치환율, 동일한 콘크리트 조직에서는 반응된 골재 입자의 거리 등에 따라 서로 어긋나는 것으로 알려져 있다.

표2. 15 채취한 겔(gel)의 화학조성

구분	그룹Ⅰ(n=10)	그룹Ⅱ(n=6)	그룹Ⅲ(n=2)		
CaO	0.4~1.2(1.0)	3.7~7.0(5.0)	21.9	38.0	(30.0)
SiO2	71.5~84.7(77.6)	60.9~80.7(73.2)	65.8	44.5	(55.0)
eq. Na2O	13.6~28.5(22.2)	15.6~35.4(21.8)	12.3	17.5	(15.0)

( )내의 수치는 평균값

(3) 모르타르 바(Mortar Bar) 방법

모르타르 바법은 모르타르 공시체를 제작하고 모르타르 바의 길이 변화를 측정함으로써 골재의 잠재적인 반응성을 조사하는 것으로서, ASTM C 227이나 ASTM C 227에 준거한 KS F 4009부속서 8골재의 알칼리 실리카 반응성 시험(모르타르 방법)에 준한다.

잔골재 또는 5mm 이하로 분쇄한 시료 및 알칼리량이 0.6% 이상의 시멘트를 사용하여 시멘트:잔골재의 중량비를 1:2.25로 한 모르타르로서 2.54×2.54×285.75mm의 모르타르 바를 제작하여 온도 38.8±1.7℃ 상대습도 95% 이상의 조건하에서 3개월간 보존했을 때 팽창량이 0.05% 이상 또는 6개월간 보존했을 때 팽창량이 0.1% 이상의 골재를 유해라고 판정하며 그 이외를 무해로 한다.

그러나 모르타르 바 방법은 상당히 많은 량의 골재 시료(試料)를 필요로 하며 일손과 시간을 많이 요하므로 화학법이 많이 사용되고 있다.

(4) 간이 조사법

상기의 암석학적 분석방법이나 화학법, 또는 모트타르 바 검사법 등은 검사의 시간을 많이 요하고 그 절차가 복잡하여 개략적인 판단을 요할 경우에는 간이 조사법이 실제로 쓰이는 경우가 많다. 이 조사는 육안에 의한 조사 결과를 보충하기 위하여 열화의 정도와 개략의 원인을 다음과 같은 간이한 방법으로 조사하는 것이다.

① 타진: 음파해머 등의 타격음에 의해 마감재나 콘크리트의 들뜸을 조사.
② 반발경도: 반발경도기에 의한 반발경도값으로 콘크리트의 압축 강도를 조사.
③ 초음파 속도: 콘크리트를 관통하는 초음파 속도로 콘크리트의 열화 정도를 파악.
④ 드릴에 의한 콘크리트 분말 채취: 콘크리트면에 드릴로 구멍을 뚫어 토출되는 콘크리트 분말가루를 측정함과 동시에 염화물이온량과 알칼리량을 조사.

2.4.2.8. 제어 및 대책

알칼리-실리카 골재반응은 콘크리트의 세공 속으로 고농도의 수산화 알칼리용액의 존재에서 생긴다. 즉, 세공용액의 OH^-이온농도가 알칼리-실리카 골재반응을 제어하는 인자가 되고 있다. 이것은 OH^-이온의 농도를 낮추는 방법이 골재반응 방지대책의 기본이 된다.

그러한 인자 및 농도를 낮추며 알칼리-실리카 골재반응의 진행을 억제하는 제어 및 방지대책으로서는 아래와 같다.

1) 비반응성 골재 사용
 ① 알칼리 반응(ARS)에 무해한 골재를 사용한다.

2) 저알칼리 시멘트 사용
 ① 알칼리 함량이 낮은 시멘트(Na_2O 당량 0.6%이하)를 사용한다.
 ② 콘크리트 $1m^3$당 사용되는 시멘트의 알칼리 총량을 Na_2O 당량으로 3kg이하로 한다.

3) 혼화제 사용
 ① 포졸란 계층의 혼화제, 고로 슬래그 입자, 농축 실리카듐의 사용

4) 염분침투 방지 및 콘크리트 표면 처리
 ① 바닷모래는 세척하여 사용한다.
 ② 해수, 해풍에 노출 된 구조물은 염분의 침투를 방지 할 수 있는 방수성 마감을 한다.
 ③ 콘크리트에 수분이 항시 접하지 않게 표면처리 또는 보양한다.

사진2. 11 교각 하부구조의 침식

사진2. 12 옹벽구조물의 균열 손상

사진2. 13 유해수에 의한 터널 라이닝 박락

사진2. 14 지하구조물의 누수에 의한 손상

2.4.3. 염해

1980년대 이후 급속한 건설 물량의 폭증으로 강모래의 고갈과 환경 훼손으로 인한 국민 의식 변화에 따른 바닷모래 대체 사용으로 염해에 대한 우려가 급증하게 되었으며, 이러한 염해현상은 바닷모래 사용뿐만 아니라 시설물이 해풍, 해수에 노출되어 있거나 염화물을 함유한 외부 환경조건에 의해 염화물이 침투·축적되어 염해를 일으키는 경우도 흔하게 발생하고 있다.

사진2. 15 염해의 사례

그러므로 이에 대한 메커니즘의 개선과 염해 제어 및 방지 대책이 절실히 요구되고 있다.

2.4.3.1. 염해의 정의

염해란 해수, 해풍 등의 외부 환경조건으로부터 염화물의 침투나 또는 콘크리트 조성 시 사용되는 세골재의 바닷모래 사용 등으로 콘크리트 중에 염화물이온(Cl^-)이 존재하여 철근의 부동태피막을 파괴시킴으로써 철근을 부식시켜 콘크리트 구조물에 성능 저하 또는 내력 저하 등의 손상을 끼치는 현상을 말한다.

2.4.3.2. 염해의 메커니즘

콘크리트 내에 염화물이온(Cl^-)이 일정량 이상 존재하면 철근 주위에 형성된 수산화물의 부동태피막(두께 $20 \sim 60 \times 10^{-10}$m)이 부분적으로 파괴된다.

이때 콘크리트 내의 염분과 알칼리 농도의 차이, 각종 결함이나 밀실성의 차이 등으로 발생된 불균일성, 또는 철근 표면의 화학적 불균일성 때문에 철근 표면의 전위는 매크로적으로 불균일하게 되어 양극과 음극이 생겨 전류가 흐르면서 부식이 발생하게 된다.

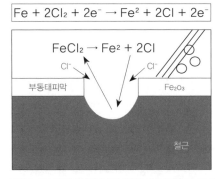

그림2. 36 염화이온(Cl^-)에 의한 부동태피막 파괴

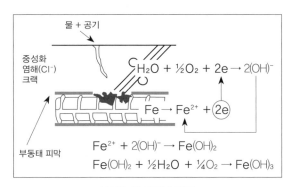

그림2. 37 철근 부식도

이러한 철근의 부식은 부식생성물에 의해 콘크리트와의 부착력이 저하됨과 동시에 철근 부식에 따른 체적 팽창압으로 인하여 콘크리트 내부에 균열이 발생되며, 계속 진행될 경우 콘크리트의 박락 및 철근의 단면 감소로 발전하게 된다.

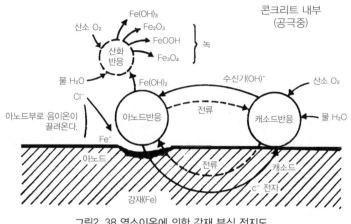

그림2. 38 염소이온에 의한 강재 부식 전지도

이러한 단면 결손은 시설물의 내하력이 저하되는 주요 요인이다.

이러한 부식의 메커니즘은 강재인 경우에도 마찬가지 현상으로 나타나므로 강재의 단면 결손에 의하여 내하력이 현저하게 저하된다.

이를 강재의 부식이 시작되기까지의 잠복기, 부식의 시작에서 부식균열 발생까지의 진전기, 부식균열의 영향으로 부식 속도가 대폭적으로 증가하는 가속기 및 강재의 대폭적인 단면 감소 등이 일어나는 열화기라는 과정으로 나누어 기술토록 한다.

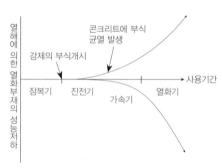

그림 2. 39 염해 열화의 진행 과정

(1) 잠복기
1) 강재의 부동태피막 형성
콘크리트 중에는 시멘트의 수화반응에 사용되지 않는 물, 즉 세공용액이 존재하고 공기 중의 이산화탄소(CO_2) 등에 의해 탄산화하지 않으면 세공용액은 일반적으로 pH-12 이상의 높은 알칼리성을 나타낸다. 이같은 고알칼리 환경에서 강재는 부동태피막을 형성하여 강재의 부식 요인으로부터 보호층을 형성하게 된다.

부동태피막의 메커니즘은 아직 명확하게 규명되어 있지는 않지만 강재 표면에 산소가 화학흡착하고, 더욱이 치밀한 산화물층을 생성하는 것에 의해 두께가 3㎜정도의 피막이 형성되는 것으로 알려져 있다.

그러나 콘크리트 배합 시에 염화물이온을 함유하는 재료를 사용한 경우 및 외부에서 염화물이온이 침투한 경우 등 콘크리트 속에 정도 이상의 염화물이온을 포함하게 되면 철근 표면의 부동태피막이 파괴되어 강재의 산화가 시작된다.

잠복기는 강재 표면에 있어서 염화물이온 농도가 부식 발생에 필요한 농도에 도달하기까지의 기간이며, 강재 표면에 부동태피막이 형성되어 있는 기간을 말한다. 염화물이온 농도가 부식 발생에 필요한 농도에 도달하면 부동태피막은 파괴되는데, 이 메커니즘은 화학흡착하고 있는 산소원자 혹은 수분자 중에 염화물이온이 침입하여 이 부분에서의 피막이 파괴되기 때문인 것으로 알려져 있다.

더욱이 피막의 치밀성은 염화물이온 농도와 수산화물이온 농도의 비(Cl^-/OH^-)로서 이는 강재의 부식개시 한계시점으로 연구되고 있다.

2) 콘크리트 내의 염화물이온 이동

해수나 해풍 또는 동결 방지제 등에 존재하는 염화물이온이 콘크리트 내부로 침투하는 경우에는 콘크리트의 품질 혹은 피복 두께 등에 따라 강재 표면에 작용하는 염화물이온 농도의 증가 속도가 다르다.

이에 따라 잠복기간도 변화하게 된다. 또한 콘크리트의 구성 재료 조성 시 이미 염화물이온이 포함되어 있는 경우에는 잠복기간도 짧게 되고, 부식발생한계 농도 이상이면 잠복기는 없어지고 구조물 조성 시에 곧바로 진전기에 들어서게 된다.

한편, 콘크리트 내의

① 염화물이온은 세공용액에 존재하는 다른 음이온(OH^-)이나 양이온(Na^+, K^+, Ca^{2+} 등) 과 전기적인 밸런스를 유지하면서 존재하고,

② 액상의 염화물이온은 프리델씨염 등의 고상 염화물 및 칼슘 알루미네이트 수산화물 등의 층간에 흡착하고 있는 염화물 이온과 화학적인 평형을 유지하면서 존재하며,

③ 고체 상태 염화물 및 흡착 염화물은 탄산화에 의한 액상의 알칼리농도(pH) 저하에 의하여 유리한 방향에서 평형이 이동하고 액상의 염화물 이온 농도가 증가한다.

이처럼 콘크리트의 세공용액 중에 존재하는 염화물 이온의 거동은 고체 상태의 염화물이나 흡착 염화물과의 평형 관계 변화를 기본으로 판단하여야 한다.

콘크리트 중의 염화물이온은 농도구배에 의한 확산으로 이동하기 때문에 외부 환경에 따라 염화물이온 공급량이 많거나 그 이동 속도가 크면 염화물이온은 콘크리트 내부에도 많은 양이 공급된다.

특히 해양환경에서는 건습 반복의 영향으로 건조와 습윤이 반복되면 콘크리트 구조물의 표

층 부분에는 많은 양의 염화물이온이 공급되게 된다.

또한 확산에서 이동하는 경우의 속도지표인 확산계수는 콘크리트 조직 구조의 치밀성과 세공의 연속성에 관계가 있기 때문에 시멘트 종류나 물시멘트비(W/C)의 영향을 크게 받는 것으로 알려져 있으며, 일반적으로 물시멘트비가 크게 되면 확산계수도 크게 되고, 동일 물시멘트비이면 고로 시멘트 B종의 확산계수는 적은 경향인 것으로 알려져 있다.

콘크리트 중의 염화물이온의 이동에는 건습반복 환경 이외에도 중성화, 동결융해, 건조 및 모세관수의 이동 등이 영향을 미치고 있으나, 건습반복의 영향을 받는 콘크리트 표층 부분의 염화물이온 농도의 정도는 해수중 부분보다도 파랑부나 비말대가 표층의 염화물이온 농도가 높게 되고 비말대 중에서도 건조의 영향이 큰 만큼 그 염화물이온 농도는 작게 되는 경향이 있다.

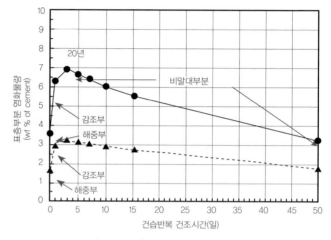

그림2. 40 표층 부분의 염화물이온 농도

(2) 진전기

1) 강재의 부식 진행

염해에서는 강재 표면의 부동태피막이 염화물이온에 의해 파괴되면서 부식이 시작된다. 중성용액 중의 철의 부식은 그 용액 중에 수소이온 농도가 낮으므로 용존산소에 의해 용존산소를 소모하면서 일어나므로 이러한 부식을 산소소모형 부식(oxygen consumption type corrosion)이라 하는데, 부식 반응은 아래 그림과 같이 강재 표면에서 철이온(Fe^{2+})이 세공용액 중에 녹아나오는 아노드반응(anod)과 철이온이 강재 중에 남은 전자(2e$^-$)가 산소와 물과 반응하는 캐소드반응(cathod)으로 나누어 생각할 수 있다.

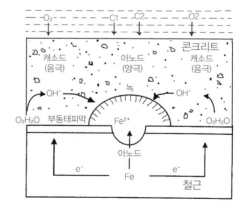

그림2. 41 강재의 부식 반응 모식도

양극(아노드)반응: $Fe \Rightarrow Fe^{2+} + 2e$

음극(캐소드)반응: $\frac{1}{2} O_2 + H_2O + 2e \Rightarrow 2OH^-$

전지반응: $Fe + \frac{1}{2} O_2 + H_2O \Rightarrow Fe^{2+} + 2OH^- \Rightarrow Fe(OH)_2$

강재부식은 아노드반응(anod)에 의해 녹아나온 Fe^{2+}가 캐소드반응(cathod)에 의해 생성한 OH^-와 반응하는 것에 의해 녹인 수산화 제2철 $(Fe(OH)_2)$을 생성하며 부식과 팽창이 진행된다.

한편, 산성용액 중의 철의 부식은 그 용액 중에 수소이온이 많으므로 전기화학적 반응에 의해 철이 부식되면서 수소가스를 발생시키는데 이러한 부식을 수소발생형 부식(hydrogen evolution type corrosion)이라 한다.

$$양극반응(아노드반응(anod,)) : Fe \Rightarrow Fe^{2+} + 2e$$
$$\underline{음극반응(캐소드반응(cathod,)): 2H^+ + 2e \Rightarrow H_2}$$
$$전지반응: Fe + 2H^+ \Rightarrow Fe^{2+} + H_2$$

이처럼 아노드반응(anod)이나 캐소드반응(cathod)은 강재의 동일 위치에서 일어나지만 염화물이온이 부식에 관계하는 경우에는 이들 반응이 더욱 떨어진 위치에서도 일어난다.

이와 같이 콘크리트 중의 강재 부식 진행은 강재의 전기화학적 반응과 함께 강재에 대한 산소의 공급량, 즉 콘크리트 중의 산소 이동이나 콘크리트의 저항에 크게 관계하고 있으며, 콘크리트 저항은 함수 상태에 큰 영향을 받으므로 함수율이 높은 경우에는 저항이 작게 되고, 부식전류도 크게 된다. 또한 콘크리트 중의 강재 부식 조건 중에서 강재 주변에 물이 존재하는 것도 부식 진행에 중요한 조건으로 된다.

2) 콘크리트 중에서 산소의 이동

해수 속에 잠겨있는 콘크리트 중의 강재는 염화물이온 농도가 높음에도 불구하고 부식의 진행이 매우 늦다. 이것은 해수에 용존하고 있는 산소가 적기 때문으로 한계전류밀도가 극히 적게 되기 때문이다.

한편 비말대에서는 염화물이온의 침투 이외에 건습 반복의 영향으로 산소도 충분하게 공급되므로 강재의 부식 진행이 빠르

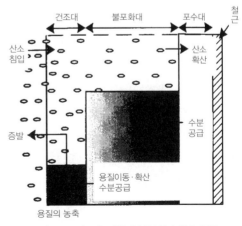

그림2. 42 건조에 의한 수분일산과 산소 침입

게 된다. 콘크리트 중의 산소 이동은 콘크리트 조직 구조와 함수 상태에 크게 관계한다. 아래 그림과 같이 산소의 침입은 콘크리트 표면에서의 증발에 따른 수분의 일산에 의한 불포화 부분의 형성으로 수증기와 산소가 반대 방향으로 이동하는 것에 의해 발생한다고 생각되고, 수증기가 확산에 의해 이동하는 것에서 산소도 확산에 의해 이동하는 것으로 생각할 수 있다.

따라서 콘크리트가 치밀하거나 함수율이 높으면 산소는 이동하기 어렵게 된다. 산소의 확산계수를 시멘트의 종류나 콘크리트의 함수율과의 관계에서 실험적으로 구한 예도 있다.

(3) 가속기·열화기
1) 부식균열의 발생
콘크리트 내의 철근이 부식하면 부식생성물의 체적팽창으로 철근 주위의 콘크리트에 인장응력이 발생하고, 콘크리트에 균열이나 박리가 발생한다. 이 같은 열화현상이 일어나게 되면 염화물이온, 물, 산소가 철근에 공급이 촉진되므로 철근 부식이 가속적으로 진행하게 된다.

철근 부식에 의한 균열 유형(pattern)은 주로 3가지로 분류된다.

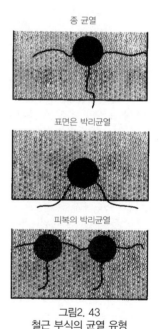

종 균열

표면은 박리균열

피복의 박리균열

그림2. 43
철근 부식의 균열 유형

① 철근에서 콘크리트 표면으로 1개의 균열(종균열) 발생 경우
② 철근에서 콘크리트 표면으로 어느 각도로든지 2개 이상의 균열이 발생되며, 이런 균열은 콘크리트의 박리 유발 경우
③ 철근과 철근 방향으로 진전하는 균열이 발생되며, 이런 균열이 진행되면 광범위한 피복콘크리트의 박리현상 발생 경우 일반적으로 철근의 부식에 의한 체적팽창은 2~4배라고 알려져 있지만, 해상 대기 중에 폭로된 콘크리트 중의 강재 부식생성물의 분석 결과에서 3.0~3.2 정도라는 결과도 있다.

철근 부식균열의 발생 유형(pattern)에 미치는 요인으로는 철근의 부식량 이외에 철근의 직경, 피복 두께, 간격 등과 관계되는데, 콘크리트의 피복이 커지게 되면 균열발생까지의 시간이 길어지지만 반면, 균열 발생 시의 부식량도 크게 되고, 철근의 직경이 크게 되면 균열 발생까지의 시간이 길게 되며, 철근과 철근의 간격이 작게 되면 균열이 콘크리트 표면보다도 내부로 연속되는 경향이 있다.

2) 부식균열에서 부식인자의 침입

일반적으로 휨균열은 콘크리트 피복이나 환경조건마다 허용균열 폭이라는 한계 균열폭으로 정리되어 있고, 이것보다 작은 균열폭이면 내구성은 확보된다고 알려져 있으나, 균열의 발생원인과의 관계 규명 없이 단정짓기는 매우 위험한 일이다. 균열폭이 허용균열폭 이상이거나 강재부식에 의해 발생하는 균열에서는 부식의 진행에 따라 균열폭도 증가하기 때문에 균열 부분에 있어서 염화물이온과 물, 산소와 같은 부식인자의 이동이 부식의 진행에 큰 영향을 미친다.

또한 피복콘크리트가 박락한 경우는 강재가 염화물이온이나 산소 혹은 물과 직접 접촉하기 때문에 강재의 부식 속도도 매우 빠르게 진행된다. 이것이 염해의 열화 진행 과정에서 가속기 혹은 열화기라고 불리고 있다.

즉, 철근의 양극(아노드부)에서 Fe^{++}가 용해($Fe \rightarrow Fe^{++}2e^-$)되며, 이때 발생한 전자는 음극(캐소드부)으로 이동하여 콘크리트 속으로 침입된 물과 산소로부터 OH^-를 형성($2H_2O+O^2+4e^- \rightarrow 4OH^-$)한다. 수산화물이온은 음극에서 양극으로 이동하여 Fe^{++}와 반응하여 $Fe(OH)_2$를 형성하고 이는 다시 산소와 반응하여 이른바 녹이라는 Fe_2O_3 및 Fe_3O_4를 형성하는 열화기를 거치게 된다.

그러나 부식균열이 부식인자의 이동에 미치는 정량적인 영향은 실험이나 해석으로 명확히 연구되는 단계이지만 아직 정략적인 결과는 없는 실정이다.

(4) 염해에 의한 구조안전성 저하

염해에 의해 콘크리트나 강재의 기계적, 역학적 특성이 변화하면 콘크리트구조물의 사용성능이나 안전성능, 즉 강재의 단면적 감소 이외에 콘크리트강도, 강재의 항복강도, 강재의 탄성계수, 부착강도 등에 영향을 미치게 된다.

그러나 해수에 장기간 침적하는 콘크리트의 경우에는 특수한 재료나 배합이 아닌 한 큰 변화가 없으며, 강재의 항복강도는 부식으로 인한 강재의 단면결손된 단면적에 의한 항복하중이 기준이 된다.

아래 그림과 같이 강재의 부식이 진행하면 항복점 잔존율이 1보다 작게 되고 공식이 진행하고 있는 부분이 지배적으로 된다.

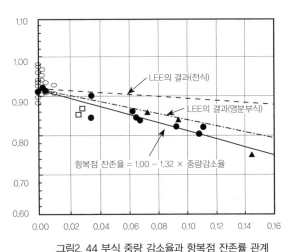

그림2. 44 부식 중량 감소율과 항복점 잔존률 관계

강재의 탄성계수는 부식에 의한 중량 감소율이 10% 이상이면 공식의 영향으로 현저하게 저하하고, 신율은 중량 감소율이 1~2% 정도라도 공식부에서의 영향이 크게 된다. 부착강도는 강재의 중량 감소율이나 부식균열 폭이 영향을 미치지만 보강근이 있는 경우에는 대체적으로 그 영향이 적다.

2.4.3.3. 염화물 이온의 영향

해수 등의 염화물은 시멘트 속의 알칼리와 같은 작용을 하는데 예를 들면 염화나트륨(NaCl)이나 염화칼슘(CaCl)은 콘크리트의 세공용액 속에서 이온에 해리하여 각각 Na^+와 K^+ 및 이에 평형하는 OH^-이온을 일으키기 때문이다. 따라서 충분히 세척되지 않은 바닷모래를 사용한 콘크리트는 그만큼 높은 알칼리 시멘트를 사용한 것과 같다.

그러나 바닷모래 속의 염화물로 생긴 OH^- 이온의 농도는 콘크리트 속의 단위 시멘트량에 따라 지배되며, 단위 시멘트량이 많은, 즉 부배합(rich mix) 콘크리트일수록 OH^-이온의 농도가 높아진다. 이것은 염화물 속의 Cl^-이 시멘트 경화체 속에 Friedel 염으로서 고정되어 있으므로 이 양에 맞는 OH^-이온이 세공용액 속에 용출하여 그 알칼리 농도를 높이기 때문이다. Friedel 염으로서 고정된 Cl^-의 양은 단위 시멘트량이 많을수록 높아지며, 따라서 OH^-이온의 농도도 높아지기 때문이다.

1) 염화물 이온량이 0.015% 미만(0.30kg/㎥에 상당)인 경우 콘크리트 피복 두께가 20mm 이상이면 철근 부식 속도는 0.04~0.05(%/년)정도이다. 이 경우 20년이 경과한 시점에서도 부식감량은 1.0% 이하로서, 철근은 아직 정상적인 상태에 있다고 할 수 있다.

2) 염화물 이온량이 0.015~0.03%(0.30~0.60kg/㎥에 상당)인 경우 피복 두께가 60mm 이상이면 철근 부식속도는 0.04(%/년)정도이다. 그러나 피복 두께가 60mm미만인 경우 철근 부식 속도는 0.07~0.1(%/년)이 되고, 20년이 경과된 시점의 부식감량은 1.5~2.0%정도로서, 즉 철근의 부식등급은 Ⅱ~Ⅲ이 된다.

3) 염화물 이온량이 0.03~0.06%(0.6~1.2kg/㎥에 상당)인 경우 피복 두께가 60mm미만이면 철근 부식 속도는 0.09~0.13(%/년) 정도이

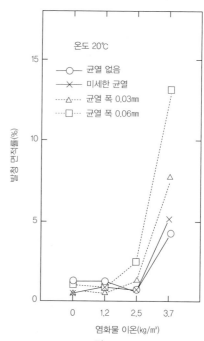

그림2. 45
강재부식과 염화물 이온량의 영향

며, 20년 경과된 시점의 부식감량은 2~3% 정도로서, 즉 철근의 부식등급은 Ⅲ이 된다. 또한, 50년 후의 부식감량은 5~8%로서, 부식등급은 Ⅳ가 되어 이미 정상적인 상태라고 할 수 없다.

4) 염화물량이 0.06%(1.2kg/㎥에 상당) 이상이면, 콘크리트 피복 두께가 40㎜이상이어 도 철근 부식 속도는 0.16% 이상으로 증가하고, 30년이 경과된 시점에서의 부식 감량은 5~8%로서, 부식등급은 Ⅳ가 된다.

여기에 표현되는 철근 부식 등급 기준은 '철근 부식'에서 기술토록 한다.

2.4.3.4. 염해의 발생 및 촉진 요인
(1) 해수, 해풍에 의한 염분 침투
해염입자는 대기 중에 비산한 해수가 바람에 의해 운반된 해수미스트로, 금속부식에 있어서 특히 주의하여야 할 인자이다.

예를 들어 염분의 비산량은 풍향과 풍속에 따라 달라 통상 해안으로부터의 거리에 대응해 지수관계적으로 감소하지만, 태풍 시에는 내륙 깊숙이까지 염분이 대량으로 유입되는 경우가 있다.

강재의 부식은 이러한 염분량에 많은 영향을 받으며, 아래의 그림은 이에 대한 일례이다. 통상 해안으로부터 구조물의 거리가 가까울수록 염해의 손상이 크게 나타나는데 50m 이내일 경우 53%가 구조물에 손상 피해를 받게 된다.

해풍에 의해 염분이 침투하는 경우 콘크리트 표면으로부터 1~2㎝되는 곳은 염분 규정치의 10~20배, 5~6㎝되는 곳은 염분이 규정치의 3~10배까지 높게 된다.

해안으로부터 비산되어 침투되는 해염입자 의 성분은 $NaCl$이 약 75%를 차지하며, 기타 K_2SO_4, $MgCl_2$, $CaCl_2$ 등이 미량 포함되어 있 다. 따라서 해염입자가 부착될 경우 평형습도가 낮은 염을 포함하므로 낮은 상대습도에서 흡습을 시작해 높은 흡습성을 나타낼 뿐만 아니라 부식 생성물을 수가용성 화합물로 변화시키기 때문에 부식작용이 큰 인자로 작용하게 된다.

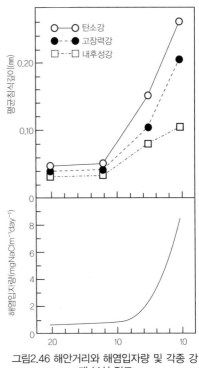

그림2.46 해안거리와 해염입자량 및 각종 강 재 부식 정도

이는 콘크리트가 중성화되지 않아도 산소 공급이 이루어지면 철근에 염소이온이 침입하여 부동태피막의 파괴에 따라 부식이 이루어진다.

(2) 동결방지용 빙설융해제 살포

최근 들어 자동차의 부식에서 문제가 되고 있는 염해는 북미나 북유럽 등 추운 지방에서 겨울철에 많이 살포 사용되고 있는 동결방지용 빙설융해제, 보통 염화칼슘($CaCl_2$) 또는 염화나트륨($NaCl$)에 기인하는 부식이다. 동결방지용 빙설융해제의 주성분도 $NaCl$이므로 해염입자와 마찬가지로 심한 부식 환경을 형성한다. 일본에서도 눈이 많이 내리는 지방의 고속도로 및 간선도로에 빙설융해제가 대량으로 살포 사용되고 있어 도로 주변의 콘크리트 구조물, 강구조물 및 자동차의 부식 문제가 제기되고 있다.

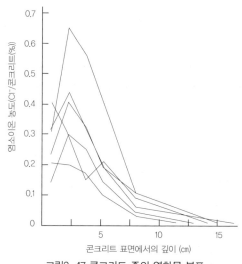

그림2. 47 콘크리트 중의 염화물 분포

이러한 빙설융해제는 우리나라에서도 겨울철 시내 또는 지방 간선도로 등에 대량으로 살포 사용되고 있어 차량의 부식은 물론, 도로, 교량 및 터널 등의 토목구조물 및 차량의 지하주차장 진입 시 차륜에 묻혀 건축물 내로 유입되는 빙설융해제에 의한 염해가 구조물에 발생되고 있다.

(3) 해사 사용에 의한 염분 함유

완전 미세척 해사를 사용하였을 경우 해수 중 강재의 발청에 직접적 영향을 주는 Cl^-와 SO_4가 함유된 염류에 의해 염해를 받게 되는데, 세골재중의 염분 함유량이 0.03~0.04%를 초과하면 철근의 발청 위험이 크다고 본다. 한편 해사 중의 염화물은 조기 강도는 다소 증진시키나 장기 강도는 떨어지게 된다. 콘크리트 중의 염소이온량 허용치는 아래의 표2.16과 같다.

표2. 16 잔골재의 염분허용치 및 콘크리트 중의 염소이온량의 허용치

규격	해사 중의 염분 허용치	콘크리트 중의 염소이온량
KASS 5 (건축공사 표준시방서)	NaCl로서 골재 1급: 0.02% 이하, 골재 2,3급: 0.1% 이하, 단 0.04% 이상시 방청조치 고려	-
콘크리트 표준시방서	보통RC조, 포스트텐셔닝의 PC조: NaCl로서 0.1% 이하, 내구성 요하는 RC조, 프리텐셔닝의 PC조: NaCl로서 0.04% 이하	-
KS F 4009 (레미콘)	0.04% 이하, 0.04%를 초과한 것은 구입자의 승인을 얻어야 하되, 그 한도는 0.1% 이하를 원칙으로 한다.	콘크리트에 포함된 염화물량은 콘크리트 출하시점에서 염소이온으로 $0.3kg/m^3$ 이하여야 한다. 다만 구입자의 승인을 얻은 경우에는 $0.6kg/m^3$ 이하로 할 수 있다.

(4) 혼화제·혼합수의 영향

염화칼슘($CaCl_2$) 등의 염류를 함유하고 있는 혼화제 또는 혼합수를 콘크리트 배합 시 사용하였을 경우 경화된 후의 콘크리트 구조물은 결국 시간의 경과에 따라 점차적으로 염해를 받게 되므로 항상 청정수와 같이 오염되지 아니한 물이나 혼화제를 사용해야 한다.

2.4.3.5. 염화물량 측정 방법

경화 콘크리트 중에 존재하는 염소화합물은 콘크리트가 타설 시에 재료로 사용되는 골재, 혼합수, 혼화제 등으로부터, 또는 경화 후 콘크리트 표면으로부터 유입되는 해수, 빗물 혹은 겨울철 염화칼슘과 같이 도로의 동결방지제의 확산 등에 의해 NaCl, KCl, $CaCl_2$, $MgCL_2$, $FeCl_3$ 등 다양하게 결합하고 있다.염화물량의 측정 방법은 신축공사시의 플래쉬콘크리트(fresh concrete)인 경우에는 콘크리트 액상 중에 함유된 염소이온 농도를 측정하여 여기에 단위수량을 곱하여 염화물 함유량을 구하거나, 모아법(mohr-일명 시험지법), 볼할트(volhard)법, 이온크로마토그래피법 등이 있으나, 기존 구조물의 경화체 콘크리트인 경우에는 콘크리트 내부의 염화물량 측정용 시료채취가 빠르고 간편한 드릴(drill)법 및 코어(core) 시료채취법이 가장 많이 적용되고 있다.

드릴법은 드릴(drill)전동기로 콘크리트에 천공할 때 구멍 외부로 토출되는 콘크리트 분말을 이용하는 방법으로서 검사가 용이하므로 여러 개소에서 측정이 가능하다. 그러나 드릴(drill)법은 중성화검사 시와 마찬가지로 굵은 골재의 영향으로 측정값이 변동될 수 있으므로 시료분말을 복수의 구멍을 뚫어 채취할 필요가 있다.

코어(core)시료 채취 방법은 코어드릴(core drill)전동기에 의해 코어 시료를 구조체로부터 추출 절단하여 검사하는 방법으로서 드릴(drill)법에 비하여 다소 코어 채취가 어려운 점이 있다. 코어시료(core)의 채취는 직경 10cm 규격으로 채취하고 10~20mm 두께로 절단한 것을 시

료로 사용하며, 시료의 분쇄 방법은 절단한 시료를 전기건조기에서 절대건조방식으로 건조하여 충격파쇄기로 분쇄시킨 후 사분법으로 나누어 진동밀도 149㎛ 이하가 되도록 미분쇄시킨다.

상기의 코어(core)시험체 또는 드릴(drill)법에 의해 추출된 콘크리트의 분말을 온수 중에 침적하여 염분을 추출한 후 그 용액 중의 염소이온 농도를 측정하여 총 염화물량으로 환산하는 방법 등이 가장 널리 쓰이고 있다.

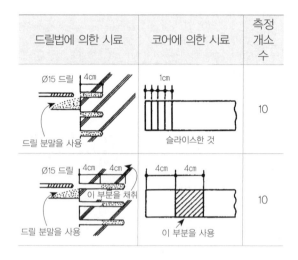
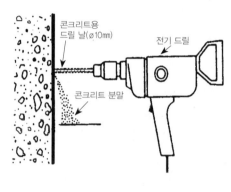

그림2. 48 드릴법 및 코어에 의한 시료 채취 방법

사진2. 16 햄머드릴링 모습

사진2. 17 채취된 코어 시료

2.4.3.6. 염해에 따른 상태 평가

기존건축물의 상태 평가 등급 기준은 시설물유지관리지침 및 점검·진단의 지침에서 그 기준을 '표2.05 건축물의 상태 및 안전성 평가 등급'에 기술한 바와 같이 규정하고 있으나 그 내용이 애매모호한 경향이 다소 있어서 좀 더 정량적인 상태를 평가할 수 있는 방안들이 계속 연구되고 있다.

염해의 상태 평가는 콘크리트 내의 염분 함유률을 측정하여 그 정도에 따라 아래와 같이 상태를 평가하는 것을 시설안전기술공단에서는 제안하고 있다.

표2. 17 염해의 상태 평가 등급 기준(안)

상태 등급	상태	조치 방안	염해 (Cl) kg/m³	비고
A	최상의 상태	−	Cl<0.3	−
A	매우 양호한 상태	−	Cl<0.3	−
B	양호한 상태	−	Cl<0.3	잠복기
B	비교적 양호한 상태	필요시 보수 조치	Cl<0.3	진전기
C	보통의 상태	경미한 보수 필요	0.3<Cl≤0.6	가속기 전기
C	사용 한계 상태	보수·보강 필요	0.3<Cl≤0.6	가속기 전기
D	불량한 상태	즉시 보수·보강 필요	0.6<Cl≤1.2	가속기 후기
D	심각한 상태	사용제한, 근본적 보수·보강	0.6<Cl≤1.2	가속기 후기
E	위험한 상태	사용제한, 또는 교체보강	1.2<Cl	열화기
E	성능상실 상태	사용금지, 보강불능 상태	1.2<Cl	×

(1) 잠복기(B급의 양호한 상태)

콘크리트의 철근 위치에서 염화물 이온농도가 보이지만 열화현상이 없으며 성능저하 현상도 보이지 않으므로 보수와 보강대책 등은 필요 없는 양호한 상태이다.

(2) 진전기(B급의 비교적 양호한 상태)

열화현상은 나타나고 있지 않지만 콘크리트 내부의 철근은 부식이 시작되고 있다. 콘크리트에 균열이 아직 발생되어 있지 않지만 향후 발생될 가능성이 높은 것으로 예측하여 구조물의 중요도, 유지관리적인 측면에서 보수하는 것이 바람직하다.

(3) 가속기 전기(보통, 또는 사용한계 상태)

철근 부식에 의한 콘크리트의 균열현상이 나타나고 있으므로 균열로부터 염화물이온이나 산소가 침입하여 향후 열화가 심각하게 진행 되겠지만 현재의 상태에서는 사용성능이나 안전성능은 그다지 우려할 정도의 저하 상태는 아니다.

그러나 균열을 통한 외부침투를 억제하고 노출녹물의 미관상 보수가 필요한 단계.

(4) 가속기 후기(불량 또는 심각한 상태)

열화현상이 크게 나타나므로 사용성능은 물론 안전성능까지 크게 저하된 상태이므로 보강을 포함한 전반적인 보수가 필요하며, 공용제한을 하는 경우도 있다.

(5) 열화기(위험한 상태)

열화현상이 매우 심각하여 대대적인 보수. 보강 대책이 절대적으로 필요하며, 구조물의 안전 성능이 현저하게 저하되어 구조물로서의 기능을 발휘할 수 없을 수도 있으므로 따라서 공용제 한과 해체, 철거도 고려하여야 한다.

2.4.3.7. 제어 및 대책

신규공사인 경우 염해의 방지 대책으로 해사세척, 제염제 혼합, 청정혼합수 사용, 밀실콘크리트 타설, 방청철근 사용 등 여러 가지의 방안을 강구할 수 있으나, 이미 완공되어 사용 중인 시설물의 콘크리트에 염화물량이 함유되어 있거나 해풍에 의해 염분이 유입될 수 있는 환경에 노출되어 있는 경우 예상되는 염해를 제어하거나 억제, 방지하려면 아래와 같은 대책을 시행하여야 한다.

① 콘크리트로부터 수분, 산소 및 염소이온 등의 부식성 물질을 제거(탈수, 탈염)
② 전기화학적으로 외부전류에 의해 철근의 전위를 변화시켜 방식
③ 콘크리트 표면 라이닝(linning), 또는 수지 및 폴리머 콘크리트 함침
④ 콘크리트 단면증설로 피복 두께 증가

표2. 18 콘크리트의 염해(철근방식) 방법 일람

No	분류	항목	내용	비고
1	부식성물질 제거	부식성물질 제거	온·습도 제어. 탈염, 탈수	해양환경, 제설제엔약함
2	피복 콘크리트로의 침투, 침입 억제	밀실성의 증가	최대물시멘트비의 확보 최소 시멘트량의 확보	방식상의 대원칙
		피복 두께의 증가	최소 피복 두께 확보	
		균열 폭 관리	허용균열폭 이내로 관리	
		콘크리트표면라이닝	합성수지 라이닝, 도료	보수 가능부위 사용
		수지함침 콘크리트	MMA, 침투성에폭시	
		레진 콘크리트 폴리머 콘크리트 내부시일 콘크리트	불포화폴리에스테르, 에폭시 등의 REC, SBR 등의 PCC, 왁스비이스 사용	
3	철근 표면으로 도달 억제	수지도장 강재	에폭시수지도장 철근 사용	정전기 분체 도장
		도금 강재	아연도금 철근 사용	
4	방식성 철근	내염성 철근		해양환경, 제설제엔 약함
5	전기 제어	전기 방식	외부전원방식, 유전양극방식	주로 음극방식 사용 보수 용으로 적합
6	방청제	방청제	아질산계	해양환경, 제설제엔 약함

구분	해안 거리에서	염소이온의 침투 정도
심한 염해지역	0m 부근	조수간만 및 파도에 의해 빈번히 해수에 접한다.
보통 염해지역	100m 이내	강풍시 콘크리트면이 해수에 젖는다.
경미한 염해지역	250m 이내	콘크리트 중에 유해량의 염화물이 축적한다.
염해를 고려하지 않는 지역	250m 초과	콘크리트 중에 염화물이 거의 축적하지 않는다.

2.4.4. 철근의 부식

철근 콘크리트 내에는 수산화칼슘[Ca(OH)₂]이 함유되어 콘크리트 내로 침투되는 물에 용해되어 알칼리농도(pH)가 12~13 정도로 높아지므로 콘크리트 내의 철근 주위에 부동태피막을 형성시켜 부식을 방지하게 한다.

사진2. 18 철근 부식 및 콘크리트의 박락

그러나 대기 중의 이산화탄소(CO_2)가 침투되어 중성화되거나, 또는 염화물이 유입되어 부동태가 파괴되면 활성화하여 철근은 부식하게 된다. 이러한 부식은 철근 자체의 체적팽창압에 의해 균열을 유발시키며 구조물의 성능을 저하시키고 결국 내력저하의 원인으로 안정상의 위험을 초래하게 된다.2.4.4.1. 철근 부식의 메커니즘

콘크리트 내의 철근이 부식하는 과정 중 중성화와 염화물 이온에 의한 부식 이외에 전기 화학적으로 부식하는 경우가 있는데, 이러한 작용에는 철이 이온화하는 양극(anod)과 산소가 환원하는 음극(cathod) 및 이들을 서로 연결하는 전해물질이 있어야 한다.

일반적으로 콘크리트 세극(Slit) 속의 수분은 기포, 수산화칼슘 용액과 약간의 수산화나트륨 및 수산화칼륨을 함유한 용액으로서 존재하며, 콘크리트에 포함된 수산화칼슘[Ca(OH)₂] 성분은 pH12.7 정도의 강알칼리성을 띠우고 철의 표면에 1×10^{-6}㎜ 두께의 수산화물(Υ $-Fe_2O_3 . nH_2O$)의 부동태피막을 형성하여 산소의 침입을 막고 부식을 방지하게 된다. 그러나 이러한 피막은 알칼리성분의 용출과 탄산화에 따라 콘크리트의 알칼리 수치가 저하되거나 혹은 유해한 성분인 Cl^-, SO_4^{--}, S^-등의 음이온이 작용하든지 온도가 높아지면 가장 취약한 부위가 부분적으로 파괴되어 철근은 활성태로 되어 부식하기 쉽다.

이중에서도 염화물인 Cl^-이온이 가장 유해하여, Cl^-에 의하여 양극부에는 $Fe \Rightarrow Fe^{++} + 2e^-$으로 이온화하는 양극반응(에노드반응)이 일어나고, 음극부는 공기로부터 $O_2 + 2H_2O + 4e^- \Rightarrow 4(OH)^-$의 음극반응(캐소드반응)을 일으켜 전해물에 의하여 전류가 통하면서 화학반응이 일어나 수산화 제1철[Fe(OH)₂]의 녹이 철 표면에 석출된다.

$$2Fe + O_2 + 2H_2O \Rightarrow 2Fe^{2+} + 4OH^- \Rightarrow 2Fe(OH)_2$$

101

이 화합물은 용존산소에 의해 산화되어 수산화 제2철[Fe(OH)$_3$]이 되며, 더욱이 이러한 화합물은 물을 잃어 수화산화물인 FeOOH(붉은녹) 또는 Fe$_2$O$_3$(검은녹)이 되어 철 표면에 녹을 형성하고 일부는 산화 불충분한 채 Fe$_3$O$_4$(검은녹)가 되어 철근 표면에 녹 층을 형성하면서 철근 자체의 원체적의 2~3배까지 체적팽창하게 되며, 이때 발생되는 체적 팽창압에 의해 피

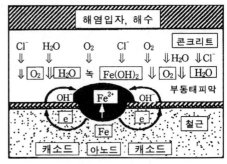

그림2. 49 철근의 부식 전지 작용

복콘크리트에 균열 또는 심지어 박락을 유발시켜 콘크리트의 단면결손과 함께 철근의 단면감소로 결국 구조물의 내력이 저하하게 된다.

일반적으로 철근에 부식이 발생하는 경우 부식 정도에 따라 철근 표면의 색상 및 비중과 팽창 배율은 아래의 표와 같다.

표2. 19 녹으로 인한 철의 팽창 배율

철산화물		색	비중	철의 팽창 배율
Υ $-$FeOOH	(Lepidocrocite)	적갈색	4.0	3.12
α $-$FeOOH	(Goethite)	갈색	4.3	2.91
α $-$Fe$_2$O$_3$	(Hematite)	철흑색	5.3	2.12
Υ $-$Fe$_2$O$_3$	(Maghemite)	갈색	4.9	2.29
Fe$_3$O$_4$	(Magnetite)	철흑색	5.2	2.09

2.4.4.2. 부식의 특성

철의 녹층은 다공질이므로 부식 현상으로 인해 발생된 녹은 다공질의 흡수성이 있어 녹이 두텁게 형성되어도 부식을 억제하는 효과가 작으므로 부식의 진전은 계속적으로 이루어지면서 체적팽창 현상을 일으킨다.

이러한 팽창압에 의해 콘크리트의 피복 부분에 1차 균열을 유발시키고, 이러한 균열로 철근의 부식은 급진전하며 팽창압은 계속적으로 증가하여 2차 균열이 발생하고, 결국은 철근 자체의 단면이 감소되면서 콘크리트의 박락현상을 일으키게 된다. 각종 부식 요인들로 인해 철근의 부식이 시작되면서 진행되어감에 따라 변화되어가는 부식 요인과의 상호작용 및 구조적 특성은 그림2.50의 도시와 같다.

사진2. 19 철근 부식 단면감소

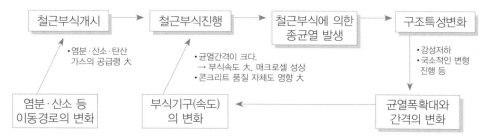

그림2. 50 부식 요인의 상호작용 및 구조적 특성

(1) 균열발생 전의 부식에 대한 특성

철근에 부식이 개시되었어도 철근에 따라 균열이 발생되기까지에는 철근 콘크리트 구조로서는 건전한 것과 비교하여 변화가 없다. 반면 초기부식 개시 시기에는 철근 부식에 의한 프리스트레스 효과에 의해서 부착 특성이 개선되는 등 강성이 높아지고, 부식이 계속 진행될 경우 부착력이 저하하게 된다.

(2) 균열 패턴에 따른 특성

콘크리트 내의 철근 부식으로 인해 발생하는 균열 패턴에 따라서 구조특성에 미치는 영향이 각기 다르다.

예를 들면, 부식철근 주변의 콘크리트가 박리하는 경우와 철근 열을 따라 균열이 발생하는 경우를 비교하면 내력이나 소성변형성능이 크게 다르며, 균열 패턴도 도시된 그림과 같이 명확하게 구분된다. 그러나 이것은 철근 길이의 직각방향 단면에서의 평가법에 한정되어 있으며, 3차원적 확대를 고려한 연구는 아직 발표된 바가 없어 계속적인 연구 과제 중의 하나이다.

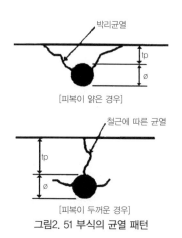

그림2. 51 부식의 균열 패턴

(3) 콘크리트 표면의 박리에 의한 특성

철근콘크리트의 피복이 비교적 작고, 조기에 부착 파괴가 발생하여 콘크리트 표면이 박리하는 경우에는 휨 균열이 그 부분에 집중하고, 변형이나 철근 항복 등이 국소적으로 발생하여, 내력이 큰 폭으로 저하하게 된다. 그러나 압축철근의 표면 콘크리트가 박리하는 경우에는 압축 콘크리트의 단면결손 및 철근의 좌굴이 발생하기 쉽게 되며, 이러한 영향은 반복적인 응력 하에서 더욱 현저하게 된다.

(4) 축방향 균열의 발생

어느 정도 피복이 확보되어 있는 경우에는 콘크리트 표면과 철근 위치를 연결하는 평면적 균열이 발생하는데, 이 경우 철근 단면적의 감소만으로는 설명이 불가능한 내력의 저하(통상, 균열폭 1㎜에서 내력이 10% 저하)가 있다고 한다. 특히, 이러한 균열폭과 부식량이 비례 관계에 있다고 생각하여 균열폭으로 부식량과 균열폭의 관계를 정량화하려는 노력이 행해지고 있으며, 쉽게 균열 폭의 측정이 이루어지기 때문에 내구성 진단 등에서는 중요한 자료가 되고 있으나 피복 두께 등의 치수에 의존하기 때문에 다소 문제점은 있다. 그러나 철근콘크리트 구조의 거시적 특성과 부식량을 결부시킴으로써 구조특성의 추정·평가가 용이하도록 많은 연구가 진행 중이다.

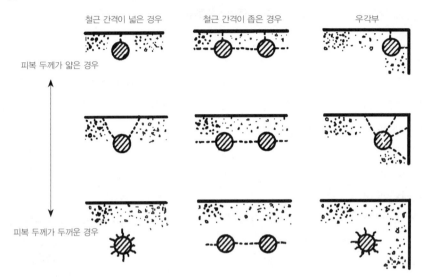

그림2. 52 철근의 부식팽창으로 인한 콘크리트의 손상 유형

(5) 부착강도의 저하

철근 부식이 계속적으로 진행하여 균열이 발생할 정도가 되면 부착강도는 저하하게 되는데, 이것은 콘크리트와의 지압 면적이 감소하거나, 콘크리트의 구속도가 저하하기 때문인데. 부착이 저하함으로써 휨 균열 등의 분산성이 나빠지게 되어, 국소적인 소성이 진행하는 경우가 있으며 그 때문에 변형량이 증가하게 되어 콘크리트 표면이 박리하게 된다.

(6) 반복응력하의 부착 특성

지속적인 반복응력(지진시: 고응력 저사이클, 피로: 저응력 고사이클)상태에서는 부착응력이 단조증가응력 상태에 비해 저하하는 경향이 현저하게 되는데, 이러한 경향은 부식에 의한 부착 특성이 아니고 일반적인 것이지만 철근 부식 조건하에서는 일반적인 경우보다도 부착강도 저하율이 크다고 한다.

(7) 전단내력과 관련된 연구

구조실험 시 건전한 시험체는 가력하게 되면 전단 파괴하지만, 철근 부식된 것은 휨 파괴 모드(mode)로 이행되고 있다.

이것은 휨 내력이 저하한 것과 함께 최대부착응력이 저하함으로써 Tied arch가 형성되었기 때문이라 하며, 2방향 배근된 슬래브 등에서 철근 부식에 의한 사선 방향의 균열이 발생하는 경우에는 전단내력이 저하하는 경우가 있다고 한다.

또한, 피복이 작은 늑근 등이 상당히 부식해서 전단보강효과가 저하해도 그와 같은 부식환경 하에서는 휨 내력의 저하도 그 이상으로 현저하고, 대부분의 경우 전단내력이 직접 문제가 되는 경우는 없다는 실험 연구 결과이다.

(8) 부식한 철근의 피로강도

철근 부식에 의한 철근 단면적 감소로 내력저하에 직접적 영향을 주는 것 이외에도 철근 부식에 공식이 발생한 경우 철근의 피로 강도도 함께 저하하게 된다. 이것은 부착력저하에 의한 피로강도의 저하만이 아니라, 철근 자체의 피로강도(응력집중에 의한 파단강도)의 저하도 발생되기 때문이다.

(9) 하중작용에 의한 균열이 구조 특성에 미치는 영향

구조 특성과 열화성상의 상호작용 관계에 가장 중요한 것은 하중작용에 의한 균열이 콘크리트의 열화(특히 염해, 중성화 열화) 및 구조적 특성에 미치는 영향이다.

발생된 균열의 폭이 커지면, 염해 또는 중성화 등의 열화 진행은 가속되지만 균열 폭이 커도 콘크리트의 품질이 양호하면 철근 부식의 진행 속도는 그만큼 늦어지게 된다.

또한 철근 부식 속도는 균열의 폭뿐만이 아니라 균열의 수량과 각 균열간의 간격과도 밀접하여 균열 간격이 큰 경우는 철근 부식의 메커니즘 원리에 의해 큰 범위의 메크로셀이 형성되어 부식 속도도 크게 증가하게 된다.

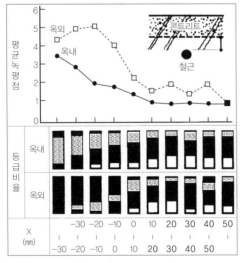

그림2. 53 부식과 피복 두께의 관계

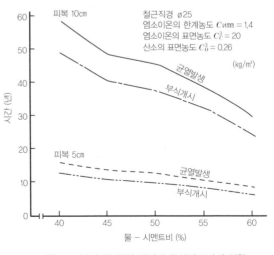

그림2. 54 부식 및 균열 시간과 물시멘트비의 영향

2.4.4.3. 철근 부식의 촉진 요인

철근콘크리트 속의 철근에 부식을 일으키는 인자들은 여러 가지가 있을 뿐만 아니라 그것들이 서로 상호작용을 하므로 촉진 요인들을 명확히 구분하기에는 어려운 점이 많으나 주요한 인자들은 다음과 같다.

(1) 알칼리도와 염화물 농도

콘크리트 속의 알칼리 성분은 철근 표면에 보호성의 부동태피막을 형성하는데, 피막의 안정성과 보호성은 콘크리트 속의 알칼리도(pH)에 의존한다. 알칼리도가 높을수록 피막의 보호성은 좋으며, 알칼리도가 저하되거나 염화물이 존재하면 철근은 부동태피막이 활성화되어 부식되게 된다.

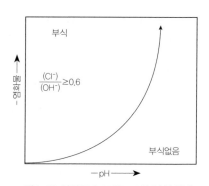

그림2. 55 염화물 농도와 pH의 부식 관계

알칼리성 환경 중에서 Cl⁻/OH⁻의 비가 어느 정도에서 철근의 부동태피막이 파괴되는지를 Hausmann의 실험을 통한 결과를 보면 염화물을 함유한 포화 수산화칼슘 용액 속의 연강에서 그 비율이 0.6이하라면 염화물은 부식을 일으키지 않는다는 것을 알았다. 또한 Gouda의 실험을 통하여 포화수산화칼슘 용액 속과 콘크리트 속의 철의 반응을 조사한 결과 Cl⁻를 함유하지 않은 알칼리성 용액 속에 부동태피막의 안전성을 유지하는 알칼리 농도 pH 값은 11.5 이상인 것이 밝혀졌다.

또한 Cl⁻가 존재하는 경우에는 이 한계의 농도pH 값은 다음 식에 따라 Cl⁻이온 농도의 증가와 함께 증대한다는 것을 나타낸다.

$$pH = n \log C + K$$ 이때, C는 Cl⁻ 이온농도, n은 0.83, K는 정수이다.

그밖에 황산염은 콘크리트의 화학적 침식의 원인이 되는 유해한 염류이지만 콘크리트 속의 철근에 대해서는 염화물만큼 많은 영향을 끼치지 않는다.

반면, 황화물은 철근의 부식에 영향을 끼치는데, 슬래그시멘트 콘크리트가 포틀랜트시멘트 콘크리트보다 부식에 대한 보호성이 낮은 이유는 슬래그시멘트 콘크리트가 고로슬래그 속의 황화물을 함유하고 또한 수산화칼슘량이 작기 때문이다.

(2) 산소

철이 부식하기 위해서는 수중의 용존산소가 필요한데 산소는 부식에 대한 캐소드(cathod) 반응을 촉진하는 역할을 하기 때문이다. 즉 염화물의 존재와 pH값의 저하에 더하여 철근 표면에 산소의 공급이 동반해야 하는데, 예를 들어 해수가 철근표면까지 침투하여 염화물 이온이 부동태피막을 파괴해도 산소가 철근표면에 이르지 못하면 철근의 부식은 진행되지 않는다.

해수 속에는 산소 용해도가 적고, 더구나 콘크리트 속의 세극이 물로 채워졌기 때문에 산소 확산 속도가 매우 더디므로 해수 속에 침적된 콘크리트 구조물에는 철근의 부식이 발생해도 그 정도가 대단히 작다. 그러나 해면 위, 이를테면 비말대에서는 충분한 산소가 존재하여 건습의 반복으로 인한 염분의 농축이 일어나므로 이 부분은 콘크리트 구조물 속의 철근 부식이 매우 심하다.

(3) 투수성

철의 부식은 수분이 있는 데에서만 진행하므로, 콘크리트의 투수성이 클수록 철은 부식하기 쉽다. 콘크리트의 투수성에는 물시멘트비(W/C)가 많은 영향을 끼치는데 즉, 물시멘트비(W/C)가 60%에서 50%로 감소하면 투수계수는 1/2.5정도로 저하한다.

따라서 물시멘트비(W/C)를 낮게 하면 콘크리트 속에 철근의 내식성을 향상시키게 된다. 한편 투수성은 콘크리트의 피복 두께에도 영향을 받지만 대부분 콘크리트의 표층부에서 높은 투수성을 나타내고 있다.

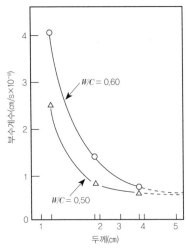

그림2. 56 콘크리트 두께와 투수계수

(4) 중성화

콘크리트 속의 수산화칼슘[$Ca(OH)_2$]은 대기 중의 탄산가스(CO_2)와 반응하여 탄산칼슘($CaCO_3$)으로 변하면서 콘크리트 표면에서 서서히 알칼리 성분을 잃어 가면서 중성화가 되면 철근의 부동태피막이 파괴되어 철근이 부식하게 된다. 그러나 해수 속에서는 중성화 속도가 더디므로 오랜 시간이 지난 뒤에도 중성화층의 두께는 표면에서 2~3㎝ 이내로 한정된다.

(5) 메크로셀 작용

콘크리트의 내부 또는 외부 환경에 고르지 못한 성질이 존재하면 금속 표면의 일부가 애노드(anod)로 되고 다른 부분이 캐소드(cathod)가 되어 둘 다 큰 부식전지를 구성하여 에노드(anod)에 닿는 부분이 부식하는 경우가 있는데 이러한 부식을 메크로셀 부식이라 한다.

① 이중금속의 접촉

콘크리트 구조물 속에 서로 다른 이중금속이 서로 접촉하게 되면 두 금속 사이에 전지가 구성되어 −(負)금속은 에노드(anod)가 되어 부식하게 되는데 습윤 환경이나 염화물이 존재하는 경우에는 그 진행 정도가 더 급진전하게 된다. 이러한 부식은 두 금속간의 전위차, 접촉면적비, 콘크리트의 함수량, 유공정도에 따라 다르게 된다.

② 활성-부동태 전지작용

콘크리트의 균열 또는 박락으로 철근이 외기에 노출되는 경우 노출철근과 피복콘크리트 내에 있는 철근과 사이에 활성-부동태전지가 형성되어 노출 철근부가 에노드(anod), 콘크리트 피복 내 철근부가 캐소드(cathod)로 되어 상호 둘 사이에

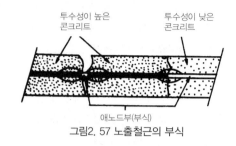

그림2. 57 노출철근의 부식

400~500㎷의 큰 전위차를 생기게 하므로 노출 철근부에 부식이 촉진된다.

이러한 활성-부동태전지작용 현상은 콘크리트의 투수성 차이가 나는 부위에서 더욱 현저하게 나타난다.

(6) 미주전류의 영향

콘크리트 구조물 속에 외부에서 전류가 유입·유출하는 일은 일반적으로 드물지만 전철 혹은 직류전기 설비에서 새는 미주전류(stray current)가 콘크리트 속의 철근으로 유입되면 전류가 철근에서 콘크리트 속으로 유출하는 장소에서 철근에 심한 부식을 일으킨다. 이러한 부식을 미주전류부식(stray current corrosion) 또는 전식이라고 한다. 이러한 현상은 콘크리트 속에 염화물 함유량이 증가하거나 중성화된 부분에서는 전식이 쉽게 일어나며, 또한 전식 발생 면에서는 철근표면 부근의 알칼리농도(pH)가 현저하게 저하되므로 철근의 보호성을 쉽게 잃게 된다.

(7) 응력의 영향

프리스트레스(pre-stressed) 콘크리트에서는 항복점 130~180kg/㎟의 고장력강으로 된 강연선, 혹은 항복점 80~120kg/㎟의 고장력강으로 된 PC 강봉이 사용되는데 PC강재는 그 항복점의 약 65%에 상당하는 응력으로 상시 인장상태에 놓여 있다.

인장응력의 부하상태에 있는 고장력강은 특정한 환경에서 응력부식 균열 또는 수소취화를 일으킬 가능성이 있으므로 주의하여야 한다. 이 때문에 프리스트레스강의 부식은 보통 콘크리트 철근의 경우보다 중요시되며, 콘크리트 속에 염분 허용량을 보통콘크리트보다 낮은 값으로 제한하고 있다.

2.4.4.4. 부식의 검사법

기존 콘크리트 구조체 내의 철근 부식 정도를 검사하는 방법은 여러 가지 방법이 있다. 즉 철근을 구조체로부터 직접 채취하여 철근의 발청 면적이나 철근중량의 감소량을 조사하는 직접법과 철근이 부식하는 것에 의해 변화한 철근 표면의 전위로부터 강재부식 정도를 측정하는 전기화학적인 자연전위법, 콘크리트 표면에 닿는 외부 전극에서 내부 철근에 미약한 전류 또는 전위차를 부하할 때 발생하는 전위변화량, 전류변화량에서도 분극저항을 구하고, 내부 철근의 부식 속도를 추정하는 전기화학적인 분극저항법 및 피복콘크리트의 전기저항을 측정하는 것에

의해 그 부식성 및 철근의 부식 진행 용이도에 대하여 평가하는 전기적인 전기저항법이 있다.

본절에서는 가장 쉽게 일반적으로 쓰이는 직접법에 대하여 기술하며, 기타 방법에 대해서는 제3장의 비파괴 검사 및 안전 진단에서 상세히 기술토록 한다.

(1) 직접법

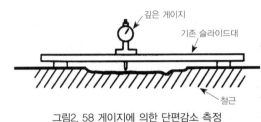

그림2. 58 게이지에 의한 단편감소 측정

본 방법은 철근 콘크리트 내의 철근 부식량을 직접 조사하는 것에 의해 철근의 부식상태를 파악하고, 그 콘크리트구조물이 보유하고 있는 내하성능이나 내구성능을 평가하기 위한 자료로 사용하는 것이다.

이 방법 중에는 시험 항목으로서「철근의 부식 면적률」과「철근의 부식에 의한 중량 감소율」을 구하는 두 가지 항목이 있으며, 이 두 가지 방법 모두 콘크리트구조물로부터 시험을 행하는 것으로 철근을 채취하는 것이 필요하다.

① 부식 면적률의 산출

콘크리트 구조물로부터 채취한 철근에 대하여 부식상황을 정확히 나타낸 전개도를 작성한다. 또한 부식 부분의 면적을 프라니메터 및 화상처리 장치 등으로 측정하고, 철근의 표면적으로 나누어 부식 면적률을 구한다.

$$부식\ 면적률\ =\ \frac{부식\ 철근의\ 표면적}{철근의\ 표면적}\ \times\ 100$$

② 부식에 의한 중량 감소율의 산출

철근의 녹을 제거한 후 중량과 부식 전의 중량을 근거로 다음 식에 의해 철근 중량 감소율을 산출한다. 폭로시험에서는 부식 전의 철근 중량을 이미 알고 있지만, 구조물에서는 부식 전의 철근 중량을 모르는 것이 일반적이므로 동일 철근에서 부식하지 않은 부분의 중량이나 계산상의 중량을 사용한다.

여기서 얻어진 철근의 부식량은 채취한 부재의 위치에 따라 직접 내하성능에 영향을 주는 것도 있다. 또한 부식 면적률이 큰 것은 환경적 상황이나 피복 두께와 연관하여 생각하면 내구성능이 저하하고 있다고 생각되는 것도 있다. 그리고 부식 감소량이 집중해 있는 것은 외관상 균열 발생 위치와 관계되어 있는 것이 많다.

$$철근중량\ 감소율(\%)\ =\ \frac{부식\ 전\ 철근\ 중량\ -\ 녹\ 제거\ 후\ 철근\ 중량}{부식\ 전\ 철근\ 중량}\ \times\ 100$$

2.4.4.5. 철근 부식에 따른 상태 평가

철근의 부식은 그 정도에 따라 콘크리트 구조물의 내력을 저하시키므로 안전상 극히 중요한 열화의 한 요소가 된다. 그러므로 점검이나 진단 시 행해지는 철근 부식 검사는 정밀하게 이루어져야 하며 부식 정도에 따른 상태 평가에 면밀한 주의를 기울여야 한다.

현재 시설물 유지관리지침에 따라 철근의 부식 정도에 따른 상태 평가는 아래 표와 같으며, 등급 A~C에 해당하는 구조물인 경우에는 안전관리상 피복콘크리트 및 철근 표면에 대한 보수를 철저히 하고 등급 D~E에 해당할 경우 피복 콘크리트에 대한 단면 보수와 철근 결손에 대한 단면 보강을 동시에 실시하거나 구조물의 사용을 제한하여야 한다.

표2. 20 철근의 부식도 등급

등급	철근의 상태 평가 기준
A	흑피의 상태, 또는 녹이 생겨 있지만 전체적으로 얇고 치밀한 녹으로 콘크리트면에 녹이 부착되어 있지 않다.
B	콘크리트면에 녹이 부착되어 있다.
C	부분적으로 들뜬 녹이 있지만 작은 면적에 반점상이 있다.
D	단면결손은 눈으로 관찰 또는 확인할 수 없지만 철근의 표면 둘레, 전체 길이에 걸쳐 들뜸 녹이 생겨 있다.
E	단면 결손이 일어나고 있다.

그러나 상기의 평가 기준은 정성적인 방법으로서 검사자 개인의 주관적 견해에 따라 차이가 있을 수 있으므로 좀 더 객관성을 지니기 위해 정량적인 평가를 하고자하는 노력이 이루어지고 있으며 건설교통부와 시설안전관리공단 측에서는 아래와 같은 평가 기준안을 제시하고 있다.

표2. 21 철근 부식에 대한 정량적 평가 기준안

등급	상태	부식 정도	조치
A	최상	부식이 전연 없음, 약간의 점녹 (0 < E)	–
	매우 양호		–
B	양호	넓은 점녹 (−200< E ≤0)	–
	비교적 양호		필요시 보수
C	보통	면녹, 부분 들뜸 (−350<E≤−200)	경미한 보수
	사용한계상태		즉시 보수, 보강
D	불량	넓은 들뜸, 20% 이하의 단면 결손 (−500<E≤−350)	즉시 보수, 보강
	심각		사용제한, 근본적 보수 보강
E	위험	두꺼운 층의 녹, 20% 이상의 단면 결손 (E ≤ −500)	사용제한, 부재교체 보강
	성능 상실		사용금지, 철거

2.4.4.6. 제어 및 대책

철근의 부식을 제어하려면 우선 콘크리트 조성 시 부식인자의 유입을 억제한다.

　① 콘크리트 배합 시 물시멘트비(W/C)를 작게 하고,

② 밀실한 콘크리트로 품질을 유지하며,

③ 콘크리트의 피복 두께를 충분하게 하고,

④ 염분이 함유된 골재를 사용하지 말며,

⑤ 에폭시 피막 또는 아연도금 철근을 사용한다.

또한, 완공된 철근콘크리트 구조물에 대한 부식 제어 및 대책은 아래와 같다.

(1) 부식 제어 방법

① 콘크리트 표면에 요인의 침투방지를 위한 도장재를 도포한다.

② 내구성을 증진시키기 위해 부식 방지제를 도포한다.

③ 콘크리트로부터 탈염, 탈수공법을 적용하여 부식 반응을 제어한다.

④ 전기화학적 방식공법을 적용하여 부식을 억제한다.

(2) 부식으로 인한 손상 부위의 보수 방법

① 손상 부위의 콘크리트를 취핑(Chipping)으로 제거하고 모든 분진을 청소한다.

② 부식된 철근의 표면을 와이어브러쉬로 녹을 완전히 제거하고

③ 녹 제거된 철근에 방청제를 도포하되, 단면결손이 심할 경우 보강조치하고

④ 신·구 콘크리트 접착제, 또는 프라이머(primer)를 콘크리트 면에 도포하고

⑤ 폴리머 콘크리트 또는 폴리머 모르타르로 단면을 복구한 후 마무리한다.

(3) 전기화학적 방식 방법

부식을 약화시키거나 금속에 피막을 만들어 보호하고자 전기화학적 방법이 적용된다.

1) 전위-알칼리농도(pH) 원리에 의한 방식

그림2.59과 같이 철을 중성용액에 담글 경우에는 A점의 전위를 나타낸다. 이때 부식을 방지는 방법은 다음의 3가지 방법이 있다.

① 철의 전위를 화살표 1과 같이 불활성 영역까지 도달하도록 전위를 낮춘다. 이것은 음극방식법에 의한 것이다.

② 철의 전위를 화살표 2와 같이 산화피막이 안정된 부동태 영역까지 높이는 방법이다. 이것은 부동태화제를 사용하거나 양극방식법에 의해서 가능하다.

③ 환경이 pH를 증가시켜 화살표 3과 같

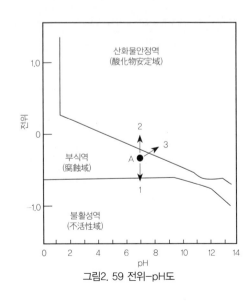

그림2. 59 전위-pH도

이 부동태 영역으로 이동시키는 것이다. 이것은 알칼리를 첨가함으로써 이동이 가능하다.

2) 전기화학적 원리에 의한 방식

금속의 부식 방지는 부식의 아노드(anod)반응 및 캐소드(cathod)반응의 억제 또는 계의 회로저항을 높이는 방법에 의해 달성될 수 있다. 그러나 환경의 상대적인 관계에 의해 좌우되므로 각각 환경 측 인자를 함께 억제하여야 한다.

표 2. 22 방식법의 전기화학적 분류

분류	대상계	방식법	실례
아노드(anod)반응의 억제	금속측	− 부동태화의 촉진 − 캐소드 성분의 도입에 의한 부동태화 − 아노드 면적의 감소 − 보호피막 형성의 촉진	− Fe에 Cr, Ni, Mo 첨가 − 탄소강에 Cu, P, Ni, Cr 첨가 − 어닐링에 의한 입계석출물 감소. 내부 응력의 감소
	환경측	− 아노드 억제제 첨가 − 전류에 의한 전위 상승	− 크롬산염이나 아초산염의 첨가 − 양극방식
	표면	− 표면의 부동태화 처리	− 강의 크롬 도금, 크롬산염 처리
소드(cathod)반응의 억제	금속측	− 수소와 전압의 증가 − 캐소드 면적의 감소	− 저순도아연에 Cd첨가 − Zn, Al, Mg 등의 고순도화
	환경측	− 캐소드 억제제 첨가 − 전류에 의한 전위 저하 − 환원물질의 감소	− 알칼리나 탄산염의 첨가 − 음극방식 − pH증가, 용존산소농도 감소
회로저항의 증대	표면	− 표면저항 증가	− 도장, 피복
	환경	− 환경의 저항률 증가	− 토양의 배수, 수중가용성분 제거

사진2. 20 지하구조물 철근 부식

사진2. 21 교량상판하부 철근 부식

사진2. 22 배수암거 철근 부식

사진2. 23 교량상판하부 철근 부식

사진2. 24 교량거더 철근 부식

사진2. 25 정수장슬래브 철근 부식

2.4.5. 동해

　겨울철 건설공사 시공 시 타설된 콘크리트가 빙결온도 0℃ 이하로 되면 초기동해를 받게 되는데, 본장에서는 완공된 기존 콘크리트 시설물 내부의 수분이 빙결온도 0℃ 이하로 되어 콘크리트가 열화되는 현상에 대하여 기술하고자 한다.

2.4.5.1. 동해의 정의

　동해란 콘크리트 내부에 함유하고 있는 수분이 빙결온도(빙점) 이하로 낮아지게 되어 동결되면 체적팽창을 일으켰다가 다시 융해가 되면서 원상태로 되돌아오는 동결과 융해를 반복함으로써 팽창압에 따라 콘크리트를 파괴시켜 미세균열, 스케일링(Scaling), 표면 손상 등의 손상을 일으키며 열화되는 현상을 말한다.

2.4.5.2. 동해의 메커니즘

　콘크리트가 함유하고 있는 수분이 동결하게 되면 팽창하게 되는데 이때 약 9%의 체적팽창을 일으킨다. 이때 콘크리트 내부에 우선 큰 공극중의 물이 동결하고, 이어서 작은 공극중의 물이 동결하는데 작은 공극중의 물이 동결하는 과정에서 큰 공극 중에 생긴 얼음결정에 의해 팽창이 구속된다. 이 팽창을 완화하기 위한 자유 공극이 존재하지 않는 경우에는 큰 정수압이 공극벽에 작용하고 이것이 인장강도에 도달될 때 균열이 생긴다. 이러한 반복에 의해 콘크리트 표면에서부터 서서히 열화되어 간다.

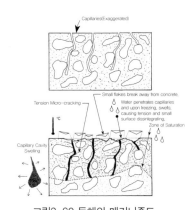

　콘크리트 내부 수분의 빙결온도(빙점)는 여러 가지 요인에 의해 좌우된다.
　　① 염분 함량이 증가할수록 낮아지며,
　　② 모세관 직경이 작을수록 낮아진다.

　겨울철 콘크리트에 함유되어 있는 수분이 동결하면 수분의 동결팽창(약 9%)으로 인한 압력이 구속되었을 경우 팽창압은 약 250kg/㎠가 되어 콘크리트의 조직을 파괴시켜 미세균열, 스케일링, 표면 손상 등이 발생되게 된다.

그림2. 60 동해의 메커니즘도

　이중 가장 많은 형태는 스케일링(Scaling)현상으로서 콘크리트 표면의 얇은 시멘트 페이스트나 모르타르가 벗겨지는 상태이다. 이것이 진행하면 골재 사이의 모르타르 및 굵은 골재의 탈락으로 이어진다.

또한 흡수율이 큰 다공질의 연석 골재를 사용한 콘크리트에서는 동결 시에 골재 자신이 동결 팽창하여 표면의 모르타르를 박리시키는 팝아웃(pop-out) 현상도 동해의 흔한 예에 속한다.

타설시 생콘크리트(fresh concrete)에서 발생되는 동해로서 이에 대한 저항성은 콘크리트의 강도, 함수량, 연행 공기량, 기포의 크기와 분포에 따라 다르나 일반적으로 압축강도가 40 kg/㎠ 이상이 되면 동해를 받지 않는다.

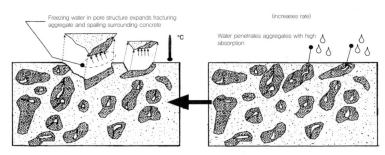

그림2. 61 연석골재 사용 시 동해 메커니즘도

2.4.5.3. 동해의 열화현상 및 영향
동해로 인한 콘크리트의 열화현상 중의 주된 형태 및 철근콘크리트 구조체에 미치는 영향은 다음과 같다.

(1) 동해 열화현상의 형태
1) 미세 균열
콘크리트 내부에 함유한 물의 동결에 의한 팽창압으로 거북등 형상의 미세균열이 발생 한다. 이러한 균열은 동해의 가장 기본적인 열화현상이며, 동해로 인해 균열이 발생되면 그 진행이 급속히 진행되어 콘크리트의 박락이 될 우려가 높으므로 열화 진행 정도를 가속기 단계로 볼 수 있다.

2) 스케일링(Scaling)
콘크리트 내부 물의 동결 팽창압으로 콘크리트 표면에 박편상의 박리, 박락현상이 발생되는 동해의 전형적인 형상으로서 스케일링(scaling)의 깊이 정도를 파악하여 열화의 진행 단계를 예측할 수 있다.

3) 표면 손상
콘크리트의 표면이 반복적인 동결팽창, 융해로 인해 시멘트 페이스트(cement paste)의 접착력 저하에 따라 표면 들뜸, 강도저하 등의 손상이 발생되어 철근콘크리트 구조체로서의 성능을 저하시킨다.

4) 팝-아웃(Pop-out)

콘크리트 배합 시 품질이 좋지 않은 연석골재를 사용하였을 경우 또는 해안지역에서 염류의 영향을 받는 경우 콘크리트 표층하부 골재입자 등의 동결 팽창압에 의한 파괴로 콘크리트 표면에 원추상의 박리현상이 발생되어 콘크리트의 단면 결손 및 강도저하로 구조체의 성능을 저하시킨다.

5) 표면 조직 붕괴

콘크리트 표면의 콘크리트 조직이 붕괴되어 움푹 패이는 현상이 생기므로 콘크리트의 단면결손 및 피복 두께 감소 등으로 인해 내구성을 저하시킨다.

(2) 구조체에 미치는 영향

1) 콘크리트의 강도 저하

콘크리트 내부 조직의 손상으로 콘크리트의 강도가 저하되며, 특히 콘크리트의 표면 강도가 심하게 저하된다.

2) 알칼리골재반응, 염해의 촉진

동결팽창압 및 융해작용의 반복으로 인하여 발생된 균열을 통하여 외부요인들이 침투하게 되면서 중성화, 알칼리골재반응, 염해 등의 열화현상이 촉진된다.

3) 철근 부식의 원인

콘크리트의 균열을 통한 철근 부식 인자가 침투하거나, 균열을 통한 누수로 철근의 부식이 촉진된다.

4) 내구성 저하로 내구년한 단축

균열, 중성화, 염해, 알칼리골재반응 등의 열화현상, 철근의 부식 및 콘크리트 강도 저하 등에 따라 철근콘크리트 구조체의 내구력이 저하되며 내구년한이 단축된다.

사진2. 26 동해의 콘크리트 손상1

사진2. 27 동해의 콘크리트 손상2

2.4.5.4. 동해의 요인

신설 공사의 콘크리트 타설 시 미경화 콘크리트(fresh concrete)에 발생되는 동해와 달리 기존 철근콘크리트 구조체의 굳은 콘크리트 동해에 영향을 미치는 요인은 극히 다양하고 복잡하다. 이를 크게 대별하면 아래와 같다.

① 콘크리트 내부 공극 내 수분의 동결융해의 반복 작용이 많은 경우
② 콘크리트의 함수율이 높은 경우
③ 콘크리트 내의 기포간격계수가 높음으로 인해 동결융해 저항성이 낮은 경우
④ 콘크리트 내부의 일정 공기량에 따른 내동해성이 적은 경우
⑤ 품질이 좋지 않은 다공질의 흡수율이 큰 연석 골재를 사용한 경우
⑥ 동절기에 제설제를 살포 사용하여 염화물이 콘크리트 내부로 침투된 경우 등

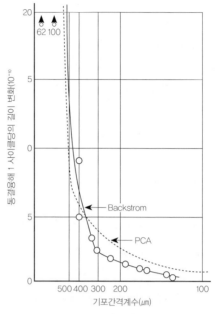

그림2. 62 간격계수와 동결팽창과의 관계

건조 상태의 콘크리트는 전연 동해에 대한 영향이 없으며, 기포간격계수가 $250\mu m$ 이하인 경우 내동해성(동결융해 저항성)은 크게 개선되어 동해의 우려가 현저히 줄어들게 된다.

또한 콘크리트 내의 동일 공기량인 경우 기포가 작음으로 인해 기포간격계수가 작을수록 내동해성은 증대되고, 조직의 질이 좋은 골재를 사용한 경우 골재의 흡수율이 낮아 동결의 우려가 훨씬 낮아지게 된다.

특히, 겨울철 $NaCl$, $CaCl_2$, $MgCl_2$ 등의 제설제를 살포할 경우 이것이 실내로 유입되게 되는데 이러한 염은 물의 빙점을 강화시킴으로써 눈이나 얼음을 녹이고 여기에 필요한 융해열은 거의 절대적으로 콘크리트에서 충당하게 된다.

이때 콘크리트의 표면 온도는 1분에 7~14도씩 강하하는 급격한 냉각현상이 나타나게 되는데, 이때 인장응력이 발생하게 되며 경우에 따라서는 이것이 인장강도를 넘어서기도 하여 콘크리트에 큰 손상을 주게 된다.

제설제는 확산(Diffusion)에 의해서 콘크리트 안으로 침투하여 농도 경사를 형성하며, 이에 의해 각 깊이에 따라서 빙점이 다르게 된다.

따라서 콘크리트의 온도에 제설제의 빙점이 교차하는 점이 생기고 빙점보다 낮은 콘크리트 부위는 빙결하게 된다.

이때 인접 빙결층의 공극으로 빙압을 방출할 수 없기 때문에, 즉 부피팽창의 여유 공간이 없으므로 표면층의 콘크리트가 파열하게 된다.

2.4.5.5. 동해의 검사법

구조물이 동해에 의해 열화가 생긴 경우에는 우선 열화의 상황을 명확히 파악하여야 한다. 이는 구조물의 어느 부분에서 열화가 생기고 있는가를 육안 검사, 음파 해머 타격검사, 균열도 측정 등으로 현장 조사를 시행하고, 열화현상으로 인한 스켈링(scaling)의 깊이율, 열화도 등을 파악하여 현재 열화 상황이 허용 범위 이내에 있는가 등을 최종 판정 한다.

허용 스켈링(scaling)의 깊이를 설정할 수 있는 구조물 또는 부위. 부재의 열화 과정의 예는 다음 그림과 같다.

상태 I: 동해의 깊이율이 작고, 콘크리트의 강성이 거의 변화가 없으며, 철근의 부식이 없는 단계(잠복기)

상태 II: 동해 깊이율이 크게 되며, 외관의 미관 등에 의한 주변 환경으로부터의 영향이 일어나고, 철근 부식이 발생하는 단계(진전기)

상태 III: 동해 깊이율이 1.0까지 도달하며, 주변환경으로부터 영향을 많이 받아 변형과 철근의 부식이 심해지는 단계(가속기)

상태 IV: 동해 깊이율이 1.0 이상이며, 급속한 변형이 크게 되는 동시에 콘크리트 부재로서의 내하력 저하의 영향을 심하게 미치는 단계(열화기)

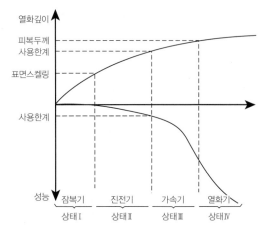

그림2. 63 스켈링 깊이의 진행 예측

한편, 실험실적인 정밀검사법으로는 동결융해의 반복 작용에 대한 저항성에 관한 시험 방법으로서 KS F 2456(금속 동결융해에 대한 콘크리트의 저항 시험법)에 의하여

A법: 수중에 있어서 급속 동결융해,
B법: 기중에 있어서 급속 동결융해의 두 방법이 규정되어 있다.

이러한 방법으로 내구성 지수를 구하여 콘크리트의 동결융해 저항성을 평가하는데, 내구성 지수가 클수록 내구성이 좋은 것으로 판정한다.

$$\text{내구성 지수 (CF:Durability Factor)} = \frac{PN}{M}$$

여기서, P: 동결융해 N싸이클에서의 상대동탄성계수(%)

N: P가 60%가 되었을 때의 동결융해 사이클 수 또는 시험 종료 사이클 수(300사이클)

M: 시험 종료 사이클 수(300사이클)

2.4.5.6. 동해에 의한 표면 박리의 상태 평가

동 해에 의한 손상 정도에 따라 상태를 평가하는 방법으로서 발생된 균열 상태, 스켈링 (scaling)의 깊이, 강도 저하 정도 등을 들 수 있으나 일반적으로 콘크리트의 표면 박리 상태 의 정도에 준한다.

동해에 의해 발생된 콘크리트 표면의 박 리 상태는 일반적으로 다음과 같이 구분하 고, 그에 적절한 단면복구 보수공법으로서 폴리머(Polymer) 모르타르를 복구재로 사 용하여 시행한다.

표2. 23 박리의 상태 평가 기준

구분	박리의 상태
경미한 박리	0.5mm 이하
중간 정도의 박리	0.5~1.0mm 이내
심한 박리	1.0~25.0mm 이내
극심한 박리	25.0mm이상 조골재 손실

2.4.5.7. 제어 및 대책

동해는 무엇보다도 시공 당시에 최적의 재료와 정밀시공 및 보양, 양생 등에 철저를 기함으로 써 제어하여야 하나, 이미 완공된 구조물에 대해서는 동해 촉진 요인들의 적절한 제어와 방지 대책 등을 강구하여 시행하여야 한다.

(1) 미경화 콘크리트의 초기 동해 제어

① 콘크리트 타설 시 동결융해의 반복 작용에 대한 콘크리트의 동결융해 저항성(내동해 성)을 증대시키는 방법은 AE제 또는 AE감수제를 사용하여 조골재의 최대치수에 따라 3~6% 정도의 엔트레인드에어(entrained air)를 연행시킨다. 이러한 엔트레인드에어 (entrained air) 기포는 콘크리트 경화 후에도 물로써 충만되지 않고 동결 시 이동 수 분의 피난처가 되어 초기 동해를 제어할 수 있다.

② 물, 시멘트비(W/C)를 가능한 한 최소화하여 조밀한 조직의 콘크리트를 생성 함으로써 내동해성을 증대시킨다.

(2) 굳은 콘크리트의 동해 제어 및 대책

① 콘크리트의 표면보호재로서 단열, 또는 보온, 난방 등의 온도 조건을 개선하여 동결융 해의 반복 작용에 대한 저항성을 증대시킨다.

② 콘크리트로부터 탈수, 탈염하여 콘크리트내의 동결 요소를 제거시켜 준다.

③ 제설제 등이 콘크리트에 침투되지 않도록 물끊기나 구배 등을 신설하거나, 콘크리트 표면에 피막재를 도포하여 표면을 보호해 주는 방법 등이 강구되어야 하며, 특히 동절기 지하주차장 진입 시 차륜에 의한 제설제의 유입을 제어할 수 있도록 차륜세척 시스템 등을 설치 시도함이 좋겠다.

2.4.6. 화학적 부식

시설물의 콘크리트는 자체적으로 구성하고 있는 재료들이 서로 화학반응을 하거나 또는 항상 자연환경의 화학적 부식 요소들에 항상 노출되어있는 상태로서 콘크리트가 이러한 자체 반응 및 외부의 요소에 의해 화학반응을 일으킴으로써 콘크리트 또는 철근을 열화시켜 구조체의 내력을 저하시키게 된다.

2.4.6.1. 화학적 부식의 정의 및 개요

철근콘크리트 자체가 구성되는 각 재료들 간의 상호 화학반응을 일으키거나 또는 외부 자연환경으로부터 화학적 부식 요소들에 의해 화학작용을 받아 그 결과로서 철근 또는 시멘트 경화체를 구성하는 수화생성물이 변질 혹은 분해되어 철근 또는 콘크리트 조직의 결합 능력을 잃어가게 하는 현상을 총칭하여 화학적 부식이라 말한다.

이러한 화학적인 부식에 영향을 미치는 요인은 산 종류, 알칼리 종류, 염류, 유류, 부식성 가스(gas) 등 많은 종류가 있으며, 그 결과로서 철근콘크리트에 발생하는 열화의 상황도 여러 가지가 있다.

일반적인 환경에서는 이들의 화학적 부식이 문제시 되는 경우는 적으나, 공단 지역의 산업폐기물 저장구조체, 화학공장 또는 식품공장의 특수물질 저장소, 산업용 가스에 노출되어 있는 구조체, 도심지 하수용 콘크리트박스 구조물, 온천지나 산성 하천 유역에 건조된 구조물 등이 화학적 부식의 대상 구조물 중 대표적인 예라 할 수 있다.

2.4.6.2. 화학적 부식의 분류 및 메커니즘

(1) 산에 의한 화학적 부식

시멘트의 주요 광물은 $3CaO \cdot SiO_2$, $2CaO \cdot SiO_2$, $3CaO \cdot Al_2O_3$, $4CaO \cdot Al_2O_3 \cdot Fe_2O_3$이고, 이들 광물들은 물과 접촉하여 화학적 작용을 하면 각각 다음과 같은 수화반응을 일으킨다.

$$2(3CaO \cdot SiO_2) + 6H_2O \rightarrow 3CaO \cdot 2SiO_2 \cdot 3H_2O + 3Ca(OH)_2$$
$$2(2CaO \cdot SiO_2) + 4H_2O \rightarrow 3CaO \cdot 2SiO_2 \cdot 3H_2O + Ca(OH)_2$$
$$3CaO \cdot Al_2O_3 + 6H_2O \rightarrow 3CaO \cdot Al_2O_3 \cdot 6H_2O$$
$$4CaO \cdot Al_2O_3 \cdot FeO_3 + (8+n)H_2O \rightarrow 2CaO \cdot Al_2O_3 \cdot 8H_2O + 2CaO \cdot Fe_2O_3 \cdot nH_2O$$

단, 석고의 공존 하에서는 다음의 반응이 일어난다.

$3CaO \cdot Al_2O_3 + 3CaSO_4 + 32H_2O \rightarrow (3CaO \cdot Al_2O_3) \cdot 3CaSO_4 \cdot 32H_2O$

$2(3CaO \cdot Al_2O_3) + (3CaO \cdot Al_2O_3) \cdot 3CaSO_4 \cdot 32H_2O + 4H_2O$

$\rightarrow 3(3CaO \cdot Al_2O_3) \cdot CaSO_4 \cdot 12H_2O$

$4CaO \cdot Al_2O_3 \cdot Fe_2O_3 + 3CaSO_4 + 32H_2O$

$\rightarrow 3CaO \cdot (Al_2O_3 \cdot Fe_2O_3) \cdot 3CaSO_4 \cdot 32H_2O \cdot Ca(OH)_2$

한편, 염화물이 존재할 때에는 다음과 같은 반응이 일어난다.

$3CaO \cdot Al_2O_3 + 2Ca^{2+} + 2Cl^- + 10H_2O \rightarrow 3CaO \cdot Al_2O_3 \cdot CaCl^2 \cdot 10H_2O$

이들 수화물은 산의 작용에 의해 다음과 같이 분해한다.

$Ca(OH)_2 + 2H^+ + Ca^{2+} + H_2O$

$3CaO \cdot 2SiO_2 + 3H_2O + 6H^+ \rightarrow 3Ca^{2+} + 2(SiO_2 \cdot nH_2O) + (3-2n)H_2O$

$3CaO \cdot Al_2O_3 + 3CaSO_4 \cdot 32H_2O + 6H^+$

$\rightarrow 3Ca^{2+} + Al_2O_3 \cdot nH_2O + 3(CaSO_4 \cdot 2H_2O) + (29-n)H_2O$

$3CaO \cdot Al_2O_3 + CaSO_4 \cdot 12H_2O + 6H^+$

$\rightarrow 3Ca^{2+} + Al_2O_3 \cdot nH_2O + CaSO_4 \cdot 2H_2O + (13-n)H_2O$

$3CaO \cdot Al_2O_3 + CaCl_2 \cdot 10H_2O + 6H^+$

$\rightarrow 3Ca^{2+} + Al_2O_3 \cdot nH_2O + CaCl_2 + (13-n)H_2O$

이중에서 칼슘이온은 산을 구성하는 음이온과의 칼슘염을 생성하고, 그 칼슘염의 용해도가 낮은 경우에는 침적하고, 높은 경우에는 산에 용해한다. 또한 규산이나 알루민산은 각각 실리카겔이나 알루미나겔을 생성하여 산 속에 겔상(gel)으로 존재하며, 염화칼슘은 용해도가 높기 때문에 거의 용존하지만 이수석고는 역으로 용해도가 낮기 때문에 침적하는 것이 많다.

분해 속도는 수화물에 의해 다르고, 분해 속도가 가장 큰 것은 $Ca(OH)_2$이다. 각각 수화물의 분해 속도는 산의 종류나 농도, 온도, 유속의 유무 등에 의해 크게 변화하지만 모든 수화물도 침식을 받는 것은 피할 수 없다.

이들 분해는 염산(HCl), 황산(H_2SO_4), 초산(HNO_3), 인산(H_3PO_4) 등의 무기산이나, 초산(CH_3COOH), 유산($CH_3CH(OH)COOH$) 등의 유기산에 의해서 일어날 뿐만 아니라 동·식물성 기름에 있어서도 지방산(1개의 카르복시기(-COOH)를 갖는 비환식 화합물을 포함하는 경우에는 지방산이 유리하여 산으로 작용하기 때문에 상기의 분해가 일어난다.

산에 의한 화학적 부식의 특징은 침식이 표면에서 서서히 내부로 진행해 가는데, 상기의 반응에 의해 표층부의 시멘트 경화체가 연화하고, 더욱이 결합 능력을 잃어버려 탈락한다.

이에 따라 표층부의 시멘트 경화체만이 씻겨나간 상태가 되어 있으므로 골재가 노출되고, 더욱이 침식이 진행되면 골재를 감싸는 부분의 시멘트 경화체가 취약해져 골재를 유지할 수 없게 되므로 골재의 탈락이 시작되고, 이들이 반복하여 콘크리트가 얇아지게 된다.

산에 의한 화학적 부식에 있어서 침식의 정도를 좌우하는 커다란 요인 중의 하나는 산의 세기이다. 일반적으로 산이 강한 만큼(pH가 작은 만큼) 침식의 정도는 크게 되며, 용액의 수소이온 농도가 일정하면 화학적 부식은 시간의 평방근에 비례하여 진행한다고 알려져 있다.

이러한 관계는 다음의 그림에서 이 관계를 잘 나타내고 있다.

$$x = K\sqrt{t}$$

여기서,
x: 반응 부분의 두께
t: 시간
K: 속도정수

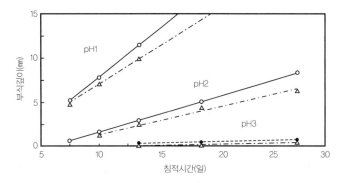

그림2. 64 산에 의한 시멘트 모르타르의 부식 속도

단, 산을 포함한 용액에 흐름이 있는 경우나 침식면이 각도를 갖는 경우에는 열화한 부분이 쉽게 탈락하기 때문에 부식의 진행은 더욱 빠르게 된다. 또한 산에 의한 부식의 결과로서 생성되는 칼슘염의 용해도도 부식의 진행에 크게 영향을 미친다.

칼슘염의 용해도가 낮은 경우에는 부식 생성물이 세공 내에 침적하기 쉽기 때문에 세공을 폐쇄해 버린다. 이는 내부에의 산 침투를 지연시키는 결과가 된다. 이것은 칼슘염의 용해도만이 아니라 산의 농도도 깊이 관계한다.

하수구암거박스와 같은 하수도 관련 시설에 있어서는 일반적으로 미생물 부식이라고 불리는 열화가 생기는 것이 있다. 하수 중에 포함된 황산염이나 황아미노산이 혐기성 세균인 황산염환원 세균에 의해 환원되어 황화수소가 생성되며, 이 황화수소가 흐르는 물 등에 의해 기체 중에 방산되면 호기성 세균인 황산화 세균에 의해 산화되고 황산이 생성되는데, 이러한 황산이 콘크리트를 침식시키는 메커니즘이다.

산에 의한 화학적 부식을 받은 콘크리트에서는 미반응 부분에서의 역학적인 특성 저하는 거의 보이지 않는다. 따라서 취약한 부분을 제거하면 역학적으로는 건전하지만, 산 침투가 콘크리트 내부의 물질 이동을 일으키기 때문에 화학적인 변화가 생기는 것에 유의해야 한다.

한편, 탄산화에 의해 염화물이온이나 황산이온이 미탄산화부에서 농축하며, 탄산화와 미탄산화부의 경계에서 탄산화부에서 미탄산화 부분쪽으로 Fe, Al, Mg의 농축층이 형성된다고 하는데, 철(Fe)층에서의 이러한 형성이 미생물 부식을 받은 구조물에서 발생하는 것이 확인된 바 있다.

(2) 알칼리에 의한 화학적 부식

콘크리트는 그 자체가 강알칼리이고, 알칼리에 대한 저항력이 일반적으로 상당히 크지만 농도가 매우 높은 NaOH에는 침식된다. 특히 건습 반복이 심한 경우에는 화학적 부식을 일으켜 열화가 심하고 공장의 바닥 등을 정기적으로 강알칼리성 세정제로 세정하는 경우에는 알칼리에 의한 콘크리트의 침식이 발생한다.

(3) 염류에 의한 화학적 부식

염류에 의한 화학적 부식의 대표적인 것은 황산염에 의한 화학적 부식이다. 해수작용의 침식 중 파랑에 따른 침식이나 염화물이온의 철근 부식 현상들 중 황산염에 의한 것이 많다. 나트륨, 칼슘, 마그네슘 등 황산염이 시멘트의 수화반응에 의해 생성된 수산화칼슘Ca(OH)$_2$과 반응하여 황산칼슘을 생성하여 체적을 증대시키고, 더욱이 이는 C$_3$A와 반응하여 에트린가이트(칼슘설퍼알루미네이트, 3CaO·Al$_2$O$_3$·3CaSO$_4$·32H$_2$O)를 생성하여 현저한 체적팽창에 의해 콘크리트가 파손된다.

$$3CaO \cdot Al_2O_3 + 3Ca(OH_2) + 3SO_4{}^{2-} + 32H_2O \rightarrow C_3A \cdot 3CaSO_4 \cdot 32H_2O + 6OH^-$$

또한 해수 중의 염화마그네슘은 시멘트 중의 칼슘과 반응하여 수용성의 염화칼슘을 발생하여 조직을 다공질로 만들면서 강도저하 및 철근 부식을 촉진한다.

이러한 체적팽창의 정도 및 속도는 황산염의 종류나 농도에 따라 다른데, 아래 그림과 같이 고농도의 경우에는 급격한 팽창을 나타내지만 어느 농도보다도 낮은 경우에는 거의 팽창이 나타나지 않는다.

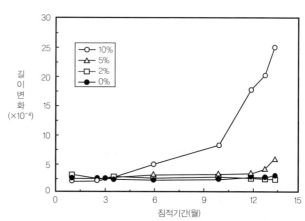

그림2. 65 Na$_2$SO$_4$ 용액에 침적한 콘크리트의 길이 변화(W/C=0.57)

이러한 팽창의 정도와 시간은 Na$_2$SO$_4$ 용액보다도 (NH$_4$)$_2$SO$_4$ 용액이 강한 것으로 알려져 있다. 이것은 용해도가 높고, 가수분해에 의해 발생한 황산이온이 많기 때문이다.

해수 위 부근의 콘크리트는 해수에 의한 화학작용 외에 동결융해, 건습의 반복 및 파도에 의한 마모 등을 받아 손상이 심하다.

한편, 황산침식에 있어 황산과의 접촉에 의해 콘크리트는 산으로 작용을 받아 침식함과 동시에 산이 내부로 이동하여 NaOH나 KOH, Ca(OH)₂로 중화될 때, 황산염으로서 작용에 의한 침식이 생기기 때문에 매우 격렬한 침식이 된다.

황산염을 많이 포함하는 토양에 접하는 콘크리트에서는 토양에 접하고 있지 않은 면이 건조면 이면인

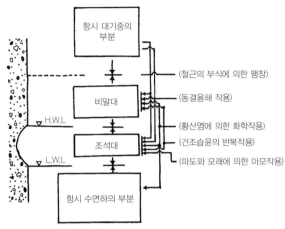

그림2. 66 해안에서의 구조물 위치와 침식 요인

콘크리트 내부에 습도구배가 발생하며 토양에서 수분을 흡수하여 건조면으로 수분 이동이 된다.

이때 토양에서 수분과 함께 다량의 황산이온이 콘크리트 중에 침투한다. 건조면에서는 수분이 증발하고 황산이온이 나트륨염이나 마그네슘염으로 석출되지만 이때 결정 석출압에 의해 콘크리트 경화체의 미세구조가 팽창·파괴된다.

이러한 침식에서는 콘크리트 내부에서 열화인자가 이동해오는 것이 다른 화학적 부식과는 다른 점이다.

황산염 이외의 무기염에 의한 콘크리트의 침식은 유산염만큼 격렬하지는 않지만, 탄산염에 관해서는 농도가 높게 되면 해리되었을 때에 탄산수소이온의 존재 비율이 높게 되는데, 이때 CaCO₃의 용해도는 낮지만, Ca(HCO₃)₂는 수용액에만 존재한다.

그러므로 Ca(OH)₂가 쉽게 용해되고 콘크리트의 침식이 진행된다.

이런 형태의 침식을 일으키는 탄산을 침식성 탄산이라고 부른다.

(4) 유류(기름)에 의한 화학적 부식

일반적으로 산성물질을 포함하지 않는 광물유는 콘크리트를 거의 침식하지 않지만 전술한 동·식물성 기름처럼 많은 유리지방산을 함유하는 경우에는 산으로 작용하여 콘크리트를 침식하는 경우가 있다.

(5) 부식성 가스에 의한 화학적 부식

콘크리트에 화학적 부식을 일으키는 기체로서 염화수소(HCl), 불화수소(HF), 황화수소

(H$_2$S), 이산화황(SO$_2$) 등이 있는데, 염화수소나 불화수소, 이산화황은 물에 녹아서 산을 생성하는 것에 의해 콘크리트를 침식시킨다. 황화수소는 황산화 세균의 작용 등에 의해 산화되어 황산화물로 되고, 물에 용해하여 산을 생성하고, 콘크리트를 침식하는 경우와 가스 상태로 수중에 용해하여 해리한 HS·가 칼슘화합물과 반응하여 쉽게 녹는 칼슘염을 생성하여 콘크리트를 침식하는 경우가 있다.

$$H_2S \leftrightarrow H^+ + HS^- \leftrightarrow 2H^+ + S^{2-}$$
$$CA^{2+} + 2HS^- \rightarrow Ca(HS)^2$$

상기의 화학반응식에서 나타낸 화학평형은 pH에 의존하고, pH = 6~8 부근에서 HS$^-$의 존재 비율이 높게 된다.

2.4.6.3. 화학적 부식의 검사법 및 평가 방법
(1) 개요 및 일반사항
화학적 부식은 일반적으로 침식이 콘크리트 표면으로부터 발생하는 경우가 많으므로 외부로부터 작용하고 있는 환경 원인을 정확히 파악하여 부식 원인의 규명이 가능한 열화인지의 판단이 비교적 쉬운 경우가 많다. 그러나 부식의 정도는 열화 원인의 종류와 농도, 주위의 온·습도와 흐름의 유무에 따라 크게 달라지므로 부식의 원인으로부터 메커니즘(mechanism)을 명확히 하여 열화 진행을 예측·평가하는 것은 그리 쉽지 않다.

또한 화학적 부식의 조사에서 측정 시 얻어진 것은 화학적 부식의 결과인 것을 유념(留念)하여야 한다. 그러므로 부식이 발생하고 있는 부위는 화학적 부식의 최종 상태를 나타낸 것으로서, 열화의 진행 과정을 파악하기가 어렵다.

예를 들어, 황산(염)침식에서는 침식된 표면에 석출하고 있는 열화 생성물은 대부분 이수석고가 반응하지 않은 C$_3$A와 다시 반응하여 에트린가이트(칼슘설퍼알류미네이트, 3CaO·Al$_2$O$_3$·3CaSO$_4$·32H$_2$O)를 생성하고, 그 팽창압에 의해 내부구조가 파괴된 황산(염)의 침투가 보다 쉬우며, 내부로의 침식이 촉진된다.

따라서 표면적인 열화 증상의 조사에 멈추지 않고, 내부의 건전부라고 생각되는 부분까지 조사를 연속적으로 실시함으로써 열화 과정에서 반응의 진행을 파악하는 것이 가능하게 되며, 부식기구를 확실히 할 수 있다. 이를 감안하여 조사 결과를 모으고, 열화예측·평가를 실시한다.

(2) 열화기구의 모델화
산에 의한 화학적 침식에 대하여 침식 깊이는 √t법에 따른다. 이것은 확산율 속도로 되고 있는 상태에 한정되므로 유수에 의해 침식부가 씻겨 흘러가는 경우에 열화는 다시 빠르게 진행되며, 염류에 의한 화학적 부식인 경우에는 침식이 있는 시기에 급속히 진행하는 경우가 많다.

이 때문에 화학적 부식의 열화기구를 모델화하는 것은 쉽지 않으나 가장 확실한 방법은 구조물 또는 부위가 놓여진 상황을 시뮬레이션하는 것이다. 아래의 표는 화학적 부식의 열화 진행 과정을 나타낸 것이며, 수지코팅 등의 콘크리트 보호층이 없는 경우 화학적 부식을 받을 때, 곧바로 진전기에 해당한다고 생각할 수 있다.

표 2. 24 화학적 부식의 열화 과정

열화 과정	열화 상황
잠복기	콘크리트의 변상이 나타날 때까지의 기간
진전기	콘크리트 보호층이 침식되어 콘크리트에 변상이 나타나며, 그 변상이 강재에 도달할 때까지의 기간
가속기	강재의 부식이 진행하는 기간
열화기	콘크리트의 단면결손, 강재의 단면감소가 심해지고, 내하력의 저하가 현저하게 되는 기간

(3) 현상의 파악

화학적 부식에 의한 열화 상태를 파악하는 방법은 화학적 부식이 콘크리트 표면으로부터 열화 진행 되는 것이 일반적이므로 육안 검사와 같은 외관 관찰과 그에 따른 상세조사가 있는데, 열화가 산성에 의한 경우에는 내부에 물질이 이동하여 열화 전면부가 다갈색으로 되는(Fe층이 존재) 경우가 많으며, 이것은 기존 구조물의 경우에 해당되고, 신설 구조물의 경우에는 이상한 냄새의 유무가 판단 기준이 된다.

외관 관찰 후에 상세한 조사를 실시할 때, 우선 조사를 실시해야 하는 것은 주변 환경에 부식성 가스와 액체가 존재하는지 여부이다.

부식성 가스를 조사하는 가장 간단한 방법은 냄새 탐지에 의한 방법인데, 이상한 냄새가 나는 기체가 없는 경우에는 가스검지기와 가스농도계로 알 수 있다. 이때, 유의해야 할 것은 구조물이 사용되는 환경의 상황을 조사해야 하는데, 사용 시 밀폐환경의 구조물인 경우, 공기가 통기되는 상황에서의 조사는 무의미하다. 또한 부식성 액체의 존재 유무를 조사하는 경우에 대해서도 마찬가지이며, 특히 하수환경에서는 시간 변화에 따라 성분을 분석하는 것이 필요하다.

부식성 가스와 액체의 존재가 확인된 경우에는 그 종류와 농도를 명확히 해야 하는데, 가스의 경우에는 가스 농도계 또는 가스를 채취한 후 가스크로마토그래피에 의해 정량화하는 것을 생각할 수 있으며, 액체의 경우에는 채취된 고속액체크로마토그래피와 이온크로마토그래피, 원자흡광광도법 등으로 정량화한다.

또한 황화수소와 황산 등의 존재가 확인되고, 그 근원으로 세균이 관여된 경우에는 구조물 표면에서 시료를 채취하여 혐기환경 또는 호기환경으로 분리·배양하여 세균의 종류를 정한다. 이때, 분리·배양의 과정에서 배양액의 종류와 농도에 따라 실 환경에서의 우성종보다도 열성종이 번식하기 때문에 분리·배양은 신중해야 한다.

기존 구조물에서는 이후에 부식이 발생할 수 있는 부위에 대하여 조사할 필요가 있는데, 화학적 부식에 의한 열화 증상으로 콘크리트가 얇아지는 경우가 많으므로 부식이 심한 경우에는 설계도서 등을 참조하여 점검 조사에서 콘크리트 단면의 결손 깊이를 정확히 파악해야 한다.

산성열화의 경우 열화 정도를 가장 간편하게 측정하는 방법은 페놀프탈레인용액에 의한 중성화 깊이의 측정인데 이 방법으로 산에 의해 부식된 깊이를 알 수 있다. 또한 황산염침식의 경우에는 과망간산칼슘과 0.2mol/ℓ 염화바륨의 1:3 혼합액, 니트로아소화합물 0.1%~50% 에탄올용액 또는 트리페닐메탄화합물 0.1% 수용액에 의해 황산이온의 침투 깊이를 간이로 측정할 수 있다.

그러나 드릴샘플링 등으로 열화부분에서 건전부까지 시료 채취가 가능한 경우에는 시료를 2N초산용액으로 용해시켜 황산성의 성분 분석으로 황산이온의 정량화를 깊이별로 실시하는 것이 좋다. 이는 산성열화의 경우에도 마찬가지이며, 산에 의한 중화반응에 의해 생성된 칼슘화합물이 깊이에 따라 검출되기 때문이다.

이상의 조사 결과에 기초하여 화학적 부식을 초래하거나 초래할 우려가 있는 원인을 명확히 하여 열화가 현재 진행되고 있는 경우에는 열화 원인의 종류와 농도, 콘크리트의 침식 깊이 등을 기록해두어야 한다.

(4) 예측

콘크리트 구조물에 대한 화학적 침식의 정도는 열화 원인의 종류와 농도의 온·습도와 흐름의 유무에 따라 크게 달라지므로 부식 원인으로부터 부식메커니즘을 명확히 할 수는 있어도 열화의 진행 예측은 결코 쉽지 않다.

그러므로 상세한 조사 결과로 얻은 값에 기초하여 현장의 상황을 시뮬레이트한 부식시험을 콘크리트 보호층과 콘크리트의 각각에 대하여 실시하여 획득한 자료를 기초로 현재의 열화 진행 상황을 파악하고 향후를 예측하는 방법이 가장 바람직하다.

또한 콘크리트 표면에서부터 침식이 천천히 진행되는 화학적 부식의 경우에는 기본적으로 콘크리트 보호층과 콘크리트 각각에 대한 $\sqrt{t}$법을 적용하여 침식 깊이를 예측할 수 있다. 또한 시기가 다른 2개 또는 3개의 조사 결과가 얻어진 경우에는 그 결과를 직선 또는 곡선회귀하여 예측식을 작성하는 것이 바람직하다.

(5) 예측에 따른 평가

상기의 육안 검사 및 세밀 검사와 시뮬레이션 시험 등을 통하여 열화 예측 결과 및 구조물의 공용년수를 감안하여 화학적 침식 평가를 실시하게 되는데, 열화예측식에 기초한 평가가 곤란한 경우에는 아래의 표에 나타난 외관 관찰 및 상세한 조사 결과를 바탕으로 다음절의 등급 기준에 따라 평가를 실시할 수 있다.

2.4.6.4. 화학적 부식의 판정 기준

(1) 상황의 등급 부여

상기에서 언급한 화학부식 정도에 대한 외관관찰·상세한 조사 결과를 기초로 열화 상황을 아래의 표와 같이 분류할 수 있다.

표2. 25 외관 관찰 및 상세한 조사 결과에 기초한 등급 부여

등 급	열화 과정	변상
I	잠복기	외관상의 변형 현상은 나타나지 않는다.
II		콘크리트 보호층에서 변형 현상이 보인다.
III	진전기	콘크리트에 변형 현상이 보이지만, 열화인자는 강재 위치까지 도달하지 않았다.
IV	가속기 가속기	콘크리트의 변형 현상이 심각하며, 열화인자가 강재 위치까지 도달했으며, 강재에도 변형현상이 보인다.
V		콘크리트의 단면결함이 크며, 강재의 부식량이 크다.
VI	열화기	강재의 부식이 심각하며, 변위·변형이 크다.

(2) 구조물·부재의 성능

상기의 등급과 구조물 또는 부재

의 성능저하와의 관계는 안전성능, 사용성능, 주변 환경 영향성 등을 고려하여 대략 아래의 표2.26과 같다. 잠복기에서 콘크리트 자체에 성능저하가 생기지는 않지만 콘크리트 보호층의 벗겨짐 등이 미관상 문제가 될 수도 있다. 화학적 부식에 대하여 열화 예측식에서 성능의 저하를 예측하는 방법은 현재 확립되어 있지 않으므로 상기의 등급 또는 열화 예측식을 기초로, 현재 상태의 성능저하를 파악한 뒤에 장래예측을 하게 된다.

표2. 26 구조물·부재 등급과 성능저하와의 관계

열화 상태의 등급	안전 성능	사용 성능	주변 환경 영향성
I	−	−	−
II	−	−	미관 저하(콘크리트 보호층의 박리·박락)
III	내하력의 저하 (콘크리트 단면 감소)	강성저하(변형의 증대, 강재와 콘크리트의 부착력 저하)	미관의 저하(콘크리트의 변질·균열)제3자로의 영향(박리·박락)
IV		강성의 저하(변형의 증대, 진동의 발생, 콘크리트 단면 감소, 강대단면적 감소)	미관의 저하(콘크리트의 변질·균열, 강재 노출, 녹)
V	내하력·인성의 저하 (강재단면적 감소)		
VI			

(3) 보수·보강 여부의 판단

콘크리트 구조물에 발생되는 열화현상은 조기에 보완조치 하는 것이 내구성 증진 및 유지관리상 바람직하다. 콘크리트의 열화 상태 등급에 따른 성능저하에 관한 평가를 기초로 점검강화 또는 보수·보강 여부를 판정하며, 그 판정 기준은 아래의 표2.27과 같다.

표2. 27 구조물의 등급과 보수·보강 등의 여부 판정

열화 상태의 등급	점검강화	보수	보강
I	○		
II	○	◎	
III	◎	◎	○
IV	◎	◎	◎
V	◎	◎	◎
VI		○	◎

주) ◎ : 실시하는 것이 바람직하다.　　○: 필요에 따라 실시한다.

2.4.6.5. 열화 원인의 제어 및 대책

화학적 부식의 경우에는 그 열화 원인에 따라 주변 환경을 개선함으로써 열화를 억제 또는 정지시키는 것이 가능하나, 그 대책이 일시적인 것이 아니라 지속적으로 실시되어져야 하므로 비용면에서 문제가 될 수 있다.

(1) 시공 시의 제어 방안
　　① 염해에 강한 시멘트 및 혼화제(A.E제, A.E감수제 등)를 사용한다.
　　② 아연도금, 에폭시 코팅 등으로 보호막이 형성된 철근을 사용한다.
　　③ 알칼리 골재 반응에 무해한 골재 및 저알칼리형 시멘트를 사용한다.
　　④ 내황산염, 중용열, 고로slag, fly-ash시멘트를 사용한다.

(2) 기존 구조물에 대한 제어 및 대책
　　① 주변 환경의 부식요인들을 제거한다.
　　② 외부 화학적 부식요인들이 침투되지 않도록 콘크리트 표면에 보호츨 형성
　　③ 중성화 억제를 위하여 습도는 높게, 온도는 낮게 유지하며, 탄산가스(CO_2)의 영향을 적게 받도록 주변 환경을 개선한다.
　　④ 부재단면을 크게 하고 피복 두께는 두껍게 하며, 기공율을 적게 한다.
　　⑤ 무기산이나 황산염에 대해서는 적당한 보호공을 시공한다.
　　⑥ 산성열화를 제어할 수 있도록 콘크리트 표면에 중화제를 살포 또는 도포한다.
　　⑧ 전식을 막기 위해서 항상 건조 상태를 유지하도록 한다.

2.4.7. 화재

철근콘크리트 구조물은 내화적인 구조물로 알려져 있으나 화재시의 고열 및 장기간의 가열에 노출된 경우 그 성능은 크게 저하된다. 특히, 화재시 콘크리트의 폭렬 현상은 구조부재에 치명적인 내력저하의 요인이 되므로 적당한 내화피복의 대책이 필요하다.

2.4.7.1. 개요

철근콘크리트가 화재에 의해 고열을 받으면 시멘트경화물과 골재와는 각각 다른 팽창·수축거동을 함으로써 각기 구성재료가 분리코자 함에 따라 철근콘크리트의 조직은 약해지게 되며, 또한 단부의 구속력 등에 의해 발생한 열응력에 의해 균열이 발생하고, 콘크리트가 열화·박락하게 되며 때에 따라서 철근 노출과 함께 콘크리트와 철근의 내력을 상실하게 되는데 이런 현상들을 화재열화라 한다.

사진2. 28 화재열화의 손상

2.4.7.2. 화재열화의 메커니즘

콘크리트는 가열 온도의 상승에 따라 콘크리트 중의 시멘트 수화물이 화학적으로 변질하고 약 600℃에서는 시멘트페이스트부는 수축하지만 골재는 팽창하는 상반된 거동을 나타낸다. 더욱이 콘크리트 중의 자유수 등이 수분 팽창하는 결과, 내부응력이 점차 증대되어 내부 조직이 파괴되어가기 때문에 강도 및 탄성 등의 역학적 성질이 저하한다. 그 저하 정도 계수는 사용재료의 종류, 배합, 재령 등에 의해 다르고 아래 그림과 같은 압축강도와 탄성계수의 변화현상을 나타낸다.

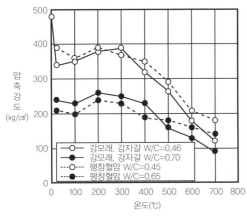

그림2. 67 보통/경량콘크리트 압축강도의
가열 온도에 의한 변화

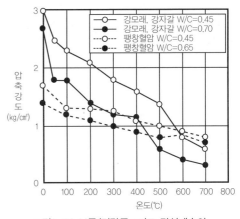

그림2. 68 보통/경량콘크리트 탄성계수의
가열 온도에 의한 변화

즉, 강도저하는 300℃까지는 거의 없지만 500℃를 초과하면 50% 이하로 저하하고, 탄성계수도 가열에 의해 저하하여 500℃에서 거의 반으로 줄어들게 된다.

한편, 가열에 의해 저하된 강도는 화재 후 일정 기간을 거치면 아래의 그림과 같이 회복되고 수열온도가 500℃ 이내이면 재사용에 견디는 상태까지 회복된다. 탄성계수도 어느 정도 회복하지만 그 정도는 그다지 크지 않다.

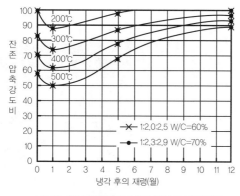

그림2. 69 가열된 콘크리트 강도의 자연회복

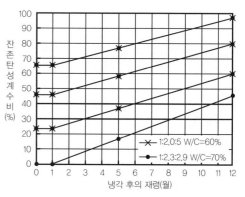

그림2. 70 가열된 콘크리트 탄성계수 자연회복

(1) 열팽창 현상

철근콘크리트 구조물에 화재로 인한 가열 시 구조물의 구성 재료 중 시멘트 페이스트는 80~90℃에서부터 팽창이 시작되고 110~140℃에서 다시 수축현상이 시작되며, 750℃에서 다시 팽창현상을 보인다.

골재의 경우에는 수축현상을 그다지 보이지 않고 가열과 함께 완만하게 팽창현상이 진행되며, 철근은 가열에 따라 지속적인 팽창현상을 보임으로써 각기 철근콘크리트의 구성 재료가 서로 다른 팽창·수축거동을 하므로 각기 재료가 분리코자 하면서 조직이 약해지고, 또한 단부의 구속력 등에 의해 발생한 열응력에 의해 균열이 발생하고, 콘크리트가 열화·박락하게 된다.

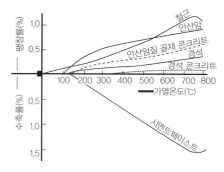

그림2. 71 콘크리트의 열팽창 곡선

(2) 가열에 따른 재질의 변화

화재 발생시 고온에서 변질한 콘크리트는 일정 시간이 경과되면서 냉각 후 수분이 공급되면 손상은 상당히 회복되지만, 500℃ 이상으로 가열된 경우에는 내부 조직에까지 손상이 미치기 때문에 회복되지 않는다.

또한 생석회는 수분을 흡수하며 팽창하게 되므로 콘크리트에 균열을 발생시키고 최종적으로 붕괴에 이르는 경우도 있다.

표2. 28 가열 온도에 따른 재질 변화

구분	변화	비고
105℃	모세관 공극에 들어있는 자유수 상실	
250~350℃	규산칼슘수화물 결합수의 약 20% 탈수	
500~580℃	수산화칼슘의 분해	$Ca(OH)_2 \Rightarrow CaO + H_2O$
750~825℃	탄산칼슘의 분해	$CaCO_3 \Rightarrow CaO + CO_2$

2.4.7.3. 화재에 의한 콘크리트의 열화현상

고열을 받은 콘크리트 부재는 일반적으로 부재 전단면이 고온도에 동시에 도달하는 경우는 거의 없고, 대개는 표면이 가장 높고 깊이 방향으로 서서히 저하하는 온도구배를 갖는다. 이러한 온도구배는 화재의 규모, 콘크리트의 종류, 단면의 형상과 크기, 부위 등에 의해 각각 다르기 때문에 부재의 깊이 방향에 대하여 강도저하 및 균열 등의 피해 정도도 그에 따라 각기 다른 형상을 띈다.

(1) 균열, 들뜸, 탈락현상 발생

일반적으로 화재에 의해 고온을 받은 경우 콘크리트 표면에는 탈수나 고열에 의한 재료의 열팽창계수 차이, 부재중에 급격한 온도구배에 따라 변형과 2차 응력이 생겨 단면 내의 열응력에 의해 일반적으로 균열이 발생되며, 철근과 콘크리트의 부착강도가 저하됨에 따라 피복콘크리트의 들뜸, 탈락현상 등이 발생 한다.

사진2. 29 화재로 교량 손상

특히 크고 작은 무수한 거북등 형상의 균열이 발생되는데, 이러한 균열은 고온에 의해 발생된 것이므로 그을음이 부착되지 않아 균열이 화재에 의한 것인지 아닌지를 육안 검사로 쉽게 판단할 수 있다.

(2) 화학적 부식

콘크리트는 약 1200℃ 이상에서 장시간 가열하면 표면에서부터 점차 용융되는데, 일반적으로 콘크리트는 500℃~580℃의 가열에서 콘크리트 중의 유리 알칼리성분인 수산화칼슘($Ca(OH)_2$)과 열분해하고 알칼리성(pH)을 잃어가는 중성화와 같은 화학적 피해를 입는다. 이에 의해 철근 부식을 방지하는 능력은 잃어가고, 철근콘크리트조의 내구성이 현저하게 저하된다.

시멘트의 경화물은 유리수 이외에 다량의 결정수를 가지고 있으므로 100℃ 이상에서는 이들의 분리 및 소실에 의해 수축하고 약 700℃에서 완전히 탈수하는 불가역 변화로 된다. 콘크리트 중의 시멘트 부분은 상기에 나타낸 변화를 일으키지만 콘크리트의 거의 75%는 골재로 채워져 있으므로 콘크리트의 고온시 성질은 골재의 성질에 크게 의존하는 경우가 있다.

(3) 폭열 발생

콘크리트부재는 화재 초기에 표층부의 콘크리트 박락을 발생시켜 철근이 노출되는 특이한 파괴 현상이 일어나는 경우가 있다.

이를 콘크리트의 폭열이라고 하는데 그 주된 원인은:

① 온도상승에 의한 콘크리트 중의 골재 자체의 화학적 성질변화,

② 콘크리트 중의 모세관 공극 내 자유수의 수증기압의 증대,

③ 콘크리트 중의 시멘트페이스트부와 골재의 가열에 의한 상반하는 거동,

④ 콘크리트 내부와 철근의 동일하지 않은 팽창에서 발생하는 구속응력의 증대,

⑤ 콘크리트 내부에 있어서 승온 온도 차이 등에 의하여 발생하는 내부 열응력의 증대 등이 있다.

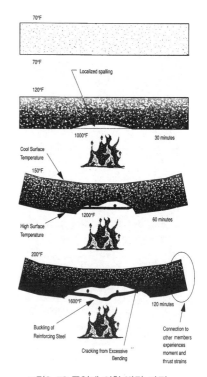

그림2. 72 폭열에 의한 박락 과정

특히 골재 자체의 성질에 기인하는 경우가 크다.

한편, 급격한 가열, 또는 부재단면이 얇거나 콘크리트의 함수율이 높은 경우, 프리스트레스(PS)가 도입되어 시공된 경우에는 피복콘크리트의 폭열이 발생하기 쉽다.

2.4.7.4. 고열을 받은 콘크리트의 역학적 성질

① 콘크리트의 강도, 정탄성계수 모두가 가열온도의 상승에 따라 저하하나 특히 탄성계수의 저하가 크다.

② 화재 발생 직후 저하됐던 콘크리트의 역학적 성질이 시간이 흐름에 따라 상당히 자연회복 된다.

③ 철근은 300℃를 넘으면 인장강도가 급격히 저하되고 400℃를 넘으면 항복점이 없어진다. 그러나 냉각 후 거의 회복하여 500℃ 이상의 가열에서 조금 저하할 정도이다.

④ PC강재의 경우도 300℃를 넘으면 인장강도는 급격히 저하하여, 500℃에서 상온의 50%가 된다. 항복점은 350℃에서 75%, 500℃에서 30%가 된다.

2.4.7.5. 진단, 조사 방법

화재를 받은 구조물은 화재의 정도에 따라 보수 또는 보강의 정도를 결정하게 되며, 경우에 따라서는 재사용이 전연 불가능할 경우도 있으므로 화재 현장의 구조물에 대한 진단, 조사는 매우 중요한 사안이라 하겠다. 그러므로 화재를 입은 후 재사용 또는 보수. 보강 정도를 검토하는 것은 부재 내부 콘크리트와 철근의 수열온도를 추정하여 각 부재의 피해 정도를 정확히 진단해야 하며, 조사는 육안 검사를 주로 하는 1차 검사와 재료 시험 혹은 구조 시험과 아울러 내력에 대한 구조 검토 및 해석에 의한 정밀 조사인 2차 조사로 나누어 실시하는 것이 일반적이다. 본 절에서는 일반적으로 시행되는 육안 조사인 1차 검사에 대해서만 기술하며, 2차 검사는 '제3장 비파괴검사 및 안전진단'에서 기술토록 한다.

표 2. 29 철근콘크리트조의 화재 조사 항목

조사 항목 / 조사 수단	화재 상황	콘크리트			철근의 역학적 성능	부재	
		압축강도	영계수	수열온도		내력	강성
육안 관찰 (균열, 들뜸, 변형, 박락, 폭열 등)	○						
콘크리트 변색 상황				○			
중성화 깊이의 측정				◎*			
반발경도법에 의한 강도 검사		◎					
코어 시료 압축강도 검사		◎					
코어 시료 영계수 측정			◎				
철근의 인장강도					◎		
재하 시험						◎	
진동 시험							◎

주) ○: 육안검사, ◎: 정밀검사, *: 500℃이상의 추정이 가능

(1) 1차 검사(육안 조사)

육안에 의한 외관상의 피해 상황을 관찰하고, 화재열화 상황을 검토한다.

철근콘크리트 구조물이 화재를 입은 경우 외관상의 피해로서는 보 혹은 바닥의 휨, 균열, 콘크리트의 손상(들뜸, 박리) 등을 들 수 있으므로 1차 육안 조사 시 관찰의 주요항목은 콘크리트의 변색, 균열의 유무와 크기 및 깊이, 들뜸과 박리의 유무, 부재의 휨과 변형 여부, 철근의 손상 여부 등이다.

이것은 화재 시 가열에 의한 부재의 강도 혹은 강성의 저하, 화재 시에 발생한 열응력 또는 폭열의 주요 원인이 되기 때문이다.

또한 콘크리트 표면의 변색상

표2. 30 가열 온도에 따른 콘크리트의 영향

구분	콘크리트의 변화	비고
300℃ 이하	변색 없이 표면 그을림	강도변화는 없음 표면수리후 재사용
300~600℃	복숭아색으로 변색	80%정도로 강도저하
600~900℃	회백색으로 변색	불건전한 상태
950℃ 이상	담황색으로 변색	사용 불가
1200℃ 이상	콘크리트가 용해	사용 불가

황에서 콘크리트 표면의 수열온도를 추정할 수 있다.

이러한 관측 결과에 의하여 화재부분의 표면 수열온도 분포를 대략 1차 추정하고, 상세한 조사 대상 부위 및 정밀검사 방법을 정한다.

(2) 2차 조사

1차 육안 조사 결과 다소의 피해가 있는 경우 그 정도를 확인 판정하기 위하여 2차 조사로서 ① 화재 부분의 강도가 설계기준 강도 이상 또는 건전 부위의 강도와 비교하여 동등인가를 확인하기 위하여 반발경도 검사에 의한 콘크리트 강도 검사를 시행하며, ② 화재 부위의 콘크리트에 대한 중성화 시험을 통하여 건전부와 비교해서 중성화 진행 정도를 확인하는 등의 간단한 검사를 시행한다.

상기의 간단한 검사를 통하여 열화 정도가 심할 경우에는 코어(core)시료를 채취하여 콘크리트의 압축강도 시험과 수열온도를 추정하고, 철근을 발췌하여 인장시험을 실시하되 그 결과 손상의 정도가 심각할 경우에는 필요시 진동 시험이나 재하 시험들을 시행하여 재사용 여부에 대한 최종적인 판단을 한다.

2.4.7.6. 화재에 따른 상태 평가

화재시 일반적으로 콘크리트의 압축 강도는 약 500℃ 미만의 가열을 받은 후 냉각에 필요한 충분한 시간이 경과하면 강도는 약 90%까지 회복하게 된다.

따라서 콘크리트를 안전하게 재사용 할 수 있는 한계온도는 강도의 2/3 이상을 확보할 수 있는 500℃로 볼 수 있다. 또한 철근도 가열온도 500℃정도였다면 냉각 후 강도를 거의 회복하게 되므로 철근에 대해서도 콘크리트와 동일하게 500℃가 성능보존한계온도라고 할 수 있다.

화재에 따른 콘크리트 구조물의 피해 정도의 상태 평가는 일반적으로 아래와 같이 4가지로 구분되며, 화재 등급에 따른 판단 규준은 아래와 같다.

표2. 31 화재 피해 등급에 따른 판단 규준

	기둥	슬래브	보	비고
1급	*미장면 일부 탈락 *그을음, 연기가 남음	*달대 천정의 붕괴 *다소 폭렬 및 그을음	*그을음, 연기가 남음 *다소 폭렬, 철근비 노출	표면만 수리하여 재사용
2급	*미장면 완전 피해 *경미한 Conc. 균열 *핑크색 표면 변색	*바닥판이 10% 이하로 폭렬하였으나 철근은 잘 정착되어 있음	*단부에 폭렬과 주근이 보이고, 경미한 균열. *흑색, 핑크색 표면 변색	콘크리트 일부 보수 및 보강하여 재사용
3급	*미장면 완전 탈락 *국부적 폭렬로 다수 철근 보이나 좌굴 없음 *담황색 표면 변색	*10% 이상 폭렬이나, 처짐은 크지 않음 *핑크색 표면 변색	*폭렬로주의50%가보임 1개 이하의 주근이 좌굴 *수 mm의 균열 *담황색으로 표면 변색	상세한 정밀조사 후 보수. 보강 또는 부재의 완전 교체
4급	*광범위한 폭렬과, 1개 이상의 철근이 좌굴. *기둥의 비틀림 보임	*콘크리트는 완전히 탈락해서 처짐이 큼.	*큰 폭렬, 처짐과 파괴로 몇 개의 주근이 좌굴. *담황색, 회색 표면 변색	부재 교체로 완전한 콘크리트로 고침

2.4.7.7. 제어 및 대책

철근콘크리트 구조물에 화재가 일단 발생하면 화재열화는 순식간에 피할 수 없는 현상이므로 시공 당시 내화성질이 우수한 골재를 사용하며, 석영질의 골재 사용은 억제하고 내화재료 또는 단열 재료로 피복하는 등 관련 소방법에 준하여 철저히 시공되어야 한다. 그러나 부득이 완공된 기존 구조물에서 화재가 발생한 경우에는 정밀한 육안관찰과 계기검사를 통한 정밀조사를 통하여 구조체에 내력이 상실한 경우에는 내력을 회복할 수 있도록 만전을 기하여야 한다.

① 손상된 부위의 콘크리트를 건전부까지 완전히 취핑(chipping) 제거하고 폴리머 모르타르(polymer mortar) 등으로 단면을 복구한다.

② 충분한 두께로 폴리머모르타르 또는 폴리머콘크리트 등을 사용하여 단면 증대한다.

③ 내화재료나 단열재료로 충분하게 재 피복한다.

④ 부재의 내력이 저하된 경우에는 적절한 보강공법으로 저하된 내력을 원상태 이상으로 증진시킨다.

⑤ 기존 시설물의 리모델링(remodeling) 경우에는 구조적인 적절한 보수 또는 보강으로 구조체의 내력을 증진시킨다.

2.4.8. 균열

콘크리트 구조물에 발생되는 균열은 일반적으로 콘크리트 재료 자체의 내적요인과 외부에서 작용하는 하중 또는 외부환경 등으로 기인하는 외적요인으로 인해 구조체에 인장력이 작용함으로써 발생된다.

그러나 콘크리트는 압축력에 대한 응력에 비해서 인장력에 대한 응력이 극히 적어 인장강도는 압축강도의 1/10~1/13에 불과하며, 또한 인장강도가 적은데 비해서 탄성계수가 크고 단단하며 대단히 깨지기 쉬운 재료이므로 적은 인장 휨의 하중으로도 쉽게 균열이 발생한다.

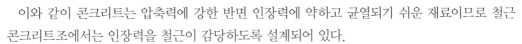

이와 같이 콘크리트는 압축력에 강한 반면 인장력에 약하고 균열되기 쉬운 재료이므로 철근콘크리트조에서는 인장력을 철근이 감당하도록 설계되어 있다.

그러므로 철근콘크리트 구조체에 우선적으로 균열이 발생되지 않게 하려면:

① 응력적으로

콘크리트에 작용하는 인장력 ≤ 콘크리트의 인장강도

② 또한 변위면에서는

인장방향의 변위 ≤ 콘크리트의 신장력이 되어야 하나, 콘크리트의 성질상 이러한 조건을 부합시키는 것이 현재로서는 현실적으로 불가능하여 콘크리트의 균열 발생은 피할 수 없는 문제점이라 하겠다.

각 국가별 균열의 허용치에 대한 규준은 아래와 같으며, 균열은 중요한 성능저하의 요인이 므로 제4장에서 별도로 상세히 기술코자 한다.

표2. 32 국가별 균열 허용치

국명	제안처	허용 균열폭(mm)	
일본	운수성	항만 구조물	0.2
	일본공업 규격	원심력 철근콘크리트 설계하중, 설계 휨moment 작용시 설계하중, 설계 휨moment 개방시	0.25 0.05
프랑스	Brocard		0.4
미국	ACI 건축기준	옥내 부재 옥외 부재	0.38 0.25
소련	철근콘크리트기준		0.2
유럽	유럽 콘크리트위원회	상당한 침식작용을 받는 구조물 방어보호가 없는 보통 구조물 방어보호가 있는 보통 구조물	0.4 0.2 0.3

2.4.9. 누수 및 백화

콘크리트 구조물에 누수현상이 발생하면 콘크리트내의 시멘트 광물질이 누수에 의해 물과 반응하여 규산칼슘수화물, 수산화칼슘 등과 같은 시멘트수화물을 생성한다. 이들 시멘트수화 물은 공기 속의 이산화탄소(CO_2)와 반응하면 분해하여 탄산칼슘($CaCO_3$)과 다른 물질로 분해하게 되는데, 이를 넓은 의미에서는 탄산화라 한다.

콘크리트의 탄산화란 상온에서 안정한 암석인 석회석($CaCO_3$)을 소성하여 이산화탄소를 유리시켜 만든 시멘트 수화물이 다시 이산화탄소를 흡수하여 안정한 탄산칼슘($CaCO_3$)으로 되돌아가는 현상이며, 철광석(Fe_2O_3)을 고온에서 환원하여 산소를 유리시켜 만든 철이 다시 산소를 흡수하여 안정한 산화철(Fe_2O_3)로 돌아가는 현상과 비슷한 현상이라고 생각할 수 있다.

2.4.9.1. 백화 현상

'백화'란 콘크리트 중의 가용성분이나 콘크리트 주변의 가용성분이 수분의 이동에 따라 콘크리트의 표면으로 이동하여 표면에서 수분 증발이나 공기 중의 탄산가스(CO_2) 등의 흡수에 의하여 용해되고 있던 성분이 석출하는 것 및 그 석출물로서 백색이나 밝은 갈색을 띄는 것이 일반적이며, 대부분 콘크리트의 표면에 고체 형태로 붙어 있지만 경우에 따라 섬유상의 결정이 성장하여 종유석과 같은 형상을 나타내는 것도 있다.

특히 콘크리트의 누수로 인해 시멘트 안의 수용성 성분 중 주로 알칼리와 수산화칼슘 [Ca(OH₂)]이 물에 녹아 물의 증발에 의해 콘크리트의 표면 부근에 축적하여 석출되거나 또는 공기 속의 이산화탄소와 반응하여 탄산염으로 석출되는 현상들이며, 이는 콘크리트의 중성화를 촉진하게 되어 결국 콘크리트 열화의 주요인이 된다.

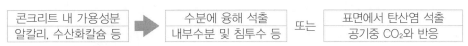

사진2. 30 콘크리트의 백화 및 백테 현상

일본의 탄산화연구위원회 보고서에 의하면 백화 현상을 아래와 같이 정의하고 있다.

● Calcium efflorescence : 물에 용해된 칼슘이온이 물의 이동에 의해서 콘크리트의 표면으로 이동하여 대기 중의 이산화탄소(CO_2)에 의해서 난용성의 칼슘염으로 석출되는 것을 말한다.

● 백화(白華) : 콘크리트 중의 수분에 용해된 알칼리가 수분의 이동에 의해서 콘크 리트의 표면으로 이동하며 석출하여 대기 중의 이산화탄소(CO_2) 등과 결합하여 생성된 화합물을 말한다.

2.4.9.2. 백화의 메커니즘 및 성분

백화의 발생에 관계되는 성분은 탄산이온, 황산이온, 알칼리와 알칼리 토류성분이 주를 이루고 있으며, 탄산이온이나 시멘트에 함유된 이와 같은 성분이 반응하여 생성되는 가용성 염류가 표면에 용액으로서 이동하여 수분발산으로 과포화농도가 되어 결정으로서 생성되는 경우, 예를 들면 블리딩(bleeding)으로 부상하는 수분 속에 용출염에서 생성되는 석출이나 또는 유수나 우수가 구조체 표면을 흐르거나 다지기가 불충분한 콘크리트에서는 미세한 균열에서 침투하여 시멘트로 용출된 성분을 포함하여 고이고, 이것이 건조로 수축되어 염으로서 석출되는 경우 등이 있다.

백화는 일반적으로 1차 백화와 2차 백화로 나누는데, 1차 백화는 콘크리트 배합 시 사용된 배합수 등 원래 콘크리트 내에 함유되어 있던 수분이 콘크리트의 표면으로 부상하여 증발하는 것에 의해 생성되는 것으로 대체적으로 백색을 나타낸다.

이에 비해 2차 백화는 우수, 지하수, 양생수, 누수 등 외부로부터 물이 침투하였다가 표면으로 이동하여 표면에서 건조 등의 작용을 받아 생성되는 것을 말한다.

백화의 메카니즘은 시멘트의 주성분인 칼슘이 건조에 의해 석출하면 수산화칼슘($Ca(OH)_2$)으로 되지만 많은 경우에는 공기 중의 탄산가스(CO_2)와 반응하여 탄산칼슘($CaCO_3$)으로 생성(生成)하게 되며, 또한 알칼리성분은 공기 중의 탄산가스(CO_2)와 반응하여 알칼리탄산염(Na_2CO_3) 등이나 알칼리황산염(Na_2SO_4, K_2SO_4 등)을 생성한다. 지하수나 토양의 영향을 받은 경우에는 황산염광물($Na_2SO_4 \cdot 10H_2O$, $CaSO_4 \cdot 2H_2O$) 등 주변의 영향을 받은 광물질의 생성이 나타난다.

외관상 백화의 형태 등은 백색에서 다갈색의 색얼룩으로 된 고화물이 되어 표면에 고착하여 생기는 경우와, 선상으로 생기는 경우, 백화가 심할 경우에는 고드름과 같은 종유석 형상의 형태를 갖는 경우 등이 있으나, 어떠한 형태이든 백화는 가는 입자의 집합물이다.

백화를 구성하는 광물은 일반적으로 무색투명이지만 미세한 입자로 구성되기 때문에 광을 굴절, 반사하여 백색으로 보인다. 그러나 불순물의 영향으로 착색하여 밝은 갈색을 나타내는 것도 있다.

2.4.9.3. 콘크리트의 열화와 백화

백화는 그 자체가 구조물의 손상을 유발하는 경우는 적지만, 백화는 콘크리트에서 물의 이동과 관련이 깊으므로 백화가 발생하고 있는 장소에는 콜드조인트(cold joint) 등의 초기결함이나 균열 등의 손상으로 인해 발생되는 경우가 많다.

탄산화나 염해가 원인으로 발생한 경우에는 이러한 백화가 더욱 진행되면 철근이 부식하고 피복콘크리트에 균열이 생기는 경우가 많다, 알칼리-골재반응을 동반한 백화인 경우 알칼리-실리카겔(gel)의 생성에 의한 콘크리트의 변색에 영향을 받을 수 있으므로 백화의 색상 변화에 대한 조사가 함께 이루어져야 하며, 또한 백화 중에 알칼리탄산염 등 알칼리염이 관찰되는 경우에는 알칼리 골재 반응뿐만 아니라 시멘트의 알칼리 함유량에 대해서도 함께 조사가 이루어져야 한다.

동해에 의해 백화가 발생한 경우에는 융설제의 성분 유무나 백화근방의 콘크리트 취약정도 또는 박락 여부 등을 조사하여야 하고, 화학적 부식에 의한 경우에는 균열 여부와 백화의 화학적 성분을 검사하여야 한다. 예를 들면 황산염이 관찰되는 경우에는 콘크리트의 내부에서 황산이온이 시멘트의 수화물과 반응하여 팽창성의 광물을 생성하고, 콘크리트를 손상시키는 경우가 있다.

2.4.9.4. 백화의 조사 방법

백화에 대한 조사는 콘크리트 자체에서 발생된 수분 또는 외부로부터 수분의 침투에 의해 발생된 것인지 우선 구별하여 조사하여야 하며, 일차적으로 육안 검사 및 비파괴검사와 백화 채취시료를 통한 정밀검사를 시행한다.

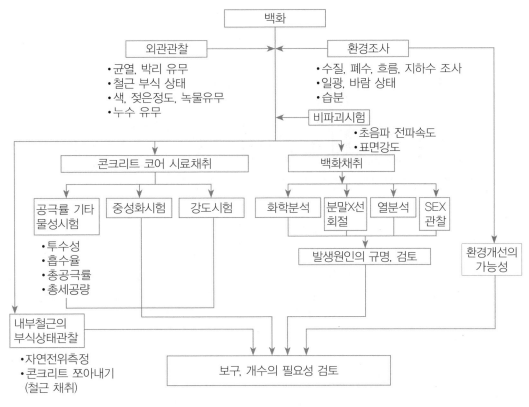

그림 2. 73 백화의 조사 및 진단 절차

(1) 육안 검사

육안검사를 통하여 백화 부위 및 주변에 콘크리트의 열화 여부 및 정도를 파악하기 위해 균열, 박리의 발생 여부 및 정도, 철근의 부식 상태, 누수 여부 및 백화의 색상과 형태 등을 조사하고, 아울러 주변 환경 검사를 통하여 지하수나 폐수의 여부 및 흐름과 수질, 그리고 일광과 바람 상태 및 습윤 정도에 대한 조사가 이루어져야 한다.

(2) 콘크리트에 대한 비파괴 검사

백화 발생인 경우 콘크리트의 열화를 동반하는 경우가 대부분이므로 콘크리트 강도 검사와 코어(core)시료 채취를 통한 콘크리트의 투수성, 흡수율, 총공극률, 총세공량 등을 검사하고 중성화 진행 정도를 검사한다.

(3) 백화 정밀 검사

백화 시료를 채취하여 백화의 화학성분을 검사하고, 분말X선회절검사, 열분석 검사, SEM 관찰시험 등을 시행하여 백화결정체의 성분을 검사함으로써 백화 발생의 원인을 정밀분석하기 위해 시행한다.

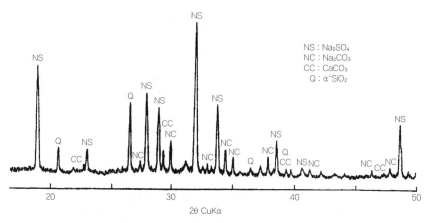

그림2. 74 교량의 백화 석출물 분말X선 회절

2.4.9.5. 백화의 발생 및 촉진 요인

백화의 발생이나 촉진 요인은 콘크리트 자체 내부의 수분 함량 및 이동에 기인하는 1차 백화 현상과 외부로부터 침투되는 수분에 의해 발생되는 2차 백화 현상이 있으나 초기 발생의 요인이 이와 같이 구분될 수 있을 뿐 촉진 요인은 이 두 가지의 요인이 함께 작용하는 경우가 많다.

당초 콘크리트 타설시 블리딩(bleeding)의 정도가 많은 경우 잘 발생되며, 블리딩으로 부상한 수분이 건조되는 속도와 밀접한 관계를 지니는데 건조 속도는 온도와 습도가 관계하여 온도가 내려갈수록 각 염류의 용해도를 내리므로 잘 발생되고, 습도가 비교적 높은 상태에서 바람이 잘 불 때 발생되기 쉽다.

이것은 표면층에 습도와 평형 상태를 유지하고자 하는 용액이 존재하고 따라서 바람에 의해 습도를 잃게 되면 용액에서 수분의 증발이 일어나 용해염이 석출되게 된다.

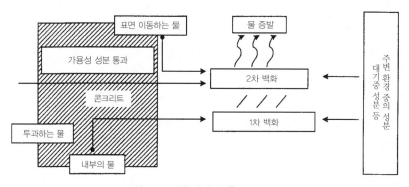

그림2. 75 백화 발생 및 촉진 모식도

또한 완공된 기존 콘크리트 구조체에서는 외부로부터 수분의 침투나 또는 물에 잠기게 되었다가 노출되어 급격히 건조하거나, 건습의 반복 작용에 의해 석출하게 된다.

2.4.9.6. 백화의 제어 및 방지 대책

백화를 방지하기 위하여 각종 혼화제나 유기계 약제를 사용하는데, 예를 들면 방수막이나 도막을 만드는 약제로서 알칼리산 수지, 실리콘 수지나 에틸셀룰로오스 등을 시멘트에 혼입하거나 콘크리트 표면에 도포하여 침투시키는 방법, 또는 알칼리산이나 스테아르산(stearic acid)의 칼슘, 칼륨염 등의 발수성 염류를 첨가하거나 말레산(maleic acid)이나 아미노 폴리카르복실 산(aminopolycarboxylic acid)등의 불활성염을 수화 과정에서 만들게 하여 모세관을 충전하는 방법 등이 있다.

그러나 상기에 기술한 방법들은 구조체의 콘크리트 표면이나 혹은 표면에서 그다지 깊지 않은 범위에서 작용하는 방지 또는 억제 방법이므로. 중성화 또는 알칼리골재 반응 등의 콘크리트 구조체 내부의 열화현상에서 기인하는 백화인 경우 이들에 대한 방지 대책이 함께 이루어져야 한다.

사진2. 31 누수로 인한 백화고드름

사진2. 32 누수에 의한 백화

2.4.10. 콘크리트의 강도(피로) 열화

좋은 구조체의 철근콘크리트란 요구되는 강도, 내구성, 및 경제성을 지닌 것을 말하는데, 이 중에서도 콘크리트의 강도가 가장 중요한 성질이라 할 수 있으며, 이 때문에 강도가 콘크리트의 품질이나 콘크리트 구조물의 안정성 및 내구성의 판단을 대표하는 성질이 된다.

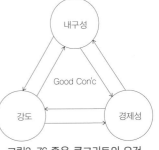

그림2. 76 좋은 콘크리트의 요건

콘크리트가 목재나 여타 다른 재료와 본질적으로 다른 특징은,

첫째로 크고 작은 골재 입자를 시멘트 풀로 결합시킨 복합 재료라는 것과,

둘째로 결합재인 시멘트 풀은 시멘트의 수화 반응에 의하여

141

점진적으로 강도를 발현한다는 데 있다.

2.4.10.1. 콘크리트 강도의 열화 요인

콘크리트의 강도는 시멘트와 골재 개개의 성질에 따라 좌우되는 것만이 아니고 이들의 복합 성상에 의해서도 영향을 받게 되며, 따라서 콘크리트의 강도에 영향을 미치는 요소들로서는 구성 재료의 성질과 배합 비율, W/C비, 배합, 치기(타설), 다짐, 양생 방법, 주변 환경, 재령 등을 들 수 있으며, 그 외 구조 부재의 변형, 체적 변화, 균열, 수밀성, 열적 성질과 내화성, 내구성, 중량 등이 있다.

이러한 여러 복합적인 요인들로 인하여 콘크리트의 강도는 시간의 경과와 함께 열화가 진행되며 점진적으로 저하하게 된다.

그중에서도 기존 구조물에서는 반복적인 과하중 사용에 따른 피로강도가 대표적이다.

2.4.10.2. 피로한도 및 피로강도

콘크리트가 반복적 하중에서는 정적 압축강도보다 낮은 하중으로도 파괴되는데 이를 피로파괴라 하며, 반복하중이라도 파괴하지 않는 한계치를 피로한도라 한다.

콘크리트 구조물의 파괴 현상은 그 구성 재료인 철근이나 PC강선의 강성 혹은 콘크리트의 균열이 반복하중에 의해 발생하고 그러한 균열이 계속 진행하는 것에 따라 최종적으로는 상시 하중에서 부재가 파괴에 도달한다.

교량, 도로, 항만구조물과 같은 토목구조물에서는 차량이나 해안파도의 반복하중을 받기 때문에 피로강도의 저하에 따른 피로파괴에 다다르게 되며, 건축물에서는 이러한 반복하중이 적으므로 설계 시에 이를 반영치 않으나 지하주차장의 차량에 의한 동적 반복하중으로 차량 통행로의 보 및 슬래브에 균열이 많이 발생되곤 한다.

(1) 철근보강재의 피로

구조물에 반복하중이 지속적으로 작용하면 이형철근 보강재의 마디 부위에 국부적으로 응력이 집중되어 응력이 높게 되는 위치에서 피로균열이 발생하고 그것이 진전되면 파괴에 이르게 된다. 철근의 마디 끝과 리브(rib)와의 교차부가 일반적으로 피로균열의 발생점이 되는데 이러한 균열이 서서히 진행되면 항복한계에 도달하는 순간에 콘크리트 구조물은 취성적인 파괴에 이른다.

(2) 콘크리트의 피로

콘크리트 구조물에 반복하중의 증가에 따라 피로하중이 작용하면 콘크리트의 조골재와 매트

릭스 사이에 부착력이 저하되어 미세균열이 발생하며 이에 따른 유효단면적의 감소로 파단에 이르게 된다.

다음의 그림은 반복하중의 작용 횟수에 따른 콘크리트의 변형을 나타낸 것으로서 콘크리트의 열화 과정을 1사이클당 변형이 서서히 적게 되는 변이기, 1사이클당 변형이 일정 또는 최소로 되는 정상기, 1사이클당 변형이 점차 증대되어 파괴에 도달하는 가속기로 분류하고 정상기에 있어서 1사이클당의 변형과 피로수명과의 사이에 밀접한 관계가 있다고 본다.

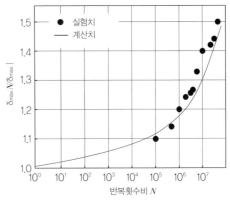

그림2. 77 반복하중에 따른 콘크리트 변형률

(3) 보 부재의 피로

지속적인 동적 및 정적 반복하중을 받는 콘크리트 구조물의 거더나 보 부재에는 처짐(deflection)현상이나 균열폭 등이 서서히 증가하게 되는데, 이러한 현상의 증가 요인으로는 반복 작용하는 압축력에 있어서 콘크리트의 크리프(creep) 현상에 따른 사이클 크리프(cycle creep), 균열 발생 및 균열 진행에 의한 강성의 저하, 철근과 콘크리트 사이의 부착력 감소 등에 의한 강성저하 등을 들 수 있다.

그림2. 78 피로에 의한 처짐의 변화

2.4.10.3. 피로강도 저하의 주요요인

콘크리트 구조물이 당초 설계허용하중 범위를 벗어나는 과하중의 지속적인 작용이나 또는 반복적인 하중의 작용에 의해 구조물을 구성하고 있는 철근이나 또는 PC강선과 같은 강재와 콘크리트는 피로누적에 따라 피로한도를 넘게 되면 피로파괴에 다다른다. 이러한 반복적인 하중의 작용에 의해 피로강도가 저하되는 주요요인들은 다음과 같다.

① 구조물에 작용하는 온도의 변화가 반복적으로 많은 경우
② 해수의 파도나 해풍의 장기적인 반복하중이 구조물에 작용하는 경우
③ 구조물에 중량물의 장기적인 적재 또는 반복적인 이동이 누적되는 경우
④ 기계 및 기구의 장기적인 운행으로 구조물에 피로의 누적이 발생하는 경우

⑤ 차량의 운행에 따른 반복적인 동적하중이 지속적으로 작용하는 경우

2.4.10.4. 피로강도의 특성

콘크리트 구조물에 반복적인 하중이 작용하여 영향을 받게 되는 콘크리트 구조체에 대한 피로강도의 특성은 다음과 같다.

① 하중작용의 반복횟수가 많아지면 탄성계수의 감소로 탄성 변형률도 증가한다.

② 또한 반복횟수의 증가로 비탄성변형률이 클수록 피로수명은 길어진다.

③ 그러나 반복하중이 낮은 경우에는 콘크리트를 오히려 치밀하게 하고 강도도 증가하는 경향이 있다.

④ 콘크리트의 건조 상태가 양호할수록 피로강도는 좋게 나타난다.

⑤ 굵은 골재의 최대 치수를 작게 하면 콘크리트의 균질성이 좋아지므로 피로강도가 증가한다.

⑥ 피로한도보다 낮은 반복하중의 작용은 오히려 정적 강도를 5~15% 정도 증가시키는 피로강도를 양호하게 개선시키는 경향이 있다.

2.4.10.5. 피로에 대한 조사 및 판정 기준

콘크리트 구조체에 작용하는 피로에 대한 검사는 일차적으로 육안에 의한 외관 검사를 시행하여 열화의 가속기가 될 때까지 현재 어떤 단계에 있는가를 조사한다. 그러나 가속기 상태에서는 외관으로 쉽게 드러나지 않으므로 조사가 어려우며 열화기 때 쉽게 증상이 외관으로 관찰되나 이 기간의 잔존수명은 이미 얼마 되지 않아 안전성에서도 급히 위험하여 긴급한 대응조치가 필요한 단계이다.

적절한 조사와 판정을 위해서는 실동응력도 및 그 반복횟수의 파악, 보강강재의 균열 유무의 확인 등이 매우 중요한 검사가 된다. 콘크리트 거더(girder) 혹은 보(beam)에 대한 검사 결과에 따른 판정 구분 및 그에 따른 대책은 다음과 같다.

표2. 33 콘크리트 보의 피로에 의한 열화 판정 및 대책

열화과정 (등급)	피로손상에 의한 구분	외관에 따른 구분	안전 성능	사용 성능	주변 환경적 영향 성능	대책 선정
잠복기 (상태 I)	M<0.8	균열은 생기고 있지만, 외관상의 변상은 안보임	–	–	–	점검강화 필요시 보수
진전기 (상태 II)	0.8<M<1.0	상동	–	–	–	경우에 따라 공용제한 및 보수·보강 필요
가속기 (상태 III)	1.0<M	균열의 진전이 보임	내하력 저하 강재의 피로균열로 유효단면감소	강성의 저하 균열의 진전	미관의 저하 균열의 진전	공용제한 및 경관보수와 보강 필요
열화기 (상태 IV)		균열의 진전 및 확대가 보임	내하력 저하 강재 일부가 피로 파단	강성의 저하 보자간의 파단	강재파단부위 콘크리트의 박리, 박락	공용제한 및 보강 또는 해체 여부 등의 판단

2.4.10.6. 제어 및 대책

콘크리트 구조물의 피로강도 저하 발생 등은 일반적으로 교량이나 도로, 터널 항만과 같은 토목구조물에만 발생되는 것으로 인식되어 왔으나 건축물의 주차장이 건축물 내부로 인입되기 시작하면서부터 건축물의 지하주차장에도 차량의 주 통행로에 영향을 주기 시작하여 피로균열이 발생되곤 한다.

그러므로 토목구조물뿐만 아니라 앞으로는 건축구조물에도 유지관리적인 측면에서 피로강도저하에 대한 제어 방안과 대책 등이 절실히 요구된다.

① 피로강도 저하에 따른 피로균열은 정적파괴의 경우보다 파괴변형률이 크고 광범위하므로 사용상 유의하여야 한다.

② 피로파괴는 콘크리트의 재령이나 강도의 크기와는 무관하게 발생되므로 유의하여야 한다.

③ 편심하중을 받는 콘크리트 부재는 최대응력보다 낮은 응력을 받는 부분이 있으므로 응력을 균등하게 받는 콘크리트 부재보다 유리할 수 있다.

④ 구조물에 작용하는 변동진폭하중(variable amplitude loading)이 일정진폭하중 (constaant aamplitude loading)의 경우보다 해로우므로 변동진폭하중이 작용하는 횟수를 줄이거나 주지 않는 등 사용관리에 유의하여야 한다.

2.4.11. 변형과 처짐

콘크리트 부재의 처짐(deflection) 현상은 부재의 변형으로부터 시작되는데 콘크리트의 변형은 콘크리트 자체의 성질에 기인하는 것과 외부에서 작용하는 외력에 기인하는 것으로 대별할 수 있다.

2.4.11.1. 콘크리트의 자체 변형

(1) 팽창 변형

콘크리트의 팽창변형은 콘크리트 생성 시 시멘트의 수화열에 의한 팽창과, 경화 후의 온도변화에 의한 팽창이 있다. 수화발열에 의한 팽창률은 사용한 시멘트의 종류나 단위시멘트량과 타설 시의 온도 등에 의해 다르나, 경화 후의 팽창률은 일사열이나 화재에 의한 화염에 의한 구조물의 온도 상승에 의해 각기 그 정도가 다르다. 일반적으로 콘크리트 경화 후의 콘크리트의 열팽창계수는 $7 \sim 13 \times 10^{-6}$이다.

(2) 수축 변형

수축변형은 콘크리트 생성 시 외부로부터 수분의 공급 없이도 시멘트페이스트(cement paste) 중의 수분이 소비됨으로써 콘크리트가 수축되는 자기수축변형과, 콘크리트 중의 수분이 증발하는 것에 의해 콘크리트가 수축하는 건조수축변형으로 나뉜다.

이러한 변형은 콘크리트에 균열을 유발시켜 구조물의 내구성을 저하시키는 요인이 된다.

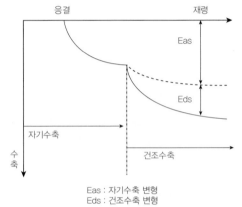

Eas : 자기수축 변형
Eds : 건조수축 변형

그림2. 79 콘크리트의 수축변형

표2.34 콘크리트의 수축변형률($\times 10^{-6}$)

환경조건	콘크리트 건조시기 재령				
	3일이내	4~7일	28일	3개월	1년
실내	400	350	230	200	120
실외	730	620	380	260	130

(3) 소성 변형

콘크리트 자체 변형의 성질 중 대표적인 것이 힘을 제거하면 원점으로 되돌아오는 탄성변형과 힘을 제거해도 원점으로 되돌아오지 않는 소성변형이 있다.

콘크리트의 최대 응력에서 변형도는 약 0.2%, 보통의 압축 시험에서 파괴시의 변형도는 약 0.3%~0.4% 이며, 이것은 철강이나 고분자 등의 재료에 비해 소성적인 변형이 훨씬 작고, 그래서 콘크리트를 취성재료라 할 수 있다. 또한, 콘크리트의 내력이 다할 때까지의 하강역을 포함한 전체 응력-변형도 곡선을 구하면 최대변형은 1%를 넘는다.

(4) 크리프 변형

크리프(creep) 현상이란 일정한 지속하중을 받고 있는 콘크리트가 하중은 변함이 없는데도 불구하고 시간이 지나가면서 변형이 점차로 증가하는 현상을 말하며, 그러한 변형을 크리프(creep) 변형이라 한다.

크리프 변형은 탄성변형보다 크
며, 지속응력의 크기가 정적강도의
80% 이상이 되면 파괴현상이 발생
하는데 이것을 크리프파괴라 한다.
이러한 크리프 현상의 특징은 재하
기간 3개월에 전체 크리프의 50%정
도, 1년이 경과하면 80% 정도가 완
료되며, 온도 20~80℃ 범위에서는
온도의 상승에 비례한다.

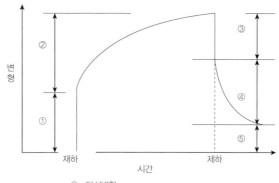

① : 탄성변형
② : 크리프변형
③ : 재하시 탄성계수
④ : 회복 크리프 변형(지연탄성)
⑤ : 재회복 크리프 변형(영구변형)

그림2. 80 크리프−시간 곡선

또한 크리프 변형이 일정하게 되어
파괴하지 않을 때의 지속응력 또는
지속응력의 정적강도에 대한 비율을 크리프한도(정적강도의 75~90%정도)라고 하며, 이것이
피로한도에 해당하게 된다.

2.4.11.2. 외력작용에 의한 변형

콘크리트 구조물에 외부로부터 외력
이 작용하면 부재에 발생한 단면력에는
압축력, 휨모멘트, 전단력 및 비틀림모
멘트 등이 작용한다.

구조물에 작용하는 외력의 종류는 구
조체에 재하하중의 증대, 구조체 지지
력의 저하, 지반의 침하, 부재의 내력부
족, 지진의 영향 등이 있으며, 그 이외
에 지형 상태나 환경 변화에 의한 영향
으로는 산사태 등에 의한 낙석이나 눈
사태에 의한 과대한 충격하중과 하천

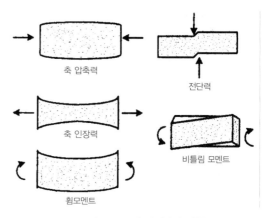

그림2. 81 부재 단면력과 변형

흐름의 변화, 강바닥의 저하 또는 세굴현상 등 종래의 구조물지지 상태가 변화하는 것 등이 있
다.

이러한 현상으로 콘크리트 부재에 처짐(Deflection)이 생기게 되면 균열 발생의 원인이 되
어 부재에 균열을 유발시키는데, 이러한 균열은 시공 중이거나 시공 직후에 발생하는 일반적인
균열과는 달리 균열의 형상, 균열의 발생 위치 및 균열의 크기 등에 상이한 특징을 보인다.

이러한 균열 발생은 구조체의 내구성을 저하시키는 주요 요인이라 할 수 있으며, 또한 콘크리트 내부 철근의 인장 항복점을 초과하게 되어 결국 철근콘크리트 부재의 내력과 안정성을 상실하게 된다.

2.4.11.3. 조사 및 상태 평가

콘크리트 구조체에 변형에 따른 처짐(deflection) 등을 검사하기 위한 방법과 처짐의 변위가 발생하였을 경우 및 그 정도에 따른 상태 평가 등급 및 기준은 아래와 같다.

(1) 조사 방법

구조물의 변형 및 변위를 측정하려면 가장 간단한 방법은 실띄움에 의한 육안측정 검사를 시행하는 것이 일반적이나, 정밀 측정코자 하는 경우에는 측정하고자 하는 부재의 위치에 레벨(level) 또는 트랜싯(transit) 기기를 설치하고 기준점을 임의 설정한 뒤 측정하고자 하는 위치 부재의 변위 측정을 위한 처짐 또는 기울기 등을 조사한다.

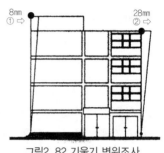

그림2. 82 기울기 변위조사

(2) 상태 평가

상기의 방법으로 측정된 변위치 결과에 대한 지붕 구조, 바닥 구조, 보의 처짐 및 구조물의 수평, 수직기울기 등에 대한 평가 기준 및 조치 방안은 다음과 같다.

표2. 35 지붕구조. 바닥구조의 최대 허용처짐

NO	조건	부재의 종류	최대허용처짐	고려해야 할 처짐
1	과도한 처짐에 의해 손상되기 쉬운 비구조요소를 지지하지 않거나 부착하지 않은 경우	평지붕구조	L / 180	적재하중에 의한 즉시 처짐
2	과도한 처짐에 의해 손상되기 쉬운 비구조요소를 지지하지 않거나 부착하지 않은 경우	바닥 구조	L / 360	
3	과도한 처짐에 의해 손상되기 어려운 비구조요소를 지지하거나 부착한 경우	지붕 구조 바닥 구조	L / 240	비구조요소를 부착한 후에 생기는 처짐(모든 지속하중에 의한 장기 처짐+부가적인 적재하중에 의한 즉시 처짐)
4	과도한 처짐에 의해 손상되기 쉬운 비구조요소를 지지하거나 부착한 경우	지붕 구조 바닥 구조	L / 480	

표2. 36 보 처짐에 대한 사용성 평가 기준

성능 등급	보 처짐량	조치 방안
A (성능저하 없음)	L/300 미만	-
B (성능저하 경미)	L/200 미만	지속적인 주의 관찰, 필요시 보강
C (성능저하 중간)	L/100 미만	필요시 공용제한, 보강 필요
D (성능저하 극심)	L/100 이상	공용제한, 보강 또는 사용성 검토

표2. 37 수평·수직변형 기울기에 따른 평가등급 및 안전조치

등급	기울기	내용	안전조치
A	1/750 이내	예민한 기계기초의 위험 침하 한계	정상적인 유지 관리
B	1/600 이내	대각선 구조를 갖는 라멘 구조의 위험 한계	주의관찰, 원인 제거
C	1/500 이내	건축물의 균열 발생 한계	정기적 계측관리, 원인제거
D	1/250 이내	건축물의 경사도 감지	보수.보강, 사용제한 필요
E	1/150 이내	건축물의 위험할 정도	긴급보강, 사용제한, 철거

2.4.11.4. 제어 및 대책

부재의 변형 및 처짐 현상에 대한 제어방안과 대책은 아래와 같다.

(1) 콘크리트 생성 시 대책

① 물시멘트비(W/C)를 저감하여 수축률을 최소화 하고,

② 타설 온도를 낮추어 냉각 또는 분할시공 등으로 수화열 발생을 억제시키며,

③ 건조수축을 억제할 수 있도록 보양재를 적용하여 습윤 보양토록 하고,

④ 크리프(creep)현상이 작도록 단위시멘트량을 최소화하며,

⑤ 타설 시 다짐을 철저히 하여 콘크리트 내에 골재분리 또는 공극이 없도록 한다.

(2) 기존 시설물에 대한 대책

① 콘크리트 부재에 지속적인 과하중이 작용하지 않도록 한다.

② 외부로부터 충격하중이 작용하지 않도록 주변 조건을 개선한다.

③ 부재의 피로한도를 초과하지 않도록 반복하중의 한도를 억제한다.

④ 부재의 내력이 부족할 경우 내력증진을 위한 구조적 보강 조치한다.

⑤ 외부의 온도하중 작용을 최소화 할 수 있도록 차열, 단열 등의 방안을 강구한다.

⑥ 기초 및 지반의 지지력이 부족할 경우 파일(pile)보강이나 지반보강공법을 적용하여 지지력을 회복한다.

⑦ 유지관리계획을 수립하여 계획적인 관리에 철저를 기하고, 정기적인 점검을 통해 발췌된 구조적 결함에 대한 보수 또는 구조적 보강 등의 적절한 조치를 한다.

2.4.12. 표면 열화(풍화, 노화)

콘크리트 표면의 열화 원인은 물리적 요인과 화학적 요인으로 대별되는데, 물리적 요인은 충격, 화재, 또는 마모 등을 들 수 있으며, 화학적 요인은 유해 화학물질이 콘크리트 속으로 침투하여 화학적, 물리화학적인 반응으로 콘크리트를 손상시킨다.

화학적인 반응으로는 용해성 반응을 말하며, 이로 인해 콘크리트 속의 시멘트 경화제는 용해되며, 물리 화학적인 반응이란 팽창성 반응으로서 시멘트 경화제와 반응하여 부피가 팽창함으로써 콘크리트를 파손시킨다.

이외에도 중성화, 염해, 동해 등을 들 수 있다. 특히 오랜 시간이 경과되면서 물리적 화학적 요인이 병행하여 작용하면서 콘크리트의 표면강도가 저하되고 결국 균열, 또는 박락현상으로 구조물 자체의 내구성 및 안정성에 심각한 손상을 초래하게 된다.

표2. 38 표면 열화로 분류되는 현상

작용	열화 현상	저하 성능
마모	단면 감소	미관, 사용성, 내하성
미립자 부착	오염(변색)	미관
생물 부착	오염(변색)	미관
물 접촉에 의한 성분 용출	오염, 백화, 강도저하, pH저하(탄산화)	미관, 사용성, 내하성

2.4.12.1. 오염(변색)

콘크리트 구조물의 오염은 콘크리트 표면의 거침 정도에 의한 것과, 표면의 부착물에 의한 것, 그리고 콘크리트 그 자체의 변색에 의한 것으로 분류되는데, 콘크리트 오염은 표면의 외관상 미관 문제를 발생시키지만 그 외에도 열화 촉진, 강도 특성, 사용성 저하 등 기타 콘크리트 성능에 영향을 미치는 경우도 있기 때문에 다른 변상의 관찰 등과 병행하여 충분한 원인의 검토가 필요하다.

그림2. 83 오염의 원인별 분류

(1) 표면에 부착하는 오염

콘크리트 표면에 다른 물질이 부착되어 발생하는 오염 중에서 백화나 녹물 이외에도 흔히 잘 나타나는 것은 흑색의 부착물에 의한 오염이다.

이 발생 메커니즘은 우수 중이나 대기 중의 먼지 및 배기가스 등의 분진이 콘크리트 표면에 부착하여 이 분진 등에 균포자가 붙어 온도나 수분의 조건이 맞으면 분진 등의 미립자나 우수 중의 초산성 질소, 암모니아성 질소, 인산이온 등을 영양원으로 광합성을 실시하면서 균이 번식하게 된다.

균류는 당류나 아미노산을 포함하므로 이것을 영양원으로 하는 일반적으로 곰팡이라 불리는 진균류가 번식하는데, 이들 미생물은 사멸하면 검은색으로 되며 미생물의 종류에 의해서는 갈색으로 되는 것도 있다.

한편, 오염은 일사나 우수의 방향에 따라 콘크리트에 영향을 주는 오염의 변색도 달라지므로 벽면의 위치와 방향 및 형상도 오염에 큰 영향을 미친다.

또한 정수의 수조에서 금속산화물의 침적이나 균의 부착, 하수처리장에서 오니의 부착, 연돌의 배연물 부착 등과 같이 다른 물질이 표면에 부착하여 발생하는 오염 등을 들 수 있는데, 이런 경우에는 표면에 부착한 오염을 제거하면 콘크리트에는 변색이 사라지는 경우가 많다.

(2) 콘크리트의 변색

콘크리트 자체의 변색은 주로 시멘트의 수화물의 변질에 의해 주로 발생되지만 강도 특성 등에 미치는 영향은 그다지 크지 않다.

콘크리트의 변색의 요인들은 탄산화, 염해, 알칼리-실리카 골재반응, 화학적인 부식, 풍화·노화, 화재 등을 들 수 있다.

시멘트 수화물의 변질에 의한 변색에서는 시멘트의 종류에 관계없이 많은 경우 회색이 갈색이나 황토색으로 변색한다. 또한 알칼리-실리카(alkali-silica reaction)의 경우에는 균열에 따라 젖어 있게 보이는 예와 황산이온과의 반응에 의해 갈색에서 황색, 백색으로 반응의 정도에 다라 변색하는 예가 있다.

화재의 예에서는 일반적으로 ~300℃에서는 그을음 부착, 300~600℃에서는 복숭아색(담홍색), 600~950℃에서는 회백색, 950~1200℃에서는 담황색, 그리고 1200℃ 이상에서는 용융되는 일련의 변색이 발생된다.

콘크리트 자체가 변색하고 있는 경우에는 시멘트 수화물이 변질되어 콘크리트의 열화가 진행되는 경우가 많고, 그 변색은 표면만이 아니라 내부에까지 미치는 것이 특징이며, 변색의 범위는 열화인자의 이동경로나 영향 범위와 밀접한 관련을 가지고 있기 때문에 변색 원인의 검토 및 변질의 정도, 범위의 추정에 활용할 수 있다.

2.4.12.2. 마모

콘크리트의 마모는 교통차량의 주행에 의한 포장도로면의 마모, 사람이나 물건의 이동 등에 의한 슬래브면의 마모, 댐·수로 구조물에서 보이는 공동(cavitation) 등에 의한 마모 혹은 빙하에 의한 구조물의 마모 등이 있는데, 아래 그림에 나타낸 것처럼 마모의 진행을 3단계로 나타낼 수 있다.

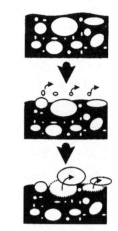

제1단계에서는 콘크리트 표면에 가까운 미세입자의 많은 시멘트 모르타르층이 마모된다.

제2단계에서는 표층부(시멘트 모르타르층)가 마모된 후 조골재가 노출하게 되고 시간의 경과에 따라 조골재 자체의 마모가 발생한다.

그림2. 84 마모의 진행도

이러한 현상이 더욱 진행되면 제3단계로서 결국 조골재의 박리가 발생한다. 따라서 콘크리트의 마모저항성을 고려한 경우에는 착목하는 단계에 따라 다르게 나타나는 것도 있다.

(1) 도로포장면의 마모

도로포장면의 마모 현상은 통행하는 교통차량의 형식, 중량, 속도, 바퀴, 형태 등이 주원인으로 작용한다. 통행하는 교통차량에 의해 모르타르와 골재가 같이 마모된 경우에는 포장 면이 평활하게 되고 도로면의 마모저항이 저하하여 교통차량의 제도에 지장을 초래하는 경우가 있다.

또한 동절기 통행하는 차량에 타이어체인 장착의 경우에는 타이어 주행 부분만 크게 마모되어, 포장 면에 패인 골이 생기므로 도로면의 평탄성이 현저하게 저하하며, 그것이 원인으로 소음이나 고인 물이 튀는 현상이 일어난다.

(2) 슬래브면의 마모

공장이나 창고 등의 콘크리트 슬래브 면을 포크리프트 등의 장비차량이 주행하는 건물은 주행물의 중량이나 속도, 슬래브면의 상태가 원인이 되어 마모가 발생한다. 슬래브면의 마모현상은 주로 2가지 형태의 접촉 상태에 의해 발생하는데, 첫째는 절삭(abrasion) 마모가 지배적으로 되고, 둘째는 절삭과 쐐기작용에 의한 표면의 피로마모가 복합된 것에 의해 발생한다.

슬래브의 마모에는 표면의 경도가 중요한 척도이므로 공장이나 창고 등에 사용되는 도장재료는 마모저항성과 손상저항성이 있는 바닥 재료를 선정하여 시공하는 것이 마모방지적인 유지관리 관점에서 매우 중요하다.

또한 건축물의 옥상 주차장 방수층에서도 차량 주행에 의한 방수 마감재의 표면 손상과 방수재의 마모 손상 및 박리 손상이 많이 발생하고 있다.

(3) 수리구조물의 모래 흐름에 의한 마모

댐의 배면, 수로, 모래를 배출하는 곳 등의 수리구조물에 일어나는 마모 현상은 산악지역 등과 같이 가혹한 기상환경을 받는 지방에서 현저하게 많이 발생하는 경우가 많은데, 물의 유속만 생각한다면 비록 상당한 유속에 장기간 노출되어도 마모 현상은 거의 발생하지 않지만 물속에 모래 등이 포함되어 있으면 마모에 의한 손상은 비약적으로 증대하게 된다.

(4) 공동(cavitation)에 의한 마모

콘크리트 표면에 요철(凹凸)이나 급격한 굴곡이 있는 경우 고속의 물이 흐르거나 장애물 등에 의한 국부적인 압력 강하가 생기면 그 하류는 부압이 발생하여 공동을 생성시키게 되고 그 부분은 수증기의 기포가 혼재한 상태의 흐름으로 된다. 이 물 흐름에서 압력이 약간 높은 곳으로 이동하면 수증기의 기포는 급격하게 커져 벽면에 큰 충격을 주며, 공식(pitching) 손상을 나타낸다.

공동(cavitation)에 의한 손상은 국부적으로 심하기 때문에 일반적으로 장기간에 걸친 침식 작용에 대하여 저항하는 것이 불가능하며, 공동(cavitation)현상이 일어나는 한계유속은 개수로에서 7.5㎧ 정도이다.

(5) 얼음(얼음 또는 빙하) 등에 의한 해양구조물의 마모

해안지역에서 콘크리트의 마모는 모래, 얼음 혹은 파도에 의한 물리적 작용에 의해 발생한다.

이것에는 연마작용에 의한 바다 속 부분의 마모, 빙하의 이동에 따른 미끄럼 마모, 파도 및 동결 융해, 염분 작용에 의한 비말대의 열화에 의한 마모를 생각할 수 있다. 기존 연구에 따르면 빙하에 의한 미끄럼 마모는 고강도 콘크리트의 경우에는 1㎞의 마모거리에 대하여 0.05㎜의 마모량이라고 알려져 있다.

2.4.12.3. 용출

콘크리트의 표면열화는 해양환경, 강산이나 황산은 혹은 동해 등의 특별한 열화요인 이외 통상의 사용조건으로 경년적으로 콘크리트가 변질·열화해가는 현상으로 정의할 수 있다. 사용성·내하성을 저하시킬 우려가 있는 성분 용출에 대해 기술한다.

성분 용출은 콘크리트 중의 시멘트 수화물이 주위의 물에 용해되어 조직이 약화되는 변질 열화 현상이다. 용출 열화는 연수(눈이 녹은 물)에 의한 댐 제방 열화로 콘크리트 상부와 하부의 강도 추정값 비율을 연구한 결과 공용년수가 긴만큼 하부 콘크리트의 강도가 상부보다 저하하는 것이 보고되어 있다. 이는 저수된 물이 제방 콘크리트를 통과할 때 용출하기 때문에 하부가 고수압으로 통과수량 누계가 크기 때문으로 추정된다.

이 외에 용출열화는 정수시설, 터널 라이닝 콘크리트, 토중구조물 등에서 경도가 낮은 연수와의 접촉에 의한 열화가 보고되어 있다.

수화반응 생성물은 접촉하는 물이 포화 상태가 아니면 반응 생성물의 일부는 용해한다. 주요 수화생성물 중 용해도가 가장 높은 것은 $Ca(OH)_2(CH)$이다. 실구조물의 조사에서는 용출에 의해 열화한 부위의 CH량의 저하와 비교하여 C-S-H 등의 다른 생성물의 잔존율 건전도가 높은 것에서 용출에 의한 열화는 CH의 용해에서 개시된다.

용출에 의한 열화 메커니즘은 수화생성물 중 CH와 경화체 성능의 가장 지배적인 수화생성물, 즉 칼슘실리케이트 수화생성물 $nCaO \cdot mSiO_2 \cdot xH_2O(C-S-H)$의 용해 조합 상호작용으로 볼 수 있다. 이들에 대한 용출의 메커니즘을 다음에 나타낸다.

① 콘크리트 표면에서 접촉하는 물에의 $Ca(OH)_2$(주로 세공용액 중의 이온)의 용출
② 근방 $Ca(OH)_2$의 농도차 완화하도록 내부 세공용액 중 Ca^{2+}와 OH^-가 표면 방향으로 이동
③ 세공용액상의 $Ca(OH)_2$농도가 저하한 부분에서 고체$Ca(OH)_2$가 세공용액에 용해
④ 시멘트의 주요 수화생성물인 C-S-H 중의 C가 세공용액 중에 Ca^{2+}와 OH^-로서 용해
⑤ 용해한 $Ca(OH)_2$도 동일하게 농도구배를 완화하기 위하여 Ca^{2+}와 OH^-가 표면에 이동
⑥ C-S-H중의 CaO가 용해하여 C-S-H의 Ca/Si비가 저하한 부위가 취약화

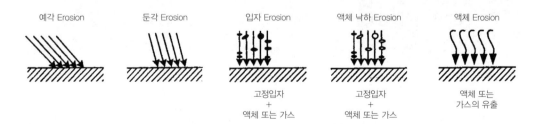

그림2. 85 콘크리트 성분용출에 의한 열화

PART 03
균열의 종류 및 형상

균열의 종류 및 형상

3.1. 개요

완성된 시설물은 시간의 경과와 함께 자연적 또는 인위적 요인에 의하여 열화되면서 성능이 저하되어간다. 성능이 저하되어가는 가장 뚜렷한 징조는 균열로 나타나며, 열화의 진행에 따라 균열도 함께 진행되고 결국 내력저하에 다다르면 종국에는 시설물의 안정에 심각한 위험을 초래하게 된다.

그러므로 구조물에서의 균열 관리(crack management)는 시설물의 위험을 대처하는 가장 기본적인 유지관리 요소라 할 수 있다.

3.1.1. 균열 관리

콘크리트 구조물은 아무리 정밀시공을 하였다손 치더라도 어떠한 형태든 균열은 발생되기 마련이다. 이처럼 균열을 피할 수는 없겠지만 적극적인 균열 관리를 통하여 균열발생 및 규모를 최소화 할 수 있으며, 더 나아가 균열 발생을 억제할 수는 있다.

균열 관리란 구조적으로 균열이 발생될 소지가 많은 부위에 대한 집중관리, 균열발생의 원인이 될 수 있는 요인관리, 발생된 균열에 대한 원인규명 및 추적관리, 균열의 진행을 억제할 수 있는 제어관리 등을 통하여 시설물의 열화 및 성능저하를 차단함으로써 시설물을 견실한 상태로 유지시키는 일련의 활동 등을 말한다.

3.1.1.1. 취약부위 관리

철근콘크리트 구조체는 완벽하게 설계되어 정밀시공이 되었다손 치더라도 각기 구조물별로 처해진 주변 및 환경조건에 따라 구조적으로 취약한 부위가 있기 마련이며, 이러한 부위에서 늘 균열이 발생되고 진행되어간다.

그러므로 각 시설물별로 취약한 부위를 사전에 발췌하여 이에 대한 정기적 점검 또는 사전 보완조치 등을 통하여 균열 발생을 억제할 수 있다.

콘크리트 구조물에서 공통적으로 가장 흔하게 발생되는 대표적인 부위는 아래와 같다.

(1) 절토·성토지반의 경계부

경사대지에서 한편은 절토, 다른편은 성토하여 평지반을 조성한 후 구조물을 앉히게 되면 절토와 성토 경계부에 균열이 발생되는 사례가 흔하다. 특히 파일기초가 아닌 평기초인 경우 이러한 사례는 더욱 심하게 나타난다. 이는 지반의 불안정에 따른 침하균열이 주를 이루게 된다.

(2) 확장저층과 고층타워와의 경계부

주상복합구조물과 같이 지하층 및 저층부는 수평확장 되어있는 반면 고층부는 수직타워 형태의 구조물인 경우 그 경계부에서 늘 균열이 자주 발생하게 된다. 또한 이러한 구조물인 경우 확장저층부의 네 모서리 부위에서도 균열이 흔히 발생하는 경우가 많다.

(3) 최상층 구조체

최상층의 외곽 기둥과 지붕 구조체는 다른 층에 비하여 온도균열이 많이 발생하는 사례가 많다. 이는 내단열공법 시공에 따른 온도하중에 의해 발생되는 것이다.

(4) "ㄱ"자 형태의 코너 부위

철근 콘크리트 구조물의 평면이 "ㄱ"자 형인 경우 구속에 따른 불안정으로 코너 부위에 균열이 많이 발생하며, 특이 상층부로 올라갈수록 균열발생의 빈도가 높다.

(5) 장방향의 중앙부

구조물의 길이가 50m를 초과하지만 익스팬션조인트(expansion joint)를 시공하지 않은 구조물에서는 중앙부가 온도하중에 취약하여 수직 방향의 균열이 발생하기 쉽다.

(6) 수평증축의 연결부

기존 구조체에 수평증축을 하였으나 별도의 독립된 기초, 기둥 및 거더(girder)를 시공치 아니하고 기존 구조체에 직접 연결하여 증축한 경우에는 연결 부위에 균열이 쉽게 발생하게 된다.

(7) 주차장층의 차량 주행통로

주차장층에서는 차량주차구역보다는 주행통로의 구조체에서 균열이 많이 발생하게 된다. 이는 동적하중의 피로에서 기인하는 경우가 많다.

(8) 개구부의 모서리

개구부의 모서리부에는 건조수축, 온도변화 등에 의하여 인장력이 작용하면 일반 부분보다 5~6배의 인장응력이 발생한다. 모서리 부분의 배근된 철근량이 이러한 집중응력에 충분히 저항할 수 없으면 균열이 발생하게 된다.

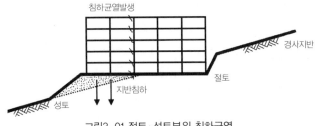

그림3. 01 절토·성토부위 침하균열

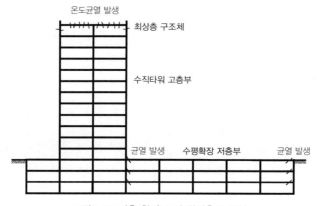

그림3. 02 저층 확장부 및 최상층부 균열

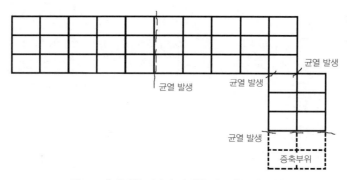

그림3. 03 "ㄱ"자형 평면의 장방향 및 증축부의 균열

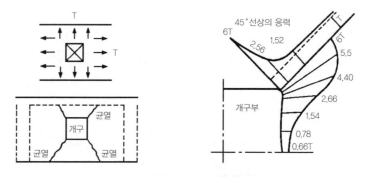

그림3. 04 개구부 주변의 균열

3.1.1.2. 요인 관리

철근콘크리트 구조물의 균열은 환경적, 인위적, 구조적, 또는 설계 및 시공상 여러 가지 원인에 의해 발생하게 된다. 기존 구조물의 유지관리 측면에서 구조체에 균열 발생의 원인이 될 수 있는 요인들을 미리 파악하여 관리하고 그 요인들을 제거 또는 차단시킬 수 있는 방안들을 강구하여야 한다.

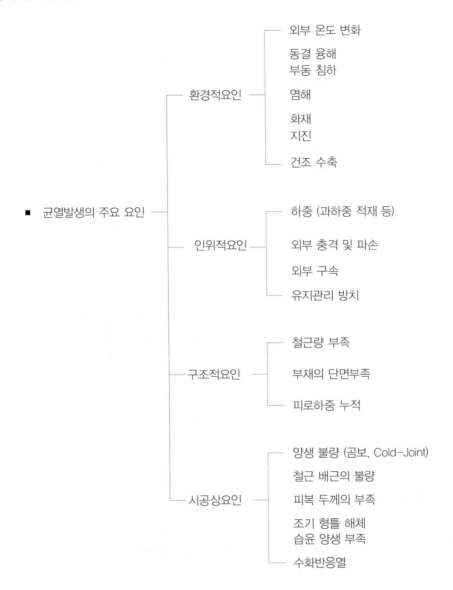

3.1.1.3. 추적 관리

균열이 발생하게 되면 균열 발생의 원인을 역 추적하여 규명하고, 균열 상태를 균열도로 도시화하여 일정기간 정기적으로 균열의 진행 상태를 관찰하며 한계에 다다르면 규명된 원인에 따라 적절한 보수 또는 보강 등의 조치를 강구하여야 한다. 균열의 진행 상태를 관찰하고자 할 경우 사용되는 균열 측정기기들은 아래의 사진과 같다.

3.1.1.4. 제어 관리

콘크리트 구조물에는 어차피 균열이 발생하게 된다. 균열 발생의 요인들로부터 차단하여 균열 발생을 억제하거나, 또는 이미 발생된 균열들이 더 이상 진행되지 않도록 억제하는 방안들을 강구하는 제어활동들을 말한다.

표3. 01 균열 관리 대장 (예시)

층 별	부재명	위 치	균열명	측정 내용 (mm)					비고
				2/15일	2/28일	3/15일	3/31일	4/15일	
지하2층	슬래브	GH/4,5	인장균열	0.25	0.25	0.27	0.28	0.30	증대진행
지하1층	보	6,7/C	전단균열	0.20	0.20	0.20	0.20	0.20	정지
지붕층	기둥	8/F	인장균열	0.35	0.35	0.35	0.30	0.28	축소진행
지붕층	보	7,8/B	온도균열	0.20	0.22	0.25	0.25	0.25	증대진행
지붕층	슬래브	BC/3,4	인장균열	0.27	0.27	0.25	0.22	0.20	축소진행

사진3. 01 진동현식 균열 측정기

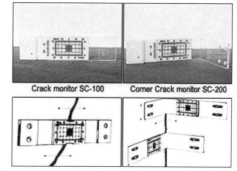

사진3. 02 간이식 균열측정게이지

사진3. 03 균열측정용 디스크

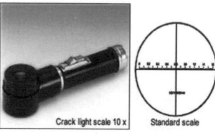

사진3. 04 균열계측 확대경

3.2. 균열의 메커니즘

시설물 유지관리공학을 다루는 기술인들은 구조체에 대하여 '살아 움직이는 하나의 생명체' 란 의식이 무엇보다도 중요하며, 이러한 의식전환이 있어야 비로소 균열의 거동과 발생 원인을 제대로 볼 수 있다.

왜냐하면 완성된 구조물은 주어진 조건과 외부에서의 작용들에 대하여 마치 생명체와 마찬가지로 대응하기 때문이며, 이러한 대응력, 즉 저항능력이 부족한 경우 결국 구조체는 균열을 스스로 발생시키며 작용 응력에 평형을 유지하려 하기 때문이다.

그러므로 구조체에 발생된 균열은 구조물에 주어진 조건과 외부의 작용을 파악할 수 있는 중요한 요소이므로 마치 균열은 조치를 갈구하는 구조물의 수화라 할 수 있다.

3.2.1. 콘크리트의 공극

3.2.1.1. 수화반응과 시멘트 경화체의 공극

시멘트는 아래 그림과 같이 수화반응에 의해 수화전의 시멘트 입자 표면을 경계로 내부와 외부에 수화물이 생성되며, 미수화 시멘트 부분 및 물이 차있는 부분은 수화반응의 진행과 함께 감소한다.

그러나 시멘트의 수화율이 증가함에 따라 세공의 직경이 큰 공극은 감소하며, 세공의 직경이 작은 공극은 증가하여 콘크리트 내부에 미세 공극이 형성된다. 이는 큰 공극의 내부에 시멘트 수화물이 생성되어 공극이 분단되기 때문이며, 결국 시멘트 경화체의 세공경 분포(pore size distribution)는 수화율에 의존한다.

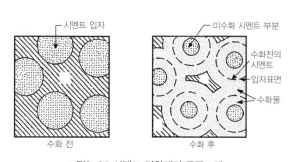

그림3. 05 시멘트 경화체의 공극모델

또한, 모르타르나 콘크리트의 배합에 중요한 물시멘트비(W/C)는 시멘트 경화체의 공극량에 큰 영향을 미친다. 물시멘트비가 높은 배합에서는 시멘트가 완전히 수화되기 위해 이와 같이 시멘트 경화체의 공극구조는 시멘트의 수화와 밀접한 관계를 가지고 있다.

3.2.1.2. 공극의 분류 및 크기

콘크리트 타설 후 콘크리트 내부에서 생성되는 공극에는 혼합 시에 섞여 들어간 기포나 AE 제의 사용에 따른 연행공기(entrained air)에 의한 공극, 물이 차지하고 있던 공극으로서 수화 후에 수화물로서 채워지지 않은 모세관공극(capillary pore)과 수화물 사이의 작은 공극 즉 겔공극, 블리딩에 의해 만들어진 비교적 큰 공극, 연속 타설면의 접착불량에 의한 공극, 골재의 경계면에 발생되는 공극 및 경화 후 각종의 원인에 의해 만들어진 균열 등이 있다.

이러한 각종의 공극 및 균열들은 시멘트 경화체 내부의 공극과 같은 미시적 공극과, 콘크리트 구조재료로서 각종 균열과 같은 거시적 공극으로 구분할 수 있다.

(1) 경화체 내부의 공극

시멘트 경화체 내부의 공극은 크게 나누어 물이 차지하고 있던 부분의 공극과 혼합 시에 섞여 들어간 공기에 의한 공극 즉 기포로 나눌 수 있다. 일반적으로 공극의 형상이 원통상의 모델로 나타내는 경우가 많으므로 공극의 크기를 직경으로 나타낸다.

물이 차지하고 있던 부분의 공극은 일반적으로 겔공극(gel)과 모세관공극으로 분류되며, 대체로 3nm가 겔공극과 모세관공극의 경계로 분류되고 있다.

따라서 겔공극(gel)의 크기는 1~3nm, 모세관 공극의 크기는 3nm~30μm정도이다. (단위 0.1nm=1 Å, 1000nm=1μm, 1000μm =1mm) 이 밖에도 1nm 이하의 C-S-H겔 층간의 공극과 같은 초미세 공극도 있다. 그리고 혼입공기(entrapped air)는 작은 것과 큰 것의 크기가 각각 30μm~1mm와 1mm이상으로 분류된다.

표3. 02 시멘트, 모르타르 및 콘크리트의 공극 구조

공극량		시멘트 페이스트	모르타르 s/c=0.9	콘크리트				측정방법[4]
				AE		플레인		
	전공극량 1nm~10nm	37.5[3]	23.0[2]	32.9[3]	20.4[2]	71.7[3]	15.9[2]	56.0[3]	1+2+3+4
수극	겔공극 1~3nm	14.7	5.4	7.7	4.1	14.4	3.9	13.7	2
	3~5nm	5.8	3.7	5.3	1.5	5.2	1.3	4.6	2
	5~50nm	15.6	8.8	12.6	4.7	16.5	4.1	14.4	2
	50~500nm	0.2	1.4	2.0	0.7	2.5	0.8	2.8	2
	100nm~2μm	0.8	3.3	4.7	5.2	18.3	4.3	15.2	2
	3nm~2μ	22.4	17.2	24.6	12.1	42.5	10.5	37.0	
	수극량 1nm~2μm	37.1	22.6	32.3	16.2	56.9	14.4	50.7	1+2
기포 (잠재 공기)	30μm~1mm	0.4	0.4	0.6	2.1[1]	7.4[1]	0.4	1.4	3
	1~10mm	0	0	0	2.1	7.4	1.1	3.9	4
	기포량 30μm~1mm	0.4	0.4	0.6	4.2	14.8	1.5	5.3	3+4

주) *1: 연행공기의 양
*2: 경화 시멘트페이스트, 모르타르, 콘크리트의 당위체적당 공기량(Vol.%)
*3 : 경화 시멘트페이스트, 모르타르, 콘크리트중 페이스트 부분의 단위체적당 공기량(Vol.%)
*4: 측정방법, 1:질소가스흡착법에 의한 측정, 2:수은압입식 폴로시메터에 의한 측정, 3:광학면미경 및 화상처리장치에 의한 측정, 4:X선 CT스케너에 희한 측정
*5: 상기 표는 재령28일, W/C=0.5의 경우의 값이다.

(2) 콘크리트에 발생하는 균열 및 크기

콘크리트 내부에 건조수축, 온도응력 그리고 연속 타설면에서의 공극과 같은 시공결함에 의한 균열의 종류 및 크기에 관한 연구는 지금까지 그리 많이 수행되지 않았다.

아래 그림에는 이들 사이의 개략적인 구분이 나타나 있으며, 여기서, 모르타르에 나타나는 미세균열의 크기는 1~10μm, 부착부위의 미세균열은 10~150μm, 그리고 콘크리트에 나타나는 거시적 균열의 크기는 0.05~1mm, 골재하부에 형성되는 공극의 크기는 10~100μm로 나타나고 있다.

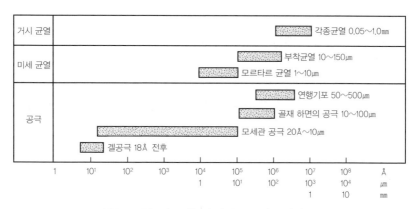

그림3. 06 콘크리트 내부의 각종 공극 및 균열의 크기

(3) 기타의 공극

블리딩(bleeding) 등에 의해 골재 하부에 형성되는 공극과는 달리, 골재와 시멘트 페이스트(paste)의 경계면에 형성되는 공극도 있다. 이 경계면은 일반적으로 천이대(transition zone)라고 불리며, 이 공극에는 50nm~2μm 정도의 모세관 공극이 많이 포함되는 것으로 알려져 있다.

이 천이대의 두께는 물시멘트비(W/C)와 골재의 입도에 영향을 받으며, 이 천이대를 따라 균열이 전파되어 강도가 저하되므로 투기성뿐만 아니라, 콘크리트의 강도에도 큰 영향을 미치는 것으로 알려져 있다.

3.2.2. 균열 발생의 메커니즘

3.2.2.1. 콘크리트의 균열 발생

콘크리트 구조물은 외부로부터의 하중이 작용하게 되면 어느 한계까지 탄성적으로 거동하다가 그 한계를 벗어나면 미세균열이 발생하여 비선형성의 변화를 보이며 진행하게 된다. 그러므로 이를 역으로 추적해 보면 발생된 균열의 방향과 위치 및 균열 패턴을 통하여 그 구조물의 거동을 알 수 있으며, 거동을 알게 되면 결국 외부로부터 구조물에 작용하는 최초의 작용을 파악할 수 있으므로 균열 관리를 할 수 있다.

Wittmann 교수는 콘크리트 균열 발생의 메커니즘을 미세균열단계(micro level), 중간균열단계(meso level), 큰 균열단계(macro level) 등으로 나누어 단계별로 그 진행과정을 설명하였다. 균열은 다음의 그림과 같은 진행 과정을 거쳐 균열이 발생되고 진전되는데, 외부로부터의 작용에 의한 콘크리트의 초기 거동은 유리나 금속의 파괴 거동과는 상당한 차이를 보인다.

콘크리트는 초기에 응력이 가해지면 그림4.07의 (c)와 같이 균열 단에서 응력집중현상이 일어나며, 응력이 일정한 한계를 벗어나지 않으면 탄성적으로 거동하나 그 한계를 벗어나면 균열단에서 균열발생의 1단계인 미세균열(micro crack)이 발생하여 비선형성의 변화를 보이다가 그림(e)와 같이 2단계인 콘크리트의 인장 최대응력에 도달하게 된다. 이때는 미세균열이 더욱 커지고 변형도 늘어나게 되며 균열단에서는 유리나 금속재료와는 달리 변형연화(strain-softening) 현상이 일어나 변형도는 증가하나 응력은 감소하게 된다.

여기서 더욱 변형도가 증가하게 되면 균열단에서는 3단계인 주균열(main crack)이 발생하여 콘크리트는 더 이상 연속체가 될 수 없으며, 이때의 응력분포 및 변형도는 각각 그림(g) 및 (h)와 같이 나타나게 된다.

그러나 그림(h)의 k_1- k_2구간의 실제 변형도는 나타낼 수 없으며 단지 이 구간에서의 전체 변위만을 나타낼 수 있다. 이러한 과정을 거쳐 콘크리트는 결국 파괴되는데, 이때 위에서 언급한 변형연화현상과 미세 균열의 발생 등이 유리, 금속재료와 다른 콘크리트 재료의 큰 특징이며, 어떠한 형태의 하중이 작용하더라도 콘크리트에서 균열은 콘크리트 부재의 인장 변형도에 의해서 일어난다.

콘크리트는 인장력을 받으면 그 힘 방향으로의 인장 변형도가 발생하여 균열은 작용하중에 수직한 방향으로 발생되지만, 반면 압축력을 받으면 그림3.08에서와 같이 작용하중에 나란한 방향으로 압축 변형도가 발생되고 포아송비의 효과에 의해 힘과 수직한 방향으로 인장 변형도가 발생되어 균열은 작용하중과 나란한 방향으로 발생된다.

이렇게 인장 또는 압축력을 받은 콘크리트는 하중의 재하속도 및 방향과 시간에 따라 콘크리트 강도, 균열의 생성과 분포, 균열 방향이 크게 바뀌게 된다. 그러나 어떠한 형태로든 콘크리트의 균열 발생 및 진행은 이러한 콘크리트 균열 발생의 메커니즘에 의해서 이루어진다고 볼 수 있다.

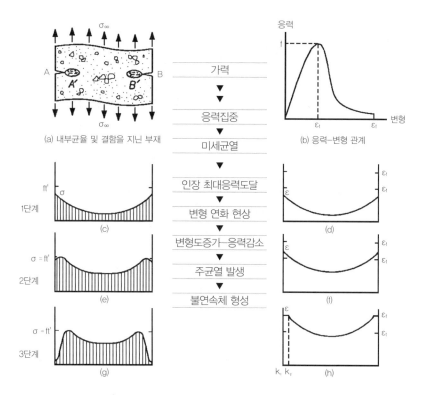

그림3. 07 콘크리트의 균열 메커니즘에 따른 진행 과정

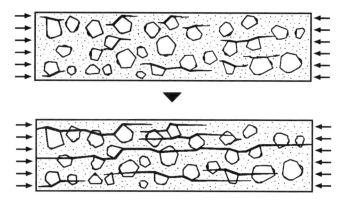

그림3. 08 압축력을 받을 때의 균열발생 및 진전

아래의 그림3.09 및 3.10은 기둥, 보 및 슬래브부재에 작용하는 인장, 전단 및 압축력에 의한 균열발생의 진행과정을 보여주고 있다.

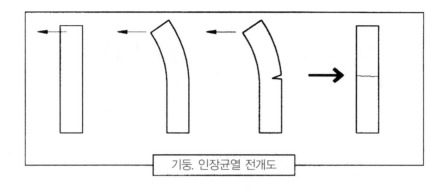

기둥. 인장균열 전개도

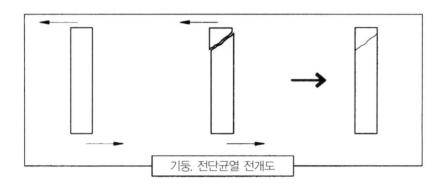

기둥. 전단균열 전개도

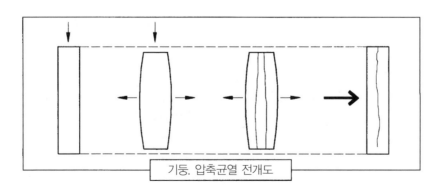

기둥. 압축균열 전개도

그림3. 09 기둥의 균열발생 진전도

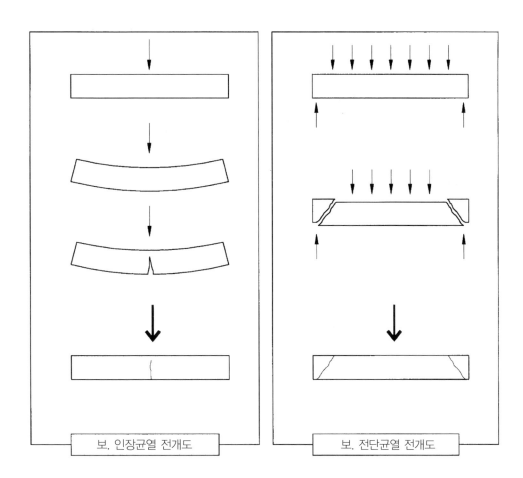

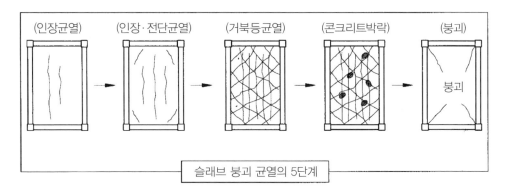

그림3. 10 보, 슬래브의 균열발생 진전도

3.2.2.2. 균열 발생 기준(criterion)

굳은 콘크리트에서 균열이 발생되는 시점에 대한 기준은 보는 관점에 따라 다양할 수 있다. 즉 우리가 흔히 알고 있는 강재의 항복기준과 같이 철근콘크리트 부재의 응력, 변형도 또는 에너지에 근거하여 기준을 삼을 수 있다.

가장 간편하게 이해될 수 있는 것은 주응력이 인장강도를 초과하는 순간 균열이 야기된다고 보는 것인데, 이는 콘크리트의 재료 및 구조적인 측면에서 어느 정도 받아들여질 수는 있다. 그러나 미세 균열 끝에서 실제 균열의 진전은 어느 정도 더 큰 응력에 이를 때까지도 저항될 수 있으므로, 따라서 이 기준은 옳지 않을 수도 있다.

한편, 변위에 관계되는 COD(crack opening displacement) 또는 에너지에 관계되는 파괴에너지를 기준으로 하는 것도 최근에 제시되고 있다.

(1) 강도 기준 (strength criterion)이론

콘크리트 구조물에 외력이 가해지거나 또는 재료 자체의 부피 변화에 의해 응력이 유발되며, 이러한 응력이 어느 기준(강도)을 초과하면 균열이 발생한다는 것이다. 다시 말하여 콘크리트는 압축, 전단에 비해 인장에 매우 약하므로 주인장응력이 인장강도를 벗어나면 균열이 발생한다는 개념이다. 이는 일반적으로 받아들여지고 있는 기준으로서 균열 발생 여부의 평가에 널리 이용되고 있다.

그러나 이러한 강도기준으로는 콘크리트에 발생되는 모든 균열을 설명할 수 없다.

예컨대 1축 압축을 받는 콘크리트 공시체도 압축강도의 50%~70% 정도 받으면 균열이 진행되는데, 그러나 이러한 공시체에 인장응력은 존재하지 않는다. 즉 인장응력이 없어도 콘크리트에서 균열은 일어날 수 있다는 것이다.

(2) 변형도 기준(strain criterion)

강도기준과 유사하게 이 변형도 기준이란 외력 또는 부피 변화에 의해 콘크리트에서 인장변형도가 어느 특정한 변형도 이상이 되면 균열이 발생한다는 개념이다.

그림3.11에서 보는 바와 같이 강도기준은 인장응력이 f_t 에 이르면 균열이 발생된다는 개념이고, 변형도 기준은 인장변형도가 ε_t 에 이르면 균열이 발생된다는 개념이다. 이 그림에서 보면, 1축 인장을 받는 경우에는 이 두 기준의 차이는 없으나, 다른 응력상태에서는 다르다.

그림3.11에서는 일반적으로 경화 콘크리트인 경우를 살펴보면 ε_t =0.0001~0.0002정도이고 미경화 콘크리트인 경우(소성수축, 자기수축, 수화열 등에 의한 균열 평가시)에는 이보다 큰

값을 갖는 것을 알 수 있다.

  보통의 경화콘크리트에서 1축 압축을 받는 경우 그림3.12에서 보는 바와 같이 압축강
도의 50%~70%에서 균열이 발생하기 시작하는데 이는 50%~70%에서 압축변형도는 약
0.0005~0.0010 정도이며 포아송비가 약 0.2이므로 횡방향으로의 인장변형도는 0.2×
(0.0005~0.0010) = 0.0001~0.0002 정도에 이르기 때문이다.

  즉 강도기준에 의해서는 1축 압축을 받을 때의 균열 발생이 설명될 수 없으나, 이 변형도 기
준에 의하면 설명될 수 있음을 알 수 있다.

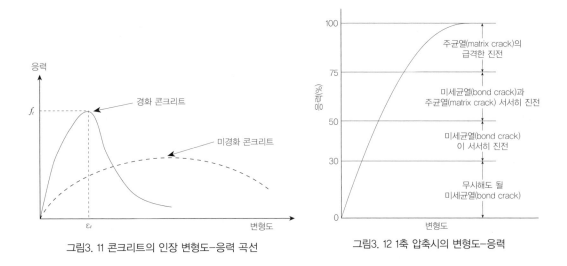

그림3. 11 콘크리트의 인장 변형도-응력 곡선　　　그림3. 12 1축 압축시의 변형도-응력

(3) 파괴에너지 기준
  콘크리트 외력 또는 부피 변형에 의해 응력 및 변형도가 유발됨으로써 에너지가 축적된다. 그
런데 앞서 밝힌 바와 같이 콘크리트에서는 미소균열 및 공극이 존재하는데, 이 에너지가 어느
값을 초과하면 미세 균열선단에서 균열이 진전될 수 있다는 개념이다.

  파괴역학(fracture mechanics)에 따르면 앞의 강도기준이란 stress intensity
factor $K_1 (= \sigma \sqrt{\pi a} f(a))$이 어느 한계치인 K_{12}에 이르면 균열이 진전되고, 또한 변형도 기준이란
CTOD(crack tip opening displacement)가 $CTOD_c$에 이르면 균열이 진전된다는 개념과
같이 볼 수도 있다. 그리고 이 에너지 개념은 콘크리트가 파괴되는 데 필요한 에너지 즉 파괴에
너지 G_f가 필요하다는 것과 동일하다고 볼 수 있다.

3.2.3. 허용 균열폭

콘크리트 구조물에서 발생하는 균열은 과도한 처짐의 원인이 되고, 구조물의 내력 및 성능을 저하시키거나 외관에 손상을 준다. 과다한 균열을 방지하며, 균열을 관리하기 위해서 우선 최대 균열폭을 추정하여야 한다.

균열에 대한 각 규준에서는 균열폭의 제한에 관하여 규정하고 있는데 여기에는 주로 휨응력과 인장응력에 의하여 발생되는 균열의 폭과 간격을 산정하는 방법, 균열폭의 허용값 등을 포함하고 있다.

3.2.3.1. 균열제어에 관한 규정의 배경
(1) 사용자의 신뢰감 측면
콘크리트 구조물에 발생된 균열은 비록 구조적으로 충분히 안전하고, 사용성을 만족시킨다손 치더라도 사용자들을 불안하게 할 뿐만 아니라 미관상으로도 좋지 않다. 그런데 기술자들은 그 구조물이 구조적으로 충분히 안전하고, 사용성을 만족하면 통상적으로 균열을 무시하는 경향이 있다. 이러한 이유로 비기술자와의 사이에 분쟁 또는 불신이 야기되는 경우가 종종 있다.

이러한 경우에 비기술자 또는 발주자를 이해시키기 위한 어떠한 이론적 근거가 필요하게 되는데, 현재까지 어느 정도의 균열폭이 사람들의 심리적 불안을 막을 수 있느냐 하는 문제에 대한 명확한 자료 또는 근거는 거의 없는 실정이지만 대략 0.25~0.30㎜ 보다 큰 폭의 균열은 사용자로 하여금 불안감을 갖게 할 수 있다고 보고 있다.

이는 비기술자들의 심리적 신뢰성에 대한 수치일 뿐, 기술적으론 비록 구조균열과 같이 구조적으로 심각한 균열인 경우에는 0.1㎜의 균열이라도 세심한 주의가 필요하다.

(2) 수밀성에 대한 측면
경우에 따라 구조물의 용도상 물, 가스 또는 기름 등을 차폐시켜야 할 콘크리트 구조물에서는 균열을 통하여 내용물이 유출될 가능성이 있으므로 균열 허용폭에 대한 기준 설정 시 이에 대하여 각별히 유의하여야 한다.

(3) 내구성에 대한 측면
콘크리트 구조물은 사용하고 있는 내구년한 동안에는 발생된 균열에 의해 내구성이 저하되어서는 안 된다. 콘크리트 내에 배근되어 있는 철근의 부식은 주로 균열에 의하여 발생하는데, 균열 사이로 물, 유해물질, 산소 등이 침투하여 철근을 부식시키며 철근의 단면감소로 인해 내력저하의 주요인이 되기도 한다. 따라서 구조물의 내구성을 확보하기 위해서는 비록 적은 수의 균열이라도 폭이 큰 균열보다는 균열을 분산시켜 비록 많은 수의 폭이 작은 균열로 유도하는 것이 바람직하다.

또한 철근의 부식은 주변 환경여건에 따라 크게 다르기 때문에, 균열 허용 폭에 대한 각 나라 규정은 주변 환경조건에 따라 그 범위를 달리 제한하고 있다.

3.2.4.2. 주요 내용 및 방법

각국의 콘크리트 시방서에 나타난 균열폭 제한에 관한 규정은 일반적으로 다음과 같은 내용으로 구성되어 있다.

① 구조물이 노출되어 있는 주변의 환경에 대한 구분
② 균열을 발생시키는 사용하중의 정의
③ 철근의 표면상태 또는 부식의 민감도 구분
④ 한계(허용) 균열 폭의 제안

(1) 국내 시방서

1) 철근 콘크리트 구조 계산 규준

우리나라의 국교부 제정 '철근 콘크리트 구조계산 규준'에서 정하고 있는 균열제한에 관한 규정은 주로 휨부재의 주인장철근을 적절히 분배시키는데 주안점을 두고 있다.

① 이형철근만이 주철근으로 사용하도록 한다.
② 휨인장철근은 콘크리트 부재단면의 최대인장부에 잘 분포되어야 한다. T형보에서 플랜지가 인장을 받는 경우에는 주인장 철근의 일부분을 유효 플랜지폭이나 지간의 1/10의 폭 중에서 작은 폭에 걸쳐서 분포시켜야 한다.
③ 인장철근의 설계항복강도가 2400kg/cm^2 을 초과하는 경우에는 다음 식에서 구한 Z 값이 규정된 값을 초과하지 않도록 하여야 한다.

$$Z = f_s \sqrt{3 o f d_c A} \qquad \text{내노출일 경우 } Z \leq 31,000 \text{kg/cm}^2 \quad - (1)$$
$$\text{외노출일 경우 } Z \leq 24,000 \text{kg/cm}^2$$

여기서, Z =휨철근의 분배를 제한하는 양
d_c= 인장 연단에서 가장 가까운 철근 도심까지의 거리 (cm)
A = 콘크리트의 유효인장단면적을 철근수로 나눈 값 (cm²)
f_s= 사용하중 상태에서 철근 응력 (kg/cm²)

171

④ 매우 심하게 노출되는 구조나, 수밀성 구조물에는 위의 규정을 적용하지 않고 특별한 주의를 필요로 한다.

위와 같은 규정은 콘크리트 인장부에 인장철근을 적절히 분포시키는 내용으로서, 이론적으로 콘크리트부재의 균열 폭은 철근 응력에 비례하며 철근 상세에 영향을 주는 주요변수로 콘크리트 피복 두께와 각 철근을 둘러싸는 콘크리트 인장면적이라는 사실에 근거를 두고 있는 Gergely-Lutz 식에 바탕을 두고 있다.

이 방법은 실험과 경험에 의해 필요한 합리적인 철근상세를 설계함으로써 균열 폭을 제한하는데 부합하도록 만들어진 것이며, 위 ③항에 의하여 계산해 보면 일반적인 콘크리트 구조물의 한계 균열 폭은 옥내의 경우 0.4㎜ 이며, 옥외의 경우 0.3㎜ 정도이다.

2) 도로교 표준 시방서
국교부 제정 도로교 표준시방서에서 정하고 있는 균열제한 규정은 현행 국교부 제정 '콘크리트 표준 시방서 제2 편 5,6절의 규정'을 따른 것으로서, 다만 교량구조물에서는 일반구조물에서 보다 균열에 대한 제한을 더 엄격히 다루어야 할 필요성에 비추어 값이 약간 강화되어 있으며 다음과 같다.

① 인장철근은 최대 인장구역 내에 적절히 분포되어야 한다.
② 인장철근의 설계항복강도가 2,800kg/㎠ 을 초과하는 경우에는 다음 식에 의해 계산한 Z 값이 아래 정의된 값을 초과할 수 없다.

$$Z = f_s \sqrt{3 o f d_c A} \qquad \text{내노출일 경우 } Z \leq 31,350 \text{kg/㎠} \quad - \text{(2)}$$
$$\text{외노출일 경우 } Z \leq 23,170 \text{kg/㎠}$$

여기서 Z, d_c, A, f_s 등은 상기 i)항의 ③항 식과 동일함.

③ 정 및 부 최대 모멘트 단면에서 철근의 크기 및 간격과 사용하중 하에서 계산된 철근의 응력은 다음 값을 초과하지 못한다.

$$f_s = \frac{Z}{\sqrt{3 o f d_c A}} \leq 0.6 f_y \qquad - \text{(3)}$$

여기서, Z 값은 상기 ②의 식에서 정의된 값이다.

④ 부재가 매우 심하게 환경에 노출되거나 제빙용 화학물질과 같은 부식성 환경에 노출되어 있는 경우에는 위 조건을 만족시키더라도 균열폭을 더 작게 하거나 방수 대책을 마련하여야 한다.

(2) 미국 ACI 224 위원회

1) 부식환경에 대한 정의 및 허용 균열폭

ACI 224 위원회에서는 콘크리트구조물 설계 시 균열제어에 적용될 수 있는 기준으로 철근의 부식 환경을 5종류로 구분하여 각각의 허용 균열폭을 아래의 표와 같이 제안하고 있다.

표3. 03 ACI에서의 허용 균열폭

노출 조건	허용균열폭(mm)
건조한 외기 또는 보호막이 있는 경우	0.41
습한 외기 또는 지중	0.33
제빙용 화학 혼합제 사용시	0.18
해수 및 건습이 교차되는 경우	0.15
수조 구조물	0.10

2) 균열폭 산정

설계 시 구조물의 균열제어의 기준으로 사용하도록 ACI 224 위원회의 균열 폭 산정공식은 철근 응력수준, 콘크리트 피복두께, 각 철근을 둘러싸고 있는 콘크리트의 유효인장면적, 철근직경과 단면에서의 변형도 변화정도(strain gradient) 등을 주요 변수로 한 Gergely-Lutz 식을 채택하고 있다.

① 철근 콘크리트 보 및 1방향 슬래브의 균열

하중이 작용하고 있는 보에서의 균열 폭에 대해서는 국내외에서 많은 연구가 이루어져 왔다. 철근 콘크리트 보 및 1방향 슬래브(slab)에 대해 미국 ACI Code에서 규정되어 있는 균열제어에 대한 규정은 많은 실험결과에서 얻은 최대 균열 폭에 관한 자료를 통계 분석하여 얻은 결과이며 균열 폭의 규정에 대한 특징은 다음과 같다.

- 철근의 응력은 균열 폭에 가장 큰 영향을 미치는 중요한 변수이며 철근의 응력에 비례하여 균열 폭이 증가한다.
- 주철근에 대한 콘크리트의 피복두께가 커질수록 균열간격과 균열 폭이 커진다.
- 유효 인장면적 (보의 인장측 콘크리트 단면적을 철근의 개수로 나눈 값)이 커질수록 균열 폭이 커진다.
- 콘크리트의 강도의 영향은 작다.
- 균열 폭의 크기는 인장철근의 위치에서부터 인장 하단면까지의 변형도 변화정도(strain gradient)에 영향을 받는다.

또한, 보 및 1방향 슬래브(slab)의 하단부 인장연단에서의 발생 가능한 최대 균열 폭 예측 식은 다음의 식과 같다.

$$w = 1.3 \times 10^{-5} \cdot \sqrt[3]{t_b \, A} \, \beta \, (f_s - 350) \qquad - (4)$$

여기서, w : 보의 하단에서 발생 가능한 최대 균열폭 (㎜)

f_s : 철근의 응력 (㎏/㎠)

A : 유효인장면적(철근 주변의 인장면적을 철근의 개수로 나눈면적) (㎠)

t_b : 철근 중심에서 인장연단까지의 거리 (㎝)

β : 중립축에서 철근 중심까지 거리에 대한 인장연단까지 거리의 비

② 2방향 슬래브의 균열

2방향 슬래브의 균열은 철근의 응력과 철근의 간격에 의해 결정된다. 또한 보에 있어서는 철근의 피복두께가 주요 변수로 작용하는 반면 슬래브(slab)에서는 큰 영향을 주지 않는다. 2방향 슬래브에서 최대 균열폭 예측 식은 아래의 식과 같다.

$$w = 0.143 \, k \, \beta \, f_s \sqrt{\frac{d_{b1} \, s_2}{p_{f1}}} \qquad - (5)$$

여기서, w : 슬래브 하단에서 발생 가능한 최대 균열폭 (㎜)

f_s : 철근의 응력 (㎏/㎠)

s_2 : "2"방향 철근의 간격 (㎝)

d_{b1} : "1"방향(검증하고자 하는 방향) 철근의 직격 (㎝)

p_{f1} : 철근비

k : 파괴계수 ($2 \sim 2.8 \times 10^{-5}$)

β : 1.25

③ 인장부재의 균열

인장만을 받는 부재는 휨부재보다 균열 폭이 크게 나타나는 것으로 보고되고 있다. 인장 부재에서 최대 균열폭은 다음의 식으로 예측할 수 있다.

$$w = 1.4286 \times 10^{-5} \cdot \sqrt[3]{d_c \, A} \, f_s \qquad - (6)$$

여기서, w : 최대 균열폭 (㎜)

f_s : 철근의 응력 (㎏/㎠)

A : 유효인장면적(철근 주변의 인장면적을 철근의 개수로 나눈 면적) (㎠)

d_c : 철근 중심에서 인장연단까지의 거리 (㎝)

④ 프리스트레스트 콘크리트 부재의 균열폭 산정

ACI 224 위원회에서는 프리스트레스트(pre-stressed) 콘크리트 부재에 대한 균열제한에 특정한 방법을 정하고 있지 않으며 철근 콘크리트와 동일한 수식을 사용하도록 제안하고 있다.

단, 이 공식을 적용할 때 긴장재의 응력 f_p 는 decompression 이후의 응력 증가분만을 사용하여야 하며, PC 강연선일 경우 1.5의 계수를 곱하여 균열 폭을 산정하도록 권장하고 있다.

(3) 미국 ACI 318 위원회

ACI 318 위원회의 균열제어에 관한 규정은 ACI 224 위원회 규정과 근본적으로 동일하다. 다만 환경조건을 외노출과 내노출의 2종류로만 구분하여 균열 폭을 제한하고 있다. ACI 224 위원회가 제안한 식을 일반적인 보 부재에 쉽게 적용할 수 있도록 β 를 1.2로 보고 단순화시킨 다음과 같은 식을 제안하고 있다.

$$Z = f_s \sqrt[3]{d_c\,A} \qquad \text{내노출일 경우 } Z \leq 175 \text{ kips/in} \quad -(7)$$
$$\text{외노출일 경우 } Z \leq 145 \text{ kips/in}$$

여기서, Z = 휨철근의 분배를 제한하는 양
d_c = 인장 연단에서 최단거리 철근의 도심과 거리 (in)
A = 콘크리트의 유효인장단면적을 철근수로 나눈 값 (in²)
f_s = 사용하중 상태에서 철근 응력 (ksi)

또한 ACI 318 위원회에서는 이형철근만을 사용하도록 제한하고 있으며, 철근 부식에 심하게 영향을 주는 환경이나 수밀이 요구되는 구조물에서는 이 규정을 적용하지 않고 기술자의 판단에 의하여 결정하도록 명시하고 있다.

(4) 미국 AASHTO

미국도로 및 운송협회의 교량구조물에 대한 균열제어 방법은 근본적으로 ACI 224 위원회와 ACI 318 위원회의 규정을 그대로 따르고 있다.

다만, 교량구조물은 일반 건물구조물보다 더 엄격히 균열을 다루어야 할 필요성이 있기 때문에 아래식과 같이 Z 값을 약간 강화하였다. 이러한 개념은 국내의 도로교 시방서와 동일하다.

$$Z = f_s \sqrt[3]{d_c\,A} \qquad \text{온화한 일반적 환경 } Z \leq 170 \text{ kips/in} \quad -(8)$$

$$\text{심한 부식 환경} \quad Z \leq 130 \text{ kips/in}$$

여기서 Z, d_c, A, f_s 등은 식(7)과 동일함.

또한 주인장 철근의 응력(f_s)은 사용하중 상태에서 $0.6f_y$를 초과해서는 안 된다고 규정하고 있다.

(5) 유럽 CEB-FIP 규준
유럽은 각국의 고유한 '콘크리트 설계 규준'을 사용하고 있는 동시에 유럽 공통의 시방서 인 CEB-FIP 규준을 정하여 함께 사용하고 있다. 이 규준의 콘크리트 균열 제한에 관한 규정은 다른 나라의 규준에 비하여 비교적 자세히 다루고 있다.

1) 환경조건에 대한 정의
CEB-FIP 규준에서는 5단계로 철근 콘크리트의 부식환경을 나누는데 자세한 내용은 다음 의 표와 같다.

표3. 04 CEB-FIP 규준에서 정의된 노출등급 기준

노출 등급			환경 조건
건조 환경		1	• 일반적 주거 또는 사무실 건물의 내부
습윤환경	동결되지 않는 경우	2	• 습도가 높은 지역의 건물 내부 • 건물 외부 부재 • 유해성이 없는 흙 또는 물에 접촉되는 부재
	동결되는 경우	3	• 동결에 노출되어 있는 외부 부재 • 유해성이 없는 흙 또는 물에 접촉되면서 동결되는 환경 • 습도가 높고 서리에 노출되어 있는 내·외 부재
동결, 제빙제가 있는 환경		3	• 동결과 제빙제에 노출되어 있는 내·외 부재
해수환경	동결되지 않는 경우	4	• 부분적으로 해수에 잠기거나 해수가 튀기는 지역 • 염분으로 포화된 공기를 갖는 환경 (해안 지역)
	동결되는 경우	4	• 부분적으로 해수에 잠기거나 해수가 튀기는 지역으로 동결되는 지역 • 염분으로 포화된 공기 환경으로 동결되는 지역
	심한 화학작용이 일어나는 환경	5	• 화학물에 노출되어 있는 환경

2) 허용(한계) 균열폭
CEB-FIP는 정해놓은 콘크리트 노출등급 기준에 따라 허용 균열폭을 정하고 있다. 특수한 요구조건이 없는 한 상기의 표3.04의 노출등급에 따라 허용 균열폭을 표3.05와 같이 제안 하고 있다.

표3. 05 허용 균열폭(CEB-FIP)

노출등급	철근콘크리트	프리스트레스 콘크리트	
		Post-tensioned	Pre-tensioned
1	–	0.2 mm	0.2 mm
2	0.3 mm	0.2 mm	인장 허용 않음
3,4	0.3 mm	인장을 허용하지 않으나, 허용할 경우 0.2 mm	

3) 균열폭 계산

유럽 공통 시방서인 CEB-FIP 규준은 지금까지 사용하여 오던 1983년 규정을 1990년에 새롭게 개정하였다. 따라서 개정된 규준에 의한 균열폭 계산을 서술한다.

① 휨부재

1방향으로의 설계 균열폭 w_k 이내의 균열폭 인가를 검토하도록 하고 있다.

$$w_k = l_{5max}(\ni_{sm} - \ni_{cm} - \ni_{c5}) \qquad\qquad - (9)$$

여기서, l_{5max} = 철근과 콘크리트가 미끄러지거나 변형할 수 있는 총 길이

　　　　$\ni_{sm}$ = 평균 철근 변형도

　　　　$\ni_{cm}$ = 평균 콘크리트 변형도

　　　　$\ni_{c5}$ = 콘크리트의 건조수축 변형도

균열간격의 예측 모델은 2가지의 경우로 나뉜다. 즉, 초기에 균열이 발생할 때 (single crack)와 어느 정도 균열의 분포가 일정하게 유지되어 안정된 상태에 있을 때 (stabilized)이다. 이러한 2가지 상태의 구분은 다음과 같다.

　　　single crack : $p_{s,\,ef}\,\sigma_{s2} \le f_{ctm}(t)\,(1+n p_{s,\,ef})$ 　　　 – ⑩

　　　stabilized : $p_{s,\,ef}\,\sigma_{s2} \le f_{ctm}(t)\,(1+n p_{s,\,ef})$ 　　　 – ⑪

여기서, $p_{s,\,ef}$: 유효 철근비 ($p_{s,\,ef} = A_s / A_{c,\,ef}$)

　　　　σ_{s2} : 균열 위치에서의 철근의 응력 (MPa)

　　　　$f_{ctm}(t)$: 시간 t 에서의 콘크리트 평균 인장강도 (MPa)

　　　　n : 탄성계수비 ($n = E_s / E_{ci}$)

　　　　$A_{c,\,ef}$: 콘크리트 인장부위의 유효 단면적 (mm²)

　　　　A_c : 철근의 단면적 (mm²)

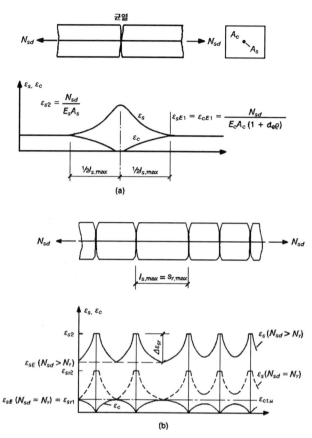

그림3. 13 균열간격과 평균 변형도 계산을 위한 변형도

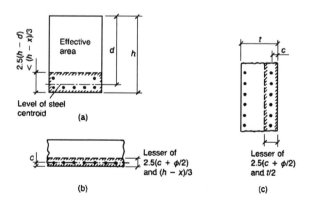

(a) 보 (b) 슬래브 (c) 인장부재
그림3. 14 콘크리트의 유효인장면적

이로부터 균열간격의 예측 모델은 다음과 같다.

$$l_{5max} = \frac{6_{s2}}{2\tau_{bk}} \frac{\Phi_5}{} \frac{1}{n\mathrm{p}_{s,\,ef}} \text{ for single crack} \qquad - (12)$$

$$l_{5max} = \frac{\Phi_5}{3.6\mathrm{p}_{s,\,ef}} \text{ for stabilized crack} \qquad - (13)$$

여기서, Φ_5 : 철근의 지름

(묶음철근일 경우에는 1개의 철근 면적에 철근갯수의 제곱근을 곱함)

τ_{bk} : 평균 부착응력 (㎫)

한편 식(9)에서 변형도의 항은 다음의 식(14)와 같이 구한다.

$$\Theta_{sm} - \Theta_{cm} - \Theta_{s2} - \beta\Theta_{sr_2} \qquad - (14)$$

여기서, Θ_{s2} : 균열위치에서의 철근의 변형도

Θ_{sr_2} : $A_{c,\,ef}$ 에서 $f_{ctm}(t)$ 에 의하여 발생하는 철근의 변형도

β : 실험상수

표3. 06 수식에 사용되는 β와 τ_{bk} 값

구분	single crack formation		stabilized cracking	
	β	τ_{bk}	β	τ_{bk}
단기. 즉시하중	0.6	1.80 $f_{ctm}(t)$	0.6	1.80 $f_{ctm}(t)$
장기. 반복하중	0.6	0.35 $f_{ctm}(t)$	0.38	1.80 $f_{ctm}(t)$

그리고 유효면적 $A_{c,\,ef}$ 는 하중형태에 따라 그림3.14와 같다.

한편 슬래브(slab)나 벽체 등과 같은 2방향의 경우에는 다음의 식(15)와 같이 평균 균열간격을 산정한다. 그러나 x축으로부터 균열발생 방향으로의 각도 θ가 15°보다 작을 경우에는 1방향으로 가정하여 위에서 설명된 식을 사용한다.

$$l_{5max} = \left(\frac{\cos\theta}{l_{sx,max}} + \frac{\sin\theta}{l_{sy,max}}\right)^{-1} \qquad - (15)$$

여기서, θ : x축으로부터 균열발생 방향으로의 각도

$l_{sr,max}$, $l_{sy,max}$: x축과 y축 방향으로의 평균 균열간격

② 프리스트레스트 부재

프리스트레스트(pre-stressed) 부재의 균열 예측도 앞의 경우와 마찬가지로 single crack 일 경우와 stabilized된 경우의 2가지로 나누어 계산한다. 이러한 2가지 기준의 구분은 다음의 식(16), 식(17)과 같다.

$$\text{single crack} : \triangle f_{s+p} \leq f_{ctm}(t)\, A_{s,\ ef} \qquad - \text{(16)}$$
$$\text{stabilized} : \triangle f_{s+p} \leq f_{ctm}(t)\, A_{s,\ ef} \qquad - \text{(17)}$$

여기서, $\triangle f_{s+p}$ 는 기준이 되는 하중값으로 T형보나 박스거더(box girder)의 인장측에서는 식(18)을 사용하고 직사각형 단면 또는 웨브에서의 인장영역이 없는 경우에는 식(19)를 사용하여 구한다.

$$\triangle f_{s+p} = 0.9\, f_{t1} \qquad - \text{(18)}$$
$$\triangle f_{s+p} = 0.9\, f_{t1}(1 - \frac{\sigma_{cs}}{\sigma_{cs^*}}) \qquad - \text{(19)}$$

여기서, F_{t1} : 초기균열이 발생하기 직전의 인장부위에서의 인장력 (N)

σ_{cs} : 장기변형의 손실을 고려한 단면 중심에서의 총 작용 압축응력 (MPa)

σ_{cs} : 인장부위에서 추가철근의 위치와 긴장재의 위치에서의 균열 폭은 서로 같지만, 균열간격은 서로 다르게 나타난다.

각 위치에서 균열간격은 다음의 식(20), (21)과 같다.

$$l_{s,\ max} = \frac{\sigma_{s2}\ \Phi_s}{2\tau_{bs,\ k}} \text{ for reinforceing steel} \qquad - \text{(20)}$$

$$l_{s,\ max} = \frac{\triangle \sigma_p\ \Phi_p}{2\tau_{bp,\ k}} \text{ for prestressinging steel} - \text{(21)}$$

여기서, A_s : 긴장재의 단면적 (mm²) : 긴장재의 지름 (mm)

$$\sigma_{s2,\ max} = \frac{\triangle F_{s+p}}{A_s + \sqrt{\xi_1}\, A_p} \qquad \triangle \sigma_p = \frac{\sqrt{\xi_1}\triangle F_{s+p}}{A_s + \sqrt{\xi_1}\, A_p} \qquad \xi_1 = \frac{\tau_{bp,\ \Phi_s}}{\tau_{bs,\ k}\Phi_p}$$

$\tau_{bs,\ k}$: 이형철근의 평균 부착응력 ($\tau_{bs,\ k} = k_1 f_{ctm}(t)$)

$k_1 = 2.25$ for 50% fractile of crack width for ribbed bars

    $= 1.80$ for 75% fractile of crack width for ribbed bars

원형인 경우 위 값의 50%로 취하고, pre-stressinging steel은 아래 값을 택한다.

$$\tau_{bp,\,k}\,/\,\tau_{bs,\,k} = 0.2 \quad \text{for post-tensioned tendon, smooth bars}$$
$$= 0.4 \quad \text{for post-tensioned tendon, strends}$$
$$= 0.6 \quad \text{for post-tensioned tendon, ribbed bars}$$
$$= 0.8 \quad \text{for post-tensioned tendon, ribbed bars}$$
$$= 0.6 \quad \text{for post-tensioned tendon, strends}$$

stabilized되었을 경우에는 균열폭과 간격이 철근 위치와 긴장재의 위치에서 동일하게 나타난다.

$$l_{s,\,max} = lp,\,max \frac{\Phi_s}{3.6(p_{s,\,ef} + {}_1p_{p,\,ef})} \qquad - (22)$$

$$\sigma_{s2} = \sigma_{sm,\,m} + \frac{2}{3}\,\beta\,\frac{f_{ctm}(t)}{3.6(p_{s,\,ef} + \xi_1 p_{p,\,ef})} \qquad - (23)$$

$$\triangle\sigma_p = \triangle\sigma_{sm,\,m} + \frac{2}{3}\,\beta\,\frac{\xi_1 f_{ctm}(t)}{3.6(p_{s,\,ef} + \xi_1 p_{p,\,ef})} \qquad - (24)$$

여기서, $\sigma_{sm,\,m}$, $\sigma_{pm,\,m}$: 평균 철근응력

4) 균열폭 제한에 대한 고려가 필요 없는 경우

다음과 같은 경우에는 일반적으로 철근콘크리트 부재와 프리스트레스 콘크리트 부재의 균열폭이 각각 0.3㎜와 0.2㎜를 초과하지 않기 때문에 균열폭 제한에 대한 특별한 조치를 취하지 않아도 된다고 규정하고 있다.

① 깊이 16㎝이하인 슬래브와 같은 얇은 휨부재로 현저한 축 인장력이 작용하지 않는 부재
② 최소철근비 이상으로 보강된 부재에서 인장철근의 응력수준에 따라 사용 철근의 직경과 간격이 다음의 표3.07, 표3.08에서 제시한 수치 이하인 부재의 경우

표3. 07 균열에 대한 고려가 필요 없는 철근응력과 직경

철근응력		최대 철근직경 (mm)	
kg/cm²	(MPa)	철근콘크리트	PS 콘크리트
1500	(160)	32	25
1900	(200)	25	16
2300	(240)	20	12
2700	(280)	14	8
3100	(320)	10	6
3500	(360)	8	5
3900	(400)	6	4
4400	(450)	5	—

표3. 08 균열에 대한 고려가 필요 없는 철근응력과 간격

철근응력		최대 철근직경 (mm)	
kg/cm²	(MPa)	철근콘크리트	PS 콘크리트
1500	(160)	300	200
1900	(200)	250	150
2300	(240)	200	100
2700	(280)	150	50
3100	(320)	100	—
3500	(360)	60	—

3.3. 균열 발생의 원인

콘크리트는 압축응력에 비해 인장응력(압축응력의 1/10~1/14)이 극히 적은 반면, 탄성계수(2.1×10^6kg/㎠)가 크고 단단하여 적은 인장, 휨 하중에도 쉽게 파쇄되며 균열이 발생하게 된다. 균열 발생의 원인들은 콘크리트에 작용하는 인장력의 증대, 콘크리트의 인장강도 저하, 콘크리트에 인장 방향의 변위를 유발, 콘크리트의 신장 능력의 저하 등으로 대별될 수 있다. 그러나 기존 구조물에 발생되는 실제 균열들은 한 가지 원인뿐만 아니라 여러 가지 원인들이 복합적으로 작용하여 발생되는 것이 대부분이다.

이러한 모든 원인들의 기본은 콘크리트부재에 작용하는 인장응력이 구조물이 보유하고 있는 인장강도보다 큰 경우에 발생되는 것이다.

즉, 인장응력(의 증대) > 인장강도(의 저하)인 등식의 경우에 균열이 발생된다.

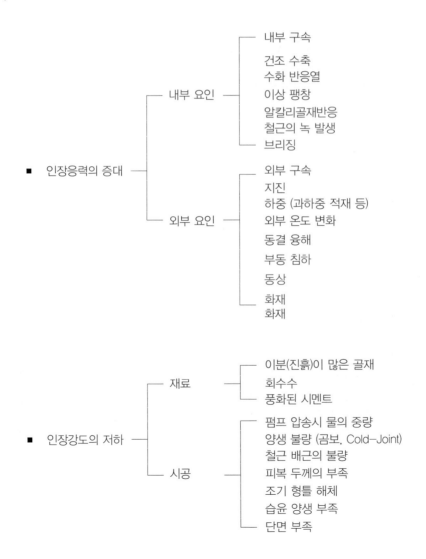

182

3.4. 균열의 분류 및 종류

콘크리트의 균열은 관점에 따라 여러 가지로 분류될 수 있다. 진행성과 정지성 균열, 건식과 습식 및 누수균열, 그리고 비구조적 및 구조적 거동에 의해 발생된 일반균열과 구조균열 등 다양하겠으나 본 절에서는 부위 및 형태와 원인별로 분류해 본다.

3.4.1. 발생부위·형태에 의한 분류

3.4.1.1. 각 부재·부위의 공통 균열
구조물의 부재·부위란 기둥, 보, 지붕, 내벽, 외벽, 바닥판, 개구부 등을 말한다. 각 부재·부위 공통균열이란 전 부재·부위 공통으로 발생되는 균열을 말한다.

(1) 철근열에 따른 균열
철근이 거푸집 속에서 편재되어 콘크리트의 피복 두께가 부족 한 경우, 간혹 기둥의 띠철근 상에 균열이 발생한다(그림3.15 참조). 이 균열은 벽이나 바닥판 하부면에 나타나는 수도 있다. 중성화나 염해에 의한 염화물 등이 콘크리트 속에 존재할 때는 철근부식에 따른 팽창압으로 자주 기둥 보의 주근 방향의 철근에 의해 균열이 나타난다(그림3.16 참조). 이러한 부식균열은 상당한 열화가 진전된 단계이므로 주의해야 한다.

(2) 거북등 균열
과거 망상균열이라 일컫던 거북등 균열은 모르타르마감의 균열, 콘크리트의 알칼리골재반응 이외에도 초기의 급격한 건조, 동결용해, 화재 등의 원인으로 나타난다(그림3.17 참조). 또한 구조적 과하중으로 처짐이 심한 경우 슬래브 하부면에도 나타난다.

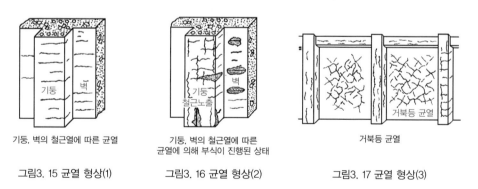

기둥, 벽의 철근열에 따른 균열

그림3. 15 균열 형상(1)

기둥, 벽의 철근열에 따른
균열에 의해 부식이 진행된 상태

그림3. 16 균열 형상(2)

거북등 균열

그림3. 17 균열 형상(3)

(3) 표면 미세균열
콘크리트 표면에 나타나는 극히 미세한 0.1mm폭의 Hair crack을 말한다.

(4) 표층부 균열

균열의 깊이가 콘크리트 표층부 피복 두께 이내의 균열을 말한다.

(5) 관통균열

콘크리트 부재의 단면을 관통하는 균열을 말하며, 이 부분은 철근만에 의해 부재가 연결되어 있다. 관통 균열은 누수의 근본적 원인이 된다.

(6) 타설 이음부위

콘크리트 타설시 연속적 타설이 안 되고 전회 타설분이 경화개시 후 타설하여 연결부에 발생된 조인트를 말하며, 이 부위는 시간 경과 후에 균열발생의 주요 원인이 된다.

3.4.1.2. 인장균열(휨균열)

비교적 스팬(span)이 크고 내력이 부족한 부재에서 반복적인 차량 통행에 의한 동적 과하중으로 인해 인장균열(휨균열)이 보 중앙부의 하부에 발생하는 수가 있다.

내민보(cantilever)에서는 보의 지지단 상부에 주로 균열이 발생한다(그림 3.18, 3.19 참조)

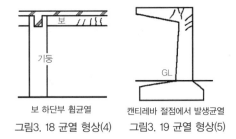

보 하단부 휨균열
그림3. 18 균열 형상(4)

캔티레바 절점에서 발생균열
그림3. 19 균열 형상(5)

3.4.1.3. 전단균열

라멘구조의 보 단부, 또는 벽체 등에 경사로 발생하는 균열, 큰 전단력이 발생하는 보(그림 3.20 참조) 혹은 부등침하에 따라 벽·기둥 등에 발생한다.

3.4.1.4. 개구부 주변 균열

개구부 주변에는 건조수축에 의해 모서리로부터 경사로 균열이 발생한다. 또 온도응력, 부동침하 등으로 전단응력이 모서리에 집중하여 균열이 발생하기 쉽다(그림3.21 참조)

그림3. 20 보 단부 전단균열 형상(6)

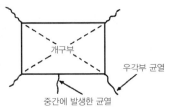

그림3. 21 개구부 균열 형상(7)

3.4.2. 원인에 의한 분류

균열 발생이 콘크리트 경화 전과 경화후로 구분하여 발생 원인별로 기술한다.

3.4.2.1. 초기 균열

(1) 플라스틱 균열

콘크리트 타입 직후 3~8시간 정도의 콘크리트는 큰 변형에 순응하며, 또 변형되어도 잔류응력이 남지 않는다. 이와 같은 상태에서의 균열을 플라스틱 균열이라 부른다. 플라스틱 균열은 시멘트의 응결, 일사·바람 등에 의한 수분의 건조 등에 따라 크게 영향을 받는다.

(2) 침강 균열

유동성이 많은 콘크리트를 타설한 경우 재료의 중량순으로 침강하며 물이나 공기포가 상승한다. 반면 수평철근은 고정되어 있기 때문에 철근열을 중심으로 침하에 의한 인장력이 발생되어 철근 상부에 시멘트풀의 함몰 현상으로 균열이 발생하는데 이를 침강균열이라 한다. 철근 하면에도 철근의 순간적인 침하, 블리딩, 부유공기포에 의한 공극이 발생된다. 이러한 현상은 콘크리트 타설 후 2~3일 후에 흔히 나타나는 균열이다.

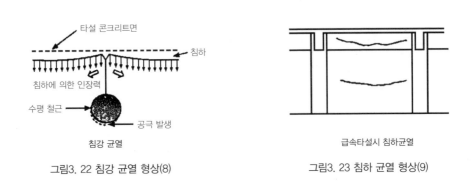

그림3. 22 침강 균열 형상(8)   그림3. 23 침하 균열 형상(9)

3.4.2.2. 경화후의 균열

(1) 건조수축 균열

일반적으로 콘크리트 건조에 의한 자유수축량은 $6~11×10^{-4}$정도이나, 실제 구조물은 이러한 수축을 구속하게 되므로 균열이 발생하는 수가 있다. 콘크리트나 미장면의 무방향성 잔균열, 피복 콘크리트의 두께 부족에 따른 철근에 의한 미소균열(그림3.15 참조) 및 벽의 개구부 모서리부에 발생하는 균열(그림3.21 참조) 등은 콘크리트의 건조수축에 의한 대표적인 균열이다.

그 외에도 슬래브, 벽 등에도 건조수축에 의한 균열이 흔히 발생한다.

(2) 온도 균열

콘크리트 구조물의 일부가 가열되거나 냉각되면 열응력이 발생하며, 콘크리트에 인장 혹은 전단응력이 발생한다. 실제로 건물 옥상 바닥판이 하절기 고온으로 가열되면 외측으로 밀려나서 외벽이나 파라페트 등에 八자형의 균열이 발생되고, 그 역으로도 동절기 냉각되면 외벽이나 파라페트에 역八자형으로 균열이 발생하는 수가 있다. 특히 지붕바닥판 하부면에 부착하는 내단열공법은 온도 균열의 주요인이 되기도 한다.(그림3.24, 3.25 참조).

이와 같이 최상층의 바닥이 비정상으로 습윤 상태가 된다든지 비정상으로 건조된 경우, 또는 온도상승과 습윤 혹은 온도강하와 건조가 서로 나타나는 경우에 특히 균열이 발생되기 쉽다. 또 파라페트의 하부에는 시공사의 콜드조인트(cold joint)와 방수층누름 콘크리트의 열팽창에 의한 균열이 발생하기 쉽다(그림3.26 참조).

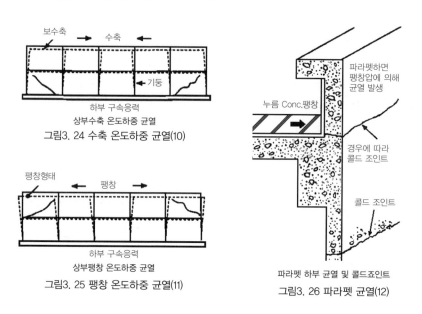

그림3. 24 수축 온도하중 균열(10)

그림3. 25 팽창 온도하중 균열(11)

그림3. 26 파라펫 균열(12)

(3) 구조외력에 의한 균열

구조부재에 휨, 전단, 압축 등의 과하중이 작용하여 허용하중을 초과하게 되면 내력 부족에 따라 부재는 변형을 일으키며 균열이 발생하게 되는데, 이러한 균열을 구조균열이라 한다. 반복적인 과하중의 교량 상판, 공사중 중장비 통행에 따른 주차장 상판구조 등에 이러한 균열이 흔히 발생한다.

(4) 부동침하에 의한 균열

지반의 지지력이 일정하지 않거나 건물의 자중이 일정하지 않은 경우, 하나의 건물이라도 지반 침하량이 부분에 따라 달라진다. 그 결과, 건물에 사인장의 균열이 발생하는데 이를 침하균열이라 한다.

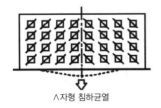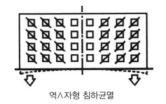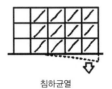

∧자형 침하균열   역∧자형 침하균열   침하균열

그림3. 27 지반침하 균열의 형상(13)

(5) 철근의 부식에 의한 균열

콘크리트의 철근은 통상 시멘트 속의 알칼리의 부동태피막에 의해 보호되어 부식되지 않는다. 그러나 콘크리트에 유해한 량의 염화물(통상 1㎥의 콘크리트에 대해서 Cl^- 로서 0.60kg 정도 이상)이 존재하면, 콘크리트는 알칼리성이라도 부동태피막이 파괴되며 철근이 부식된다. 또 콘크리트가 중성화되거나 (pH 10이하정도) 또는 적당히 습해 있으면 철근이 부식된다. 이 결과 부위에 따라 진행 속도는 다르더라도 철근의 부식은 서서히 진전되어 처마끝, 처마밑 기둥의 우각부, 보의 하면, 바닥판 하면 등의 철근이 우선 부식되는데, 철이 부식되면 본래 체적의 2~3배로 팽창되어 그 팽창압에 의해 콘크리트는 분할되고, 결국 박락된다. (그림3.16 참조).

(6) 알카리골재반응에 따른 균열

시멘트 속의 K_2O, Na_2O 등 알카리와 골재의 반응성 광물이 반응하여 물유리상(gel)의 물질을 만들고 체적이 팽창되어 균열이 발생한다. 이 균열은 무근콘크리트나 벽면 등의 경우 거북등 균열을 발생시켜 주상구조물, 특히 원주에서는 축방향 철근에 따른 균열이 발생한다(그림3.17 참조). 장대한 옹벽 등의 경우 윗부분은 수평 방향의 균열이 크게 발생하는데, 이것은 길이 방향의 팽창이 구속되고 위쪽에 대한 구속이 작기 때문이다.

알카리골재반응이 생긴 콘크리트의 표면에는 균열에서 얇은 황토색의 오염이 생긴다.

표3. 09 국가별 균열 허용치

국명	제안처	허용 균열폭(mm)	
일본	운수성	항만 구조물	0.2
	일본공업 규격	원심력 철근콘크리트 설계하중, 설계 휨moment 작용시 설계하중, 설계 휨moment 개방시	0.25 0.05
프랑스	Brocard		0.4
미국	ACI 건축기준	옥내 부재 옥외 부재	0.38 0.25
소련	철근콘크리트기준		0.2
유럽	유럽 콘크리트위원회	상당한 침식작용을 받는 구조물 방어보호가 없는 보통 구조물 방어보호가 있는 보통 구조물	0.4 0.2 0.3

[시멘트의 이상 응결]

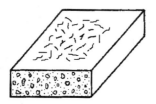

짧고 불규칙한 균열이 비교적 빨리 발생한다.

[시멘트의 수화열]

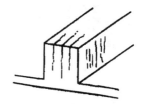

큰 단면(한 변이 80㎝ 이상)인 벽체, 두꺼운 지하 외벽 등에 내부 구속에 따른 종방향 표면 균열이나 외부 구속에 따른 벽체에 수직한 관통 균열이 일정간격으로 발생.

[검토분이 많은 골재]

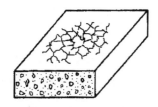

콘크리트의 건조에 따라 불규칙한 그물눈 모양의 균열이 발생한다.

[풍화암이나 품질이 낮은 골재]

팝콘 모양으로 발생한다.

[알칼리-골재반응]

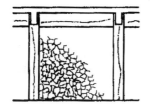

기둥·보에서는 방향에 평행하게, 벽·옹벽에서는 방향 없이 마구 갈라지는 형으로 나타난다.

[콘크리트 중의 염화물]

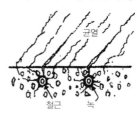

콘크리트 내에 염화물이 함유되어 있을 경우 철근의 부식으로 균열이 발생한다.

[콘크리트의 침하·블리딩]

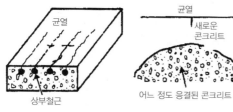

상부 철근 위에 발생하는 것으로서 콘크리트를 친 다음 1~2시간에 철근에 따라 발생한다.

[콘크리트의 건조수축]

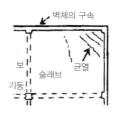 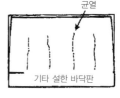

건조수축이 내부 철근 및 외부 구조부재(보·벽체·바닥판)에 의해 구속되어 균열이 발생한다.

그림3. 28 재료 조건에 따른 균열 양상과 추정 원인

[혼화재의 불균일한 분산]

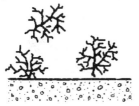

팽창상과 수축성이 있는데, 모두 부분적으로 발생한다.

[장시간 비비기]

운반시간이 너무 길어 발생하는 균열로서 전체 면에 그물눈 모양으로 발생한다.

[급속한 타설]

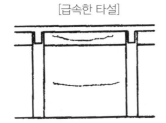

콘크리트를 급속하게 타설하면 콘크리트의 침강으로 균열이 발생한다.

[불충분한 다짐]

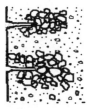

콘크리트 다짐을 충분히 하지 않으면 내부에 곰보나 벌집 같은 것이 생겨 그로 인해 균열이 발생한다.

[콘크리트 경화중 재하·진동]

자재 적재   기계 진동

콘크리트가 경화중 공사 자체의 적재 및 공사용 기계의 진동에 의해 균열이 발생할 수 있다.

[초기 양생중의 급속한 건조]

균열   수분 증발

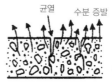

콘크리트 타설 직후 건조한 바람이나 고온저습한 외기에 노출될 경우 급격한 습윤의 손실로 인한 소성수축균열이 발생한다.

[양생의 불량]

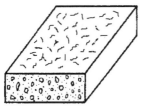

조기건조나 습윤양생이 부족하면 짧고 불규칙한 균열이 나타난다.

[부적당한 이어치기(콜드 조인트)]

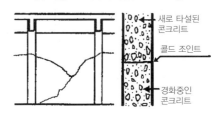

새로 타설된 콘크리트

콜드 조인트

경화중인 콘크리트

이어치기 처리가 적절하지 않으면 신구의 콘크리트 경계에 균열이 발생한다.

그림3. 29 시공 조건에 의한 균열양상과 추정 원인(1)

[철근의 피복두께 부족]

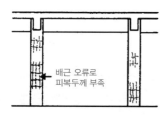

피복두께가 부족하면 내부 철근이 녹슬기 쉽고 철근을 따라 균열이 발생한다.

[배근·배판의 피복두께 부족]

전선관 및 설비배관의 편심배치시 피복두께가 부족하여 배관의 배치선을 따라 균열이 발생한다.

[슬래브 상부 철근의 피복두께 부족]

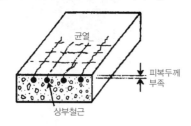

슬래브 윗면 등에서는 피복두께가 부족하면 경화 초기에 철근을 따라 균열이 발생한다.

[거푸집의 부풀음]

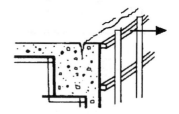

거푸집이 부풀어 오르면 거푸집 면에 연한 균열이 발생한다.

[알칼리-골재반응]

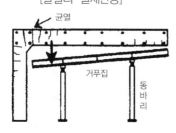

콘크리트가 상당히 경화하기 전에 거푸집 및 동바리를 조기에 제거하면 해로운 균열이 나타난다.

[동바리의 침하]

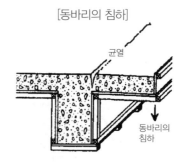

동바리가 침하하면 수평부재에 휨응력이 작용하여 균열이 발생한다.

그림3. 30 시공 조건에 의한 균열양상과 추정 원인(2)

[환경온도·습도의 변화]

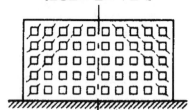

기상작용으로 건물이 신축하여 옥상슬래브 및 외벽면에 균열이 생긴다.

[동결융해의 반복]

망상균열
박리·박락

습기에 노출이 심한 부재의 모서리 부분에서 망상균열이나 박리·박락 등의 현상이 나타난다.

[화재, 표면가열]

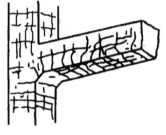

급격한 온도상승과 건조에 따라 그물눈 모양의 미세한 균열과 함께 보, 기둥에 거의 동간격의 굵직한 균열이 발생한다. 또 부분적으로 폭발하여 떨어지는 경우도 있다.

[부재 양면의 온도·습도의 차이]

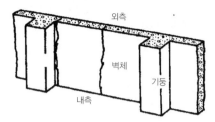

외측
벽체
기둥
내측

외측이 고온 또는 고습, 내측이 저온 또는 건조한 경우, 균열은 구속 부재간의 거의 중앙 혹은 구속 부재의 인접부 부근의 저온 혹은 건조한 쪽에 발생한다.
초기 단계에서 균열은 관통하지 않지만 반복작용으로 시간이 경과하면 관통하는 경우가 있다.

[산·염류의 화학작용]

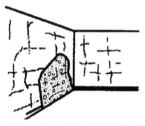

콘크리트 표면이 침식되어 대부분은 철근 위치에 균열이 생기고, 일부 균열 표면이 떨어지기도 한다.

[중성화 또는 침입 염화물에 의한 내부철근의 녹]

균열은 철근을 따라 발생한다. 균열 부분에서는 녹이 유출되어 콘크리트 표면을 더럽히는 경우가 많다. 철근의 부식이 현저할 때에는 콘크리트가 떨어지기도 한다.

그림3. 31 사용·환경 조건에 의한 균열 양상과 추정 원인(3)

191

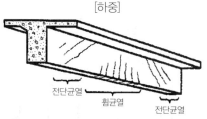

[하중]

전단균열　　휨균열　　전단균열

보통 휨모멘트를 받는 부재에는 미세한 균열 (폭 0.1~0.2mm)이 발생하지만, 0.2mm를 초과 하는 폭의 경우 혹은 전단력으로 인한 균열 의 발생은 정상적으로 일어나는 균열과 다르 므로 상세하게 검토해야 한다.

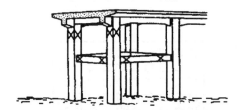

[설계하중을 넘는 하중]

그림과 같은 균열은 지진시 수평력으로 인한 균 열의 대표적인 예이다.

[단면·철근량의 부족]

배력 철근량의 부족으로 균열이 발생하는 경 우도 있다.

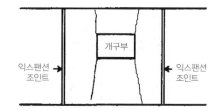

[팽창이음(expansion joint]의 부적당한 위치]

개구부

익스팬션 조인트　　익스팬션 조인트

익스팬션 조인트의 위치나 간격이 부적당하면 조인트 중간의 취약 부위에서 균열이 발생한다.

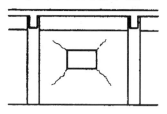

[모서리 부분의 응력직중]

벽부재에 있어서 개구부의 유무·구속 정도 에 따라 균열의 발생현상이 달라진다.

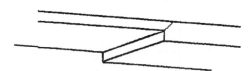

[단면 크기의 변화부분]

단면의 크기가 갑자기 변화하는 곳에서는 응력 집중에 의한 균열이 발생하기 쉽다.

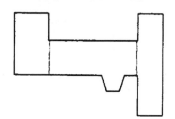

[형상이 복잡한 구조물]

건물의 평면구조가 복잡한 경우는 단면이 급격히 변화하는 곳에서 균열이 발생한다.

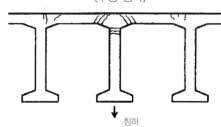

[부등 침하]

침하

부정정구조물에서 지지점의 부등침하에 따라 균 열이 발생하는 경우도 있다.

그림3. 32 구조·외력 조건에 의한 균열양상과 추정 원인(4)

3.5. 구조물의 거동

구조물은 형성 과정에서부터 형성 이후에도 여러 가지 요인으로 인하여 꾸준히 변형하게 되는데, 이러한 변형을 거동이라 하며, 외부로부터 작용하는 구조적 하중에 의하여 움직이는 구조적 거동과 외부의 구조적 하중작용이 없는 상태에서 자체적으로 움직이는 비구조적 거동으로 대별할 수 있다.

구조적 거동으로 인하여 발생되는 균열을 구조균열이라 하며, 이러한 균열은 구조물의 안정성과 직결되는 심각한 사안으로서 발생 원인을 규명하고 그에 따른 적절한 구조적 대처를 하여야 한다. 반면, 비구조적 거동으로 인하여 발생되는 균열을 비구조균열 또는 일반균열이라 하며, 이러한 균열은 구조물의 내구성과 관련되는 균열로서 발생원인 규명과 함께 콘크리트 강도가 설계기준강도를 충족하고 있다는 전제조건에서 내구성을 유지할 수 있는 적절한 조치가 필요하다.

3.5.1. 비구조적 거동

콘크리트는 타설과 동시에 수화반응 과정에서 경화수축 및 건조수축현상이 발생하며, 양생조건에 따라 이러한 수축현상은 지속적으로 진행하게 되므로 시공 시 양생관리에 주의를 기울이는 이유는 이러한 수축현상을 최소화하고자 하는 것이다.

뿐만 아니라 수화과정에서 발생하는 수화열에 의한 팽창압력으로 발생되는 수화열 균열과 재료의 침강에 따른 침강균열들도 대표적 비구조적 거동에 의한 비구조 균열이다.

특히, 외부온도에 따른 재료의 수축 또는 팽창 현상은 콘크리트 구조물이나 강구조물에 함께 작용하는 대표적인 비구조적 거동으로서 부재가 구속력을 받고 있는 조건에서는 균열이 발생하게 되는데 이러한 균열을 수축팽창균열이라고 한다.

표3. 10 비구조적 거동에 의한 균열 평가

구분	거동조건	거동	균열	균열평가
재료적 요인	수화반응	경화수축	경화수축균열	내구성
	수화반응	건조수축	건조수축균열	〃
	수화발열	체적팽창	수화열균열	〃
시공적 요인	양생조건	건조수축	건주수축균열	〃
	W/C비	재료침강	침강균열	〃
	동바리 조기해체	진동 및 움직임	시공균열	〃
	시공이음	수축팽창	시공균열	〃
환경적 요인	온도	수축팽창	수축팽창균열	〃

비구조균열과 구조균열을 혼돈하여 현장실무에서 필요 없는 공사 중단 사례가 종종 발생되고 있으며, 반면 구조균열의 심각성을 간과함으로써 발생하는 사고 사례도 있다.

3.5.2. 구조적 거동

콘크리트 구조물은 외부로부터 하중이 작용하면 저항하다가 어느 한계에 다다르면 변형되며 균열이 발생된다. 즉, 구조물이 외력에 의해 변형되는 현상을 거동이라 하며 균열은 이러한 거동 과정에서 발생하는 것이다. 그러므로 시설물을 유지관리하기 위해서는 이러한 거동에 대한 이해가 매우 중요한 요소가 된다.

본 절에서는 2001년도 용인 수지지역의 아파트단지 내 지하주차장에서 발생된 전단균열 및 전단파괴의 사례를 통하여 구조물의 거동을 살펴보기로 한다.

3.5.2.1. 구조적 거동의 이해

구조물이 외부로부터 하중이 작용하면 구조체는 그에 따라 변형을 일으킨다.

아래 그림3.33의 (a) 구조물이 (b)와 같이 상부 수평하중이 외부로부터 작용하면 작용방향으로 변형을 일으키며 인장과 압축을 받게 된다. 그림(c)와 같이 반대편에 다른 하중을 동시에 받으면 구조물은 다시 복잡한 변형을 일으키다가 토압에 의한 하중까지 추가로 받게 되면 (d)와 같이 슬라이딩(sliding)현상까지 발생된다.

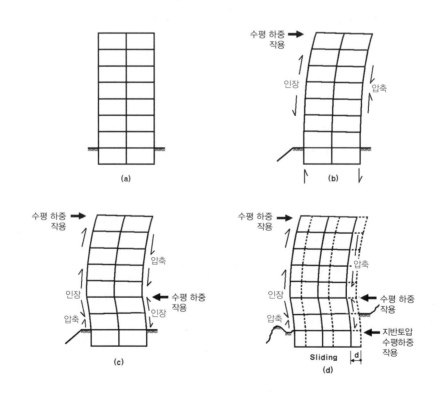

그림3. 33 외부 하중작용에 따른 구조적 거동의 예

3.5.2.2. 전단파괴 사례를 통한 거동의 이해

(1) 피해 개요

1) 구조물 명: 용인 수지 ○○○ 아파트 지하주차장

2) 규모 및 용도: 철근콘크리트조, 지하 2개 층(연면적 1,800평)의 지하주차장

3) 사고발생일자: 2001년 6월 22일

4) 피해 규모: 기둥 82개소 중 68개 전단파괴 (벽체, 슬래브 균열 포함)

5) 피해 경위:

아파트단지 내 모든 공사의 공종이 입주자 사전 점검을 앞두고 잔여마감공사 및 도장공사 초기 단계의 공정이었으며, 피해 구조물인 지하주차장도 콘크리트 구조체는 완성되어 견출작업 완료 후 도장공사 직전 단계이었다.

6월22일 장마가 시작되기 전 3시간동안의 집중폭우가 내렸으며, 폭우에 의해 2시간여 만에 기둥 82개소 중 68개의 기둥이 완전히 전단파괴 되었으며 그 외 벽체 및 슬래브에도 무수히 많은 균열이 발생되었다.

그러나 잔여기둥 14개소에는 아무런 미세균열조차 발생되지 않았다.

6) 피해 사진

사진3. 05 피해 모습(1)

사진3. 06 피해 모습(2)

사진3. 07 피해 모습(3)

사진3. 08 피해 모습(4)

(2) 피해 원인

본 구조물은 완만한 경사대지에 설계지하수위가 2.0m로 당초 구조설계 되었으나 풍화암 지반에 축조되어 집중폭우의 우수가 바로 빠져나가지 못하고 지표면으로부터 0.5m까지 풍화암 굴토지반에 잠겨서 강한 부력이 작용함으로써 파손되었다.

(3) 거동의 이해

피해 현장에서 3가지의 피해 특징을 생각해 볼 수 있다. 첫째는 겨우 3시간의 폭우에 어떻게 이런 피해가 올 수 있었는가, 둘째는 68개의 기둥이 사진의 모습과 마찬가지로 완정 파괴되었는데도 불구하고 14개의 기둥은 미세균열조차 없었다는 점과, 셋째는 균열의 방향성이다.

1) 피해의 원인

겨우 3시간 동안의 폭우에 이렇게 파괴될 수 있었던 근본적인 원인은 풍화암 지반이었다는 것이다. 만일 마사토 지반이었다면 물은 담수되지 않고 바로 빠져나가게 되나 풍화암을 절취한 후 축조된 구조물은 마치 거대한 도자기속에 앉힌 형상으로서 유입된 물이 빠져나가지 못하고 지속적으로 담수됨으로서 설계지하수위 2.0m를 훨씬 넘어 수위가 0.5m까지 상승됨으로써 부력이 과중하게 구조물의 매트슬래브에 작용되었다.

이와 같이 부력이 작용하는 경우에는 부력의 크기와 양측의 토측압 및마찰력의 크기와 대비에 따라 현상은 판이하게 달라진다. 본 절의 피해 현장인 경우 되메우기가 완료된 상태로서 토측압 및 마찰력이 더 강하므로 매트슬래브에 부력에 의한 부상력이 작용하게 되었다. 일반적으로 풍화암지반인 경우 이러한 피해를 방지하려면 매트기초를 사전에 록앵카링(rock-anchoring)하여야 한다.

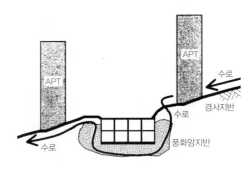

그림3. 34 풍화암지반의 수로 흐름도

만일 되메우기가 미처 끝나지 못한 경우라면 토측압 및 마찰력의 크기가 부력보다 약하므로 구조물은 마치 배가 뜨는 것처럼 부상하게 된다. 그러나 비록 이때에는 아무런 피해가 발생되지 않지만 시간의 경과에 따라 담수가 빠져나가게 될 때 구조물은 내려앉으면서 역의 거동 과정으로 결국 파괴하게 된다.

2) 거동 및 피해

매트슬래브에 다음 그림3.35의 (1)과 같이 부력이 작용함으로써 상승압이 생기며 중앙부의 기둥에 그림의 (2)와 같이 상승축압력이 작용하게 된다.

그러나 기둥의 안전율에 의해 중앙열에 있었던 14개의 기둥에는 미세균열조차 없이 아무런 손상이 발생되지 않았던 것이 두 번째의 원인이다.

동시에 매트슬래브는 위로 부상함으로서 오른편의 기둥에는 그림의 (3)과 같이 오른편으로 응력작용이 생기며, 그에 따라 (4)와 같은 반력이 작용함으로써 전단력이 작용하여 결국 그림(5)와 같이 오른편에서 왼편방향의 전단균열 또는 전단파괴가 발생되며, 왼편의 기둥에는 마찬가지 과정으로 그 반대방향의 균열 또는 파괴가 발생된다.

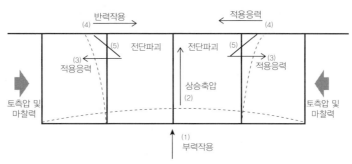

그림3. 35 지하구조물의 부력에 따른 거동과 피해

(4) 조치 방안

본 현장과 같은 피해인 경우 프리팩공법(pre-packed)의 적용이 가장 이상적인 방법이나 공사비와 공기를 감안하여 아래의 사진 모습과 같이 톱다운(top-down)공법의 역타공법과 재래식공법의 혼용으로 공사비를 절감코자 하였다.

또한, 향후 동일한 피해가 발생치 않도록 지하수위 2.0m지점의 옹벽에 천공 후 유공관과 자연배수관을 배관하여 유입되는 지하수를 외부로 유도 조치하였다.

사진3. 09 콘크리트 제거 및 철근 정돈

사진3. 10 형틀과 타설용 깔대기

사진3. 11 비대칭교각전경

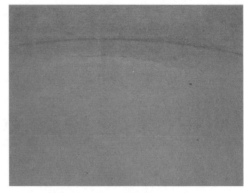

사진3. 12 비대칭교각의 인장균열

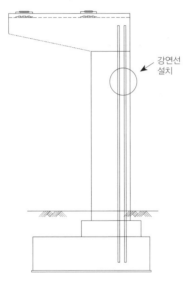

강연선
설치

사진3. 13 비대칭교각의 인장보강

사진3. 14 지하철역 전경

사진3. 15 화재에 의한 기둥 폭열

사진3. 16 화재에 의한 슬래브 폭열

사진3. 17 터널 벽체균열

사진3. 18 터널 슬래브 균열

사진3. 19 터널벽체 누수 균열 보수

사진3. 20 교량상면 균열

사진3. 21 8경간 바닥판 하면 균열 및 백태

사진3. 22 수지계의 균열보수

사진3. 23 수지계 화재후 변형

사진3. 24 수지계 장기변형

토목·건축

시설물유지관리공학 I

PART 04

비파괴 검사 및 안전진단

비파괴 검사 및 안전진단

4.1. 개요

 완성된 시설물은 시간의 경과와 함께 자연적 또는 인위적 요인에 의해 열화되면서 성능이 저하되어 사용상의 안정성을 상실하게 되는데, 견실한 상태로 시설물을 사용하려면 해당 시설물의 안전 및 유지관리 계획을 체계적으로 수립하여 일관성 있는 안전진단과 그에 따른 보수·보강 및 유지관리가 시행되어야 한다. 이를 위한 기초적인 과정으로 시설물의 열화 정도 및 성능 상태를 정기 또는 수시로 안전진단을 통하여 조사하고 분석하여 안정성에 대한 평가 및 판단을 하여야 한다.

 이러한 안전진단은 크게 대별하면 안전점검과 정밀진단으로 구분되는데 안전점검은 조사의 정도 차이에 따라 육안 검사만 시행하는 정기점검과 비파괴 검사와 같은 계기검사를 병행하여 상태 평가를 하는 정밀 점검으로 나뉘게 되며, 정밀 점검을 통하여 심각한 부분이 발견될 경우 정밀진단을 시행하여야 하는지의 여부를 판단하게 된다. 그 이외에 동절기 또는 해빙기나 풍수해 등으로 인한 피해가 발생한 경우 관리 주체의 필요에 의해 시행되는 수시점검 및 특별점검 등이 있다.

 정밀안전진단은 안전진단 행위 중에서 가장 정밀성을 요하는 것으로서 육안 검사는 물론 비파괴 검사와 화학반응 검사, 변위 검사, 코어강도 시험, 재하 시험과 필요에 따라 지반보링테스트 및 지내력 검사 등을 시행하며, 취득한 자료를 적용하여 구조 계산 및 구조적 해석을 통해 안정성을 판단하고 필요한 경우 구조적 보수 또는 보강이 필요한 경우 이에 대한 보수.보강 설계를 포함한다.

 현장으로부터 취득한 자료에 대한 분석과 구조적 해석을 바탕으로 구조물의 안정성을 판단하게 되는데, 판단 결과는 해당 시설물을 이용하는 국민들의 안전과 직결되는 사안이므로 점검 또는 진단을 수행할 수 있는 자격자에 대한 기준도 엄격하게 법제상으로 규정되어 있으며, 그에 따른 책무도 지닌다.

4.1.1. 안전관리 체계도
 시설물의 효과적인 안전 및 유지관리를 위하여 설계, 시공, 사용 등 각 단계의 상세한 모든 정보 및 관련 기록과 자료의 체계적인 보존관리가 필수적이다.
 상세 정보의 기록과 자료는 관리 주체가 관리하여야 하며, 기록의 갱신은 점검 및 진단자에 의하여 이루어진다. 시설물의 관리에 대한 정보의 관리 방법은 원칙적으로 전산화 혹은 마이

크로필름(Microfilm)화하여 효율성을 높이고 시설물의 수명이 종료될 때까지 지속적으로 정보를 관리하여야 한다.

또한, 관리 주체는 매년 안전 및 유지관리 계획서를 수립하고 이를 특별자치도지사·시장·군수 또는 구청장(자치구의 구청장을 말한다. 이하 같다)에게 제출하여야 하며, 제출받은 기관장은 연 1회 이상 이에 대한 실천 여부를 확인하도록 시설물안전관리에 관한 특별법에 제도화되어 있다.

유지관리 계획서에 의해 시행되는 안전관리 체계도(흐름도)는 다음과 같다.

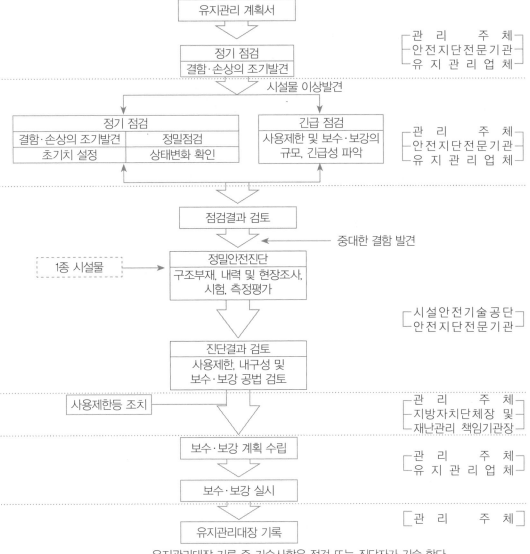

유지관리대장 기록 중 기술사항은 점검 또는 진단자가 기술 한다.

그림4. 01 건축물의 안전관리 체계도(흐름도)

4.1.2. 점검 또는 진단의 실시 자격

점검·진단을 수행할 수 있는 책임기술자에 대한 자격 기준은 아래와 같다.

표4. 01 안전점검 및 정밀안전진단을 실시할 수 있는 책임 기술자의 자격(제7조관련)

시설물의 안전관리에 관한 특별법 시행령 [개정 2013.3.23]

구분	자격 요건
정기점검	* '건설기술관리법'에 따른 토목·건축 또는 안전관리(건설안전)직무 분야의 건설기술자 중 초급기술자 이상
정밀점검 및 긴급점검	* '건설기술관리법'에 따른 토목·건축 또는 안전관리(건설안전)직무 분야의 건설기술자 중 고급기술자 이상 * 건축사로서 연면적 5천 제곱미터 이상의 건축물에 대한 설계 또는 감리 실적이 있는 사람
정밀안전진단	* '건설기술관리법'에 따른 토목·건축 또는 안전관리(건설안전)직무 분야의 건설기술자 중 특급기술자 이상 * 건축사로서 연면적 5천 제곱미터이상의 건축물에 대한 설계 또는 감리 실적이 있는 사람

비고 1. 책임기술자 기술등급 및 인정범위는 '건설기술관리법 시행령' 별표1 제1호를 준용
　　　2. 건축 직무분야의 국가기술자격 종목에서 건축기계설비·건축설비 및 실내건축은 제외.
　　　3. 건축사는 「건축사법」 제7조에 따른 자격을 가진 사람을 말한다.

모든 자격 해당자는 해당 분야의 안전점검 또는 정밀안전진단 교육을 이수하여야 하며, 전기 및 기계설비 분야의 정밀안전진단 실시 자격은 아래의 표와 같이 규정하고 있다.

표4. 02 전기·기계설비 분야의 정밀안전진단을 실시할 수 있는 자(제9조제2항관련)

시설물의 안전관리에 관한 특별법 시행령 [일부개정 2013.3.13]

자격 요건
* 전기·기계·전자 분야의 고급기술자 이상

비고 1. 위 표의 전기 분야 기술자격 인정범위는 「전력기술관리법 시행령」 별표 1
　　　2. 위 표의 기계 분야 기술자격 인정범위는 「건설기술관리법 시행령」 별표 1
　　　3. 위 표의 전자 분야는 「국가기술자격법」의 기술자격 종목을 말하며 그 기술 등급 및 인정범위는 「건설기술관리법」시행령 별표 1 제1호를 준용.

4.1.3. 안전관리에 필요한 자료

관리 주체는 시특법 제17조의 규정에 의하여 준공도면, 구조계산서, 특기시방서 등과 함께 아래에 명시한 기타의 서류를 반드시 보관 유지토록하고, 변경사항이 발생될 때마다 이를 갱신 기록하여 건축물의 이력으로 활용토록 하여야 한다.

또한, 시공자는 준공 또는 사용승인 신청 시 공사와 관련된 준공도면, 구조계산서, 준공내역서 및 시방서와 기타 특기한 보고서 등 공사와 관련된 주요한 서류와 보고서들을 한국시설안전공단 및 관리 주체에게 제출하여야 하며, 관리 주체는 이러한 서류를 포함한 안전관리에 필요한 자료들을 보존 비치하여야 한다.

① 설계도면 : 준공도면, 보수.보강 설계도면, 설비 변경 도면

② 내역서 및 시방서 : 정산 내역서, 보수.보강 내역서, 설계변경 내역서, 특기시방서

③ 시험 결과 : 자재인증서, 품질시험성적서, 지질조사서, 재하시험결과, 항타기록

④ 보수·보강 이력 : 공사명, 사유, 기간, 개요, 설계자, 시공자, 감리자, 내역서

⑤ 사고 기록 : 사고명칭, 일시, 개요, 부재손상상태, 긴급조치사항, 사후조치 결과

⑥ 사진 : 시공당시 사진, 주요결함 부위, 보수.보강 사진, 설계 변경 관련 사진

⑦ 점검 및 진단 이력 : 종류, 기간, 주요내용, 안정성평가등급, 시행기관, 책임자

⑧ 유지관리계획서 : 점검.진단 시행계획, 단기·장기 수선 계획

⑨ 유지관리대장 : 해당 건축물의 전반적인 이력의 기록 등

4.1.4. 재료 시험 기준 수량

(1) 콘크리트 강도시험

콘크리트 강도시험은 건축물인 경우 전체 연면적에 따라 표본 층 또는 단위를 선정하는데, 표본 층과 표준단위의 선정개소수가 서로 상이할 경우 층수별 연면적별 표준 층(단위) 중 최대치를 기준하여 선정하고, 선정된 각 층마다 기둥, 내력벽, 보, 슬래브 중 2종 부재를 선택하여 각 부재별 2개소(단부와 중앙부) 이상으로 정한다.

총 수량 = 표본 층(단위)수 × 2종 부재 (기둥, 내력벽, 보, 슬래브 중)
          × 각 부재별 2개소(단부, 중앙부)

표4. 03 층수별 재료 시험 대상 표본 층 선정 기준(점검및 진단 세부지침 2011.12)

층수	수량 기준	
	정밀점검	정밀안전진단
21층~30층	4개층 이상	6개층 이상
11층~20층	3개층 이상	4개층 이상
1층~10층	2개층 이상	3개층 이상

※ 31층 이상인 경우에는 10개 층마다 정밀점검 1개 층, 정밀안전진단은 2개 층씩 증가
※ 층수는 지하층까지 포함

표4. 04 연면적별 재료 시험 대상 표본 단위 선정 기준(점검 및 진단 세부지침 2011.12)

연면적	수량 기준	
	정밀점검	정밀안전진단
50,000~75,000㎡	4개 단위 이상	6개 단위 이상
25,000~49,999㎡	3개 단위 이상	4개 단위 이상
1~24,999㎡	2개 단위 이상	3개 단위 이상

(2) 철근탐사 시험

철근탐사 시험은 표본 층수 또는 단위를 선정하고, 선정된 각 층마다 기둥, 내력벽, 보, 슬래

브 중 2종 부재를 선택하고 부재 종류별 2개를 선정하여 각 부재별 2개소(단부와 중앙부) 이상
으로 정한다.

$$총 수량 = 표본 층(단위)수 \times 2종 부재 (기둥, 내력벽, 보, 슬래브 중)$$
$$\times 부재 종류별 2개 이상 \times 각 부재별 2개소(단부, 중앙부)$$

(3) 중성화 시험

중성화 시험은 표본 층수 또는 단위를 선정하고, 선정된 각 층마다 기둥, 내력벽, 보, 슬래브
중 2종 부재를 선택하여 각 부재별 1개소 이상으로 정한다.

$$총 수량 = 표본 층(단위)수 \times 2종 부재 (기둥, 내력벽, 보, 슬래브 중)$$
$$\times 각 부재별 1개소$$

(4) 철근 부식도 시험

철근 부식도 시험은 표본 층수 또는 단위를 선정하고, 선정된 각 층마다 주요 구조부재에서
1개 부재 이상씩을 선택한다.

$$총 수량 = 표본 층(단위)수 \times 1개 부재 이상$$

(5) 염화물 함유량 시험

염화물 함유량 시험은 표본 층수 또는 단위를 선정하고, 선정된 각 층마다 주요 구조부재에
서 1개 부재 이상씩을 선택한다.

$$총 수량 = 표본 층(단위)수 \times 1개 부재 이상$$

(6) 강재 접합부 검사(용접, 볼트 접합)

강재 접합부 검사는 표본 층수의 각 층마다 주요 구조부재에서 3개소 이상으로 한다.

$$총 수량 = 표본 층(단위)수 \times 3개소 이상$$

(7) 변위·변형 조사
　① 부재변형 : 외관 조사 실시 결과 손상부 발견 또는 발생 가능성 있는 주요 부위
　② 수직변위 : 측정 가능한 4면의 외벽 모서리 전체
　③ 수평변위 : 최저층 바닥 또는 천정슬래브에서 장변 및 단변 방향으로 각각 2개소
　④ 수직 및 수평변위 조사는 2개 항목 중 1개만 실시할 수 있으며, 그 사유를 명기

4.2. 안전진단의 종류 및 방법

안전진단에는 크게 점검과 정밀안전진단으로 대별되며, 점검은 정기점검과 정밀점검으로 나뉜다. 그 이외 관리 주체의 필요에 따라 시행하는 수시점검, 특별점검 등이 있으나, 그 내용은 상황 발생 정도에 따라 안전관리 체계도에 의해 시행한다.

표4. 05 점검 및 진단의 종류 및 실시 시기
(시특법 제6조 1항 및 제9조 2항, 개정 2013. 3. 23)

안전등급	정기점검	정밀점검		정밀안전진단
		건축물	그 외 시설물	
A등급	반기에 1회 이상	4년에 1회 이상	3년에 1회 이상	6년에 1회 이상
B·C등급		3년에 1회 이상	2년에 1회 이상	5년에 1회 이상
D·E등급		2년에 1회 이상	1년에 1회 이상	4년에 1회 이상
내 용	육안 검사	육안 검사,계기 검사,상태 평가 (정밀진단 필요 여부 판단) – 현 상태와 이전상태의 비교 판단 – 유지, 보수. 보강 자료제공		육안 검사, 계기 검사, 변위 검사 화학반응 검사, 재하시험, 구조 해석, 상태 평가, 보수·보강 설계

비고
1. 공동주택의 정기점검은 「주택법 시행령」 제65조에 따른 안전점검으로 갈음한다.
2. 최초로 실시하는 정밀점검은 시설물의 준공일 또는 사용승인일(구조 형태의 변경으로 시설물로 된 경우에는 구조 형태의 변경에 따른 준공일 또는 사용승인일을 말한다)을 기준으로 3년 이내(건축물은 4년 이내)에 실시한다. 다만, 임시 사용승인을 받은 경우에는 임시 사용승인일을 기준으로 한다.
3. 최초로 실시하는 정밀안전진단은 준공일 또는 사용승인일(준공 또는 사용승인 후에 구조 형태의 변경으로 제1종시설물로 된 경우에는 최초 준공일 또는 사용승인일을 말한다) 후 10년이 지난 때부터 1년 이내에 실시한다. 다만, 준공 및 사용승인 후 10년이 지난 후에 구조 형태의 변경으로 인하여 1종시설물로 된 경우에는 구조 형태의 변경에 따른 준공일 또는 사용승인일부터 1년 이내에 실시한다.
4. 위 정밀점검 및 정밀안전진단의 실시 주기는 이전 정밀점검 및 정밀안전진단을 완료한 날을 기준으로 한다. 다만, 정밀점검 실시 주기에 따라 정밀점검을 실시한 경우에도 제9조에 따라 정밀안전진단을 실시한 경우에는 그 정밀안전진단을 완료한 날을 기준으로 정밀점검의 실시 주기를 정한다.
5. 정밀점검란의 건축물에는 그 건축물의 부대시설인 옹벽과 절토사면을 포함하며, 항만시설물 중 썰물 시 바닷물에 항상 잠겨 있는 부분은 위 정밀점검의 실시 주기에도 불구하고 4년에 1회 이상 정밀점검을 하여야 한다.
6. 증축, 개축 및 리모델링 등을 위하여 공사 중이거나 철거예정인 시설물로서, 사용되지 아니하는 시설물에 대해서는 국토교통부장관과 협의하여 안전점검 및 정밀안전진단의 실시를 생략하거나 그 시기를 조정할 수 있다.

4.2.1. 계획 수립

책임기술자는 시설물에 대한 효과적인 점검. 진단을 위하여 점검. 진단 계획을 수립하여야 하며, 수립된 계획서는 실행을 통하여 확인, 수정, 보완이 이루어질 수 있도록 자료로서 보관하는 것이 바람직하다. 점검.진단 계획은 현장 예비조사 후에 수립하며 현장 예비조사 시에는 현장 여건 및 문제점 파악, 시설 관리자 및 사용자의 의견 청취, 제반시설의 관련 자료를 수집하여야 한다.

① 시설물의 개요 : 시설물명, 연면적, 층수, 최고 높이, 종별, 용도, 구조 형식, 준공연도
② 점검 또는 진단의 종류 및 목적
③ 주요 대상 부위 및 문제점 : 구조물의 상태, 구조안정성(필요시), 기타
④ 조사, 시험 항목 및 주요 장비
⑤ 항목 별 소요 인력 계획
⑥ 종합 일정 계획 : 현장 조사 및 분석과 구조 해석 및 평가 등에 관한 일정
⑦ 작업 안전관리 계획 : 현장 조사 시 고소작업, 또는 어두운 조명 등에 대한 계획
⑧ 기타 : 환경적인 요소 및 조명, 가설 구조 등
⑨ 소요 예산 : 외업(현장조사) 및 내업(분석, 구조해석, 평가 등)에 대한 예산

4.2.2. 정기 점검

정기 점검은 육안 검사에 의해 행하여지는 점검으로서 건축물의 구조적 특성과 용도, 계절적 특성에 따른 관리사항을 각 건물에 맞게 점검하여야 하며, 건축물의 기능적 상태를 판단하고 현재의 사용 요건을 지속적으로 만족시키고 있는지를 확인 관찰하는 것이므로, 점검자는 건축물 전반에 걸쳐 세심하게 관찰하여야 한다.

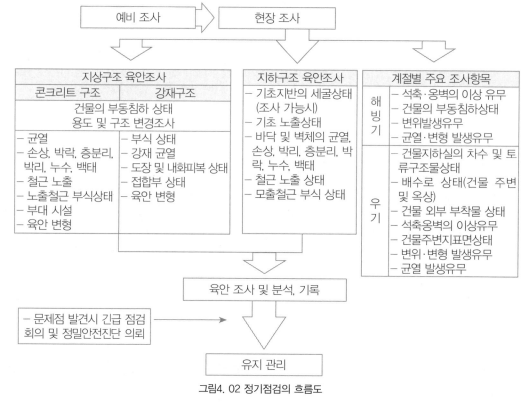

그림4. 02 정기점검의 흐름도

4.2.2.1. 점검 항목

1) 건축물의 평면, 입면, 단면, 용도변경 및 구조부재의 변경 사항
2) 하중 조건, 기초, 지반조건, 주변 환경조건 등의 변경 사항
3) 균열 발생 상태
    ① 균열의 발생 위치   ② 균열의 유형 및 형상
    ③ 균열의 크기(폭, 깊이, 길이 등)   ④ 균열의 정지 또는 진행 사항
    ⑤ 균열 발생 부위의 누수 여부
4) 구조물 혹은 부재의 전반적인 상태
    ① 구조물 혹은 부재의 변위·변형 상태 : 부동침하, 편심집중 하중상태, 과다 적재 하중 상태, 진동·충격 상태, 이상 체감 등
    ② 콘크리트의 표면상태 : 표면열화, 동해, 염해 및 백화, 백태 등 노후화 상태
    ③ 철근의 노출 및 부식 상태
    ④ 강재구조물의 변위·변형과 균열 등의 발생 및 발견시기 혹은 추정 시기
5) 구조물의 변위·변형과 균열 등의 발생 및 발견 시기 혹은 추정 시기
6) 보수·보강 실태 조사 및 기록
7) 계절별 특성에 따른 균열 폭의 변동 등 추가 점검 항목

4.2.2.2. 점검 방법 및 조치

정기점검은 육안과 간단한 측정 기구(균열현미경, 음파해머 등)로 조사하여 시설물에 내재되어 있는 위험 및 수명단축 요인들을 발견하고 그 진전 상황을 관찰함으로써 관리 주체가 필요한 보수·보강이나 정밀안전진단을 실시하도록 하는 것이다.

1) 설계도면, 구조계산서, 지질조사서, 과거의 점검·보수기록, 환경 및 사용 상태 등의 유지 관련 자료의 정비 상황을 파악한다.
2) 건축물의 평면, 입면, 단면, 용도변경 사항과 구조부재의 변경사항, 그리고 작용 하중조건, 기초·지반조건, 주변 환경조건 등의 변경사항 들을 기록, 도면화.
3) 외형상 구조체의 변위·변형과 재료의 노후화 현상을 육안 조사하며, 결함에 대한 발견시기, 원인 등을 규명 혹은 추정하여 서식에 기록하고, 도면화한다.
4) 발생된 균열에 대한 조사는 유형별로 구분하고 그 형태 및 크기와 진전 여부를 육안 조사하여 서식에 기록하고 필요한 경우 개략도면에 표시한다.
5) 계측관리가 필요한 경우에는 구체적인 계획을 수립하고 일정한 시간 간격을 두고 정기적으로 실시하며, 그 결과의 기록을 남긴다. 측정 위치별 계측값은 변위량이나 경사도 혹은 수평, 수직 기울기 등으로 나타낸다.
6) 점검 시 이상이 발견된 사항에 대하여는 반드시 사진 촬영하여 보고서의 설명 자료로 이용할 수 있도록 보존한다.

4.2.3. 정밀 점검

정밀 점검은 시설물의 현재 상태를 정확히 판단하고, 최초 및 이전에 기록된 상태로부터 변화 정도를 확인하며 구조물이 현재의 사용 조건을 안전하게 계속적으로 유지하고 있는지를 확인하는 데 필요한 면밀한 육안 검사 및 비파괴 검사와 같은 계기에 의한 검사로서 주로 구조물에 대해서 손상이나 이상 상태가 발생되었는가를 부위별로 세밀하게 조사하여야 한다.

정밀 점검에는 건축물의 상태 평가와 필요시 안전성 평가가 포함되며 이에 대한 설명 및 조치 사항들을 명시한다.

또한 구조적 보수 또는 보강이 필요한 경우에는 그에 적절한 보수·보강안을 제시하여야 하며, 부득이 심각한 결함 또는 손상이 확인되어 정밀한 조사 및 구조적 검토가 필요한 경우 이에 대한 정밀안전진단 필요 여부를 판단한다.

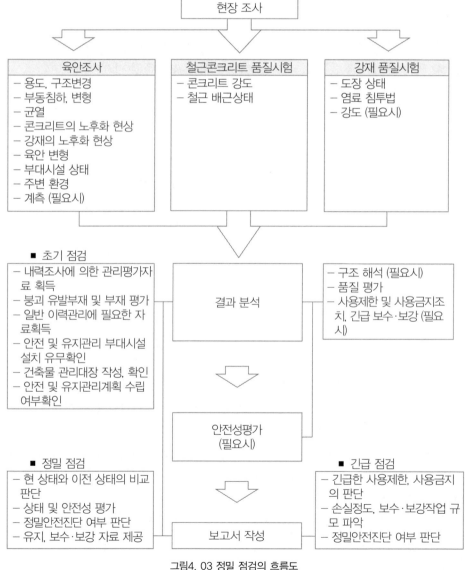

그림4. 03 정밀 점검의 흐름도

4.2.3.1. 점검 항목

정밀 점검에는 3.2.2의 정기점검 시 행하여지는 점검 항목들 이외에 다음에 해당하는 내용을 추가 점검한다.

1) 비파괴 검사에 의한 콘크리트의 강도 (반발경도 검사, 초음파 검사 등)
2) 철근의 배근 상태 (자장에 의한 탐사법)
3) 기타 점검자가 필요하다고 판단하는 사항(건물의 기울기, 부요부재의 변형 상태 등)
4) 강구조물의 점검은 외관 검사, 치수 검사, 변형 검사, 접합부 검사, 기타 결함 및 손상, 부식 및 도막의 노후화 등
5) 시설물의 내진 설계 여부 확인을 위한 설계도서(설계도면, 구조계산서, 시방서, 내역서)를 검토한다.
6) 필요시에는 구조안전성 평가 및 재료 시험을 할 수 있다.

4.2.3.2. 점검 방법 및 조치

정밀 점검은 시설물의 전체적인 구조체의 변위·변형 여부와 외형상 나타나는 구조부재의 노후화 유무를 육안 조사와 간단한 비파괴 시험을 통하여 정성 및 정량적 자료를 얻어 종합적인 분석 결과 상태를 평가하는 점검으로서, 특히 면밀하고 지속적인 조사가 필요한 구조 부재나 부위의 선정은 이전에 실시된 점검 및 진단에서 밝혀진 것이나 사전의 예비 조사 결과를 분석하여 책임기술자가 결정한다.

1) 현장의 예비조사를 통하여 이미 수립된 계획에 의하여 수행하며, 관리 주체로부터 일체의 안전관리 대장을 기초 자료로 입수하되 지난 동안의 특이한 요소들을 청취하여 현장 조사 및 최종 평가 시 참고한다.
2) 점검은 층별 부재별로 선정하여 시행하며, 대상 부위는 필요할 경우 마감재(돌, 타일, 도배지, 단열재, 수장재, 마루 등)를 부분적으로 제거하고 실시한다.
3) 점검에서 조사된 모든 사항은 발생 또는 발견 시기, 원인을 규명 혹은 추정하여 서식에 기록한다.
4) 구조부재에 발생한 균열이나 기타 노후화에 대한 조사 결과는 개략도면에 표시하고 서식에 상세히 기록하며, 기록된 상태는 유형별로 구분하여, 그 형상, 크기(폭, 길이 혹은 면적, 깊이 등) 등을 구체적으로 나타내도록 한다.
5) 콘크리트의 강도 추정은 비파 시험기를 이용하여 콘크리트의 강도를 추정하고, 추정 결과 저강도 콘크리트임이 확인되고 구조계산에서 하중저항능력이 크게 감소되었다고 판단될 때에는 코어(core)시료 채취를 통하여 코어의 압축파괴 강도 시험을 시행하여 얻은 결과치와 상호 대비하여 평가하되, 부재의 강도는 같은 부재에서 3개소 이상에서 얻은 자료를 평균한 값으로 평가한다.

6) 철근의 배근 상태는 간단한 비파괴 시험기 등으로 철근의 피복 두께 및 배근 간격 등을 파악할 수 있도록 하며, 구조물의 내력 평가와 안전성 평가에 필요한 기초 자료로 이용한다.

7) 강구조물의 경우에는 부재의 전체 변형을 조사하여 내력(耐力) 및 기능상 유해한 상태에 있는가의 유무를 판정하고, 강재의 균열은 그 유형과 형태, 폭, 길이, 깊이, 발향, 발생 위치 등을 검사하며, 균열 발생 시기, 원인 등을 규명 혹은 추정하여 기록한다.

8) 건축물의 구조적 조건의 변경(재하중, 구조 변경, 구조물의 큰 변형, 부재의 손상이나 보강 등)으로 건축물의 안전성에 영향을 주는 경우에는 그 내력을 다시 계산하여 평가한다.

9) 정밀 점검의 사진 자료는 점검항목의 내용을 확인할 수 있는 정도로 하여 최종 보고서의 근거자료로 이용하며, 촬영은 매 점검.진단 시 동일한 같은 위치에서 얻는 것을 원칙으로 한다.

10) 보고서의 결과표는 외관 조사 및 상태 평가 등을 종합적으로 검토.분석한 결과를 기재하며, 점검 대상 건축물의 전체에 대한 종합평가등급을 기재한다.

　　또한 중대한 결함이 발견된 경우에는 정밀안전진단의 시행 여부를 판단하며, 시특법 시행령 제12조에 의거하여 필요한 후속 조치 사항을 기재한다.

표4. 06 시설물의 상태 및 안전성 평가 등급

등급	노후화 상태	안전성	조치
A	문제점이 없는 최상의 상태	최상의 상태	정상적인 유지관리
B	경미한 손상이 있으나 대체로 양호한 상태	균열이나 변형이 있으나 허용범위 이내인 상태	지속적인 주의관찰이 필요함
C	문제점이 있으나 간단한 보수.보강으로 원상회복이 가능한 보통의 상태	균열이나 변형이 있으나 구조물의 내하력이 설계의 목표치를 초과한 상태	지속적인 감시와 보수·보강이 필요함
D	주요부재에 발생된 노후화 정도가 고도의 기술적 판단이 요구되는 상태로 사용제한 여부의 판단이 필요함	균열이나 변형이 허용 범위를 초과하고 있거나 기술적 판단이 요구되는 상태	사용제한 여부의 판단과 정밀안전진단이 필요함
E	주요부재의 노후화 정도가 심각하여 원상회복이 불가능하거나 안전성에 위험이 있어 즉각 사용중지하고 긴급한 보강이 필요한 상태	균열이나 변형이 허용 범위를 초과하고 있고. 구조물의 내력이 허용 범위에 미달하여 붕괴가 심각히 우려되며. 안전성에 위험이 있어 즉각 사용금지하고 긴급한 보강이 필요한 상태	사용금지 및 긴급보강 등 안전조치가 필요함

4.2.4. 정밀안전진단

정밀안전진단은 시설물에 내재되어 있는 위험 및 수명단축 요인을 소정의 책임기술자에 의해 조사·평가하여 적시에 그에 적절한 보수·보강 조치를 하여 시설물의 안전 및 유지관리를 체계적으로 행함으로써 시설물의 기능을 적정하게 확보하고 재해 및 재난을 예방하고 시설물의 수명을 연장하기 위함을 목적으로 하며, 정밀 점검 과정에서 쉽게 발견하지 못하는 결함 부위를 발견하기 위하여 정밀한 육안 조사 및 조사 측정 장비에 의하여 실시하는 근접 검사이다.

비파괴 조사나 재료 시험 및 재하 시험과 필요한 경우 모형실험 등을 통하여 구조안전성 정도와 노후화 또는 손상 정도를 조사하고 그에 따라 안전성 평가, 구조물의 기능이나 잔존수명의 예측, 구조부재의 내력 등을 판단하여 필요한 경우 보수·보강 방법 및 설계를 첨부한다.

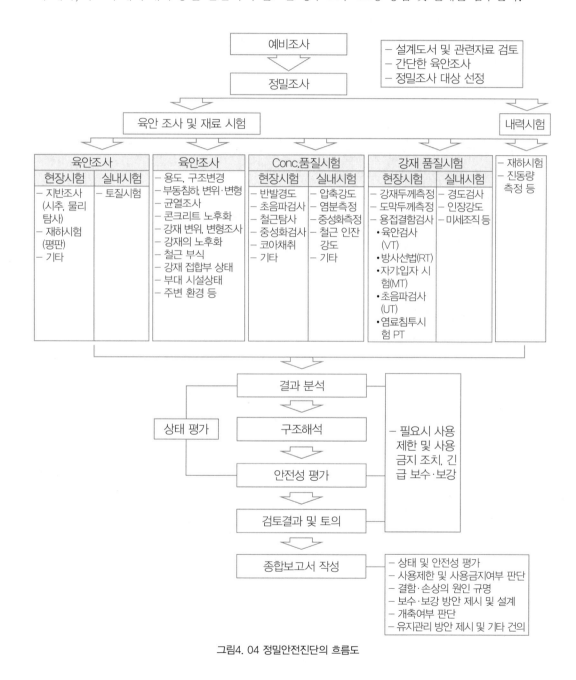

그림4. 04 정밀안전진단의 흐름도

4.2.4.1. 진단 항목

(1) 조사 항목

1) 전회 정밀 점검에서 실시한 점검 항목에 대한 확인 사항

2) 책임기술자가 예비 조사와 설계도서 및 점검 자료의 검토 결과 필요하다고 판단되어 선정한 현장 시험, 실내 시험, 재료 시험

3) 구조 해석 및 구조물의 내하력 평가

4) 필요한 경우 재하 시험, 계측 조사, 진동량 측정, 지질 조사

(2) 세부 내용

1) 상태 조사

　① 구조부재의 변형, 균열

　② 지반침하에 따른 활동성 균열

　③ 누수, 부식 등에 의한 구조물의 손상

　④ 콘크리트 부재의 열화 및 노후화

　⑤ 철강부재의 부식정도 및 노후화

　⑥ PC부재의 손상 정도 및 연결 조인트 상태

2) 시험 및 측정

　① 기중, 보, 내력벽 부재의 내하력 조사

　② 구조체의 철근 배근 상태 조사

　③ 철근의 피복 두께 및 균일성 파악

　④ 철근의 부식 정도 조사

　⑤ 콘크리트의 강도 시험

　⑥ 콘크리트의 중성화 시험

　⑦ 콘크리트의 성분 및 열화 정도

3) 지반조사

　① 지질조사

　② 지내력 조사

4) 분석 및 평가

　① 조사 자료의 분석 및 평가

　② 구조 해석

　③ 보수·보강 대책 및 설계

4.2.4.2. 진단 방법 및 조치

(1) 예비 조사

예비 조사는 정밀 조사를 위하여 수행하는 정밀 점검 수준으로 행하며, 전회 시행된 점검 사항들을 검토하고, 전반적인 구조물의 변형 여부와 외형상 나타나는 구조물의 노후화 현상 및 그 정도를 육안 검사와 실측 검사들을 통하여 정량적, 정성적으로 자료화하고 이를 도시화하여 분석 및 평가의 기초 자료로 이용한다.

구조물의 성능 저하 현상이 확연하여 굳이 정밀 조사가 필요치 않을 경우에는 대상 부위만 확인 검사를 시행하고 곧바로 상태 및 안정성 평가와 그에 따른 보수·보강의 필요성 및 대책을 강구할 수 있다.

(2) 조사 대상 선정

예비 조사 결과와 구조체의 손상 및 노후화 부분, 세밀 조사 대상 부분을 중심으로 선정하며, 다른 부분에 대해서는 구조물 전체의 안정성을 판단하기 위한 대표성이 있는 층과 부위에서 무작위로 선정하여 시행한다.

(3) 육안 검사

점검 시 기 발췌된 부위에 대한 정밀 조사와 그 외 점검 시에 조사되지 못한 부분에 대한 정밀 조사를 시행하되, 정밀 검사에서 발췌된 사안들은 향후 점검 시에도 지속적으로 진행 여부를 확인할 수 있도록 검사 날짜 및 위치별로 크기, 길이, 폭 등을 도시화하여 기록한다.

(4) 비파괴 검사

구조체의 안정성 판단과 구조 해석을 위한 정보 자료 채취를 위해 구조체의 강도, 철근의 배근 상태, 강재의 부식도 정도 등을 조사하기 위한 비파괴 검사를 시행하고 결과 치를 기록하여 자료화한다.

(5) 계측 조사

진행성의 결함 또는 심한 진동 및 장스팬(long span)의 부재에 대해서는 변위나 변형이 지속적으로 진행되고 있는지의 여부를 파악하기 위해 필요한 경우 계측 장비를 설치하여 정기적이고 정밀하게 계측 조사한다.

(6) 재료 시험

구조물의 상태 및 안정성 평가에 필요한 경우 시료를 채취하여 재료 시험을 시행하되 가능한 기존 구조체에 손상이 초래되지 않도록 시료를 채취한다.

(7) 화학반응 시험

콘크리트의 화학적 부식에 따른 철근 부식과 단면 감소는 구조체 내력 저하의 주요 요인이 되므로 중성화, 염해, 알칼리 골재 반응 등의 시험을 통하여 열화 요인의 영향 정도를 파악하고 그에 따른 장기적 대책을 강구하는 기초 자료로 이용한다.

(8) 재하 시험

재하 시험은 내하력 검토를 위해 반드시 필요한 경우, 또는 부재의 손상 정도가 심하여 구조적 거동에 대한 확인이 반드시 필요한 경우에만 시행한다.

(9) 지질 조사

기초의 안정화 등을 파악하기 위하여 필요한 경우 지질 조사를 시행한다. 이때 지내력 판단 자료를 동시해 취득하는 것이 바람직하다.

(10) 구조 해석 및 내하력 계산

실제 조사된 하중 조건 및 실측 부재단면과 부재의 강도 등이 구조 설계의 내용과 일치하는가를 확인하고, 상이한 경우에는 현장에서 조사된 자료를 토대로 다시 계산하여 내력의 부족 정도를 파악한다.

구조적 안정성 및 내력 등을 판단하기 위한 허용하중은 다음의 표와 같다.

표4. 07 기본 등분포 활하중 (건축구조기준 2014.02)

구분	건축물의 부분	허용하중	구분		건축물의 부분	허용하중
주택	거실, 복도, 공용실	2.0 kN/㎡	집회, 유흥장		로비, 복도	5.0 kN/㎡
	공동주택의 발코니	3.0 〃			무대	7.0 〃
병원	병실, 복도	2.0 〃			극장 및 집회장	4.0 〃
	수술실 및 해당 복도	3.0 〃			연회장, 무도장	5.0 〃
숙박시설	객실과 해당 복도	2.0 〃			식당	5.0 〃
	공용실과 해당 복도	5.0 〃			주방	7.0 〃
사무실	일반 사무실 및 복도	2.5 〃	체육시설		체육관바닥	5.0 〃
	로비	4.0 〃			스탠드(고정식)	4.0 〃
	문서 보관실	5.0 〃	도서관		열람실, 해당복도	3.0 〃
학교	교실, 해당 복도	3.0 〃			서고	7.5 〃
	로비	4.0 〃	주차장	주차	승용차 전용	3.0 〃
	일반실험실	3.0 〃			경량트럭 및 빈버스	8.0 〃
	중량물 실험실	5.0 〃			총중량 18ton 이하 트럭	12.0 〃
판매장	상점, 백화점(1층부분)	5.0 〃		차로	승용차 전용	3.0 〃
	상점, 백화점(2층이상)	4.0 〃			경량트럭 및 빈 버스	10.0 〃
	창고형 매장	6.0 〃			총중량 18ton 이하 트럭	16.0 〃
공장	경공업 공장	6.0 〃	창고		경량품 저장 창고	6.0 〃
	중공업 공장	12.0 〃			중량품 저장 창고	12.0 〃

4.2.5. 상태·안정성 및 종합 평가

4.2.5.1. 상태 평가
(1) 상태 평가 등급 및 평가 항목

상태 평가 등급은 아래의 표와 같이 A~E 등급의 5단계로 구분하여 평가한다.

표4. 08 상태 평가 등급 기준

등급	평가 점수 범위	대푯값	평가 내용
A	0≤×<2	1	• 문제점이 없는 최상의 상태
B	2≤×<4	3	• 보조부재에 경미한 결함이 발생하였으나 기능 발휘에는 지장이 없으며 내구성 증진을 위하여 일부의 보수가 필요한 상태
C	4≤×<6	5	• 주요부재에 경미한 결함 또는 보조부재에 광범위한 결합이 발생하였으나 전체적인 건축물의 안전에는 지장이 없으며, 주요부재에 내구성, 기능성 저하 방지를 위한 보수가 필요하거나 보조부재에 간단한 보강이 필요한 상태
D	6≤×<8	7	• 주요부재에 결함이 발생하여 긴급한 보수. 보강이 필요하며 사용제한 여부를 결정하여야 하는 상태
E	8≤×≤10	9	• 주요부재에 발생한 심각한 결함으로 인하여 건축물의 안전에 위험이 있어 즉각 사용을 금지하고 보강 또는 개축을 하여야 하는 상태

표4. 09 상태 평가 항목

구분	평가 항목*
철근콘크리트 라멘조, 철골·철근콘크리트조 철근콘크리트 벽식 구조, 프리캐스트 콘크리트조, 무량판조, 조직조	강도, 균열, 중성화, 염화물 함유량, 철근 부식, 표면 노후
철골조, 철골·철근콘크리트조	강재 규격 및 강도, 결합 상태, 강재 부식도, 접합제 부식도, 내화피복
공통	변위, 변형

(2) 등급 판정 절차

등급 판정은 각 평가 항목·부재·층별 중요도를 고려하여 부재 단위, 층단위, 건축물 전체 단위에 대하여 무작위 3개소 이상씩을 선정하여 아래의 절차에 따라 실시한다.

표4. 10 상태 평가 등급 판정 절차

순서 및 구분	평가 단계	평가 방법
1	부재단위 평가	• 개별부재에 대해 결합 정도에 따라 평가 점수 부여 • 개별부재에 대해 평가항목의 중요도 반영 • 부재단위(벽, 기둥, 보, 슬래브) 등 별로 각 평가 항목에 대해 평가 점수 종합, 등급 판정
2	층 단위 평가	• 각 평가 항목 및 부재의 중요도를 고려해 층 단위의 평가점수를 종합, 등급판정
3	전체 건축물 상태 평가	• 상기 1, 2 단계 및 각층의 중요도를 고려해 전체 건축물의 평가 점수를 종합, 등급 판정

4.2.5.2. 안정성 평가

(1) 안정성 평가 등급

진단 업무에서 수행하는 안정성 평가 등급은 구조물이 안전성을 확보하고 있는 수준에 따라 A~E 등급의 5단계로 평가하며, 각 등급별 평가 점수는 아래의 표와 같다.

표4. 11 진단의 안전성 평가 등급 기준(점검 및 진단 세부지침 2011.12)

등급	평가 점수 범위	대푯값	평가 내용
A	0≤×<2	1	• 구조물의 내력이 설계 목표치를 만족하고, 부분 및 전반적으로 문제점이 거의 없는 최상의 상태
B	2≤×<4	3	• 구조물의 내력이 설계 목표치를 만족하나, 경미한 손상이 발생된 대체로 양호한 상태
C	4≤×<6	5	• 구조물의 내력이 부분적으로 부족하나, 전반적으로 구조물의 안전성이 확보되어 있는 보통의 상태
D	6≤×<8	7	• 전반적으로 구조물의 내력이 부족하여 구조물의 안정성 확보가 곤란하고 불량한 상태
E	8≤×≤10	9	• 전반적으로 구조물의 내력 부족이 현저하여 붕괴가 우려되는 심각한 상태

(2) 판정 절차

등급 판정은 각 평가 항목·부재·층별 중요도를 고려하여 부재 단위, 층단위, 건축물 전체 단위에 대하여 무작위 3개소 이상씩을 선정하여 아래 절차에 따라 실시한다.

표4. 12 안전성 평가 등급 판정 절차

순서	평가 단계	평가 방법
1	부재단위평가	• 상태 평가 항목별 결과 검토 및 반영 • 부재 치수 및 적용 하중, 절점 및 지지점 등의 평가, 구조응력해석 또는 재하시험 대상 부재의 단면 내력 검토 및 안전율에 따라 부재 단위별로 평가 점수 부여 및 등급 판정
2	층 단위평가	• 부재의 중요도를 고려해 층단위 평가 점수를 종합, 등급 판정
3	전체단위평가	• 상기 단계 및 각층의 중요도를 고려하여 전체 점수를 종합, 등급 판정

(3) 안전성 평가 등급 기준

부재별 안전성 평가는 각 부재 내력비(안전율(SF)로 아래와 같이 평가한다.

표4. 13 부재 내력에 대한 안전성 평가 등급 기준(점검 및 진단 세부지침 2011.12)

평가 등급	평가 기준	대푯값
a	SF* ≥ 100%	1
b	SF ≥ 100%(경미한 손상 있음)	3
c	90% ≤ SF < 100%	5
d	75% ≤ SF < 90%	7
e	SF < 75%	9

4.2.5.3. 평가 항목별 평가 기준

정밀 점검 또는 정밀안전진단을 통하여 구조물에 대한 상태 평가 또는 안정성 평가를 위한 평가 항목별 평가 기준은 다음의 표들과 같다. 그러나 이러한 정량적 판정에는 한계가 있으므로 구조적 거동에 대한 많은 기술적 판단이 함께 이루어져야 한다.

표4. 14 콘크리트 강도의 평가 기준(점검 및 진단 세부지침 2011.12)

평가 등급	평가 기준	평가 점수
A	a ≥ 100%	1
B	a ≥ 100% (경미한 손상)	3
C	85% ≤ a < 100%	5
D	70% ≤ a < 85%	7
E	a < 70%	9

※ a = (측정강도÷ 설계기준강도) × 100%

표4. 15 부재 내력의 평가 기준(점검 및 진단 세부지침 2011.12)

평가 등급	평가 기준	평가 지수
A	R ≥ 100%	1
B	R ≥ 100% (경미한 손상)	3
C	85% ≤ R < 100%	5
D	75% ≤ R < 85%	7
E	R < 75%	9

※ R (내력비) = (부재내력 ÷ 해석응력) × 100%

표4. 16 균열의 평가 기준(점검 및 진단 세부지침 2011.12)

평가 기준	평가 점수	최대 균열 폭 : Cw(단위:mm)	면적률 20% 이하	면적률 20% 이상
A	1	Cw < 0.1	A	A
B	3	0.1 ≤ Cw < 0.2	B	C
C	5	0.2 ≤ Cw < 0.3	C	D
D	7	0.3 ≤ Cw < 0.5	D	E
E	9	0.5 ≤ Cw	E	E

※ 면적률(%) = 균열발생면적/점검단위면적 × 100 = 균열 길이(L)×0.25/점검단위면적×100
※ 균열발생면적 산정은 균열 길이 당 25cm의 폭을 차지하는 것으로 계산

표4. 17 변위·변형 평가 기준(점검 및 진단 세부지침 2011.12)

평가 등급	평가 기준(보 및 슬래브의 처짐)	평가 점수
A	L(경간 길이 cm) / 480 이하	1
B	L ≥ 480 이하 (경미한 손상)	3
C	L / 240 이하	5
D	L / 150 이하	7
E	L / 150 초과	9

표4. 18 건물 기울기의 평가 기준(점검 및 진단 세부지침 2011.12)

평가 등급	기울기(각변위)	내용	평가 점수
A	1/750 이내	예민한 기계기초의 위험 침하 한계	1
B	1/500 이내	구조물의 균열발생 한계	3
C	1/300 이내	구조물의 경사도 감지	5
D	1/200 이내	구조물의 구조적 손상이 예상되는 한계	7
E	1/200 초과	구조물이 위험할 정도	9

표4. 19 기초 및 지반침하의 평가 기준

평가 등급	전체 침하량	부동 침하량	진행성	평가 지수
A	–	L/750 이내	없음	1
B	2.5cm 이하	L/500 이내	없음	3
C	2.5cm 초과 5cm 이하	L/300 이내	0.01mm/일 이내	5
D	5cm 초과 10cm 이하	L/200 이내	0.02mm/일 이내	7
E	10cm 초과	L/200 초과	0.02mm/일 초과	9

※ L : 두 측정점 간의 거리

표4. 20 콘크리트 중성화 평가 기준(점검 및 진단 세부지침 2011.12)

평가 기준	평가 내용	평가 점수
A	$Ct \le 0.25D$	1
B	$0.25D < Ct \le 0.5D$	3
C	$0.5D < Ct \le 0.75D$	5
D	$0.75D < Ct \le D$	7
E	$D < Ct$	9

※ Ct : 콘크리트 중성화 깊이(cm),   D : 피복 두께(cm)

표4. 21 철근 부식의 평가 기준(점검 및 진단 세부지침 2011.12)

평가 기준	평가 점수	철근 부식 상태			강재의 부식 환경	
		자연전위(mV)	철근의 부식 상태	상태 계수(α)	부식 환경 조건	부식 환경 계수(β)
A	1	$E>0$	녹이 발생하지 않았거나 약간의 점녹이 발생한 상태	1	건조 환경	1.0
B	3	$-200<E\le0$	점녹이 광범위하게 발생한 상태	3	습윤 환경	1.1
C	5	$-350<E\le-200$	면녹이 발생하였고 부분적으로 들뜬 녹이 발생한 상태	5	부식성 환경	1.2
D	7	$-500<E\le-350$	들뜬 녹이 광범위하게 발생하였거나 20% 이하의 단면결손이 발생한 상태	7	고부식성 환경	1.3
E	9	$E\le-500$	두꺼운 층상의 녹이 발생하였거나 20% 이상의 단면결손이 발생한 상태	9	–	–

※ 철근부식의 평가점수 = α×β

표4. 22 철근의 최소 피복 두께(콘크리트 구조설계 기준, 국교부, 2012)

표면 조건		부재	철근	피복 두께
수중에 타설하는 콘크리트		모든 부재	–	100mm
흙에 접하는 부위	흙에 접하여 콘크리트를 친 후 영구히 흙에 묻히는 콘크리트	모든 부재	–	80mm
	흙에 접하거나 옥외의 공기에 직접 노출되는 콘크리트	모든 부재	D29 이상	60mm
			D25 이하	50mm
			D16 이하	40mm
흙에 접하지 않는 부위	옥외의 공기나 지반에 직접 접하지 않는 콘크리트	슬래브, 벽체 장선	D35 초과	40mm
			D35 이하	20mm
		보, 기둥	–	40mm
		쉘, 절판 부재	–	20mm

표4. 23 건축공사 표준 시방서의 최소 피복 두께

부위			피복 두께
흙에 접한 부위	기둥, 보, 바닥슬래브, 내력벽		50mm
	기초, 옹벽		70mm
흙에 접하지 않는 부위	지붕슬래브, 바닥슬래브, 비내력벽	옥내	30mm
		옥외	40mm
	기둥, 보, 내력벽	옥내	40mm
		옥외	50mm
	옹벽		50mm

표4. 24 염분 함유량의 상태 평가 기준(점검 및 진단 세부지침 2011.12)

평가 등급	염화물 함유량(cL) 평가 기준(kg/m³)	평가 점수
A	$cL \leq 0.15$	1
B	$0.15 \leq cL < 0.3$	3
C	$0.3 \leq cL < 0.6$	5
D	$0.6 \leq cL < 1.2$	7
E	$1.2 < cL$	9

표4. 25 누수 및 백태의 상태 평가 기준(점검 및 진단 세부지침 2011.12)

평가 기준	평가 내용	평가 점수
A	누수 및 백태 발생 없음	1
B	누수부위가 건조한 상태의 경미한 누수 흔적이 있거나, 백태 발생 면적률 50% 미만	3
C	누수부위가 습윤한 상태의 현저한 누수 흔적이 있거나, 백태 발생 면적률 5%~10% 미만	5
D	누수의 진행이 관찰 가능하거나, 백태발생 면적률 10%~20% 미만	7
E	누수의 진행이 확연하거나, 백태 발생 면적률 20% 이상	9

표4. 26 박리의 상태 평가 기준(점검 및 진단 세부지침 2011.12)

평가 기준	평가 점수	평가 내용		
		박리 깊이 : sc (단위:mm)	면적률 10% 이하	면적률 10% 이상
A	1	sc = 0	A	A
B	3	0 ≤ sc< 0.5	B	C
C	5	0.5 ≤ sc< 1.0	C	D
D	7	1.0 ≤ sc< 25	D	E
E	9	25 ≤ sc	E	E

표4. 27 박락 및 층분리의 상태 평가 기준(점검 및 진단 세부지침 2011.12)

평가 기준	평가 점수	평 가 내 용		
		박락, 층분리 깊이 : sd (단위:mm)	면적률 20% 이하	면적률 20% 이상
A	1	sd = 0	A	A
B	3	0 ≤ sd< 15	B	C
C	5	15 ≤ sd< 20	C	D
D	7	20 ≤ sd< 25	D	E
E	9	25 ≤ sd (혹은 조골재 손실)	E	E

표4. 28 철근 노출의 상태 평가 기준(점검 및 진단 세부지침 2011.12)

평가 기준	평가 내용	평가 점수
A	ra = 0	1
B	0 ≤ ra< 1.0%	3
C	1.0 ≤ ra< 3.0%	5
D	3.0 ≤ ra< 5.0%	7
E	5.0% ≤ ra	9

※ 철근노출 면적률(%) = 철근노출면적/점검단위면적 x 100 = 철근노출길이(L) x 0.25/점검단위면적 x 100

표4. 29 강재 강도의 상태 평가 기준(점검 및 진단 세부지침 2011.12)

평가 등급	평가 기준	평가 점수
A	$\alpha S \geq 100\%$	1
B	$95\% \leq \alpha S < 100\%$	3
C	$90\% \leq \alpha S < 95\%$	5
D	$75\% \leq \alpha S < 90\%$	7
E	$\alpha S < 75\%$	9

※ αS = (측정강도 ÷ 설계기준강도) × 100%

표4. 30 내화 피복 두께의 평가 기준(점검 및 진단 세부지침 2011.12)

평가 등급	평가 기준	평가 지수
A	$\alpha \geq 100\% \leq cf$	0.9
B	$100\% \leq cf$ (경미한 손상)	0.7
C	$85\% \leq cf < 100\%$	0.5
D	$70\% \leq cf < 85\%$	0.3
E	$cf < 70\%$	0.1

※ cf = (측정두께 ÷ 설계기준두께) × 100% 또는 (부재 손상면적 ÷ 부재 전체면적) × 100% 중 최저등급

4.2.5.4. 종합 평가 등급 기준

(1) 평가 요령

대상물에 대한 평가 방법은 크게 분류하여 가중평가법, 최소값법, 확률 및 가능성에 의한 평가 방법 등으로 구분할 수 있다. 일반적으로 공학 분야에서 광범위하게 소개되고 활용되고 있는 확률이론과 퍼지이론(fuzzy theory) 중에서 시설 구조물과 같이 여러 요소가 복잡하게 구성되어진 구조물의 경우 퍼지이론이 가장 적합한 평가 방법으로 적용되고 있다. 퍼지이론(fuzzy theory)의 개략은 제2장의 '2.2 시설물의 노후화'에서 이미 기술하였다.

현장 조사에서 얻어진 각 부재에 대한 항목별 평가치에 관한 퍼지집합을 사용하며 부재 단위 평가, 층 단위 평가 및 전체 종합 평가를 수행한다. 퍼지이론은 다소 애매모호한 구조물 평가 기준을 객관화하고 정량화하기 위해 도입되었으며, 이론이 다소 복잡하고 어려워 실무에서 이를 직접 응용하여 활용하기에는 어려움이 있을 수 있으나 향후 다각적인 연구 개발을 통하여 쉽게 활용될 수 있을 것으로 사료된다.

상태 평가 기법상의 평가항목 간 점수 조합 및 절차는 아래 순에 따른다.
1) 퍼지집합, 소속함수의 결정
2) 평가치의 퍼지화
3) 퍼지규칙의 결정과 항목 간 조합
4) 평가결과의 비퍼지화

(2) 종합 평가 등급

시설물에 대한 상태 평가와 안정성 평가를 종합하여 아래와 같은 종합 평가 등급 기준에 따라 종합 평가한다.

표4. 31 종합 평가 등급 기준

등급	평가 점수 범위	대푯값	평가 내용
A	0≤×<2	1	• 문제점이 없는 최상의 상태
B	2≤×<4	3	• 보조부재에 경미한 결함이 발생하였으나 기능 발휘에는 지장이 없으며 내구성 증진을 위하여 일부의 보수가 필요한 상태
C	4≤×<6	5	• 주요부재에 경미한 결함 또는 보조부재에 광범위한 결함이 발생하였으나 전체적인 건축물의 안전에는 지장이 없으며, 주요부재에 내구성, 기능성 저하 방지를 위한 보수가 필요하거나 보조부재에 간단한 보강이 필요한 상태
D	6≤×<8	7	• 주요부재에 결함이 발생하여 긴급한 보수·보강이 필요하며 사용제한 여부를 결정하여야 하는 상태
E	8≤×≤10	9	• 주요부재에 발생한 심각한 결함으로 인하여 건축물의 안전에 위험이 있어 즉각 사용을 금지하고 보강 또는 개축을 하여야 하는 상태

(3) 평가 항목별 중요도

종합 평가를 하기 위한 평가 항목 및 평가 단계별 가중치는 다음과 같다.

표4. 32 종합 평가를 위한 가중치

대분류	중분류	가중치
정밀 점검	구조 내력	0.5
	기울기 및 침하	0.3
	내구성	0.2
정밀안전진단	구조 내력	0.5
	기울기 및 침하	0.3
	내구성	0.2

표4. 33 부재별 가중치

구조 형식	부재	가중치
벽식 구조	슬래브(보)	0.25
	벽체	0.75
가구식 구조	슬래브	0.15
	보	0.30
	기둥(벽체)	0.55

표4. 34 층별 가중치

층 구분	가중치
저층부	0.50
중층부	0.30
고층부	0.20

표4. 35 구조 내력 평가 항목의 가중치(정밀점검 시)

부재 종류	평가 항목	가중치
수평 부재(보, 슬래브)	콘크리트 강도	0.2
	균열	0.4
	변위 변형(처짐)	0.4
수직 부재(기둥, 벽체)	콘크리트 강도	0.3
	균열	0.7

표4. 36 내구성 평가 항목의 가중치

평가 항목	가중치
콘크리트 중성화	0.25
염분 함유량	0.25
철근 부식	0.30
표면 노후화	0.20

표4. 37 기울기 및 침하 평가 항목의 가중치

평가 항목	가중치
기울기	0.55
기초 및 지반침하	0.45

표4. 38 표면 노후화 평가 항목의 가중치

평가 항목	가중치
박리	0.2
박락	0.2
누수, 녹물, 백태, 백화	0.3
철근 노출	0.3

표4. 39 강구조물의 부재별 가중치

구조 형식	부재	가중치
가새 구조	가새	0.25
	가새 구조 기둥	0.25
	가새 구조 보	0.20
	비가새 구조 기둥	0.20
	비가새 구조 보	0.10
모멘트 골조	기둥	0.60
	보	0.40

표4. 40 강구조물의 구조내력 평가 항목의 가중치(정밀 점검 시)

부재 종류	평가 항목	가중치
수평 부재 (보, 트러스)	강재 강도	0.2
	용접 접합 강도	0.3
	볼트 접합 강도	0.3
	변위, 변형(처짐)	0.2
수직 부재 (기둥, 가새)	강재 강도	0.3
	용접 접합 강도	0.35
	볼트 접합 강도	0.35

표4. 41 강구조물 내구성 평가 항목의 가중치

평가 항목	가중치
강재 부식도	0.2
접합재 부식도	0.5
내화 피복	0.3

표4. 42 강구조물 접합재 부식도 평가 항목의 가중치

평가 항목	가중치
용접 접합 부식	0.5
볼트 접합 부식	0.5

4.3. 비파괴 검사

비파괴 검사란 굳은 콘크리트의 물성과 균일성, 강도 등을 시험하기 위하여 콘크리트를 파괴하지 않고 검사하는 것으로서 비파괴 검사법에는 여러 가지 종류가 있으나, 그 적용과 목적이 각각 다를 뿐만 아니라 각 기기의 측정 원리 및 구성 원리가 각기 다르므로 사용코자 하는 목적에 적합한 기구를 선택하여야 한다.

4.3.1. 개요

4.3.1.1. 콘크리트구조물의 특징
콘크리트구조물의 비파괴 시험은 공장생산화 되고 있는 금속재료의 항공기, 선박, 화학 플랜트와 비교하여 본질적으로 다른 부분이 많다. 아래에 열거된 콘크리트구조물에 대한 대표적인 특징들은 비파괴 검사의 적용 및 평가, 분석 시에 참고로 해야 할 사항들이다.

1) 콘크리트는 시멘트수화물을 결합재료로 통상 천연의 골재를 사용하기 때문에 강도 기타 각종 물리적 성질의 편차가 크고, 또한 타입 방향에 따른 이방성이 있다.
2) 철근과 콘크리트는 역학적 성질이 매우 다르므로 이 양자의 복합된 철근 콘크리트조에 대한 비파괴 시험법은 금속구조물의 비파괴 시험과 크게 다르다.
3) RC조 보의 휨모멘트의 산정에 있어서는 콘크리트의 인장응력을 계상하지 않는다. 따라서 인장 측 콘크리트에서 철근에 도달하는 균열이 생기더라도 결국 휨내력은 변하지 않는다.
4) 철근 콘크리트 구조물은 부재단면이 두껍고, 크므로 설령 미세균열이 있어도 즉각 붕괴하는 경우는 없다.
5) 설계시의 구조계산이 현장에 건조된 구조물의 실체와 반드시 일치한다고 할 수 없다. 구조물의 대부분은 제각각 설계되고 현장에서 시공되므로 공장 생산에 의한 항공기, 선박 등과는 달리 파괴 시에 힘의 흐름이나 균열의 전파 등이란 점에서 재현성이 없는 것이라 할 수 있다.

4.3.1.2. 비파괴 시험의 목적
콘크리트구조물의 비파괴 시험은 주로 시공시의 콘크리트 강도, 배근, 부재 치수 등의 관리와 방축판·동바리공의 제거, 양생의 마감, 하중의 재하·제거의 관리, 그리고 구조체 콘크리트의 품질 평가와 내구성의 조사·평가, 잔존수명의 예측 및 화재의 피해 조사, 그리고 결로·부식·침식의 조사 등을 목적으로 한다.

또한 보통 비파괴 시험 이외에도 미소파괴 검사를 함께 시행하기도 한다. 콘크리트구조물은 단면이 크므로, 자그마한 코어시험체를 발취해도 구조체의 안전성에 지장이 없도록 발취함에 따라 이를 비파괴 시험에 포함하더라도 철근 콘크리트 구조체에 별 문제가 없기 때문이다.

4.3.1.3. 비파괴 검사의 종류와 특징

선진국에서 지금까지 이미 개발되었거나, 또는 개발되고 있는 콘크리트 구조물에 대한 비파괴 검사를 대별하면, 콘크리트의 강도에 관한 것과 그 외의 것으로 분류할 수 있다.

구조물의 안정성을 판단하기 위해서 가장 먼저 고려하여야 하는 것이 구조물의 강도이며, 그 외의 검사는 구조물의 강도가 충분하다는 전제하에 구조물의 내구성에 관한 조사를 하는 경우에 필요한 검사이기 때문이다.

그러나 구조물의 내구성에 대하여 진단을 하는 경우에는 콘크리트 강도뿐만 아니라 그 외의 품질에 관한 조사도 필요하므로 강도만으로는 충분하게 진단할 수 없다.

콘크리트 구조물의 비파괴 검사 시 검사의 목적별로 요약하면 다음과 같다.

① 강도(압축강도, 휨강도, 인장강도 등)
② 탄성계수(동탄성계수 등)
③ 치수, 두께(직접 치수를 측정할 수 없는 경우 등)
④ 변위, 변형
⑤ 강성
⑥ 균열(위치, 깊이, 폭)
⑦ 결함, 공극(충전이 불충분한 개소 등)
⑧ 콘크리트의 온도
⑨ 콘크리트 중의 수분
⑩ 철근(위치, 직경, 피복 두께)
⑪ 강재 부식
⑫ 기타

특히 강도, 탄성계수, 변위·변형, 강성 등은 콘크리트 구조물의 강도 및 변형에 관한 것으로서 가장 중요시 되는 검사이며, 기진기 등을 이용하여 내진성에 대한 구조물의 진동 특성을 구하는 시험 등이 있다.

또한, 조사 목적은 같지만 측정 원리에 따라 비파괴 검사를 분류하면 다양한 방법이 있다. 즉, 적외선법, X선법, 레이더법, Acoustic Emission법 등이 있으나, 적용 방법이 복잡하고 까다로워 전문성을 요하는 검사이므로 특수한 경우를 제외하고 그다지 많이 이용되지 못하고 있다.

4.3.1.4. 비파괴 시험의 유의점

1) 콘크리트는 표층부와 내부의 조직이 반드시 일치하지 않는다. 예를 들면 형틀에 접하는

모르타르 부분과 내부조직의 차이, 표면으로부터 건조하는 것에 의한 표층과 내부의 양생의 차이, 시험시의 함수율의 차이, 표층으로부터의 중성화 등 표층부와 내부는 조직에 차이가 있다.

반발경도에 의한 압축강도의 추정, 음의 전파 속도의 추정, 초음파에 의한 균열 깊이의 추정, 표면으로부터의 함수율 측정을 위한 유전율의 측정 등의 적용에는 특히 이러한 점에 유의해야 한다.

2) 철근 콘크리트조는 밀도, 강도, 탄성계수가 크게 다른 콘크리트와 철근의 복합구조이므로 AE측정 등에 있어서는 특히 전파경로에 대해 유의하여야 한다.

3) 콘크리트 구조물에 X선에 의한 투과시험을 적용하는 경우 콘크리트 부재단면이 매우 크기 때문에 적용상 많은 제한이 있다.

4) 핀(pin)의 인발, 스트레인게이지에 의한 측정, AE에 의한 측정, 부재내부의 함수율의 측정 등의 경우에는 측정기구·소자를 미리 콘크리트에 매몰시키거나 철근에 부착하여야 하는 제한이 있다.

5) 콘크리트는 세월이 경과함에 따라 수화가 진행되어 강도가 증가하거나 또는 원인은 명확하지 않지만 강도가 저하하거나 한다.

또한 공기 중의 탄산가스(CO_2)에 의해 중성화가 진행되거나, 건조수축이나 크리프가 진행하거나 또한 알칼리 골재반응이 생기는 경우, 스스로 균열이 발생하거나 동결융해작용에 의해 조직이 붕괴되거나 한다.

이와 같이 콘크리트는 시간이 경과함에 따라 변화가 생기는 재료인 것에 유의해야 한다. 이들에 대한 시험은 다양하여 시험의 방법이나 평가에 대해 많은 논란과 이견들이 있으나 많은 연구가 지속적으로 진행되고 있으므로 향후 이에 대한 비파괴 시험의 필요성은 더욱 증대될 것으로 예상된다.

6) 비파괴 검사 기기들은 제각기 적용상의 환경적 제한 및 조작 방법, 판독상의 기법 등 특기해야 할 요소들이 많은 반면, 이를 숙지하지 못한 초보기술자들에 의한 검사가 진행되어 오진의 중요한 요소로 작용하는 사례가 많다. 그러므로 비파괴 검사를 수행하는 기술자는 기기의 특성 및 구성 원리, 조작 및 운용 방법, 판독상의 기법 등에 대한 충분한 교육과 훈련이 선행되어야 한다.

표4. 43 비파괴 검사 5종류의 시험 비교

항목	반발 경도법	초음파법	관입저항법	인발법	핀관입시험
시험기가격	적당	비쌈	비쌈	비쌈	적당
측정비용	적당	적당	비쌈	비쌈	적당
측정시간	1회당 약 10~20초	1번 읽는 데 약 1~2분	1회당 약 3~4분	1회당 약 2~3분	1회당 약 1분
실험 후 콘크리트의 표면 상태	표면에 흠이 남음	사용한 구리수로 인한 표면 오염제거가 곤란	작은 구멍이 남고 미세한 균열이 발생	큰 구멍이 남고 보수할 필요가 있음	작은 구멍이 남음
콘크리트 표면의 마감	거푸집 제거면보다 마감면이 높게 된다.	평활한 표면이 필요	그다지 중요치 않음	중요하지 않음	중요하지 않음
콘크리트 함수율	건조한 쪽이 습윤한 쪽보다 높은값이 된다.	함수율이 크면 pulse속도가 크게 된다.	건조한 쪽이 습윤한 쪽보다 높은 값이 된다.	건조한 쪽이 습윤한 쪽보다 높은 값이 된다.	건조한 쪽이 습윤한 쪽보다 높은 값이 된다
온도	동결 콘크리트는 매우 높은 값으로 되기 때문에 실험전에 융해해야 한다.	5~30℃의 온도에서는 민감하지 않다. 그 이상의 온도에서는 속도가 감소하고 빙점에서는 증가한다.	미조사	미조사	미조사
표면중성화 영향	50% 정도 경화가 증가한다.	큰 영향이 없다.	비교적 중요하지 않다.	시험에서는 전혀 영향이 없다.	미조사
경질골재의 영향	골재치수의 차이가 반발 경도에 영향을 미친다.	골재산지에서 검량선이 필요.	압축강도가 높게 되는 경향.	강도가 증가하는 경우가 없다.	거의 영향이 없다.
공시체 치수와 크기	공시체 치수가 적으면 반발경도가 적고, 결과적으로 분산이 크게 됨	pulse속도는 전파 거리에 의존하고 lead선과 탐촉자의 크기에 의해 공시체 치수가 제한된다.	매우 작은 공시체는 적당하지 않다.	매우 작은 공시체는 적당하지 않다.	거의 영향이 없다.
구조체 중강재의 영향	큰 영향 없다.	pulse속도가 증가하는 경향	큰 영향 없다.	큰 영향 없다.	큰 영향 없다.
일반 소견	콘크리트의 균질성의 check와 다른 콘크리트와 비교하는데 유효하다.	콘크리트의 품질 측정에 유효하다.	시험체에 대하여 장치를 교정한다 골재의 종류에 따라 다짐봉의 종류를 변화할 필요가 있다.	강도를 직접적으로 측정한다. 콘크리트의 품질에 의문이 있는 구조물의 품질을 평가하는데 적당	콘크리트의 균질성 검토와 그 품질을 보는데 유효하다.

표4. 44 업종별 진단 장비 법정 보유 규준

1. 진단 측정 장비 (시설물의 안전관리에 관한 특별법 시행규칙 제5조 관련)		2. 시설물 유지관리업 (건산법 시행령 제13조 관련)	3. 감리전문 회사 보유장비 (건설 기술 관리법 시행규칙 제36조 관련)	4. 기타
1. 공통 가. 비디오 카메라 나. 균열폭측정측정기 　(7배율 이상, 라이트 부착형) 다. 반발 경도 측정기 　(기록지 부착형, 교정장치 포함) 라. 초음파측정기 　(균열깊이 정확도 0.1mm이하) 마. 철근 탐사 장비 바. 철근 부식도 측정 장비 　(자연전위법, 전기저항법 측정가능 장비) 사. 염분 측정 장비 아. 코어 채취기 자. 도막 두께 측정기 　(측정범위 0.1mm 이하) 차. 측량기 　(수준·각도·거리 측정용) 타. 록볼트 측정기 파. 강재 비파괴 시험 장비 　1) 자분 탐(MT) 　2) 초음파 시험기(UT) 2. 교량 및 터널 분야 가. 정적 및 동적 변형 측정 장치 나. 내공 변위 측정기 　(정밀도 0.01mm 이상)	3. 수리 분야 가. 유독 가스 탐지기 나. 관로 누수 탐지기 다. 금속관 탐지기 라. 훅크온메타 마. 절연 저항계 　(1000MΩ 이상) 4. 항만 분야 가. 수중 카메라 　(라이트 부착형) 나. 유속계 　(0.1m/sec ～ 3m/sec) 5. 건축 분야 가. 진동 측정기 나. 정적 응력 측정기	1. 육안 검사 장비 가. 돋보기 나. 망원경 다. 카메라 라. 비디오 카메라 마. 균열폭 측정 현미경 2. 비파괴 시험 장비 가. 반발경도 측정기 나. 음파에 의한 측정 장비 : 　– 망치, 체인 다. 초음파에 의한 측정 장비 3. 자기 감응검사 장비 가. 콘크리트 피복 측정 장비 4. 전기에 의한 부식 검사 장비 가. 콘크리트 전기저항 측정 장비 나. 전위차 측정 장비	1. 종합 및 건축 감리 전문회사 가. 자동염분 측정기 　측정 범위 : 0.001～1.0% 이상 　측정 온도 : 0 ～ 40℃ 　전원 : 전지 및 AC 100V 겸용 나. 콘크리트 테스트 햄머 　측정 범위 : 100～600kg/cm² 　측정 방식 : 기록식 다. 철근 탐지기 　피복 두께 : 100mm 이상, 철근간격 측정 라. 도막 두께 측정기 　측정 방식 : 전자식 　측정 대상 : 금속 및 비자성 금속피막, 콘크리트 피막 　측정 범위: 0 ～ 1,000μm ±1μm 마. 소음 측정기 　측정 범위 : 40 ～ 110dB 바. 목재 함수율 측정기 　측정 범위 : 6 ～ 30% 　정밀도 : ±0.5% 사. 타일인발 시험기 　유압용량 : 1,500kg 측정, (디지탈식) 　인발강도 : 90kg/cm² 2. 토목 감리 전문회사 　종합 및 건축감리전문회사에서 소음 측정기, 목재 함수율 측정기, 타일 인발 시험기 제외	가. 지하 매설물 탐사기 나. 균열 진행성 측정기 다. 콘크리트 내구력 측정기 라. 콘크리트 부착 강도 측정기

230

4.3.2. 계측 및 오차

일반적으로 '어떠한 양이나 정도를 알기 위하여 재는 것'을 우리는 계량, 측정 혹은 계측한다는 용어를 사용하고 있다. 이러한 용어들은 의미가 동일한 것 같지만 엄밀히 구분하면 차이가 있다.

정밀안전진단 과정에서 필수적으로 수행하는 비파괴 검사에 대한 계측의 의미와 오차의 한계를 정확히 이해하는 것은 현장조사의 정밀도를 높일 수 있으며, 점검 또는 진단의 정확률을 향상시키는 데 필수적이라 하겠다.

4.3.2.1. 계측의 의미
(1) 계량

계량이란 상거래 또는 정도를 증명하기 위하여 기기 또는 도구를 사용하여 길이, 질량, 넓이, 부피, 각도, 시간, 온도, 광도, 속도, 유량, 압력, 점도, 밀도, 농도, 주파수, 전력량, 열전도율, 소음, 경도, 비중, 습도, 열전도율, 조도, 진동레벨, 인장강도 또는 압축강도 등을 결정하기 위한 조작 행위를 말한다.

(2) 측정

측정이란 상거래나 증명하기 위한 것 이외에 산업 및 과학기술분야에서 기기나 또는 특정한 도구를 사용하여 물상상태의 정도나 양을 결정하기 위한 조작 행위를 말한다.

(3) 계측

계측이란 계량이나 측정 행위는 물론 그 외 정해진 목적에 적합한 계산 과정까지를 포함하여 양이나 정도를 결정하기 위한 조작 행위를 말한다. 즉, 넓은 의미로 제어과정을 포함하여 필요한 방법, 장치의 강구 및 측정에 따르는 조작, 오차보정 등을 실시하는 것을 의미하며, 이는 자연과학분야뿐만 아니라 사회과학분야에서도 사회현상을 재고, 분석하여 처리하는 것을 의미한다.

그러므로 계측이란 가장 광의의 의미를 지니고 있으므로 계측은 계량과 측정의 내용을 모두 포함하면서 그 외 계산(computation) 과정까지 부과되는 것을 말한다. 그러므로 정밀안전진단 과정에서 수행하는 비파괴 검사의 모든 조작 행위들은 계량과 측정 행위 과정을 통하여 얻은 수치를 계산과 분석 과정을 거쳐 최종 결과치를 얻는 과정이므로 계측 행위라 할 수 있다.

4.3.2.2. 계측 시스템의 특성

계측 시스템은 계측하고자 하는 대상체에 따라 달리 구성되지만 대개 센서부, 신호처리부, 지시·해석·기록부로 구성된다. 계측은 이러한 계측 시스템을 이용하여 과학적 방법으로 계측 대상으로부터 필요한 정보를 얻는 것이다.

계측 목적에 따라 대상체로부터 기계량, 물리량, 혹은 화학량을 적절한 센서(혹은 변환기)를 이용하여 감지하고, 감지된 신호는 일반적으로 미약하기 때문에 증폭시키는 신호처리 과정을 거친다.

신호처리 과정에서는 계측 목적에 따라 필요 없는 신호성분을 필터를 통하여 제거하기도 하며, 또한 센서와 지시·해석·기록부가 있는 장소가 따로 떨어져 있는 경우에는 적절한 신호 전송 방법이 강구되어져야 한다.

최근 건설, 자동차, 항공우주 같은 분야에서는 원격계측(원격계측)과 관련하여 무선전송이 많이 활용되고 있다. 고감도의 안전성을 갖는 계측 시스템을 구축하기 위해서는 계측 시스템을 구성하는 요소 각각의 특성이 계측 대상과 목적에 부합되어야 한다.

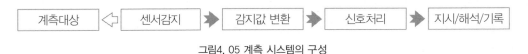

그림4. 05 계측 시스템의 구성

4.3.2.3. 계측 오차 및 분류

오차란 측정값과 참값과의 차이를 말하는데, 계측 과정에서는 오차가 어쩔 수 없이 발생하는 것이므로 경우에 따라서는 참값을 구할 수 없기 때문에 참값에 가장 가까운 값을 추정하고 평가하게 된다.

이렇게 발생하는 계측시의 오차는 계통오차, 우연오차, 이상오차 등으로 분류하는데, 일반적인 계기에 의한 참값 측정의 오차 범위가 대개 0.5~1.0% 이내인 반면, 철근콘크리트를 대상물로 시행되는 비파괴 검사의 오차범위는 계측의 시스템과 추정값 평가라는 특수성에 따라 20%를 넘는 것으로 알려져 있다.

표4. 45 계측오차의 분류

No	분류		정의 및 발생 원인	대처 방안
1	계통오차	계통오차	어느 특정원인에 의한 인과관계의 오차	
		기기오차	기기의 노후, 환경에 의한 기기의 변화	기기교정, 재조정
		환경오차	온도, 습도, 기압, 먼지, 소음진동, 전자파환경 등	측정환경 개선
		개인오차	개인별 특성에 의해 발생	多人측정, 반복측정
		동력원오차	사용전지 또는 전원방식에 의해 발생	동력원 안정화
2	우연오차		오차의 원인이 불특정, 보정이 불가능한 오차	반복측정, 통계처리
3	이상오차		조작, 읽고 쓰기의 과실오차	多人측정, 반복측정

(1) 계통오차(systematic error)

계통오차는 어느 특정원인에 의해서 일정한 인과관계를 갖고 나타나는 오차를 말하며, 이러한 오차는 미리 보정하여 제거할 수 있고, 데이터를 취득한 후 이론적으로 보정할 수도 있으며, 경우에 따라서는 보정이 불가능할 수도 있기 때문에 계통오차는 적극적으로 발생하지 않도록 하여야 한다.

계통오차는 기기오차, 환경오차, 개인오차, 동력원오차로 분류되며 그 내용은 아래와 같다.

① 기기오차(instrument error)

기기오차는 기기 자체의 노후, 또는 측정환경에 의한 기기의 변화에 따라 발생하는 오차를 말하며, 이러한 오차를 최소화하기 위해서는 기기별 규정기간 이내에 기기에 대한 교정검사를 받거나 환경에 따라 재조정하여야 한다.

② 환경오차(environmental error)

환경오차는 계측환경조건의 온도, 습도, 기압, 먼지, 소음진동, 전자파환경 등에 따라 발생하는 오차를 말하며, 이는 측정환경을 개선하거나 환경변화 후에 재계측 함으로써 최소화할 수 있다.

③ 개인오차(personal error)

개인오차는 개인별 인적 특성에 따라 발생되는 오차를 말하며, 키가 크거나 작은 경우, 힘이 과다하게 세거나 허약한 경우, 또는 개인별 특유한 습성 등에 따라 계측 시에 오차가 발생하게 된다. 이러한 오차는 여러 계측자의 반복측정 또는 측정기술의 숙달 등을 통해 최소화할 수 있다.

④ 동력원오차(power change error)

동력원오차는 동력원의 변동에 따라 발생하는데, 사용전지나 전원방식 및 동력원 충전부족 등에 기인한다. 이는 동력원을 안정화시킴으로써 최소화할 수 있다.

(2) 우연오차(accidental error)

우연오차는 오차의 원인이 불특정하여 보정이 불가능한 오차를 말하며, 오차의 부호와 크기가 불규칙하게 변동하는 특징을 갖고 있다. 이렇게 측정값에 영향을 주는 요인은 많이 있는데, 매 측정마다 그 요인 개개가 변동하기 때문에 전체적으로 치우친 값을 갖는 경우가 많다. 이러한 우연오차는 반복측정 또는 적절한 통계적 방법을 적용하여 처리하는 것이 일반적이다.

(3) 이상오차(abnormal error)

이상오차는 기기를 조작하고 읽고 옮겨 쓰는데서 오는 과실오차를 말하며, 이러한 오차는 학문적으로 다룰 수 없는 것이지만 계측 기술론으로서는 중요한 사항이라 할 수 있다. 이러한 오차는 계통오차의 개인오차와 마찬가지로 여러 계측자의 반복측정 또는 측정기술의 숙달 등을 통해 최소화할 수 있다.

4.3.2.4. 정확도, 정밀도, 정확정밀도

모든 계측의 궁극적 목표는 참값을 추정하기 위해 계측의 정확 정밀도를 조금이라도 높이고자 하는 것이다. 우리는 모든 검사에서 정밀한 계측을 통하여 정확한 값을 얻고자 한다. 이때, '정확'이란 참값과 동일한 것을 의미하며, '정밀'이란 평균값이 참값과 비슷하게 최근접한 것을 의미한다.

어느 특정의 기기를 사용하여 계측하였을 경우 결과치에 대한 '정확도'란 계통오차의 정도를 말하며, '정밀도'란 우연오차의 정도를 말하고, 계측오차가 작은 것을 정밀 정확도라 하는데, 이는 정확도와 정밀도를 합한 것이라 할 수 있다.

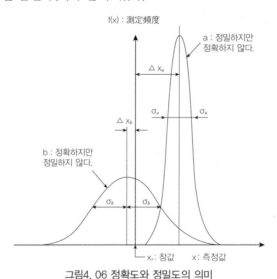

그림4. 06 정확도와 정밀도의 의미

여기서 참값에 대한 정확과 정밀의 의미를 아래의 그림으로 표현하였다.

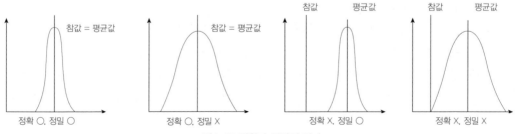

그림4. 07 정확과 정밀의 의미

4.3.2.5. 불확도(uncertainty)

우리가 무엇인가를 측정하였을 경우 그 측정 결과는 측정값으로 표시되며, 측정 결과를 바탕으로 제품이나 측정 대상의 양부 혹은 합격·불합격을 판정하기도 한다.

그러나 그 결과가 어느 정도 정확한가는 측정값으로부터 알 수 없다.

때로는 측정값이 허용치의 경계가 되는 경우 합부 판정은 더욱 어려워진다. 이러한 상황으로부터 측정값을 표시하는 방법과 동일하게 측정값의 신뢰성을 객관적인 수치로 표시하여야 할 필요가 있다.

최근 계측의 신뢰성을 표현하기 위하여 '계측의 불확실성'이라고 하는 새로운 정의와 개념이 사용되기 시작했으며 종래 '계측의 오차'가 사용되다가 ISO국제표준화기구로부터 '계측에 있어서 불확도 표현 가이드'에 의해 세계적으로 '불확도'가 정착되어가고 있다.

측정의 신뢰도를 표시하는 하나의 지표가 '계측의 불확도'이다. 측정자는 측정값과 아울러 그 값의 신뢰도를 '불확도'라는 수치로 신뢰성의 정도를 강조할 수 있다.

4.3.2.6. 불확도의 평가

측정의 결과인 측정값에는 흩어짐이 있다. 이 흩어짐의 크기를 측정값의 신뢰도 지표로 사용할 수 있는데, 이것이 '계측의 불확도'이다. 일반적으로 흩어짐이 큰 측정 결과는 신뢰성이 낮고, 흩어짐이 작은 측정 결과는 신뢰성이 높다고 생각할 수 있다.

최종적으로 측정값은 관측값에 대하여 이미 알고 있는 계통 효과를 보정한 값으로 측정량의 가장 좋은 추정값이 된다.

그림4.08은 참값과 측정값의 관계에서 오차와 불확도를 생각하는 방법의 차이를 보여주고 있다. 불확도를 평가하는 데 있어서 참값과 측정값의 차를 알 수 없는 양으로 하여 불확도에 포함시키지 않은 점이 큰 차이이다.

불특정 원인이 측정값을 치우치게 하는 경우가 있다. 불확도를 평가하는 관점에서 보면 이러한 치우침이 흩어짐의 크기를 아는 데 중요한 부분을 차지한다.

치우침을 아는데 측정횟수가 적은 경우 즉, 교정(calibration)의 경우 참값에 상당하는 것을 측정하여 측정값을 읽은 데이터로부터 참값과 읽은값 사이의 관계를 알 수 있다.

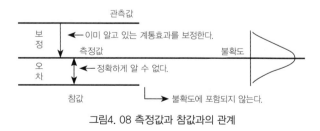

그림4. 08 측정값과 참값과의 관계

바로 이것이 계측기기의 교정이다. 많은 계측기기는 이러한 교정을 통하여 치우침이 적은 정확한 측정을 할 수 있다.

4.3.3. 육안 검사

육안 검사는 콘크리트 구조물의 외관을 육안 관찰하는 것이므로 흔히 비파괴 검사 항목이 아닌 것으로 생각하거나, 또는 단순한 육안 관찰이므로 대수롭지 않은 것으로 치우쳐 생각하는 경향이 많아 흔히들 책임기술자들이 직접 수행하지 않고 구조물의 구조적 거동을 완전히 이해하지 못하는 초보기술자들의 관찰 결과에 의존하는 경우가 흔한데, 이로 인한 오진의 사례가 흔하게 발생하곤 하는 것이 현실이다.

그러나 모든 구조물들의 성능저하 현상이 육안으로 관찰되는 상황까지 도달했다는 의미는 심각한 결함 상태이므로 결함의 위치, 상태, 방향성, 진행 여부 등에 따른 구조물의 거동에 대한 면밀한 검토와 분해·분석이 필요하며 때에 따라 결정적인 결함인 경우에는 안전성과 직결되는 가장 중요한 검사 항목이라 하겠다.

4.3.3.1. 육안 검사의 의의 및 적용

콘크리트의 열화나 성능저하 현상은 결국 콘크리트의 표면에 어떠한 형태의 손상으로 나타나게 되는 것이 일반적이므로 육안 검사는 이러한 손상상황과 콘크리트 전체의 변형상황, 구조물 주변의 환경과 여건상황 등을 간단한 기구 등을 이용하여 육안 관찰을 통해 파악하는 조사 방법이지만 구조물의 진단 행위에서 가장 중요한 정보를 얻을 수 있는 검사 항목이다.

콘크리트의 표면에 발생된 균열, 박리, 철근노출 등의 발생 위치와 규모 등의 손상 상황, 구조물의 침하나 기울기 등의 변형상황과 주변의 환경여건으로부터 오는 손상의 발생요인 등을 파악할 수 있으며, 또한 육안 검사의 결과는 해당 구조물의 보수·보강 대책의 긴급성 및 범위와 규모를 결정할 수 있을 뿐만 아니라 향후의 유지관리 방안을 강구하는 주요 자료가 된다.

한편, 기존구조물에 대한 육안 검사에서 간과할 수 없는 사항은 완성된 부재에 대한 부재조사와 아울러 사용자에 의한 무단 구조변경사실 여부에 대한 조사이다. 이는 당초구조설계와 전연 다른 구조적 영향을 주는 것이므로 매우 주요한 항목이다.

4.3.3.2. 육안 검사 대상 및 정의

(1) 부재조사: 당초의 구조계산서와 구조설계의 치수 규격에 맞게 실제 시공되어져 있는지에 대한 각 부재의 단면치수 조사이다.

만일 부족한 단면으로 시공되어져 있거나 부재가 아예 생략된 경우가 있다면 그만큼의 구조적 내력을 상실한 중요한 요소가 된다.

(2) 구조변경조사: 사용자에 의해서 구조적 검토 없이 무단 구조변경이 과거 다반사로 이루어져 왔던 만큼, 이에 대한 변경여부의 조사와 확인은 육안 검사에서 밝혀내야 하는 구조적으로 매우 중요한 사항이다.

(3) 균열: 콘크리트나 마감재에 생긴 균열로서 온도하중에 의한 수축팽창 및 건조수축에 의한 것과 외력에 의한 구조적인 문제로 발생되는 구조적 균열 등이 있으며, 그 원인에 따라 형태 및 양상은 각기 다르게 나타난다.

(4) 들뜸: 구조물의 철근이 부식되고 팽창되면 그 팽창압에 따라 피복 콘크리트가 들뜨게 되며, 모르타르미장이나 타일붙임 등이 시간의 경과와 더불어 건습, 열응력의 반복 등에 따라 접착력이 떨어지며 들뜨게 되는 수가 있다.

(5) 박락: 구조물의 철근이 녹슬어서 팽창되어 피복콘크리트가 균열과 들뜸 현상이 생기면서 철근으로부터 벗겨 떨어지는 상태이거나, 콘크리트의 동결·융해 작용 등에 따라 표면이 떨어지는 상태, 혹은 시멘트 모르타르 미장이나 타일 등이 떨어지는 상태를 말한다.

(6) 에프로레센스(백화, efflorescence): 콘크리트 표면에 나타낸 백색의 결정을 말하며, 주성분은 시멘트 속의 알칼리성분인 황산염($NaSO_4$, $CaSO_4$)으로서 이것을 백화라고도 한다. 한편 시멘트 속의 수산화칼슘($Ca(OH)_2$), 황산염이 침입된 물에 의해 용해된 칼슘이온이 콘크리트 표면으로 빠져나와 공기 속의 이산화탄소(CO_2)와 반응하여 탄산칼슘($CaCO_3$)이 되는데 이것을 백오라 한다. 이를 구분하기도 하지만 일반적으로 이 양자를 에프로레센스라고 부른다.

(7) 팝 아웃(pop out): 팽창성 골재(황화철계의 입자, 마그네시아계의 골재)가 콘크리트의 표면 가까이 존재하여 팽창반응을 일으키는 경우, 혹은 철근이 현저하게 녹슬어 체적팽창된 경우 원추형의 크레이터를 만들어 들뜨게 되어 파괴되면서 콘크리트 조각이 떨어져 나오게 되는 현상을 말한다.

(8) 취약한 표층 (박리): 동결융해작용, 또는 부식성 액체나 부식성 가스에 의해 표층부 콘크리트의 조직이 완만해진다든지 시멘트 페이스트(cement paste)가 연화하는 것이다.

(9) 마찰감소, 마모: 자동차의 주행에 의한 마찰감소, 유수의 작용에 의한 마찰감소나 cavitation을 말하는데, 일반적으로 콘크리트 속의 경질인 조골재는 마찰감소가 작기 때문에 쉽게 노출하게 된다.

⑩ 녹 오염: 콘크리트 속의 철근 또는 매립(철물)이 부식되어 타설 이음이나 콘크리트 균열에서 철 녹으로 삐져나오거나 콘크리트구조물의 위쪽에 설치된 철골구조물이 부식되어 녹물이 흐르면서 콘크리트를 오염시킨다.

⑪ 누수 및 누수 흔적: 지붕 방수층에서 물이 스며들거나, 외벽의 타설이음, 창호새시와 콘크리트의 접합부등, 옥외에서 실내로 물이 침투되어 샌 흔적이나, 위층의 부엌, 목욕탕, 화장실 등의 누수된 흔적 등이다.

4.3.3.3. 육안 검사 방법

(1) 사전 조사

검사 시행 전에 대상구조물의 규모(건축면적, 층수), 구조종별(RC조, SRC조, 블록조 등), 환경조건 (해안지역, 내륙, 한랭지, 아열대, 열대, 공업지대 여부 등), 구조물의 용도(사무소, 주택, 공장, 각종 공공시설 등), 구조물의 이력(소유자 이력, 경과연수, 개축·보수, 화재, 지진 등의 이력) 등을 조사하고 관리 주체와 면담을 통하여 전반적인 구조물에 대한 의견을 청취한다.

(2) 검사 도구

검사에 사용되는 도구는 줄자, 균열스케일, 균열현미경, 시험용 손 해머, 모르타르, 타일의 들뜸 판별용 특수해머(음파해머), 쌍안경, 망원 혹은 접사렌즈가 있는 카메라, 텔레비전카메라 등이며, 천장 속·채광이 불충분한 방의 육안 검사에는 조명기구가 필요하다.

또한 침하나 기울기 등의 구조물 변형상태를 검사하기 위해서는 레벨(level)기나 트랜싯(transit)의 기구가 필요하다.

2028

사진4. 01 균열확대경

(3) 검사 방법

육안 검사는 우선 조사 대상물의 외부 주변 환경부터 파악하고 외부관찰을 통하여 구조물 전체의 침하나 기울기 등을 관찰하면서, 점차 대상물 가까이 가능한 한 근접하여 육안 관찰하되 근접이 어려운 여건일 경우에는 쌍안경 등을 이용한다. 대상물의 표면이 더렵혀진 경우 깨끗하게 청소하고, 필요한 경우 조명시설을 이용하되 조명 방향에 따라 상황이 다를 수 있으므로 이에 유의하여야 한다.

특히 콘크리트면의 균열인 경우에는 구조물의 안정성 또는 내구성 평가의 중요한 지표가 되므로 균열 발생 위치, 균열 방향 및 모양새 등에 따라 균열 원인을 추정하고 외력에 의한 균열인 경우에는 구조물의 거동 변화 추이를 파악하여야 한다. 또한 균열부에 손의 촉감으로 단차가 느껴지는 경우 또는 내부로부터 부풀어 올라있는지의 여부를 면밀히 조사하여야 하는데 이는 대부분 알칼리 골재반응(AAR) 혹은 중성화에 의한 철근부식의 체적팽창에 기인하는 경우가 대부분이다. 아울러 조사 시 음파해머에 의한 타음법을 이용하여 음질에 따라 표면의 들뜸, 박리, 공동의 유무 등을 파악한다.

또한, 각 부재규격의 도면과 일치 여부 및 무단 구조변경 여부 등에 대한 조사도 병행하여야 하며, 이러한 모든 조사를 통하여 얻은 결과들은 도면화하여 도면에 위치 및 양상을 도시하여 기록하고 사진 촬영하여 함께 첨부되어야 한다.

표4. 46 콘크리트 구조물의 육안조사 대상 및 방법

조사 대상	조사 방법
부재 규격 조사	* 부재의 규격이 당초 도면규격과 일치 여부 확인 * 부재가 미시공된 경우가 있으므로 이에 대한 확인
무단 구조변경 조사	* 구조검토 없이 무단 구조변경 여부에 대한 확인
균열	* 육안관찰에 의한 균열의 발생방향, 개수의 파악. 기록 * 균열스케일 등에 의한 균열폭 및 길이의 측정. 기록 * 균열에 손을 대어 들뜸, 단차 등의 파악. 기록 * 균열 주위의 타음에 의한 들뜸, 박리의 파악. 기록 * 균열로부터 녹물용출 개소의 파악. 기록
들뜸, 박리, 박락, 철근 노출 녹물용출, 곰보, 유리석회 변색, 누수, 체수, 보수 흔적	* 육안관찰에 의한 손상위치, 손상개소, 수의 파악. 기록 * 손상주위의 타음에 의한 들뜸, 박리의 파악. 기록 * 스케일 등에 의한 손상의 치수측정. 기록
이상음, 이상 진동	* 음원과 진동 위치를 육안관찰 등으로 파악. 기록
변형, 침하, 이동, 경사	* 스케일이나 추를 내려보는 방법 등에 의한 측정. 기록

4.3.3.4. 항목별 검사 방법

(1) 부재 조사

각 부재의 단면 규격이 당초의 설계치수와 일치하는지에 대한 검측이 필요하다. 만일 극심한 단면부족이 있을 경우 이는 부재 내력상 현저히 심각한 안전상의 위험을 초래하게 된다. 또한 종종 도면과 상이하게 부재를 미시공한 경우가 있으므로 이에 대한 상세한 조사가 이루어져야 한다.

표4. 47 부재 조사의 실례

층별	부재명	Grid Line	부재번호	원설계	실제 시공	단면적률
B-1	기둥	B/6	1C2	600x600	550x560	85.5%
G	거더	C/3-4	G6	400x700	380x650	88.2%
1층	보	F/2-3	B2	350x600	미시공	0%

(2) 구조 변경 조사

완공된 건축물을 사용자에 의해 구조검토 및 보완조치 없이 무단 구조 변경하여 사용하거나 원래의 용도 이외로 사용하는 경우가 흔히 발생하여 구조적 안전상 심각한 위해가 되므로 이에 대한 조사와 확인이 철저하게 이루어져야 한다.

표4. 48 구조 변경 조사의 실례

층별	Grid Line	당초 용도	현재 용도	허용하중증가	증가율	보강 여부
3층	A,B/4-5	열람실	서고	300⇒750	250%	무
옥상	F,G/7-8	옥상	정원	200⇒500	250%	무

(3) 균열의 육안 검사

균열은 비구조적 거동에 의해 발생되는 비구조 균열, 즉 일반균열과 구조적 거동으로 발생되는 구조균열로 구분할 수 있다. 일반균열이라 함은 재료상, 시공상의 이유로 발생되어 구조물의 내구성 저하의 요인이 되는 균열들을 말하며, 구조균열은 압축력, 인장력, 전단력, 피로하중, 지반침하 및 토압 등과 같은 외력에 의한 구조적인 요인에 의해 발생되는 균열을 말하므로 이는 구조적 안정성과 직결되는 중요한 균열이다.

1) 균열의 종류

　① 진행 여부에 따른 분류
　◇ 진행성 균열 : 구조물의 지속적인 진행으로 균열의 상태가 진행 중인 것.
　◇ 정지성 균열 : 구조물의 변형이 정지되어 균열의 진행이 정지되어 있는 것.

　② 상태에 따른 분류
　◇ 건식 균열 : 균열 부위의 콘크리트가 건조하게 마른 상태에 발생된 균열
　◇ 습식 균열 : 균열을 통하여 누수는 되고 있지 않지만 습윤한 상태의 균열
　◇ 누수 균열 : 균열을 통하여 현재 누수가 진행되고 있는 균열

　③ 원인에 따른 분류
　◇ 일반 균열
　　• 건조수축 균열(경화수축, 탄산화수축)　　• 온도균열(수축팽창균열)
　　• 수화열에 의한 균열　　• 침강균열　　• 재료 균열
　　• 시공 균열　　• 기타 : 이상응결균열, 팽창균열 등

　◇ 구조 균열
　　• 인장균열　　• 전단균열　　• 압축균열　　• 침하균열　　• 지진균열

2) 균열 검사 보고서

육안 검사 보고서에는 균열의 발생 부위, 형태, 폭, 길이, 및 추정되는 원인 등을 균열도와 균열일람표 및 사진 등을 첨부하여 기술 작성토록 한다.

표4. 49 〈PK1〉지하주차장 균열 일람표 실례

No	위치(Grid)	부재명	균열형상	균열 폭(mm)	균열 길이(m)	추정 원인
1	3,4/ J	거 더	사인장전단균열	0.25	0.45	전단내력부족
2	6,7/ B,C	보	인장균열	0.20	0.35	인장내력부족
3	2,3/ D,E	슬래브	장방형인장균열	0.15	2.80	인장내력부족

① 간이 측정자에 의한 계측

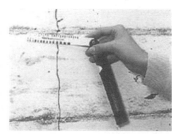

② 균열 측정 스케일에 의한 계측

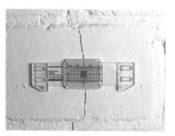

③ 부착용 균열측정스케일에 의한 계측

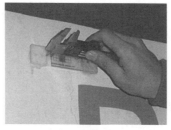

④ 부착용 균열측정스케일에 의한 계측

⑤ 균열폭 측정기기에 의한 계측

사진4.02 균열폭 계측 기구에 의한 검사 모습

(4) 표면열화의 육안 검사 방법

구조체 콘크리트나 모르타르·타일 등에 생긴 변색·오염(담황색화, 녹오염, 에프로레센스에 의한 백색오염 등), 변질(용출, 취약화, 알카리골재반응), 콘크리트의 팝아웃(pop-out), 타일의 벗겨짐, 마멸 등의 열화상황 등을 육안에 의해 조사하고 도시화하여 기록한다.

1) 발생 부위·형태에 따른 분류 예
　　① 지붕·파라페트·차양

이러한 부위는 우수, 바람, 눈, 일조, 한서 등 심한 기상환경에 노출되어 있으므로 건습, 온도 변화, 동결융해 작용 등에 따라 콘크리트 혹은 마감모르타르, 방수층 등은 들뜸, 박리, 박락, 팝아웃, 동해, 오염 등 여러 가지 표면열화가 생긴다.

② 외벽

외벽은 지붕에 다음가는 심한 기상조건에 시달리는데, 동서남북의 방위에 따라 표면열화의 경향은 다르다.

일반적으로 남쪽은 유기계 마감재의 열화가 심한 반면, 한랭지에서는 남쪽 벽은 북쪽에 비하여 동기의 동결융해 횟수가 많고 타일 박락 등의 열화가 심하다. 또한 해안변측은 백화현상이 배면보다 심하다.

③ 옥내벽·천장

벽·천장에 도포된 모르타르, 석고플라스틱 등의 마감재에 들뜬 것, 박리, 박락 등이 생기는 수가 있다. 또 바닥판 하단 철근의 피복 부족의 경우 철근이 부식되면 똑같은 열화가 생긴다. 누수 흔적, 결로 및 곰팡이, 그을림 오염 등에도 주의하여 관찰한다.

2) 원인에 의한 분류 예

① 접착의 열화

타일·모르타르 미장 등의 마감재의 접착력이 시간의 경과에 따라 열화되면 들뜨기, 박리, 박락 현상이 생긴다.

② 철근의 부식

철근의 부식에 따른 체적팽창압으로 부식철근 부위의 피복콘크리트 균열, 들뜨기, 박리, 박락, 녹의 오염 등이 생긴다.

③ 동해

동절기에 동결융해에 의한 동해를 받으면 콘크리트는 표면층에서부터 팽창과 수축을 반복하며 열화되어 취약화된다.

④ 누수

누수 현상이 발생되면 내부에서 염류의 용출을 수반하여 에프로레센스(efflorescence)가 생긴다. 또는 축축한 곳에는 곰팡이, 이끼가 생기며, 철근이 부식되고 누수가 있으면 거기에서 녹물이 흘러나오고, 노출된 강재가 부식되면 콘크리트 표면에 녹의 오염이 생긴다.

⑤ 냉교·결로

냉장창고의 외벽 등에 띠상의 곰팡이, 이끼 등이 생기는 수 있는데, 이것은 단열재 접합부의 단열 성능이 작고, 그 부근에 냉교가 생겨 결로 현상에 의한 것이다. 또한 단열재보다 열전도율이 큰 골조 등이 들어 있으면 냉교가 된다.

⑥ 반응성 골재

콘크리트 내의 반응성 골재에 의해 알카리 골재반응(AAR)이 생기는 경우 황토색의 반응환 등 오염이 생기며, 마그네시아계 골재의 경우 팝아웃(pop out) 현상이 생기는 수가 있다.

⑦ 중성화

콘크리트가 이산화탄소(CO_2)에 의해 중성화되면 철근 부식을 초래하여 균열을 유발시키고 결국 콘크리트의 박락을 초래한다. 그러므로 육안 검사를 통하여 철근부에 균열발생 여부를 면밀히 관찰하고, 콘크리트가 박락되어 있는 경우 철근의 부식 정도를 함께 확인하여 도시한다.

⑧ 염해

특히 해안가에 구축된 구조물이거나 또는 해사를 사용한 구조물인 경우에는 염분에 의한 열화 현상이 발생되어 있지 않은지 확인하여야 하며 특히 철근의 부식 정도를 면밀히 관찰하여야 한다.

⑨ 화재

콘크리트는 과열을 받는 경우 폭렬로 인하여 균열 및 박락현상이 발생한다. 과거 화재가 발생된 적이 있는지와 화재 발생으로 인한 고온 열화현상이 발생되어 있는지 여부 등을 확인관찰하고 피해 정도를 도시한다.

⑩ 교통

반복적인 교통량의 통행이 심한 경우에는 차륜에 의해 콘크리트 포장 표면층에 마모 현상이 발생한다.

⑪ 약품·온천수·유해가스·매연

약품과 온천수는 콘크리트의 표면에 유화수소, 알칼리염료 등을 발생시키고, 유해가스 및 매연 등으로 인하여 오염 및 표면 취약 현상을 유발하게 된다.

3) 보고서 작성
　① 열화개소의 환경, 공용상황 및 열화경위
　② 발생부위(개소), 형태
　③ 발생면적(수)
　④ 열화의 정도(변색, 변질, 깊이, 낙하의 위험성)
　⑤ 추정되는 원인 등을 그림, 표, 사진, 스케치, 참고문헌 등으로 기술

(5) 누수 및 누수 흔적의 육안 검사 방법

　일반적으로 건물의 하자 발생 중, 누수에 관한 것이 가장 많으며, 특히 방수층의 열화에 의한 지붕에서의 누수, 익스팬션조인트에서의 누수, 외벽의 균열, 콜드조인트(cold joint)에서의 누수, 부대설비의 누수 등 그 원인 및 양상도 매우 다양하다. 누수 흔적도 빠짐없이 관찰하여야 하며, 급수용 혹은 배수용의 노출배관이 있는 경우 결로수가 천장, 벽 등에 누수 흔적과 같은 상태가 생기므로 오류가 없도록 한다.

1) 발생 부위·형태에 의한 분류 예

　① 지붕에서의 누수

　지붕 누수의 원인은 대부분 방수층의 불완전이나 파단에 의하는 경우가 많으며, 특히 방수층의 파라페트(parapet) 수직부와 접합부에서 누수되는 경우가 많다. 천장에서 샌다든지 때로는 벽을 타고 마감재의 균열에서 누수되는 경우도 있으며, 누수의 원인이 매우 다양하므로 누수의 근원이 되는 부분을 발견하는 것이 그리 쉬운 일이 아니다.

　② 외벽에서의 누수

　외벽의 누수는 콜드조인트(cold joint), 부등침하에 의한 균열 등 관통균열, 매립철물, 새시주변 등에서 발생되는 경우가 많다. 누수 흔적을 역추적하며 시험한다든지 풍우가 있는 날에 직접 누수 상태를 시험해 볼 수도 있다.

　③ 실내의 누수

　실내 누수는 상층부의 목욕탕, 탕비실, 부엌, 아파트의 발코니나 베란다 등에서 결함부로 새는 물이 아래층으로 누수되는 경우가 많다.
　또는 외벽으로부터 내부 벽체로 스며드는 누수의 경우도 종종 발생된다.

　④ 지하실의 누수

　지하실의 방수 불량, 흙에 접하는 벽 또는 지하실 바닥판 등에서 누수된다. 지하외벽 보호벽 배수구가 막힌 경우도 벽·기둥 밑부분에서 누수되는 수가 있다.
　경우에 따라 외부옹벽의 골재 분리로 수압에 의해 스며드는 경우가 종종 있다.

244

⑤ 개구부 주변의 누수

개구부 모서리부에서 사면 방향으로 발생된 균열이나 또는 창호새시와 콘크리트와의 접합부 등에 틈새가 발생하여 누수된다.

2) 원인에 의한 분류

① 방수의 잘못, 열화에 의한 누수

옥상이나 지하실의 방수 잘못이나 열화에 의한 누수 등으로 특히 파라페트(parapet)의 수직 부분 또는 접합부에서 누수되는 경우가 흔히 있다.

② 콘크리트의 타설이음, 흠집, 노출자갈에서의 누수

상기의 누수들은 당초 콘크리트 타설 및 보양 시공상의 잘못에 의한 것이며, 그중에서도 외벽에서의 누수가 가장 많다.

③ 관통균열에서의 누수

외벽에 관통균열이 발생하면 균열부를 통하여 빗물이 침투되어 실내 벽체로 누수되는 경우가 있다.

④ 익스팬션 조인트에서의 누수

익스팬션 조인트로 연결된 구조물은 수축팽창의 반복 작용으로 건물 상황의 변형과 변위가 발생되며, 그로 인해 조인트 손상으로 누수되는 경우가 있다.

⑤ 매립철물, 인서트에서의 누수

외벽이나 지하실의 외부 옹벽에 설치된 철물이나 또는 콘크리트 내에 매립된 인서트(insert) 등으로부터 누수되는 경우가 있다.

⑥ 전선관 파이프, 전기 Box에서의 누수

콘크리트에 매설된 전선관 파이프의 이음매로 물이 침투하여 콘센트박스 등으로 물이 새어나오는 현상이 있으며 이는 누전사고의 원인이 된다.

3) 보고서
   ① 누수부위, 위치, 수
   ② 누수형태
   ③ 누수 정도
   ④ 강우와 누수와의 관계
   ⑤ 추정되는 원인 등을

그림, 표, 사진, 스케치, 참고문헌 등을 써서 상세히 기술한다.

(6) 변형의 육안 시험 방법

구조물의 바닥판·보의 처짐 및 균열, 구조물의 기울기, 침하로 생긴 구조물의 변위 및 그에 따른 균열 등의 변형 정도를 조사한다. 이로 인해 생기는 이상 체감 및 창호의 개폐상황 불량 등에 대해서는 관리 주체의 진행 이력에 대한 청취도 함께 가져야 한다.

1) 발생 부위·형태에 의한 분류 예

  ① 바닥판

  큰 처짐 및 진동이 생기는 것은 바닥판 슬래브에 가장 많이 발생하는 현상인데, 바닥판의 처 짐 등은 육안 관찰에 의해 확인이 가능하다. 특히 처짐 현상은 차량의 통행, 인간의 보행, 도어(door)의 개폐 등 이상한 체감이 있거나 또는 창호의 극간을 관찰하여 알 수 있는 경우도 있다.

  ② 구조체의 기울기

  구조물이 부등침하에 따라 기울거나 교각의 기초가 세굴되어 기울거나 옹벽이 토압에 따라 기울게 된다.

  ③ 파라페트

  옥상 방수층의 누름 콘크리트가 하절기의 고온에 따라 열팽창되어 팽창압에 의해 파라페트를 밀어내면서 그 근원부에 균열이 생기는 수가 있다.

  ④ 포장면 침하 여부

  콘크리트나 아스팔트 포장면에 지반의 침하로 인한 처짐 및 물고임 현상이나 혹은 물이 고였다가 말라버린 흔적 등이 있는지 주의 관찰한다.

2) 원인에 의한 분류 예

  ① 과하중

  지속적인 반복 차량의 통과, 포크리프트(folk lift)의 운전 등에 따라 바닥판 슬래브에 균열이 발생되고, 진동, 처짐이 발생하는 수가 있다.

  ② 부등침하

  지반의 변형 및 연약화, 지하수의 변동 등에 따라 지반의 부동침하가 발생하면 구조물이 부동침하 현상으로 기울거나 침하균열이 발생한다.

③ 열응력

옥상 방수층의 압출 또는 지붕바닥판이 하절기와 동절기에 온도하중을 받게 되면 열팽창 및 응축에 따라 파라페트 또는 최상층 부근의 벽에 열응력 균열이 발생하게 된다.

④ 구조물 주변의 지반침하

지반이 침하되면 포장면에 물고임 현상, 조경경계석의 단차, 배수로의 물 흐름 상태가 불량해진다. 또한 건물과 주위의 콘크리트 사이에 틈이 생기거나 불연속이 생기고 심할 때는 배관류가 절단되거나 지중보 콘크리트의 하부면에 침하로 큰 동공 등이 생기게 된다.

⑤ 설계, 시공의 불량

건축물 바닥판 구조체의 균열 또는 큰 처짐(deflection)에 대한 설계 및 시공 상의 원인들을 들면 아래와 같다.

　　a. 바닥판 과대 : 보통 25㎡를 초과하는 규격은 과다한 것으로 본다.
　　b. 바닥판 두께 : 과거에는 12㎝두께였으나 근래는 15㎝두께로 한다.
　　c. 철근의 위치 : 상부근 및 하부근의 위치 변동으로 내력부족 현상이 발생
　　d. 과다한 마감 몰탈의 하중 : 바닥 레벨 불량에 따른 과중한 몰탈의 하중
　　e. 양생 불량 : 충분한 양생 기간이 없이 강도발현 전에 조기 사용

3) 보고서
　　① 변형의 발생부위 및 위치
　　② 변형의 상태
　　③ 변형의 정도
　　④ 추정되는 원인
　　⑤ 변형의 개시 시기
　　⑥ 변형의 현재 진행 여부 등

변위에 대한 도시, 위치별 변위표, 사진 및 스케치, 참고문헌 등을 작성하여 상세하게 기술한다.

다음의 도시는 육안 검사를 시행한 후 보고서 작성 시 첨부되는 손상 부위에 대한 도면을 작성할 경우 각 손상종류별 표현 방법의 범례를 나타낸 것이다.

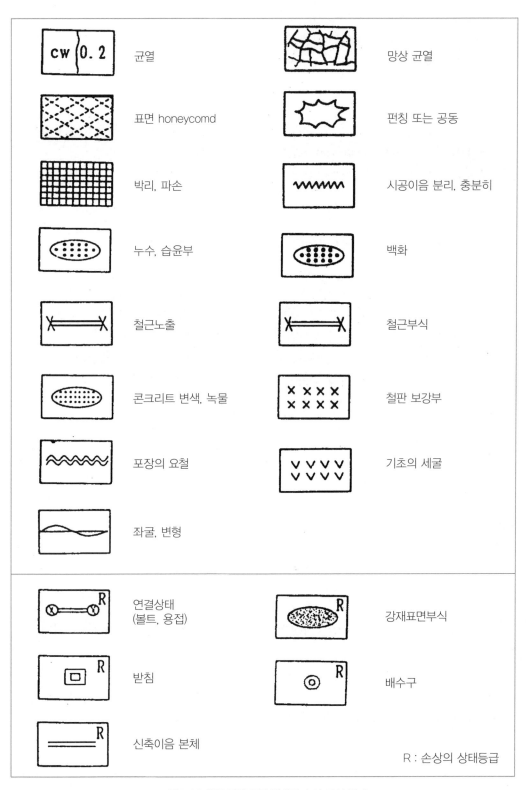

cw 0.2 균열	망상 균열
표면 honeycomd	펀칭 또는 공동
박리, 파손	시공이음 분리, 충분히
누수, 습윤부	백화
철근노출	철근부식
콘크리트 변색, 녹물	철판 보강부
포장의 요철	기초의 세굴
좌굴, 변형	
연결상태 (볼트, 용접)	강재표면부식
받침	배수구
신축이음 본체	R : 손상의 상태등급

그림4. 09 육안 검사 도면 작성시 손상 표시 범례

4.3.4. 콘크리트 강도 검사

콘크리트의 강도는 철근콘크리트 구조물의 구조내력 확보에 절대적으로 요구되는 사항으로서, 건설공사 중에도 거푸집의 탈형, 지주(support)의 해체, 양생조건 등과 관련하여 콘크리트의 강도를 검사하고자 비파괴 검사 또는 이것에 가까운 국부 파괴의 방법에 따라 강도의 추정이 필요한 경우가 있다.

또한 완공된 구조물에 대해서도 보수, 보강공사 혹은 잔여수명의 추정 등과 관련하여 비파괴 검사법으로 콘크리트의 강도 검사를 행하는 경우가 있다. 본 절에서는 경화된 콘크리트의 강도 추정을 위한 주요한 시험 방법들을 요약하여 기술한다.

4.3.4.1. 관입저항시험 (Penetration resistance test)

관입저항시험은 콘크리트에 특수강재의 핀(못)을 박고 관입 깊이(실제로는 일정한 길이의 핀의 노출 길이)를 측정하여 콘크리트의 압축강도를 추정한다. 압축강도의 추정은 사전에 작성한 핀(pin)의 노출 길이와 압축강도와의 관계도표를 써서 계상한다.

관입저항시험법에는 윈저(Windsor)시험 방법과 핀(pin) 관입시험 방법 등이 있다.

(1) 윈저시험(Windsor test)

1) 원리 및 방법

핀의 타입총을 이용하여 콘크리트 표면에 핀(pin)을 타입하고 핀의 노출된 길이와 압축강도와의 관계를 이용하여 검사하는 방법으로서 이는 타입핀, 화약을 이용하는 타입총, 핀의 노출 길이를 재는 기구 등으로 구성되어 있다.

ASTM C803(Penetration resistance of hardened Concrete)의 규정을 근거로 압축강도를 추정하나, 이는 미주 지역에서 종종 쓰일 뿐 국내나 일본에서는 잘 사용하지 않고 있다.

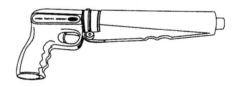

그림4.10 Windsor 타입총 기구

2) 특기 사항

① 콘크리트 배합에 사용된 골재의 종류, 암질, 치수가 관입 깊이에 영향을 미치며, 또한 콘크리트의 강도와는 무관하게 골재의 암질이 단단하면 윈저시험의 관입 깊이는 작게 된다.

② 콘크리트의 재료 조합에서 조골재의 절대용적이 많게 되면, 타입총에 의한 윈저시험 시에 관입 깊이는 작아진다.

3) 특징

1) 장점 : ① 검사 시 현장 여건 및 필요에 따라 시험 개소와 위치를 임의대로 쉽게 변경 또는 증가할 수가 있다.

② 협소한 장소에서도 검사가 가능하다.

2) 단점 : ① 화약을 사용하기 때문에 타입총의 취급 관리에 주의가 필요하다.
② 화약 사용이므로 타입총의 취급 자격이 있는 숙련자가 해야 한다
③ 재령이 장기간 경과한 콘크리트의 강도 추정은 곤란하다.
④ 타입된 핀을 가스로 용단하든가, 뽑아서 보수하여야 한다.

4) 적용
북미에서는 철근콘크리트 초기재령의 강도관
리, 포스트텐셔닝 PC의 응력 도입 시기의 결
정, 고속도로교의 데크, 바닥판의 시험 등에
적용되고 있으나 우리나라와 일본에서는 그다
지 쓰고 있지 않다.
우측 그림은 핀(pin)을 타입하였을 때 노출된
길이와 압축강도와의 관계로서, 핀(pin)의 동
일한 노출 길이에도 골재의 종류(모드강도의
차이)에 따라 콘크리트의 강도가 크게 차이가
있음을 나타내고 있다.

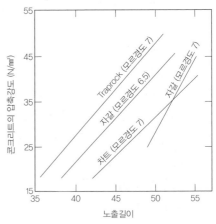

그림4. 11 Windsor 노출 길이와 압축강도

(2) 핀 관입시험(Pin penetration test)
1) 원리 및 방법
핀 관입시험(Pin penetration test)은
CPT 핀 테스트라는 장치를 이용하여 검사하
는 방법이다.
이것은 길이30.5㎜, 직경3.56㎜의 핀(pin)
을 우측의 그림과 같이 스프링의 반발력을 이
용한 압부식 피스톨로 타입하여 생긴 구멍의
깊이를 다이얼게이지(dial gage)로 재서 핀
관입 깊이와 압축강도와의 관계를 이용하여
구한다.

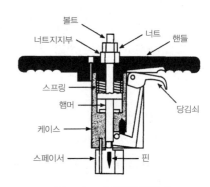

그림4. 12 CPT 핀관입시험기

2) 특징
핀 관입 시험 방법은 편차는 크나 화약을 사용하지 않고 스프링의 반발력을 이용하여 시험
하는 방법이기 때문에 시험이 안전하고 또 콘크리트 표면에서 수㎜의 시험으로 압축강도를
알 수 있으므로 사용상 간단하고 편리하다.

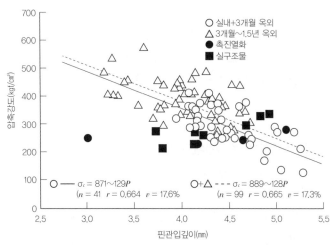

그림4. 13 CPT 핀 관입 깊이와 압축강도

4.3.4.2. 핀 인발시험(Pull-out test)

콘크리트 속에 매립하든가 후에 특수한 핀(pin)을 부착시켜 잡아당겨서 인발하중을 측정한다. 이 하중은 콘크리트의 전단강도 및 인장강도 혹은 압축강도와 관계가 있다. 사전에 작성된 인발하중과 압축강도와의 관계도를 써서 압축강도를 추정한다. 핀의 설치 방법에 따라 구분되며, 콘크리트의 타설 시 핀(pin)을 거푸집에 설치하여 콘크리트 속에 미리 매립해 두는 방법과 경화콘크리트에 구멍을 뚫어서 핀을 후에 부착시키는 방법이 있다.

(1) 핀 매립시험(Cast in method)

1) 원리 및 방법

핀 매립시험은 현재 3가지 종류의 시험이 있다. 핀(pin)을 사전에 거푸집에 장치시켜, 콘크리트에 매립해 두는 방법인 ASTM C 900(pull-out strength of hardened concrete)의 규정, 덴마크 공과대학에서 1960년대 후반에 개발되어 북유럽에 보급되어 있는 LOK 시험(LOK Test), 1970년대 초에 Richards에 의해 제안된 인서트 디스크의 각도가 인발파괴시의 힘의 흐름에서 볼 때 합리적이라고 한 것에 의한 방법인 북미인발시험(North American pull-out test) 등이다.

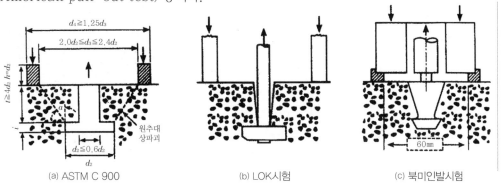

그림4. 14 핀 매립 시험법

2) 특징

　① 장점 : 콘크리트 표면으로부터 깊이 25㎜ 정도까지의 강도가 시험된다.

　② 단점 : ⅰ) 사전에 특수인서트 디스크를 거푸집에 장치하여 매립해야 한다.

　　　　　　ⅱ) 검사 완료 후 인발개소의 손상부를 보수할 필요가 있다.

3) 적용

콘크리트거푸집의 탈형, 양생완료시기의 결정 등, 조기강도판정에 유효하다. 아래의 그림은 핀(pin)의 인발력과 코어강도와의 관계이다.

이들 시험 방법에 대해서는 북미나 북유럽에서 종종 사용되고 있으며, 일본에서는 오래전에 사까시스오, 요시다 도꾸지로가 시험하였었고, 1955년경 마쓰이가 못을 박아 인발력을 시험 하였던 사례가 있으며 최근에는 모리다 사랑의 시험이 있었을 뿐 그다지 흔하게 일반화 되어있 지 못하다.

국내에서는 아직 이에 대한 시험 사례의 공식적 인 보고가 없으나 향후 유지관리적인 측면에서 시공 당시에 핀을 매립하여 시설물의 사용 중에 도 수시로 시험해 볼 수 있는 시험 항목이라 하 겠다.

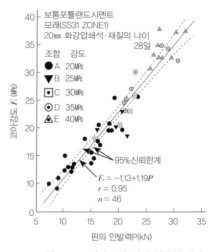

그림4. 15 코어강도와 핀의 인발력 관계

(2) 확저 드릴구멍 핀 인발시험(CAPO-Test)

1) 원리 및 방법

경화된 콘크리트에 시험 시 일차로 구멍을 뚫 고 재차 특수한 드릴을 써서 구멍 밑을 넓히고 앵커 부착핀을 설치하여 인발력을 가력함으로 써 콘크리트의 강도를 추정한다.

2) 적용

앵커 부착핀을 부착하기 위한 밑이 넓은 구멍 을 뚫는 것이 어려운 일이므로 사용빈도가 적 은 편이다. 국내에서나 일본에서는 별로 적용 되지 않고 있다.

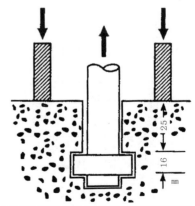

밑에 넓은 구멍을 뚫은 특수한 핀을 장치하여 인정한다.

그림4. 16 확저드릴구멍 핀 인발 시험

4.3.4.3. 내부확장 파괴시험

파괴시험은 경화 콘크리트 표면에 전동드릴(drill)을 이용하여 일차로 구멍을 뚫고, 뚫려진 구멍 속에 쐐기부착앵커로드(슬리브)를 삽입한 후 인발력을 가함으로써 내부에서 확장 고정 되며 콘크리트가 인발되면서 인발파괴 되었을 때의 하중을 구한다. 사전에 작성된 인발하중과 압축강도과의 관계도를 적용하여 콘크리트의 압축강도를 추정한다.

내부확장 파괴시험은 쐐기부착용 앵커로드의 형식에 따라 2가지 방식이 있다.

(1) 원리 및 방법

1) 내부쐐기 확대파괴시험

경화된 콘크리트에 전동드릴(drill)을 이용하여 직경 6mm, 깊이 30~35mm의 구멍을 뚫고, 그 림3.16 (a)에서와 같이 쐐기부착 앵커로드를 삽입하여 인발파괴하중을 구한다. 인발재하 장 치로서는 센터홀 잭(Jack)을 쓰는 방법과 영국의 BRE터크장치 또는 플로핑 링 장치 등이 있는데 재하장치에 따라서 인발하중에 다소의 차이가 생길 수 있다.

2) ESCOT시험(ESCOT expanding sleeve test)

상기(상기)와 같이 전동드릴(drill)을 이용하여 직경 12mm, 깊이 20mm의 구멍을 일차로 뚫 고, 그림4.17 (b)에서와 같이 뚫린 구멍 속으로 슬리브를 삽입한 후 토크장치를 이용하여 잡 아당겨 올림으로써 인발력을 가하여 인발파괴하중을 구한다. 이는 내부쐐기 확대 파괴시험 방법보다 정밀도가 좋은 편이다.

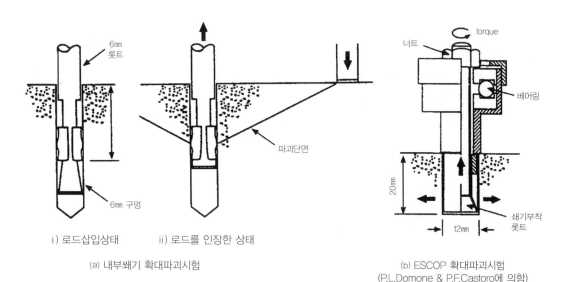

i) 로드삽입상태   ii) 로드를 인장한 상태

(a) 내부쐐기 확대파괴시험

(b) ESCOP 확대파괴시험
(P.L.Domone & P.F.Castoro에 의함)

그림4. 17 내부확장 파괴시험

(2) 특징

 i) 장점 : ① 로드를 사전에 콘크리트 속에 매립해둘 필요가 없다.

② 시험 절차가 다른 시험보다도 단순하고 간단하다.

③ 콘크리트 표면으로부터 깊이 20㎜ 정도까지의 강도가 추정된다.

 ii) 단점 : 파괴시험 완료 후 인발개소의 손상을 보수하여야 한다.

(3) 적용

내부확장 파괴시험 결과치의 정밀도는 사전에 콘크리트 속에 핀(pin)을 매립하여 인발시험하는 것보다 다소 떨어지지만 시험 위치의 선정 및 개소 수를 임의로 할 수 있으며 시험 절차가 단순하고 간단하다.

4.3.4.4. 되돌이 파괴시험 (Stool Torque Test : STT)

(1) 원리 및 방법

콘크리트 타설 시 특수한 날형이 붙은 스핀들을 콘크리트 속에 매립하고 콘크리트 경화 후 스핀들을 수동레버를 이용하여 되돌림으로써 콘크리트의 되돌림 전단하중을 측정한다.

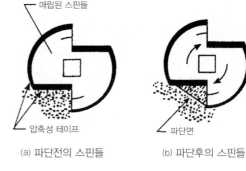

(a) 파단전의 스핀들 (b) 파단후의 스핀들

그림4. 18 되돌이 파괴시험

(2) 적용

콘크리트 타설 전에 날형이 붙은 스핀들 및 토크(torque)를 작용시키는 볼트(bolt)를 콘크리트 속에 미리 매립하여야 한다. 시험 사례가 그다지 많은 편이 아니다.

4.3.4.5. 인장파괴시험 (Pull-off method)

(1) 표층인장강도시험

1) 원리 및 방법

콘크리트 표면이나 마감재 표면에 에폭시수지(epoxy resin)를 이용하여 면적 40×40㎜ 정도의 철편 디스크를 부착하여 이것을 잡아당겨서 표층 콘크리트의 직접 인장강도나 마감재와 콘크리트의 부착강도를 시험하는 방법이다.

소정 깊이의 콘크리트 인장강도를 시험하고자 하는 경우에는 아래 그림과 같이 강제 디스크에 원통형 비트를 고정시켜 에폭시 수지의 접착력에 의해 잡아당기는 방법이 있다. 이 방법은 에폭시 수지가 너무 많으면 원통의 밑부분을 고정시키게 되어 인장력이 커지는 수가 있으므로 주의하여야 한다.

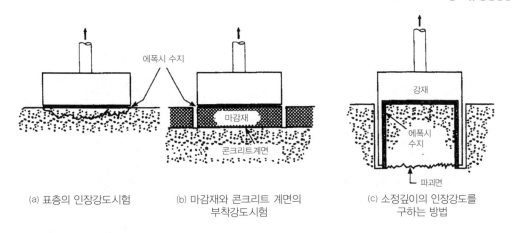

(a) 표층의 인장강도시험   (b) 마감재와 콘크리트 계면의 부착강도시험   (c) 소정깊이의 인장강도를 구하는 방법

그림4. 19 표층 콘크리트의 인장 및 부착강도시험

2) 특징

ⅰ) 장점 : 인장 강도(인장강도) 및 부착력을 비교적 간단히 시험할 수 있다.

ⅱ) 단점 : ① 철편디스크를 콘크리트 면에 접착하기 때문에 에폭시 수지 접착제가 경화될 때까지 시간이 걸린다.

② 시험에 의해 손상된 부위를 보수할 필요가 있다.

3) 적용

본 시험은 콘크리트의 인장강도 추정에는 거의 이용되지 않고 콘크리트에 대한 모르타르, 타일 등의 마감재에 대한 접착강도 시험에 많이 이용되고 있어서 일명 '접착력 인발테스트'라는 용어로 많이 쓰이고 있다. 경우에 따라 필요한 경우에 소정 깊이의 콘크리트 인장강도를 구할 수 있으며, 표층 콘크리트의 성질을 이해하는 데 유효한 시험법이다.

표층 부근의 콘크리트 인장강도의 시험 방법에 관해서는 BS 1881:Part207(Near to surface test methods for strenght)의 규정을 적용한다.

4) 주의 사항

표층 인장강도시험을 할 경우에는 파괴 상태를 면밀히 관찰하여 철편 디스크와 피착제(콘크리트, 모르타르 등)와의 계면박리인지, 피착제 내부에서의 파괴인지, 또는 마감재의 접착력 시험인 경우 마감재와 바탕 콘크리트와의 계면의 박리인지를 주의 깊게 관찰하여야 한다.

(2) 코어의 인발강도시험(Pull-off method)

1) 원리 및 방법

코어(core) 인발강도시험은 직경 75㎜, 길이 100㎜의 코어(core) 시험체가 얻어지도록 그림과 같이 코어링하여 특수한 기구로 잡아서 인발함으로써 콘크리트의 인장강도를 구하는 시험이나 현재 그다지 많이 사용되지 않고 있다.

2) 특징
 i) 장점: ① 콘크리트 내부의 강도를 시험하는 것이므
　　　　　로 표면 건습의 영향을 잘 받지 않는다.
　　　　　② 코어(core)의 끼움깊이를 조정하는데 따
　　　　　라 타설이음부(cold joint)의 강도를 시험
　　　　　하는 데 적합하다.
 ii) 단점 : ① 시험 후 코어를 인발한 개소의 손상 부위
　　　　　를 보수하여야 한다.
　　　　　② 철근콘크리트 구조체인 경우 시험에 철
　　　　　근의 영향을 받는다.

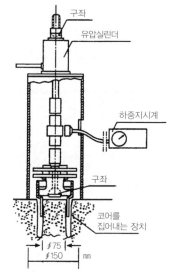

그림4. 20 코어 인발강도시험

3) 적용
코어의 인발강도시험은 비록 비파괴 시험이라고 하지만 직경 75㎜, 길이 100㎜의 코어
(core)는 약간 공시체가 크므로 통상 이를 반파괴 검사라고도 한다. 코어 시험체를 구성하
는 과정에서 코어링(coring)작업 시 진동에 의한 미세한 손상의 우려가 있으므로 정밀도에
따른 신뢰성으로 적용하기가 쉽지 않은 연유로 현재 그다지 적용되지 않고 있다.
또한 파단부의 깊이에 따라 인장강도가 다르며, 콘크리트 표면부에 비하여 25㎜들어간 곳의
강도가 20~40%작다는 보고가 있으나 이들은 아직 학술적으로 공감을 얻지 못한 이론으로
서 계속 검토해야 할 과제로 남아있다.

4.3.4.6. 구부림 강도시험(Break-off method)
 (1) 원리 및 방법
　경화 콘크리트에 코어컷터(core cutter)를 이용하여 내경
55㎜, 깊이 70㎜의 코어홈을 만들어 특수한 장치를 써서 윗
부분의 1개소에 유압에 의해 수평력을 가하고 휨하중을 작용
시켜 휨강도를 구한다.

 (2) 특징 및 적용
　전항의 코어 인발강도시험과 마찬가지로 반파괴 검사라 할
수 있으며, 또한 코어컷터에 의한 코어홈 작업 시 시험체의 손
상이 있을 것으로 가상되므로 신뢰성의 우려로 적용에 어려움
이 많다.

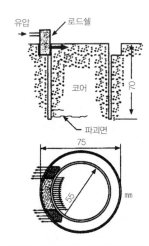

그림4. 21 코어 구부림 강도시험

4.3.4.7. 적산온도에 의한 강도시험

(1) 원리 및 방법

적정한 물시멘트비로 만들어진 콘크리트의 강도는 양생온도와 시간의 함수로서 발현한다. 타설 직후부터 콘크리트의 온도와 경과시간을 측정하고 적산온도(Maturity)를 계산하여 콘크리트의 강도를 추정한다. 주로 기온이 낮은 경우의 강도발현을 관리하는 데 이용한다.

시험 방법은 열전대 등을 구조체 콘크리트에 매립해 두고, 자동기록 시킨다. 적산온도를 컴퓨터를 써서 계산하는 장치도 개발되어 있다. COMA-meter라는 작은 구멍에 삽입하여 적산온도를 추정하는 온도계와 같은 간단한 기구도 있다.

(2) 적용

채취된 시험 자료를 토대로 평가함에 있어서는 아래의 조건을 만족시켜야 한다.

① 조합(특히 물시멘트비)이 당초의 계획 값대로 콘크리트가 제조되어야 한다.
② 콘크리트의 온도를 대표하는 개소에 어느 정도 개수의 온도측정센서가 콘크리트 타설 시에 매립되어야 한다.
③ 정밀도가 좋은 적산온도와 압축강도와의 관계식이 작성되어야 한다. 이들 조건이 만족된 경우, 추정 정밀도는 좋아진다. 또한 이들의 추정식은 물시멘트비 45% 정도 이상의 콘크리트를 대상으로 구해지는 것이므로, 최근의 물시멘트 40% 미만의 초고강도 콘크리트에 대해서는 확인 시험이 불가능하다.

4.3.4.8. 기타 비파괴 검사법

상기의 시험 방법들은 오래전에 개발되어 이용되어 왔으나 건설 산업의 발전과 아울러 비파괴 검사법에 대한 새로운 기술들의 개발로 인하여 근래에는 잘 적용되지 않고 아래의 검사법들이 일반적으로 적용되고 있다.

이들에 대해서는 다음의 별도 절에서 상세히 기술코자 한다.

(1) 반발경도 검사법

콘크리트 표면을 타격할 때 발생되는 반발도를 측정하여 채취한 콘크리트의 경도와 그에 따른 강도와의 관계를 이용하여 강도 추정 환산식에 의해 콘크리트의 강도를 추정하는 검사법으로서 시험기가 저렴하며 조작이 간편하고 손쉬운 방법이므로 가장 흔하게 적용하는 검사법이다.

(2) 충격탄성파법

콘크리트 표면에 해머(hammer)를 이용하여 타격함으로써 콘크리트 내에 탄성파를 발생시켜 탄성파의 성질을 이용하여 콘크리트 속의 결함이나 두께 및 강도 등을 추정하는 방법이다.

(3) 초음파 속도 측정 검사법

초음파의 물체 통과 속도에 대한 물리적 특성과 초음파의 파장을 이용하여 콘크리트 부재에 초음파를 통과시킴으로써 콘크리트의 강도추정과 아울러 콘크리트 내부의 결함이나 균열의 깊이 등을 측정하는 방법이다.

반발경도 검사가 콘크리트의 내부 성질과 관계되는 검사법이라면 초음파법은 콘크리트의 내부 성질과 관계되는 검사법으로서 반발경도검사법과 함께 자주 쓰이고 있다.

(4) 조합법

참값에 좀 더 근접할 수 있도록 정확도를 높이기 위하여 동일 장소에서 두 가지 검사를 병행하여 시행한 후 두 가지의 시험 결과를 함께 조합하여 분석함으로써 강도를 추정하는 검사법이다. 근래 많이 적용되고 있는 검사법이다.

(5) 코어강도 시험법

콘크리트 구조체로부터 직경100mm의 코어(core) 시험체를 채취하여 양단부를 평활하게 가공한 후 압축강도시험기에 장착하여 파괴 시까지 가력하여 압축파괴강도를 취득하는 시험방법이므로 이를 반파괴 검사라 부르기도 한다.

4.3.5. 반발경도검사 (Rebound hammer test)

4.3.5.1. 개요

반발경도 검사법은 구조물에 손상을 주지 않으면서 구조물의 압축강도를 추정할 수 있는 비파괴 시험 방법으로서 콘크리트의 표면 경도를 측정하여, 이 측정치로부터 콘크리트의 압축강도를 추정하는 검사 방법으로서 타격법 중 하나의 방법이며, 콘크리트의 표면을 선단이 반구상인 해머(강추)로 타격하여 표면의 손상 정도나 반발 정도를 측정하는데, 특히 반발경도를 구하는 '슈미트 해머법'이 가장 널리 사용된다.

'슈미트 해머법(Schmidt Hammer)'은 콘크리트의 강도에 따라 반발경도가 변화하는 점을 이용한 방법으로서 검사법이 간편하고 국제적으로 표준화된 이점이 있어서 가장 널리 사용되고 있으나, 콘크리트의 표면부 품질과 타격 조건에 따라 영향을 받으므로 콘크리트 내부의 강도를 명확히 측정하기는 곤란한 문제점이 있다.

사진4. 03 슈미트 해머 검사 모습

4.3.5.2. 원리

반발경도법의 원리는 스프링의 탄성을 이용하여 해머로 콘크리트 표면을 타격하여 반발경도를 측정한다. 즉, 슈미트 해머로 경화된 콘크리트 면을 타격하여 얻은 반발도(R)와 콘크리트의 압축강도(Fc)와의 사이에 특정 상관관계가 있다는 실험적 경험을 기초로 한다. 타격 시 Hammer내의 중추 반동량을 반발도(R)로 표시하며, 이 반발도(R)의 크기에 따라 콘크리트의 압축강도를 추정한다. 일반적으로 타격시의 반발도(R)는 타격 에너지 및 피 타격체의 형상, 크기, 재료의 물리적 특성과 관계되는 물리량에 따라 다르다. 그러나 반드시 재료의 강도와 일률적인 관계가 있는 것만은 아니다. 특히 콘크리트와 같은 불균질한 복합재료에서는 Schmidt Hammer로 표면에서 국부적 타격을 하는 경우에 반발도(R)는 타격면에 존재하는 골재의 유무, 습윤 상태, 콘크리트의 재령 등에 따라 차이가 난다.

따라서 강도 추정의 유일한 방법으로 사용할 경우에는 신뢰성에 문제가 제기될 수 있다. 그러나 간편하고 짧은 시간에 강도 추정이 가능한 우수한 사용성과 콘크리트 구조물 전체에 대해 강도 측정이 가능하다는 점에서 유효한 검사법이라 할 수 있다.

4.3.5.3. 장치의 구성

(1) 측정기

슈미트 해머(Schmidt Hammer)는 측정 대상 콘크리트 구조물의 종류, 품질 등에 따라 적절한 기종을 선정하여 사용토록 한다. 보통 콘크리트용 측정기의 타격에너지는 $0.225mkg$이며, 경량 콘크리트, 저강도 콘크리트, 매스(mass) 콘크리트 등에 따라 다음과 같이 기종을 구분하여 사용해야 한다.

표4. 50 슈미트 해머의 각 형식별 용도

형식	충격에너지 (kg·m)	강도측정범위 (kg/㎠)	자중 (kg)	용도
N형	0.225	150~600	1.0	보통 건축물과 교량 구조물의 콘크리트에 사용
NR형	0.225	150~600	1.4	N형과 동일하지만, 기록장치가 부착되어 있다.
L형	0.075	100~600	1.2	N형의 축소판으로 경량콘크리트나 인공석의 작고 충격에 민감한 부분을 시험하는데 사용.
LR형	0.075	100~600	1.2	L형과 동일하지만, 기록장치가 부착되어 있다.
P형	0.090	50~150	2.7	가벼운 건축자재, 포장재 같이 경도와 강도가 낮은 물질을 시험하는데 사용한다. 이는 저강도콘크리트 (5~25n/㎟의 큐브 압축강도)시험에 적합.
M형	3.0	600~1000	12.0	콘크리트 도로포장과 비행장 활주로, 댐, 암반 등의 매스 콘크리트를 시험하는데 적합하다.

표4. 51 N형 슈미트 해머의 부품 기능

부품NO	부품명
1.	플런져
2.	O-Ring
3.	Housing
4.	지침과 지침 Guide Rod
5.	눈금판
6.	Push Botton
7.	Hammer Guide Bar
8.	Disk
9.	Cap
10.	Two-part Ring
11.	Rear Cover
12.	압축 Spring
13.	Pawl
14.	Hammer
15.	Retaining Spring
16.	IMPact Spring
17.	Guide Sleeve
18.	Felt Washer
19.	Plexiglass Window Scale Printed on Window
20.	Trip Screw
21.	Lock Nut
22.	Pin
23.	Pawl Spring

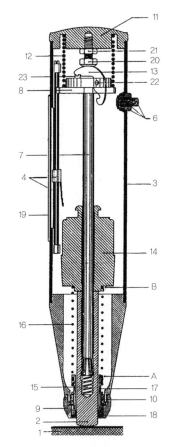

그림4. 22 N형 슈미트 해머의 구성도

표4. 52 NR형 슈미트 해머의 부품 기능

NO	부품명	NO	부품명
1	플런져	13	Guide Sleeve
2	P-Ring	14	Scraper
3	Housing	15	조정나사
4	지침Guide Rod	16	잠김 Nut
5	햄머Guide Bar	17	Spring
6	Cap	18	잠김장치
7	Ring	19	Paper Cover
8	Cover	20	+ 점검
9	압축 Spring	21	보호 Cap
10	Hammer	22	전지고정Spring
11	작은 Spring	23	Printer Switch
12	충격 Spring		

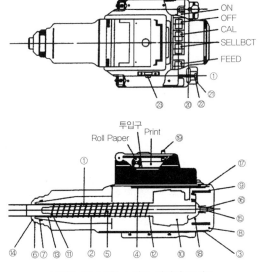

그림4. 23 NR형 슈미트 해머의 구성도

사진4. 04 N형

사진4. 05 NR형(그라프식)

사진4. 06 NR형(숫자식)

(2) 측정기의 검정

슈미트 해머는 사용 시 정확한 측정치가 유지되도록 Test ANVIL기로 측정직전 또는 정기적으로 기기의 정밀도를 검정 또는 보정해야 한다.

슈미트 해머를 Test Anvil에 타격 시 반발도가 $R_0 = 80 \pm 1$이 되는 것이 바람직하나 $R_0 = 80 \pm 2$ 범위까지도 허용한다. 이 값을 초과하는 경우에는 기기를 조정해야 한다. 단, 반발치가 72까지 표시되고, 더 이상 반발치가 올라가지 않는 경우에는 다음의 식을 적용하여 보정한다.

$R_0 = 80 \pm /Ra$: ANVIL에 수직하향 타격 ($a = -90°$)시의 반발도

　　　　　: 반발도 R의 평균치

사진4. 07
Test Anvil 기

4.3.5.4. 검사 방법

반발경도검사법(일명, 슈미트 해머)은 콘크리트 표면에 눌러서 강추(해머)를 타격한다. 시험기는 어느 정도까지 스프링이 압입되면 스토퍼가 벗겨져서 해머(hammer)가 콘크리트를 타격한다. 1개소 20점을 타격하여 평균치를 구하고, 이 값을 타격각도, 함수율 등에 따라 보정하여 대표치로 한다. 이렇게 얻은 반발도(R)와 콘크리트의 압축강도(Fc)와의 사이에 특정 상관관계가 있다는 실험적 경험치를 바탕으로 콘크리트의 강도를 추정한다. 시험 방법은 일본건축학회에서는 「콘크리트강도 추정을 위한 매뉴얼」의 반발도법으로 규정하고 있으며, 미국은 ASTM C 805(Rebound number of hardened concrete)의 규정이 있다.

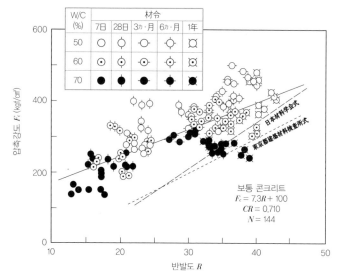

그림4. 24 반발도와 압축강도와의 관계

(1) 검사 대상 및 검사면

본 검사는 콘크리트 공시체 및 철근 콘크리트, 철골 철근 콘크리트 구조체의 콘크리트 압축 강도 측정을 그 대상으로 한다. 기존 구조체의 안정성을 진단하기 위한 검사 시에는 구조체의 콘크리트 표면에 직접 타격하여 검사할 수 있으나, 콘크리트 공시체를 이용하여 검사할 경우에 는 정육각형, 각주형, 원주형 모두 이용 가능하나 가급적 한변의 길이가 20㎝ 이상인 정육각 형이나 각주형 공시체를 이용토록 하는데, 그 이유는 각 측정 단면당 타격점의 수가 동일한 표 면 내에 있도록 하고, 그 표면에 대해 수직 타격이 용이하도록 하기 위함이다.

그러나 원주형 공시체도 형틀의 확보가 쉽고, 콘크리트 압축강도와의 대비가 용이하여 많이 사용하고 있으나, 이 경우 최소 Ø15㎝ 이상의 것을 사용토록 한다. 원주형 공시체의 측면을 타 격할 경우에는 해머가 표면에 직각이 되도록 하여야 하며, 이 경우 시험체를 압축강도시험기 등 으로 공시체를 움직임 없이 완전히 고정하고 타격에너지가 산란되지 않도록 주의하여야 한다.

(2) 측정 준비

측정면은 평탄한 면을 선정토록하며, 거친 면은 피하여야 한다. 콘크리트 표면을 시멘트 모 르타르 등의 마감재로 덧붙임 하였거나 페인트 등에 의해 도장된 경우에는 취핑(chipping)이 나 그라인딩(grindind)으로 제거하여야 하며, 연마석으로 콘크리트 표면을 평탄하게 연마하 여 측정면의 요철이나 부착물, 분말 등을 완전히 제거하여야 한다. 또한 측정면 내에 있는 곰보 (honey comb), 공극, 노출된 자갈 부분은 측정점에서 제외하도록 한다.

기존 구조물 구조체 콘크리트에서의 측정 시에는 피 측정부의 콘크리트 두께가 10㎝ 이상 되는 지점을 선정하여야 하는데, 10㎝ 이하의 경우에는 타격 시 피 측정부의 진동 등으로 타격 에너지가 산란되어 반발도가 급격히 감소하거나 또는 증가하게 되어 정확한 측정값을 기대할 수 없다.

또한 보, 기둥 등의 우각부에서의 측정 시도 평면부와는 반발도(R)가 차이가 있으므로, 최 소 3~6㎝ 이격된 개소에서 측정토록 하되, 측정 개소는 많을수록 유리하다. 콘크리트 구조물 에서는 기둥의 경우 두부, 중앙부, 각부 등에서, 보의 경우 단부, 중앙부 등의 양측면에서, 벽 의 경우 기둥, 보, Slab 부근에서 측정한다.

공시체의 경우도 측정면을 평탄하게 하여 측정하되 특히, 표준양생(수중양생) 공시체의 경우 는 측정 24시간 전에 수조에서 꺼내 대기 중에서 표면을 건조시킨 상태에서 시험을 한다. 반발 도(R)는 타격 콘크리트 표면의 건습 상태에 따라 차이가 있기 때문이다.

공시체의 경우 정확한 반발도를 얻을 수 있도록 임의의 방법으로 공시체를 고정시키도록 하 며, 고정이 안 된 경우나 불완전한 경우 정확한 측정치를 얻을 수 없다.

일반적으로 압축강도기 등으로 공시체를 가압한 상태에서 측면을 타격하는 것이 바람직하 며, 이때의 가압력은 25kg/㎠ 이상이 되도록 하고, 20×20×20㎝의 정육면 공시체의 경우는 약 10ton의 가압력으로 가력한 상태에서 타격 시험을 실시한다.

(3) 측정 방법

1) 타격점의 선정

각 측정개소의 슈미트 해머의 타격점은 20점을 표준으로 한다. 타격점 상호간의 간격은 3㎝ 이상을 표준으로 하며, 종으로 5열, 횡으로 4열의 선을 그어 직교되는 20점을 타격한다.

다음 표의 타격 회수와 강도 추정치의 신뢰도에 의하면, 건축물의 각 부위에서 실시한, 강도 추정치(Fc)의 신뢰도와 타격 회수와의 관계는 15회 이상인 경우 99%의 신뢰도를 가지므로 각 측정 부위마다 20점을 타격하면 충분한 신뢰도의 강도 추정이 가능하다.

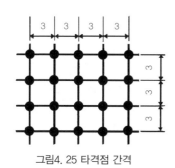

그림4. 25 타격점 간격

표4. 53 타격 회수와 강도 추정치의 신뢰도

타격회수	5	10	15	20
기둥(71건)	55%	83%	99%	
벽 (55건)	60%	89%	98%	
보 (36건)	67%	92%	99%	

2) 타격 방향

종래의 실험 자료 대부분이 수평 타격에 대한 것으로서, 이때의 측정치가 대부분 안정된 값을 나타내므로 수평 타격을 원칙으로 한다.

기존 콘크리트 구조물에 적용하는 경우에는 수평 타격 방향(α=0°) 이외에도 현장여건에 따라 수직하향(α=-90°), 수직상향(α=+90°), 경사하향(α=-45°), 경사상향(α=+45°) 으로 실시하게 되므로 타격 시의

사진4. 08 상향(+90°)타격 모습

각 경사각도에 대한 수평치 값으로 보정해 주어야 한다.

3) 측정치의 판독 및 측정치의 처리

측정치는 원칙적으로 정수값을 취하도록 하되, 타격 시 반향음이 이상하거나 타격점이 움푹 들어가는 경우의 타격치 값과 평균 타격치의 ±20%를 상회하는 경우에는 이상치로 보고 제외시키고, 이상치를 제외시킨 나머지 측정치의 평균값을 그 측정개소의 반발도(R)로 한다.

4.3.5.5. 강도 추정

슈미트 해머의 타격 후 기기로부터 얻어진 반발도(R)는 단지 기계적 수치이므로 타격 조건 및 타격 대상물의 여건에 따라 다음과 같은 적절한 보정을 계상)한 후 강도추정 환산식에 의해 압축강도를 추정한다.

(1) 추정강도의 보정인자

1) 압축응력에 따른 보정

해머의 타격 방향과 직각방향으로 압축응력을 받는 경우에는 압축응력 7kg/㎠을 기준하여

그 이상일 경우엔 반발경도 R수치가 증가하게 되는 반면 그 이하일 때는 저하하게 되므로 다음 그림의 비율에 따라 반발경도를 보정하여야 한다.

그러나 이는 대부분 시험실 내에서 공시체에 대한 검사인 경우에 적용되므로 기존 철근콘크리트 구조물에 대한 안전진단 검사인 경우에는 일반적으로 적용하지 않는다.

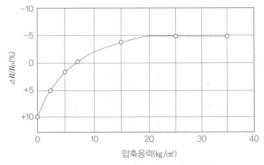

그림4. 26 압축응력에 따른 보정값

2) 타격 방향에 따른 보정

해머의 타격 방향은 수평으로 행하는 것이 표준이지만 타격 대상물의 타격 여건에 따라서는 그 이외의 여타 방향으로 행하는 경우가 있다. 이런 경우 아래의 보정도표와 같이 타격 시의 각 경사각도에 대한 수평치 값으로 보정해 주어야 한다.

표4.54 N형 타격각도에 대한 보정치(ΔR) ( )값은 DIN 규정

반발경도 (Rα)	상향		하향	
반발경도 (Rα)	+ 90°	+ 45°	− 45°	− 90°
10	−	−	+2.4	+3.2
20	−5.4(−6)	−3.5(−4)	+2.5(+2)	+3.4(+3)
30	−4.7(−5)	−3.1(−3)	+2.3(+2)	+3.1(+3)
40	−3.9(−4)	−2.6(−3)	+2.0(+2)	+2.7(+2)
50	−3.1(−3)	−2.1(−2)	+1.6(+1)	+2.2(+2)
60	−2.3(−2)	−1.6(−2)	+1.3(+1)	+1.7(+2)

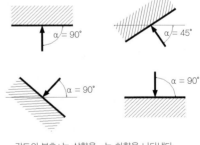

각도의 부호+는 상향을 −는 하향을 나타낸다.

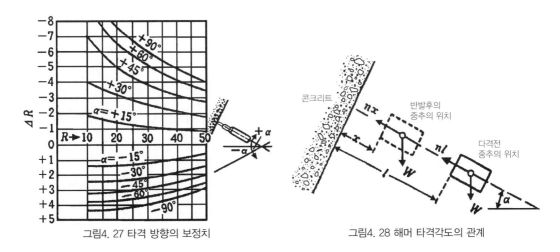

그림4. 27 타격 방향의 보정치   그림4. 28 해머 타격각도의 관계

3) 콘크리트의 건조수축 상태에 따른 보정
타격 시험은 콘크리트가 기건상태일 때를 기준으로 하며 습윤 상태일 때는 반발도(R)가 저하되므로 습윤 정도에 따라 보정하여야 한다.
Zoldners에 의하면 표면건조 내부 포화상태일 때 반발도(R)는 -5로 저하되고 이것을 기건상태로 환원하면 3일에서 3, 그리고 7일에서 5로 회복되었다고 한다. 즉, 습윤 상태에서 타격하였을 경우 ⊿R=+5로 하여야 한다.

4) 노출 온도에 따른 영향
기온이 영하 이하로 되어 타격 대상물의 콘크리트가 동결되어 있는 경우에는 반발도(R)가 매우 높게 나타나므로 영상 상태에서 자연융해된 후에 타격하여야 한다. 기온이 -18℃일 때 타격해머 기기 자체도 반발도(R)가 2~3 정도 저하하게 된다.

5) 재령에 따른 보정
콘크리트 구조물이 수년씩 경과하게 되면 이산화탄소의 영향으로 탄산화반응이 일어나며 콘크리트의 경도를 증가시키기 때문에 반발경도가 상당히 크게 되어 그 값을 이용해서 강도를 추정하면 상당히 과다한 값이 된다.

Schmidt에 의하면 6개월 이상의 재령 콘크리트의 표면을 10㎜ 깊이로 연마한 후에 타격한 반발치와 입방체 강도와의 관계를 조사한 결과 재령의 영향을 상당히 없앨 수 있었다 하며, 또한 ASTM에서는 6개월 이상의 재령 콘크리트에서는 5㎜를 연마한 후에 타격토록 추천하고 있다. 그러나 10여년 이상 경과한 콘크리트인 경우에는 탄산화의 깊이가 그 이상 되므로 아래의 재령에 의한 보정치를 계상하여 추정 강도를 산출하는 것이 바람직하다.

표4. 55 재령계수 α_n의 값

재령	4일	5일	6일	7일	8일	9일	10일	11일	12일	13일	14일	15일	16일	17일	18일
n	1.90	1.84	1.78	1.72	1.67	1.61	1.55	1.49	1.45	1.40	1.36	1.32	1.23	1.25	1.22
재령	19일	20일	21일	22일	23일	24일	25일	26일	27일	28일	29일	30일	32일	34일	36일
n	1.18	1.15	1.12	1.10	1.08	1.06	1.04	1.02	1.01	1.00	0.99	0.99	0.98	0.96	0.95
재령	38일	40일	42일	44일	46일	48일	50일	52일	54일	56일	58일	60일	62일	64일	66일
n	0.94	0.93	0.92	0.91	0.90	0.89	0.87	0.87	0.86	0.86	0.86	0.86	0.85	0.85	0.85
재령	68일	70일	72일	74일	76일	78일	80일	82일	84일	86일	88일	90일	100일	125일	150일
n	0.84	0.84	0.84	0.83	0.83	0.82	0.82	0.82	0.81	0.81	0.80	0.80	0.78	0.76	0.74
재령	175일	200일	250일	300일	400일	500일	750일	1000일	2000일	3000일					
n	0.73	0.72	0.71	0.70	0.68	0.67	0.66	0.65	0.64	0.63					

(2) 추정강도 산출

1) 환산표에 의한 산출

간단한 산출 방법으로 스위스 연방 재료시험소 공식에 의한 '압축강도 환산표'를 적용하여 추정한다. 본 환산표는 재령에 의한 보정 등 일체의 조정인자가 반영되어 있지 않으므로 최종의 추정강도를 얻기 위해서는 재령보정 등 조정인자에 의한 보정을 하여야 하나 환산표의 수치가 최종강도인 것으로 착각하여 오판하는 경우가 간혹 있음을 주의하여야 한다.

2) 환산식에 의한 산출

콘크리트의 압축강도(Fc)와 반발경도(Ro)의 관계에 대해 일본의 여러 학술 단체 및 학자군들과 DIN의 오랜 동안 실험과 통계기법에 의해 도출되어 제안된 여러 가지 관계곡선들을 아래의 그림에 도시하였으며, 그 외 미국, 영국, 네델란드 등 세계 여러 선진국가들에서 제안된 환산식들도 수없이 많으나 계산 결과치가 국내에서 흔히 사용하는 아래에 제시한 환산식의 범주 내에 속하는 등 대등소이한 편이다.

아쉬운 것은 아직 국내에서 우리의 환산식을 아직 제안하지 못하고 있는 실정이므로 외국의 환산식을 사용하고 있으며, 대개 일본식을 적용하고 있다.

한편 여러 환산식 중 적용코자 하는 환산식의 선택은 시험을 수행하는 책임기술자의 결정에 의한다.

또한, 추정식에 의한 산출일 경우 타격 방향, 재령 등 여러 조정인자에 따라 반발경도 및 추정강도를 보정하여야 한다.

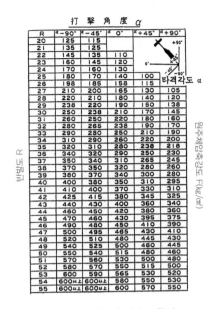

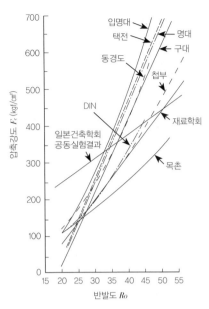

표4. 56 반발도-추정강도 환산표   　　　　그림4. 29 압축강도와 반발경도의 관계곡선

　　다음은 각 환산식의 결과치에 대한 비교를 겸하기 위하여 반발경도 Ro=40, 재령 1000일 이상일 경우를 가정하여 재령보정 0.63을 동일하게 계상 산출하였다.

　　① 일본 건축학회 매뉴얼식;
　　Fc = (7.3Ro+110)×α = (7.3×40+110)×0.63 = 253kg/㎠

　　② 일본 재료학회식;
　　Fc = (13Ro−184)×α = (13×40−184)×0.63 = 211kg/㎠

　　③ 동경 건축재료 검사소식;
　　Fc = (10Ro−110)×α = (10×40−110)×0.63 = 182kg/㎠

　　상기와 같이 환산식에 따라 결과치에 차이가 있으므로 정밀도를 높이기 위하여 2~3개의 환산식에 적용한 후 평균값을 산출하거나, 두 가지 이상의 검사를 병행하는 조합법, 또는 코어(core)시료에 의한 코어강도시험을 병행하는 것이 이상적이다.

　　하나의 식으로 강도값을 간편하게 파악하고자 하는 경우에는 일본재료학회식 적용을 권한다.

4.3.5.6. 강도검사 보고서의 실례

(1) 재령 28일 강도인 경우

조건: ① 적용환산식 : 일본 재료학회식 $Fc = (13Ro-184) \times \alpha$

　　② 타격 각도 : 수평타격　　③ 건습조건: 콘크리트 건조 상태

No.	측정치					평균치	보정치	경도	타격각도	압축강도	재령계수	보정 압축강도
						R	ΔR	R_0	α	F_C	α_n	F_C
1	31	30	28	28	33	30		30	$0°$	206...(1) 210...(2) kgf/cm²	1.0	206...(1) 210...(2) kgf/cm²
	29	32	33	27	30							
	32	34	30	29	30							
	31	29	30	32	31							

(2) 재령 7일 강도인 경우

조건: ① 적용환산식 : 일본 재료학회식 $Fc = (13Ro-184) \times \alpha$

　　② 타격 각도 : 수평타격　　③ 건습조건: 콘크리트 건조 상태

No.	측정치					평균치	보정치	경도	타격각도	압축강도	재령계수	보정 압축강도
						R	ΔR	R_0	α	F_C	α_n	F_C
1	21	22	20	23	25	23		23	$0°$	115...(1) 120...(2) kgf/cm²	1.72	197...(1) 206...(2) kgf/cm²
	22	21	23	20	25							
	24	22	26	25	22							
	23	21	22	26	21							

(3) 재령 300일 강도인 경우

조건: ① 적용환산식 : 일본 재료학회식 $Fc = (13Ro-184) \times \alpha$

　　② 타격 각도 : $-90°$　　③ 건습조건: 콘크리트 건조 상태

No.	측정치					평균치	보정치	경도	타격각도	압축강도	재령계수	보정 압축강도
						R	ΔR	R_0	α	F_C	α_n	F_C
1	29	28	26	26	21	30	3.9	33.9	$-90°$	257...(1) 250...(2) kgf/cm	0.70	180...(1) 175...(2)
	27	30	31	25	28							
	30	32	28	27	28							
	29	27	28	30	29							

4.3.5.7. 반발경도검사의 특징 및 관리 요점

(1) 특징

1) 장점: ① 시험방법이 간편, 신속

② 측정개소를 증가하는 것이 용이

③ 시험개소의 보수가 불필요

④ 시험경비가 싸다.

2) 단점 : 다수의 환경요인에 의해 지배되며 이들은 추정치의 오차를 크게 한다.

(2) 관리 요점(Check point)

1) ① 측정위치에 대한 타격 회수

② 측정위치에 20회 타격을 기준으로 하며, 매 타격 간격은 30㎜ 이상으로 한다.

2) 타격 방법 및 각도 보정

수평 타격이 표준이며, 하향의 경우 정(+) 보정, 상향의 경우 부(−) 보정을 한다.

3) 콘크리트표면의 함수율

표면이 습한 상태는 마른상태보다 반발도가 약 5~10%작아진다.

4) 재질의 나이(재령)

콘크리트 타설 후 시간이 경과되면 반발도는 커지므로 재령 보정한다.

5) 타격면의 평활도

콘크리트의 표면이 거친면을 타격하면 반발도는 10~15%로 작다.

6) 부재의 두께

10㎝이하에서는 반발도가 급격히 작아진다. 30㎝이상에서는 거의 일정하다.

7) 벽·기둥의 높이별 반발경도

일반적으로 상부는 중앙부 또는 하부보다 반발도가 작다.

8) 부재의 돌출각부

기둥의 모서리와 같은 돌출각부에서는 3~6㎝ 이상 떨어진 부분을 타격한다.

9) 타격부 마감재 제거

타격 부위의 콘크리트 표면 마감재를 제거하고 콘크리트면에 타격해야 한다.

10) 환산식 적용

진단 책임기술자의 개인적 결정에 의한 환산식 선택 및 적용에 따라 결과치에 차이가 많으므로 보고서의 확인 및 타 환산식과의 대비 검토가 필요하다.

11) 기기의 Anbil test 조정

검사기기는 일 년에 1회씩 탄성율의 저하에 따른 보정과 검증을 받아야 한다.

4.3.6. 초음파 검사

4.3.6.1. 개요

초음파 시험법은 초음파 속도법 또는 초음파 음속법이라고도 하며 초음파를 이용하여 구조물의 균열깊이 또는 공극검출 등의 균질성 및 내구성 판정과 강도의 추정 등에 이용된다. 이중에서도 강도 추정에 가장 많이 적용되고 있으며, 균질성에 대한 조사가 간혹 이루어지고 있다.

콘크리트 내부의 통과음속은 측정 환경조건, 골재의 종류 및 콘크리트의 함수 상태, 내부 철근의 양과 배합 및 골재 분리에 의한 공극에 따른 콘크리트의 조밀도 등 많은 요인의 영향을 받으므로 초음파를 이용하여 콘크리트의 압축강도를 추정하는 것은 신뢰성을 얻기에 무척 어려운 경우가 많다.

단지, 콘크리트의 구성상 주요조건과 환경이 유사한 경우에 초음파의 음속과 강도 사이에 거의 일정한 상관성을 보이므로 어느 정도의 강도추정은 가능하다. 따라서 초음파 음속법을 이용하여 콘크리트의 강도를 추정코자 할 경우에는 대상 콘크리트에 대한 가능한 한 많은 정보들을 취득하여 강도 추정에 반영시키는 것이 바람직하다.

사진4. 09 초음파 검사 모습

4.3.6.2. 초음파의 원리

(1) 초음파

초음파란 영어로 Ultra Sonic이라 하여 「인간의 귀로는 들을 수 없는 가청 범위를 벗어난 영역의 고주파수를 갖는 음파」를 뜻한다. 가청음의 범위는 20㎐ ~ 20㎑인 반면 초음파는 20㎑~200㎑ 범위의 음파로서 비록 사람은 들을 수 없는 음이라도 박쥐나 기타 동물들은 가청 범위가 다르므로 들을 수 있다.

초음파를 정보의 매체로 물체 내부의 정보를 얻어 내는 방법으로서, 현재 초음파법의 효과를 얻고 있는 분야는 의학계의 진단 및 치료, 물체 내의 강재탐상, 어업분야의 어군탐지, 안경이나 보석 등의 세정 및 절단과 가공뿐만 아니라 심지어 군사 분야에서의 현대식무기체계 등 매우 다양하다.

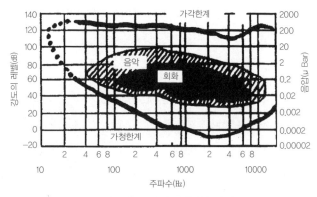

그림4. 30 인간의 가청범위 영역

이러한 분야는 구성분자가 단순하고 고밀도로서 밀도 분포가 안정되어 있으므로 파동의 전파가 용이하여 내부 결함 검출, 대상물의 위치 평가 등을 정확히 파악할 수 있다. 그러나 철근콘크리트는 금속과는 달리 재질의 구성분자가 크고 밀도가 불균질하며 불특정하여 초음파의 적용 시에는 많은 문제점을 나타낸다. 그러므로 철근콘크리트를 대상으로 초음파를 비파괴 시험으로 적용할 경우에는 초음파의 특성과 종류 및 그 원리를 정확히 이해하고 이에 따른 검사 방법과 검사 장치에 대해 적용의 범위 및 방법 등을 면밀히 숙지하여야 한다.

(2) 초음파의 발생

초음파의 발생은 수정, 타탄산 바륨, 지르콘산티탄산납 등의 압전재료를 주로 이용하여 초음파를 발생시키기 위해 특정의 주파수에서 공진하도록 잘라낸 것을 진동자라 한다. 진동자의 양면에 은도금을 하여 전극으로 하고 양전극면에 전압을 가하면 진동자는 두께 방향으로 신축되는데, 즉 전기진동이 기계진동으로 변환하게 되어 이러한 기계진동이 시험체에 전달되는 것이 초음파진동이다.

진동자는 가역반응으로 기계진동을 받아들여 전기진동으로 감지할 수 있으므로 초음파를 송신할 수도 있고 또한 수신할 수도 있으며, 경우에 따라서는 하나의 진동자를 수신과 송신의 겸용으로 사용할 수도 있다.

(3) 파장의 종류

초음파의 파장은 종파, 횡파, 반사파, 표면파와 판파 등이 있으나 일반적으로 철근콘크리트 또는 강재 등의 건설 분야에서 비파괴 검사에 사용되는 파장은 주로 종파, 횡파와 반사파가 적용된다.

1) 종파 (P파, L파)

종파라 함은 아래의 그림과 같이 파의 전파 방향과 파의 전파에 따른 매질입자의 진동방향이 일치하는 파로서, 가장 빨리 전달되며 P파(Primary wave, Longitudinal wave)라고 도 한다.

2) 횡파 (S파)

횡파라 함은 다음의 그림과 같이 파의 전파 방향과 전파에 따른 매질입자의 진동 방향이 직각되는 파로서, 종파 다음으로 도달하므로 이를 S파(Secondary wave, Shear wave)라고도 한다.

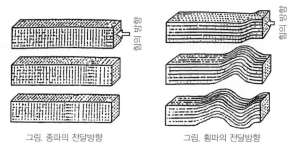

그림. 종파의 전달방향　　　　　그림. 횡파의 전달방향

그림4. 31 종파와 횡파

3) 반사파

반사파라 함은 종파나 횡파의 진동방향이 어느 물질에 반사되어 진행하는 파장을 말한다. 이는 재료의 구성요소가 복잡하여 구성분자가 크고 불특정하며 밀도가 불균질한 경우 특히, 강재와는 달리 철근콘크리트와 같은 경우에서 많이 발생된다.

4) 표면파

표면파라 함은 자유표면을 따라 진행하는 파로서, 수중의 파동에 대해 수표면에 잔잔히 발생되는 파장, 지진발생시 지중의 진동에 의해 발생되는 지표면의 파장과 같은 경우에 볼 수 있다. 이는 파동의 전파 형식에 따라 레일리파와 라브파의 2종류가 있다. 이 파는 균열의 심도 감지에 일부 이용하나 거의 적용치 않는다.

(4) 초음파의 특징

음파와 초음파를 탄성파라고 부르는데 이것은 탄성체를 전파하는 파동이라는 의미로서 탄성파와 완전히 다른 파동으로는 전파, 빛, X선과 Υ선등의 전자파가 있다.

초음파의 음속은 물질의 강성에 따라 다르게 나타나는데, 일반적으로 공기 중에는 340m/sec, 수중에는 1500m/sec, 콘크리트 중에는 4000m/sec, 철강과 같은 금속에는 5900m/sec의 속도로 매체를 통과한다. 이러한 강성에 따른 음속의 차이를 이용하여 콘크리트 내에 초음파를 투과시켜 통과속도를 측정함으로써 콘크리트의 강도를 추정할 수 있다.

표4. 57 초음파의 통과 속도

공기	수중	콘크리트	철강
340m/sec	1,500m/sec	4,000m/sec	5,900m/sec

이러한 초음파시험에 쓰이는 초음파의 에너지는 0.1㎽/㎠ 이하로서 매우 미약하므로 인체에는 전연 영향을 주지 않는다.

(5) 원리 및 장치의 구성

초음파를 이용한 비파괴 검사법 기기의 기본적인 구성은 다음 그림과 같이 본체부와 발·수신자로 대별되며 본체 장치에는 Pulse 발진기, 전원부, 증폭기부, 동기로와 표시부 (CRT 및 기록기)로 구분된다.

압전소자 등을 이용한 발신자·수신자를 콘크리트 표면에 밀착시켜 대고 발진자로부터 발진된 초음파를 수진자로 수진하여 그 수진파동을 근간으로 콘크리트의 강도, 균열심도, 내부결함 등을 검사한다. 이때 검사 대상물체의 형상, 재질, 검사 항목 등에 따라 발·수진자의 배치, 전파하는 초음파 진동양식의 종류, 검출항목의 종류 등을 종합적으로 면밀히 고려하여 적용해야 한다.

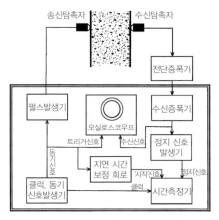

그림4. 32 초음파 기기의 개요

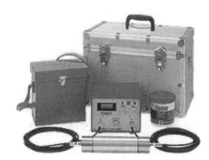

사진4. 10 초음파기기의 구성

1) 발진기

전원을 받아 Pulse 신호를 발생시키는 장치로서, Pulse의 형상은 정현파, 반파, 구형파가 있다. 또한 단일 및 연속 Pulse등이 있으며 등시간 간격으로 파를 발생한다. 콘크리트의 비파괴 시험에 가장 널리 이용되는 Pulse의 주파수는 20~200㎑의 정현파로서 단일 Pulse이다.

2) 발·수진자

발진자와 수진자는 모두 동일 구조이지만, 발진자는 발진기로 부터의 Pulse 전압을 기계적 진동으로 변환시키며, 수진자는 전파 가능한 초음파의 기계적 진동을 전기 신호로 변환시키는 역할을 한다. 작동원리는 특수한 결정체에 압력을 가하면 전기신호를 발생하며, 이에 대한 역 현상도 있어 압전현상을 나타내는 것을 응용한 것이다. 재료로는 칠 탄산 바리움, 로셀염 등이 많이 이용된다.

한편, 발·수진자를 시험체 표면에 접촉할 때는 시험체의 계면과 밀착시켜야 하므로 시험체계면에 불필요한 공기층을 제거하기 위하여 반드시 유약 또는 그리스(grease) 등을 충분히 바른 후 발·수진자를 밀착 및 압착하여 접촉시켜야 한다.

3) 기타
수진자에서 전기적 신호로 변환된 진동은 증폭기에서 증폭시켜 CRT(브라운관 Oscilloscope)등으로 표시하나, 이 신호 표시는 발진자의 Pulse 발생 시각과 동일시기에 표시된다. 즉, 특수한 검사에서는 파형처리용으로 Data Recorder와 해석장치(FFT Analuzer와 CPU)가 사용된다.

4.3.6.3. 검사 방법
초음파 시험 방법은 펄스반사법, 투과법 및 공진법이 있으나 금속재료에 널리 이용되는 것은 펄스반사법이며, 콘크리트구조물에 대해서는 펄스반사법, 투과법 및 표면법이 주로 이용되며 공진법도 일부에서 이용되고 있다.

(1) 발·수진자의 배치
1) 펄스(pulse)반사법
펄스반사법은 시험체의 표면에서 극히 짧은 초음파펄스를 내부로 보내어 시험체 중의 이상부(공동, 결함, 철근 등)에 의해 반사되는 초음파(에코라고 함)를 검출하여 에코(eco)의 크기로부터 이상부의 크기, 종류 등을 추정하고 초음파를 송신하여 되돌아오는 시간을 측정하여 이상부까지의 거리를 파악하는 방법으로서 초음파탐상기의 표시부는 현재 브라운관이며 이것을 직각좌표로서 이용한다.
가장 많이 이용되고 있는 기본표시에서는 횡축은 좌에서 우로 시간의 경과를 나타내며 종축은 수신된 신호의 크기를 표시한다. 초음파를 송수신하는 데는 진동자

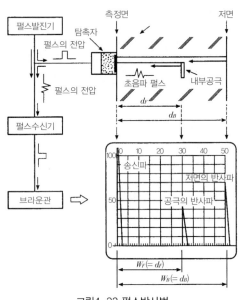

그림4. 33 펄스반사법

를 보호케이스에 넣은 탐촉자(Probe)가 쓰이는데, 하나의 탐촉자로 초음파의 송신을 하는 방법을 일탐촉자법(약칭: 1탐법)이라 하며, 송신과 수신을 별도로 2개의 탐촉자를 이용하여 실시하는 방법을 2탐촉자법(약칭: 2탐범)이라 한다. 펄스반사법은 1탐촉자법으로 실시하는 것이 보통이다.

274

2) 대칭법(투과법)

대칭법(투과법)은 2탐촉자법으로서 가장 많이 적용되는 방법이며, 콘크리트의 대항면에 각각의 수진자와 발진자를 접촉시켜 초음파의 송수신을 하는 방법이다. 이는 다른 방법에 비하여 투과에너지가 가장 큰 것으로서 주로 투과된 파의 전파시간을 측정하여 콘크리트의 강도 추정 및 내부 결함조사에 이용한다.

3) 표면법(반사법)

표면법은 2탐촉자법으로서 콘크리트의 동일면에 발·수신자를 접촉하여 주로 내부의 결함 경계로부터 회절, 반사된 파의 전파시간 등을 측정하여 균열의 심도, 내부결함, 부재의 두께 등을 파악하고자 검사를 실시한다.

4) 사각법

사각법은 콘크리트의 모서리 부위나 혹은 대칭 위치가 불가능한 경우 비대칭으로 수진자와 발진자를 접촉시켜 초음파의 송수신을 하는 방법이다.
가장 신뢰도를 높이려면 대칭법의 적용이 바람직하다.

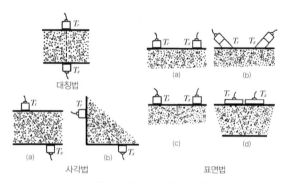

그림4. 34 발·수진자의 배치

(2) 검출 항목

수진자에서 획득된 진동파형으로부터 매체에 관한 정보를 얻게 되며, 다음의 항목을 검출한다.

1) 전파시간(시간차)

발진자로부터 발진된 초음파가 수진자에 도달할 때까지의 시간차를 구하고, 전파거리를 시간차로 나누어 매체의 전파속도를 산출한다. 이 전파시간 및 전파속도를 근간으로 하여 콘크리트의 강도와 내부결함을 추정한다.

2) 주파수

일정 주파수로 발진된 초음파는 매체 내를 통과하며 변화하여 수진자에 전달되는데, 이때 수진자에 감지된 파동의 주파수를 분석하여 내부결함 등을 추정한다.

3) 위상, 기타

수진자에 감지된 파동의 운동방향, 즉 위상으로부터 균열의 심도를 검사하는 방법이 최근 연구되어 실용화가 추진되고 있다.

그 외 기타항목으로는 파동의 진폭 감쇄에 따라 내부결함 등을 평가하는 방법도 있으나 그다지 잘 사용되지 않고 있다.

(3) 검사 항목과 적용

철근콘크리트 구조물에 대한 초음파 검사 시 검사 항목에 대해 발·수진자의 배치, 진동양식의 종류와 검출항목 등을 적절히 선정하여 실시하는 것이 중요하다. 현재 일반적으로 실용화되고 있는 검사 항목과 측정 방법 및 내용은 아래의 표와 같다.

표4. 58 초음파 검사 항목과 측정 원리   ○: 매우 유용   △: 일부 이용

방법 / 검사항목	진동자의 배치		진동 양식			검출 항목			
	대칭법	표면법	종파	횡파	표면파	시간	주파수	진폭	위상
강도	○		○	△		○			
변형 특성	○	○	○	○		○	○		
균열 심도		○	○	△	△	○	○		○
박리		○	○	○		○		○	
동공	○	○	○	○		○	○	△	
두께		○	○	○		△	○		
철근의 피복 두께		○	○	○		○			
중성화	△	△	△	△		△			

1) 물성치의 추정
초음파의 전파속도와 콘크리트의 강도, 특히 일축 압축강도와는 밀접한 관계가 있으며, 변형특성에 대해서도 초음파의 종파(P파) 속도와 횡파(S파) 속도로부터 이론적으로 산출이 가능하다.

2) 균열의 심도
콘크리트 표면에 발생된 균열의 심도를 알고자 함은 내구성 진단 및 보수, 보강 대책상 매우 중요하다. 현재 균열의 심도를 검사하는 방법으로는 초음파 검사가 가장 유효하며, 여러 방법이 제안되어 있다.

3) 공동, 갇힌 공기, 두께
초음파 탐상기를 이용한 강재의 비파괴 검사에서는 강재 제품의 내부 및 용접 부위의 결함부 검출에 실용화 되어 있으나, 콘크리트에서는 많은 과제가 남아 있다. 현재 반사법, 투과법 등의 각종 방법을 이용하여 연구 진행 중에 있으며, 일부 실용화되고 있으나 신뢰도는 낮은 편이다.

4) 기타
그 외 콘크리트 내의 철근 배치, 피복 두께, 중성화 심도, 말뚝의 근입 심도 등의 검사법으

로 연구가 진행되고 있으나 아직까지는 실용화되지 못하고 있다.

4.3.6.4. 강도추정 검사 방법

초음파 음속법에 의한 콘크리트 강도 추정은 콘크리트의 종류, 측정대상물의 형상, 크기 등에 대한 적용상의 제약이 비교적 적으며, 적용강도의 범위는 반발경도법과 마찬가지로 주로 100~600kg/㎠을 대상으로 한다.

(1) 음속의 측정

검사 대상 콘크리트면에 밀착시킨 발신자로부터 발신한 초음파펄스(20~200㎑의 단속음파)가 콘크리트 내부를 관통하여 다른 편의 수신자에 도달한 시간을 구하여 전파시간(T)으로 하며, 양 단자간의 거리를 구하여 두 값으로부터 속도(Vp)를 구한다. 음속법은 콘크리트 중의 음속과 압축강도 사이에 일정한 상관성이 있다고 하는 경험적 사실에 근거한 것이므로 물리적 법칙으로 연결되어 있는 관계가 있는 것은 아니다.

측정법으로는 대칭법, 표면법, 사각법이 있으나 표면법은 음파의 감쇄가 크므로 음파의 입력 레벨을 높이고 수신측에 증폭기를 접속하여 측정하게 되는데 일반적으로 대칭법보다는 측정이 곤란하므로 잘 적용하지 않는다. 사각법은 초음파의 지향성 때문에 일반적으로는 수신이 곤란하며 또한 발·수신자의 크기와의 관계에서 측정대상 거리를 정하기 곤란하므로 정확한 측정값을 얻기가 어려운 반면, 대칭법은 콘크리트 중에 초음파 투과를 대향하는 면에서 측정하는 방법으로 측정의 간결함과 측정정밀도의 관점에서 적용하기에 가장 적합한 방법이라 하겠다.

사진4. 11 기둥의 초음속 탐사

(2) 측정 대상

일반적으로 많이 쓰이는 50㎑의 주파수 단자로 측정하는 경우 콘크리트 중의 종파전파속도를 대부분 4,000m/sec로 하면 파장은 8㎝정도로 되므로 측정거리가 이보다 작으면 정확한 음속의 측정은 곤란하게 된다. 따라서 측정대상 콘크리트의 최소 크기를 원칙적으로 10㎝ 이상으로 한다. 단지 100㎑의 주파수 단자를 이용하는 경우에는 파장이 4㎝로 되어 측정부의 최소 크기가 약 5㎝로 된다. 한편, 측정 길이가 길어지면 음파의 감쇄에 의하여 수신파형이 불명확하게 되어 측정오차가 커지게 된다.

측정대상 면이 흡착하기에 충분하도록 평활하여야 하며 접촉면에 모래알이나 이물질이 있는 경우 그 부분의 음파감쇄가 현저하여 측정이 곤란하게 되므로 구리스(grease), 고형파라핀 등을 측정 표면에 충전하여 시험토록 한다.

(3) 측정 부위

1) 측정 부위 선정

　　① 기둥 측정은 단면 중앙부에서 타설 방향의 상부, 중앙부, 하부 3개소로 한다.
　　② 보인 경우는 단면의 중앙부에서 단부, 중앙부의 2개소로 한다.
　　③ 벽체와 바닥슬래브인 경우에는 평면적인 중앙부와 단부의 2개소로 한다.
　　④ 기초의 경우에는 상기에 준하여 형상에 따라 적절히 선정한다.

2) 부재의 마감재

측정부의 마감재(몰탈 미장, 타일 등) 두께가 측정 길이에 대하여 1/20 이하인 경우에는 그 영향이 무시될 수 있으나 음속측정의 정밀도를 높이기 위해서는 마감재를 제거한 후 콘크리트 면에 직접 검사하는 것이 바람직하다.

3) 콘크리트 내부 철근의 영향

측정하고자 하는 부재 내의 철근이 측정 방향과 동일한 방향으로 있는 경우 음속에 현저한 영향을 주게 된다. 예를 들면 기둥의 띠철근방향과 음속 측정 방향이 우연히 동일한 위치인 경우 철근 매체로 인하여 현저한 음속의 차이를 일으키게 된다. 그러나 축방향근과 같이 측정 방향과 직각인 경우에는 통상의 철근비라면 철근의 콘크리트 음속값에 미치는 영향은 무시할 수 있다.

4) 측정개소 수

측정 점수는 측정 목적에 따라 다르겠지만 가능한 한 많을수록 좋다.

표4. 59 음속측정점 개소수의 일례

목적	측정부위 및 측정수
기존구조물의 안전진단	각층(타설구간)마다 무작위로 3~7부재를 선정하고, 각각 2~3개소를 측정한다.
공사관리 및 품질관리	타설구간별로 구간을 선정하고 각 구간으로부터 최소 3부재를 선정하여 각 붕재에 대하여 2~3개소를 측정한다.

(4) 강도 추정

1) 음속(전파속도)의 산정

상기의 측정 방법을 재 요약하여 음속을 측정하는 요령은 아래와 같다.

　　① 교정봉 등을 이용하여 전파 시간의 교정을 한다.
　　② 발·수신단자를 접착한다.

③ 단자와 측정면 사이에 틈새 등의 공극이 생기지 않도록 그리스(grease)등을 사용하여 충분히 밀착시킨다.

④ 전파시간을 여러 번 측정하여 그중 최소 시간을 전파시간 T값으로 한다.

⑤ 진동단자간의 중심거리 L을 0.5% 이하의 정도로 실측한다.

⑥ 전파속도값(Vp)은 아래의 식에 의해 유효숫자 3자리까지 구한다.

$Vp = L/T$ (km/sec 또는 m/sec)

2) 강도 추정식

구조체 콘크리트의 음속을 미리 측정하여 압축강도와의 상관관계에 의해 환산식을 이용하여 압축강도를 추정한다.

① 음속(Vp)과 콘크리트 압축강도(Fc)와의 상관관계식에 의한 추정

$Fc = 2.57 \times 10^{-4} Vp^{9.59}$

$Vp = 2.924 \ Fc^{0.0608}$ (재령7일)

$Vp = 2.621 \ Fc^{0.0893}$ (재령28일)

② 일본 건축학회식에 의한 추정

$Fc = 215 Vp - 620$ (kg/㎠)

③ J. Pyszniak의 환산식에 의한 추정

$Fc = 92.5 Vp^2 - 508 Vp + 782$ (kg/㎠)

여기서 Fc: 추정압축강도(kg/㎠), Vp: 초음파 전파속도(km/sec)

④ 미국과 캐나다의 경우 다음의 표를 기준하여 콘크리트의 품질을 판정한다.

표4. 60 초음파 음속에 의한 품질 판정 (미국, 캐나다)

초음파 전파속도	품질 기준	비고
4.6 이상	우수	
3.7~4.6	양호	
3.1~3.7	보통	
2.1~3.1	불량	
2.1 이하	극히 불량	

(5) 보고서 사례

아래의 사례는 OOO산업 소유 물류센타의 본관동 기둥, 보 및 슬래브에 대한 초음파 검사 결과를 토대로 분석하여 작성한 사례이다.

표4. 61 초음파속도법에 의한 콘크리트 추정강도(kg/㎠)사례

No	조사위치	부재	전파거리 (mm)	전파시간 (㎲)	전파속도 (mm/sec)	일본건축학회식 215Vp−620	J. Pyszniak 식 92.5Vp²−508Vp+782	평균값
1	본관동	기둥	300	69.99	4.28	300.84	303.16	302.01
2	본관동	보	300	70.67	4.25	292.78	292.68	292.73
3	본관동	슬래브	300	71.04	4.22	288.02	286.56	287.26

4.3.6.5. 균열 심도 검사

균열의 심도를 측정키 위해서는 기본적으로 발·수진자의 탐지를 균열부 동일면에 설치하며, 검출파의 종류(종파, 횡파, 표면파)와 검출항목(전파시간, 파수, 위상 등)에 따라 여러 가지 방법이 있으나 대표적 균열심도 측정법은 아래와 같다.

(1) Tc−To법

종파용 발·수진자를 표면주사법에 의해 균열에 의한 개구부를 중심으로 등간격 L/2으로 설치하였을 때, 균열 선단부를 회절한 초음파의 전파시간 Tc와 균열이 없는 건전부에서의 발·수진자의 거리 L에서의 전파시간 To로부터 다음 식으로 균열의 심도를 구하는 방법이다.

$$d = \frac{L}{2\sqrt{\left(\dfrac{T_c}{T_o}\right)^2 - 1}}$$

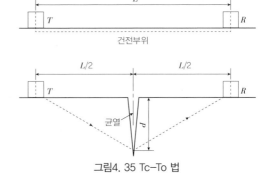

그림4. 35 Tc−To 법

(2) T−법

검사체 면에 종파용 발진자를 고정하고, 수진자를 일정 간격으로 이동시킬 때의 전파거리와 전파시간의 관계(주시곡선)로부터 균열 위치에서의 불연속시간 t를 도면상 에서 구하고 다음의 공식을 이용하여 균열의 심도를 구한다.

$$d = \frac{t \cos a (t \cot a + 2L_1)}{2(t \cot a + L_1)}$$

여기에서 발·수진자의 중심거리를 L, 발진자로부터 균열까지의 거리를 L_1으로 한다.

L 〉 L_1 에서의 주시곡선은 L = L_1에서 극소값을 나타낸다. 또한 cotα 는 음속을 말한다.

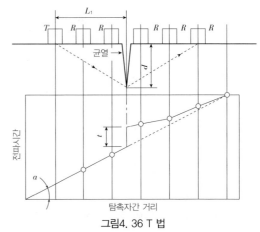

그림4. 36 T 법

(3) BS-4408에 규정한 방법

영국규격 BS-4408에서 권고하는 방법으로 콘크리트의 균열에 의한 개구부를 중심으로 다음 그림과 같이 종파용 발진자와 수진자를 상호 등거리로 배치하여 t_1=150mm의 경우와 t_2=300mm로 한 경우의 각 전파시간을 구하는 방법으로서 다음의 공식에 의거 균열의 심도를 구하는 방법이다.

$$d = 150 \sqrt{\frac{4t_1^2 - t_2^2}{t_2^2 - t_1^2}}$$

여기에서, d 는 균열의 심도,
t_1 은 150mm 간격시의 전파시간
t_2 는 300mm 간격시의 전파시간

균열로부터 진자까지의 거리는 진동자 중심의 거리가 아니고, 진동자 끝단까지의 거리이다.

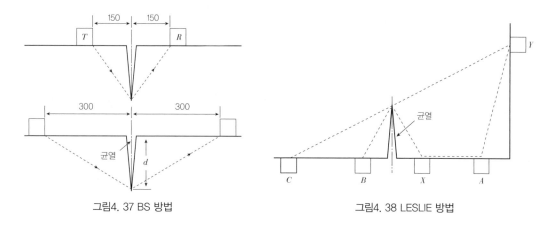

그림4. 37 BS 방법   그림4. 38 LESLIE 방법

(4) Leslie 방법

Leslie는 종파진동자를 사용하여 사각법과 표면법을 병용하여 상기 그림과 같이, 각 측점 간의 전파시간으로부터 표면에 발생된 균열의 심도를 측정하였다. X와 A, Y와 A의 전파시간 으로부터 콘크리트의 평균 음속을 구하며, X와 Y로부터 B와 C까지의 전파시간으로부터 균열의 깊이(심도)를 계산한다.

(5) 위상 변화를 이용하는 방법

측정방법은 Tc-To법과 동일하며, 균열을 중심으로 아래 그림과 같이 발·수진자의 거리를 변화 시킨다.

거리 a가 균열의 심도 y보다 짧은 거리에 있으면 수진자에 감지된 기록파형이 상향으로 올라가며, a=y를 경계로 a가 균열의 심도 y를 넘게 되면 초기 움직임이 하향한다.

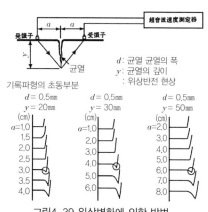

그림4. 39 위상변화에 의한 방법

초기 움직임의 위상이 변화하는 경계 a를 구하면 그때의 a가 균열의 선단에서 회절된 파동의 연직방향의 변위 위상이 회절각에 의해 변화하기 때문이며, 그 변화각도는 재질의 포아송비에 따라 결정된다.

(6) SH파를 이용하는 방법

SH파 측정방법은 아래 그림과 같이 균열부를 중심으로 발·수진자를 대항시켜 설치하고, 발진자로부터 초음파를 발생시켜 균열부를 향하여 발진하면 발생된 초음파 Mode는 SH파(진동방향과 파의 진행방향이 평행한 횡파)이지만, 수평방향으로 강한 표면파가 발생된다. 이것을 발진면, 균열면, 균열 선단쪽으로의 경로로 전파하며, 여기에서 표면파 보다 SH파로 Mode를 변환시켜, 이 SH파를 수진자로 수진한다. 이때 표면파 음속, 횡파음속을 알고 있으면, 전파시간을 계측하여 균열 심도를 산출한다.

$$t = \left(\frac{L_1 + d}{V_r}\right) + \frac{\sqrt{d^2 + L\frac{2}{2}}}{V_s}$$

L_1 : 균열위치와 발진자 간의 거리
L_2 : 균열위치와 발진자 간의 거리
t: 전파시간 V_r:표면파 음속
V_a:횡파 음속 d: 균열 심도

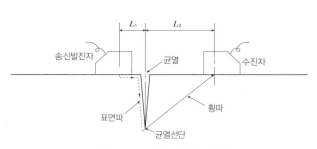

그림4. 40 SH파를 이용하는 방법

4.3.6.6. 내부 결함의 검사 방법

철근콘크리트 구조물의 내부 결함으로는 아래 그림과 같이 마감 재료(타일, 모르타르 마감재 등)의 박리와 콘크리트 내부 및 표면부에 나타나는 갇힌 공기, 공동 등이 있으며, 이는 박리에 따른 미관, 내구성 손상뿐만 아니라 안전사고의 위험도 뒤따르고 있어 안전진단 시 이에 대한 검사는 중요한 항목 중에 하나이며, 이에 대해 열적외선법과 타격법 등이 가장 많이 쓰이고 있다.

갇힌 공기와 공동은 시공불량이 주된 원인으로서, 철근의 부식, 수밀성과 콘크리트 구조물의 내구성에 영향을 주며, 일반적으로 박리에 비해 콘크리트 표면부보다 깊은 위치에 존재하므로 깊은 심도까지 검사할 수 있는 방법이 요구되며, 비교적 콘크리트에 대한 투과 능력을 보유한 초음파 검사의 적용이 바람직하다.

초음파를 이용한 내부결함의 검사 방법을 대별하면 투과법과 반사법이 있으며, 반사법은 결함부로부터의 반사파를 이용하여 검사하므로, 이때 반사파의 추출이

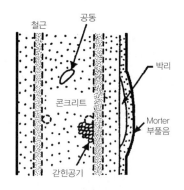

그림4. 41 콘크리트 내부 결함

매우 어려워 신뢰성이 떨어지므로 투과법이 반사법에 비해 신뢰성이 우수하다. 그러나 투과법은 발·수진자를 대향으로 배치하므로 구조물의 형상 등에 따라 적용상 제한이 따른다.

(1) 투과법

콘크리트 대향면에 발·수진자를 설치하고 투과하는 초음파의 전파속도를 측정하여 결함부를 조사하는데, 콘크리트 내부에 결함이 존재하는 경우에는 전파시간(종파)이 건전한 부위에 비하여 지연되는 원리를 이용하는 것이다.

일반적으로 콘크리트에 대한 초음파의 종파 전파속도는 3,500~4,000m/sec이며, 완전히 공동인 경우에는 약 340~350m/sec, 갇힌 공기에서는 정도에 따라 차이는 있으나 통상 건전부에 비해 20~30% 정도 감소한다.

이러한 가정 조건에서의 예를 나타낸 것이 다음의 그림과 같으며, 그 결과를 보면 결함부의 위치, 규모가 추정되나 결함부의 단면분포는 추정할 수 없는 것이 단점이다.

이러한 측정 결과의 통계분석을 통하여 단면 분포를 구하는 방법이 제안되어 있는데, 콘크리트의 단면을 몇 개의 Block으로 구획하여 Block마다의 전파속도를 측정함으로써 전체의 단면분포를 추정하는 방법이다. 역투영법(BPT법)과 동시반복 직선파선법(SSIRT법) 및 동시 반복법(RSIRT법) 등이 있으나, 간편한 역투영법의 원리와 해석의 예를 소개한다.

역투영법의 방법은 콘크리트의 측정단면에 대해 각 방향으로 발·수진자를 설치하여 전파 파형으로부터 종파의 전파 시간을 측정한다. 이 결과를 이용하여 측정단면을 임의의 크기로 block화하고, 각 block마다의 초음파의 속도치를 산출한다. 이것은 각 파선이 block을 통과하는 길이로서, 평균치를 구하는데, 각 파선마다의 평균속도 V_i는

$$V_i = \frac{\sum 1_{ij}}{t_{ij}}$$

여기서, 1_i : I번 파선이 j번 block을 통과하는 길이

t_{il} : I번 파선에 대한 전파시간

각 초음파 파선이 block을 통과하는 길이로서, j번 블록의 속도치 V_j는

$$V_j = \frac{\sum (1_{ij} \cdot V_l)}{\sum 1_{ij}}$$

예를 통하여 구한 결과는 다음의 그림과 같다.

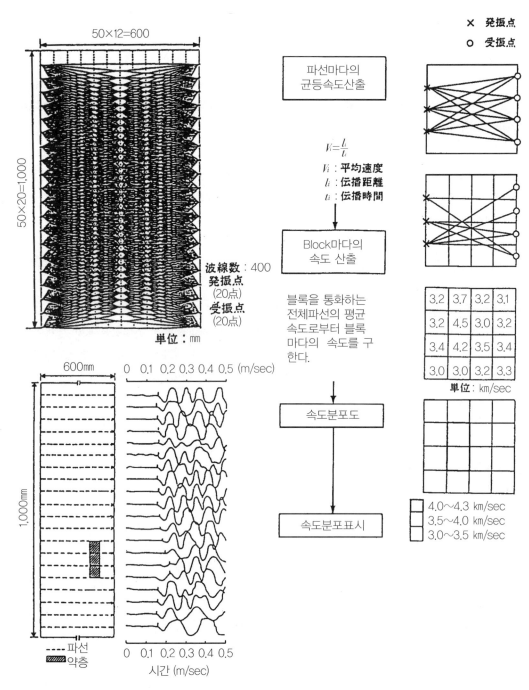

그림4. 42 투과법의 내부결함 검사 예   그림4. 43 Seismic Thermograph 법의 개요

(2) 반사법

금속에 대해서는 그림
4.44와 같이 금속내부에 존
재하는 상처나 공동 등에 대
해서는 반사법으로 명료한
반사 Pulse가 검출되므로
초음파 탐상장치로 유효한
검사를 할 수 있다. 그러나
콘크리트는 감쇄가 크고 특
히 저주파수 초음파를 이용
하기 때문에 파장이 길고 지

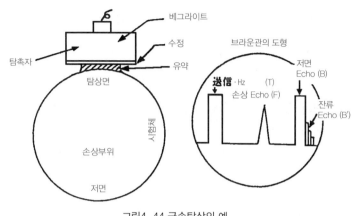

그림4. 44 금속탐상의 예

향성도 나쁜 반사법으로는 내부결함의 감지가 곤란하다.

반사법의 원리는 동일면에 발·수진자를 설치하여 발진자로부터 발진된 초음파를 시험체의
배면과 결함부에서 반사되는 파를 수진자까지의 도달시간으로 측정한다.

두께와 결함부의 위치를 다음의 식으로 산정한다.

$$t = V \cdot T / 2$$

여기에서,   t : 시험체의 두께

V : 시험체중의 음속

T : 전파시간

이 경우 중요한 점은 시험체에 따라 음속이 다르므로 실제로는 개구부등 두께를 알 수 있는
위치에서 두께와 전파시간의 관계를 우선 구해야 한다.

반사법에서의 문제점은 발진자로부터의 초음파가 표면 근방을 직접 전파하여 반사파보다 먼
저 도달하기 때문에, 후에 도달하는 반사파의 장해요인이 되어 도달시간을 판독하기 곤란하다
는 점이다. 그렇기 때문에 발진자를 Damping하여 직접파의 감쇄를 극소화하거나 지향성을
좋게 하기 위해 "쐐기형" 진동자를 이용하는 것이 바람직하다.

두께와 결함부를 검사하는 경우, 초음파에서 가장 널리 사용하고 있는 종파진동자보다 파의
진행방향과 직각방향으로 변화시켜 전파하는 횡파의 진동자를 이용하는 쪽이 반사파가 명료히
나타난다. 진폭에 따라 결함부 등의 규모를 추정하는 방법도 연구가 진행되고 있다.

4.3.6.7. 기타 검사 방법

초음파를 이용한 콘크리트 균열의 심도, 내부결함 외의 검사항목으로 가장 널리 적용되고
있는 것은 강도와 동적 물성 파악이며, 이외에는 콘크리트 판의 두께 측정, 철근위치, 중성
화 등에 적용이 검토되고 있으나, 두께 측정 외에는 아직 그다지 이용되고 있지 못하다.

두께 측정에는 전술한 공진법이 이용되고 있으며, 공진법으로 구한 주파수를 f_1이라 하면 콘크리트의 두께 L은 아래의 식으로 산출한다.

$$2L = \frac{V}{f_1}$$ 단, 전파속도 V는 별도의 초음파속도 측정으로 구한다.

또한 Bancroft의 연구 결과에 의하면 콘크리트의 포아송비를 고려하여 다음의 보정이 필요하다고 주장하고 있다. (포아송비=0.6이라고 가정)

$$2L = 0.8\frac{V}{f_1}$$

이상 초음파를 이용한 콘크리트의 비파괴 검사는 콘크리트의 강도 추정을 목적으로 개발되었으며, 최근 균열의 심도 및 내부결함의 조사에 적용되기 시작하였으나 이는 시험체의 내부 구성도 및 기타 측정조건에 따라서 검사가 곤란한 경우가 많아 정밀도가 떨어지므로 금후 계속 개선이 필요할 것으로 판단된다.

4.3.6.8. 초음파와 콘크리트의 특이성

철근콘크리트 구조물에 대한 비파괴 검사로서는 콘크리트의 압축강도검사, 균열의 깊이, 콘크리트 내부의 공동이나 결함상태의 크기, 터널내면이나 포장부의 콘크리트판 두께, 이음 및 접착상태, 철근 배근이나 PC케이블을 삽입하는 시스관의 위치 및 시멘트 밀크 충전의 유무, 그리고 기초말뚝의 길이 등 그 검사 대상물은 매우 광범위하다.

이와 같은 광범위한 대상물에 대해서 적소에 적용되는 용도의 비파괴 검사 장치는 아직 개발되어 있지 않으며, 따라서 특정의 대상물에 대해서 시공 시 계측과 측정을 위한 적절한 장치를 설치하든지 아니면 기존의 측정기들을 검사 용도에 맞게 적절히 조합시켜서 사용해야 하는 것이 현실이다.

초음파를 이용한 콘크리트 구조물의 비파괴 검사인 경우, 콘크리트는 금속과 같은 균일물질이 아니므로 금속재료에 쓰이는 수㎒ 정도의 주파수 음파를 입사해도 산란이 많고 감쇠가 심하여 도달거리가 짧아지는 이유 때문에 사용되지 않는다.

그렇기 때문에 수~수십20㎑ 이하의 주파수를 사용하여야 하므로 그 파장은 수㎝ 이상이 되어 거의 지향성은 떨어지게 될 뿐만 아니라 금속에 비해 철근콘크리트구조물은 부재가 큰 것이 많으므로 초음파 검사 시 일반적으로 큰 에너지를 필요로 한다.

또한 단일매체의 금속물질에 비하여 복합재료로 구성되어 있는 철근 콘크리트에서는 무수히 많은 반사파가 생성되어 통과시간의 측정에 혼란을 야기하기도 한다. 이러한 이유로 철근콘크리트 구조물에 적용되는 초음파 검사 결과의 신뢰성이 떨어지게 된다.

그러므로 이러한 점들을 감안하여 그에 적절한 검사장치의 조합 및 여타검사를 함께 병행하여 시행하는 것이 바람직하며, 검사결과에 대한 분석 및 평가 시에도 이에 적절한 보정을 하는 것이 이상적이다.

4.3.6.9. 초음파 검사 시의 관리 요점

(1) 특징

1) 장점 : ① 반발경도검사는 콘크리트의 표면성질과 관계되나 초음파 검사는 내부 성질과 관계된다.

② 필요에 따라 측정개소 수를 증가하는 것이 용이하다.

③ 시험개소의 보수가 불필요하다.

2) 단점 : ① 철근콘크리트의 복합재료성 때문에 추정치의 오차를 크게 한다.

② 검사자의 전문기술을 요하며, 장비 및 시험경비가 비싸다.

(2) 관리 요점(Check point)

1) 콘크리트 시험체에 대한 신뢰성

철근콘크리트의 구성요소가 음속이 가장 빠른 철근으로부터 가장 늦은 골재분리로 형성된 공기층까지 복합적으로 구성된 재료이므로 요소별 검사수치가 다르며, 무수히 많은 반사파에 의해 신뢰성이 떨어진다.

2) 검사 위치에 대한 신뢰성

동일부재에 대한 검사일지라도 조금만 위치를 이동하여 재검사를 하면 재료의 구성요소가 전연 달라질 수 있으므로 검사 결과에 대한 신뢰성이 떨어진다.

3) 콘크리트의 함수율에 대한 신뢰성

동일부재에 대한 검사일지라도 함수율과 같은 검사 시행시의 환경요소에 따라 추정치의 오차를 크게 할 수 있다.

4) 검사면의 계면공극에 따른 오차 유발

발·수신자 접착면의 미세한 공기층으로 인해 오차를 유발할 수 있으므로 공기층 제거를 위하여 그리스 충진에 의한 밀착이 필수적이다.

5) 균열심도 측정의 신뢰성

콘크리트 균열의 심도는 동일균열 내부에서 결코 일정하지 않은 특성으로 인해 심도측정 검사결과에 대한 신뢰성이 떨어진다.

6) 결함 부위에 대한 검사의 신뢰성

콘크리트내부의 결함 부위 검사에 대해 제안된 여러 가지 이론적 측정 방법이 현실적으로는 적용하기 어려운 사회성으로 인해 실제 적용 사례가 드물다.

7) 금속부재에 대한 신뢰성

금속물질에 대한 초음파 검사의 신뢰성은 매우 높으므로 철골조의 용접 부위 결함상태 검사와 같은 경우에는 적용하는 사례가 매우 많다.

4.3.7. 조합법(복합법)

복합법 또는 조합법이란 2종류 이상의 비파괴 검사 방법을 복합하여 시행함으로써 단일시험방법에 비해 정밀도를 높이고자 하는 방법을 말하며, 1980년 RILEM(국제건설재료 구조연구기관연합)은 복합비파괴시험방법의 조합으로서 초음파의 종파속도, 반발도, 인발력 등 7종의 검사치로부터 2종을 조합하여 9가지의 복합비파괴 검사 예를 들은바 있다.

본 절에서는 가장 일반적으로 많이 쓰이는 「초음파 음속과 반발경도검사에 의한 슈미트 해머 타격의 조합방법」에 대해 기술코자 한다.

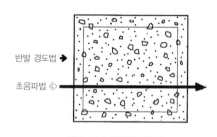

그림4. 45 복합법(조합법)

(1) 검사 방법

대상물의 동일 위치에 초음파 검사와 슈미트 해머 타격 검사를 병행하여 시행하는 방법이며 초음파 시험방법 및 슈미트 해머 타격 시험 방법은 이미 기술한 내용과 동일하다.

(2) 검사 시 유의 사항

철근콘크리트의 특성상 양 측정값은 골재량이 많을수록 그리고 물시멘트비(W/C)가 작을수록 커지는 경향이 있다. 실제 구조물에서는 콘크리트의 함수율, 철근량 등도 초음파의 음속에 영향을 주므로 이러한 점들을 감안하여 검사 결과에 대한 분석 및 평가하여야 한다.

(3) 강도 추정식

1) 강도 추정은 다음 어느 식에 의한다.

① $F_c = k_1 R + k_1 V_p + C$　　　② $\log F_c = k_1 R + k_2 V_p + C$

단, F_c : 압축강도　　　　　　R : 반발도,

　　V_p : 음속, k_1, k_2　　　　C : 실험상수

2) 상기 식에 대응하는 실험식

① 보통콘크리트 : $F_c = 8.2R + 269V_p - 1094 (kg/cm^2)$

② 경량콘크리트 : $F_c = 4.1R + 344V_p - 1022 (kg/cm^2)$

③ 보통콘크리트인 경우

재령보정 감안식: $F_c = 10.2KR_0 + 223V - 960$

여기서: 재령 13주 이하 : K = 1.0

재령 13~26주 이하 : K = 1.0~0.9

재령 26주 이상 : K = 0.9

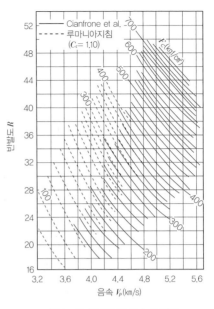

그림4. 46 반발도와 음속의 관계

4.3.8. 충격탄성파 검사법

4.3.8.1. 개요

일반적으로 물이나 콘크리트와 같은 탄성체를 통해 전달되는 파를 총칭하여 탄성파라 칭하는데, 해머 타격 등의 인위적 방법으로 탄성파를 발생시켜 탄성체 내로 투입하여 탄성체 내부의 상태를 탐사하는 것을 넓은 의미에서 탄성파 검사라 하며, 의료분야나 금속, 또는 어업 분야에서는 탄성파로서 초음파가 주로 사용되는 반면, 지질조사에서는 인공 지진파가 주로 이용된다.

콘크리트 분야에서도 초음파를 이용한 탐사가 이루어지고 있는데, 콘크리트는 금속재료와 달리 재질적으로 불균질하여 초음파의 감쇄가 많으므로 일반적으로 20~200㎑의 저주파수 초음파를 사용하므로 지향성이 나쁘며, 특히 Massive한 콘크리트의 내부균열이나 공동과 같은 결함부의 탐사는 곤란한 실정이다.

콘크리트에 대해 탄성파를 이용하는 방법 중의 하나로 충격 탄성파법이 있다. 충격파를 이용하는 탄성파 검사법은 초음파법이 연구되기 수년전부터 도로에 사용하는 콘크리트의 품질 상태를 판단할 목적으로 시작되었다.

충격파는 콘크리트에 해머타격 등으로 발생시키므로, 전기적으로 발생시켜 콘크리트 내로 투입시키는 초음파와는 다르게 매우 큰 에너지를 가지고 있기 때문에 보다 멀리까지 전파되므로 Mass Concrete와 같은 두꺼운 콘크리트의 탐사도 가능하다. 충격탐사법은 초음파와 동일하게 콘크리트의 품질에 관계되는 강도의 판단, 균열의 심도측정, 두께의 측정 등에 이용한다.

통상의 초음파법으로는 측정이 곤란한 공동과 같은 결함부의 탐사, 지하 매설물의 탐사, 지반 내의 말뚝 근입 심도의 측정 등에 이용한다.

4.3.8.2. 원리

충격탄성파법은 타음파법의 일종으로서 해머 타격으로 탄성파를 발생시켜 고체 자체가 가지고 있는 고유진동을 자극시켜서 진동파장의 형상에 따라 고체 내부의 성질을 파악하는 방법으로서 고차파동을 취출하므로 타격초음파 또는 타격음파법이라고도 한다.

일정구간의 검사 대상물에 대해 충격파를 주고 이를 측정하여 콘크리트의 품질과 강도를 측정하는 원리이나 이 경우, 전파된 파의 파장이 길기 때문에 콘크리트 내부의 공동이나 매설물 등의 위치를 측정하는 것이 그리 쉬운 일이 아니다.

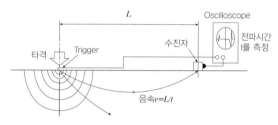

그림4. 47 타격탄성법의 원리도

일반적으로 고체에 짧은 충격외력을 가하면 그 방향으로 대단히 큰 밀도 변화를 나타내면서 그 고체가 가지고 있는 고유 진동이 발행하며 초음파(일반적으로 주파수 20㎑ 이상의 탄성파) 영역을 포함한 광범위한 주파수의 탄성파가 발생한다. 이때 발생된 초음파 영역의 탄성파는 동시에 발생된 주파수 중 가장 낮은 파, 즉 기본파와 함께 전달된다. 이 기본파는 파장이 길고, 큰 에너지를 가지고 있기 때문에 콘크리트와 같은 불균질한 고체 중에서도 그다지 산란치 않고 원거리까지 전파된다.

전파 도중 철근이나 공동, 경계부, 저면에서 기본파에 포함된 초음파만 그 위치에서 반사하게 되며, 이 반사파는 고유진동수의 초음파이기 때문에 큰 에너지를 가지고 있으므로 이러한 반사파를 감지하여 시간별로 측정하면 철근이나 공동의 위치, 콘크리트의 두께를 측정할 수 있다.

4.3.8.3. 검사장치 구성 및 측정 원리

충격탄성파 검사장치의 본체는 탄성파수신기와 오실로스코프(Oscilloscope) 또는 파형기록기로 구성되며, 파동검진은 반사법에서는 타격과 반사파수신을 겸용한 1탐법으로, 투과나 특정의 측정에는 각각 별개의 센서를 사용하는 2탐법으로 실시한다.

타격 해머는 중량 약 0.5~2㎏의 단순한 형상의 것을 자연낙하나 약간 강하게 타격하거나 또는 토사와 같은 유연한 면에서는 충격판으로서 강판을 사용한다. 타격의 표면진동은 대개 1㎑ 정도이나 이 타격진동과 반사파를 탄성파 수신기에 도입하여 타격진동은 trigger신호로서 선예한 펄스(pulse)파로 변환되며 시간계측의 스타트 신호가 된다.

또 반사파는 증폭부에서 측정 목적에 따른 주파수의 진동을 추출한다. 일반적으로 주파수는 수m 이하의 콘크리트에서는 50㎑ 전후, 말뚝이나 교각 등 긴 것이나 지중매설물의 경우는 2㎑에서 20㎑를 선택한다.

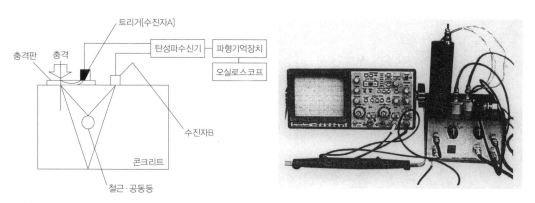

그림4. 48 충격탄성법 탐상장비 구성도

탐사장치의 세부는 상기 그림과 같으며, Trigger(A)와 수진자(B)의 2개 Sensor, 탄성파 수신기, 파형기억장치, Oscilloscope로 구성된다.

Trigger A는 충격판 위에 배치한 후, Hammer 타격 등으로 충격판에 가해진 진동을 감지하여 전기신호로 변환한다.

이 신호가 시간계측의 Start 신호(Trigger)가 되며. 충격판에 가해진 충격에 의해 콘크리트 표면에 탄성파가 발생하여 내부로 전파되며, 공동, 철근, 저판 등에서 반사되어 되돌아오는 탄성파를 수진자 B로 감지하여 전기 신호로 변환시키는데, 이때 탐사 목적에 따라 특정 주파수의 탄성파를 선별하여 시간계측을 한다.

충격 탄성파 탐사법의 경우에는 초음파 탐사법과 같이 연속적인 송신 Pulse를 이용하지 않고 단발 충격파를 이용하기 때문에 파형기억장치를 통해 Oscilloscope에 표시하는 방식을 적용한다.

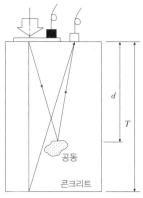

그림4. 49 공시체의 공동 탐사

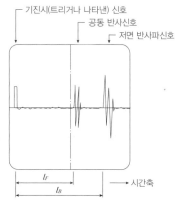

그림4. 50 Oscilloscope 도형

상기 그림과 같이, 심도 d의 위치에 공동이 존재하는 두께 T의 콘크리트를 탐사하면, Oscilloscope도형과 같은 파형이 나타나는데, 횡측이 시간축이며 이 시간축은 장치의 시간축에 맞추어 1눈금의 시간을 설정한다.

좌측단의 신호가 시간계측의 Start 신호로서 솟아오른 점이 0이며 우측단의 신호가 저면으로부터의 신호이고 중간부의 신호가 콘크리트 내부의 공동이나 철근 등의 반사체로부터의 신호이다.

콘크리트 중의 음속을 V라 하면 다음의 식으로 상관관계를 산정할 수 있다.

$$t_B = \frac{2T}{V}$$ 여기서, t_B : 저면으로부터의 반사파의 도달시간

$$t_F = \frac{2D}{V}$$ t_F : 공동 저면으로부터의 반사파 도달시간

따라서 먼저 충격탄성파의 음속을 측정하면, 초음파 속도법과 동일하게 콘크리트의 두께와 공동, 결함 등을 측정할 수 있다.

4.3.8.4. 검사 방법

반사파의 도달시간 t_B와 t_F는 Oscilloscope의 CRT(Brown관)로 읽을 수 있다. 음속 V는 통상 수직투과법으로 산정한다. 콘크리트는 재질이 불균질하므로 여러 점의 측정으로 평균속도 V를 취하며, 두께 T가 명확한 경우에는 음속산정을 위한 Test를 하지 않고 탐사 시 CRT상의 파형으로부터 저면 반사파를 판단하여 음속을 산정한다. 음속을 모르면 공동이나 매설물의 유무는 판단 가능하여도 정량적인 판정은 불가능 하다.

따라서 구조물에서의 실탐사 시에는 음속을 구하는 방법을 사전에 검토하여야 한다.

충격 탄성파 탐사법은 탄성파의 특성 및 콘크리트 구조물의 재질, 구조에 따라 매우 예민하므로 1~2점만의 측정결과로부터 결론을 도출한다는 것은 위험하다. 가능한 한 넓은 범위에서 많은 점을 측정하여 전체를 파악한 후, 세부사항을 검토하여 해석토록 해야 하며, 일반적으로 충격 탄성파 탐사법에 의한 콘크리트 구조물의 탐사 가능한 심도의 한계는 20m 전후 정도이다.

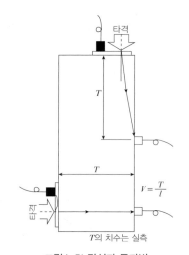

그림4. 51 탄성파 투과법

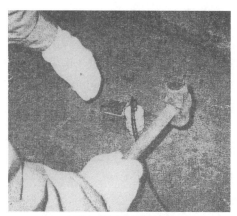

사진4. 12 해머 타격 모습

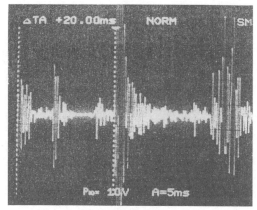

사진4. 13 충격탄성파 모습

4.3.8.5. 탐사법의 적용

충격탄성파 탐사법을 이용하여 탐사하는 콘크리트 구조물의 적용범위는 다음과 같다.

① 재질 및 강도의 조사
② 공동 및 매설물의 탐사
③ 콘크리트 균열의 깊이 측정
④ 기초, 호안 및 말뚝 등의 근입 깊이 측정

상기 ①항의 재질 및 강도조사는 강도와 음속과의 상관관계 원리이며, ②항의 공동매설물 탐사는 저면 반사파 앞의 반사파 관계이며, ③항의 균열깊이 측정은 음파 거리와 전파시간 관계의 적용이며, ④항의 기초, 호안 및 말뚝 등의 근입 깊이 측정은 저면반사파와의 관계를 적용하는 원리이다.

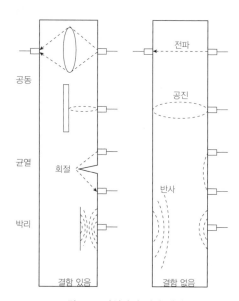

그림4. 52 탄성파의 전파 상태

(1) 지질 및 강도의 조사

통상 투과법으로 콘크리트의 건전부 또는 건전한 시험체에 대해 음속을 측정 비교하여 실시한다. 콘크리트의 강도와 음속 사이에는 상관관계(강도가 증가하면 음속이 증가한다)가 있으며, 음속을 측정하면, 콘크리트의 재질과 강도를 추정할 수 있다.

따라서 오래된 구조물의 경우에는 열화의 성능 진단에도 적용할 수 있다. 통상 투과법으로 측정하나. 콘크리트의 두께를 알 수 있는 경우에 반사법으로 CRT상의 파형을 관찰하면 콘크리트 내부의 공극이나 균열 등의 존재도 동시에 확인할 수 있다.

(2) 공동 및 매설물의 탐사

이 조사는 반사법으로 주로 실시하며, 정량적인 탐사를 실시키 위해 대상물의 음속을 우선 산정해야 한다. 현재의 탐사법에서는 내부의 정보는 모두 CRT로 검출하므로 반사파의 위치 및 형상만으로 판단할 수밖에 없으므로 탄성파에 대한 전문적인 지식과 경험을 필요로 한다.

CRT 화면으로부터 저면으로부터의 반사파가 어느 것인가를 판단해야만 하는데, 앞의 그림 Oscilloscope 도형을 보면 저면으로부터의 반사파 앞에 파가 확인되는 경우에는 콘크리트 내에 공동이나 매설물 등의 반사체가 있다고 판단하며, 반사체의 심도 방향의 위치는 Oscilloscope상에서 T_f를 CRT로 판독한 후 공식에 의거 산정한다.

실제 콘크리트 구조물을 탐사 할 경우에는 그림과 같은 명료한 CRT 화상이 나타나지 않으므로, 저면으로부터의 반사파 후에 2차, 3차의 반사파가 나타나며, 공동의 위치와 형상에 따라 다수의 반사파가 나타나게 된다.

따라서 1회 측정만으로는 판단이 용이치 못한 경우가 대부분이므로 수회에 걸쳐 반복 검사하여야 한다. 만일 콘크리트의 두께를 알 수 있는 경우에는 저면으로부터의 반사파의 파형을 예측할 수 있으므로 탐사가 비교적 용이하다. 단, 공동 등의 영향으로 저면으로부터의 반사파의 도달시간이 지연되기도 하므로 판별에 오차가 있을 수 있으므로 주의를 요한다.

일반적으로 CRT 상의 파형으로부터 반사체가 무엇인가를 판별하기는 곤란하다. 따라서 임의 개소에서의 탐사 결과를, 위치, 파형, 반사체의 연속성 등을 종합적으로 검토하여 반사체를 판별해야 한다. 철근과 배관을 명확히 구분하거나 인접한 철근과 배관을 상세히 구분하기는 곤란하다.

(3) 균열의 심도 측정

충격 탄성파 탐사법에서도 초음파법과 동일한 방법으로 콘크리트 균열의 깊이를 측정할 수 있으나, 초음파법과 비교하여 보면 상당히 차이가 있다.

콘크리트 균열의 선단부도 음파의 반사원이 되므로, 균열방향이 콘크리트 표면에 직각형상이고 파생적으로 갈라져 있지 않은 단순한 균열의 경우에는 탄성법에 의한 검사 시 반사법으로도 가능하다.

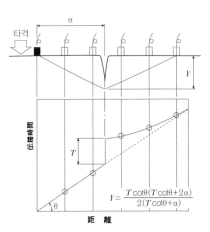

$$Y = \frac{T\cot\theta(T\cot\theta + 2\alpha)}{2(T\cot\theta + \alpha)}$$

그림4. 53 균열심도 측정의 방법

(4) 기초, 호안, 말뚝 등의 근입심도의 측정

기초, 호안, 말뚝 등의 표면에 해머타격에 의한 충격을 가하여, 지중이나 수중에 있는 저면으로부터의 반사파를 감지해 구조물의 근입심도를 비교적 쉽게 측정 할 수 있다.

이 경우도 음속을 우선 측정해야 하며, 일반적으로 지표면과 수면상에 노출된 부위에서 투과법으로 측정한다. 말뚝의 경우에는 길이측정 또는 말뚝 중간의 파손 유무 및 그 위치를 측정할 목적으로 이용하는 경우가 대부분이다.

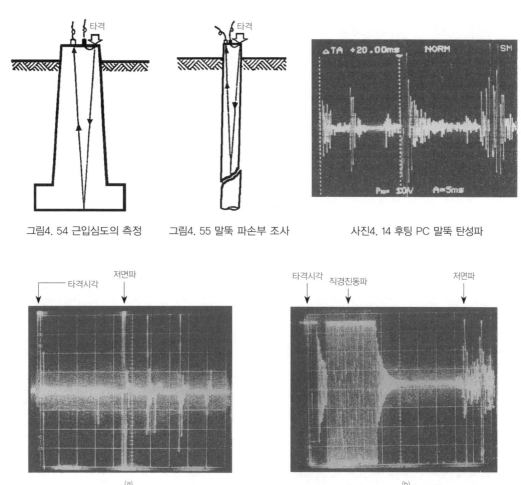

그림4. 54 근입심도의 측정   그림4. 55 말뚝 파손부 조사   사진4. 14 후팅 PC 말뚝 탄성파

사진4. 15 강관말뚝의 반사측정

4.3.8.6. 충격탄성파법의 문제점

충격탄성파법은 기본적으로 넓은 범위의 구조물에 적용될 수 있으나 복합재료인 콘크리트 구조물의 경우에는 탄성파법은 그 파동의 모두가 일정하게 전달되는 것이 아니라 콘크리트의 재질에 따라 전달되는 방법이 모두 다르다.

이것은 콘크리트 재질이 일종의 음향필터의 성질을 갖고 있기 때문이며, 이러한 점이 한편으로는 재질판단에 필요한 요소가 되기도 한다. 현재 충격탄성파법에 의한 계측에 사용되는 주파수의 범위는 수㎐에서 ㎓에 이르는 마이크로파 초음파까지 매우 광범위하다.

한편 이러한 충격탄성파 방법이 적용되는 데에는 다음과 같은 문제점이 있다.

1) 충격탄성파법에서 파동을 발생시키는 방법이 해머타격이라는 기계적인 수단이 정밀 측정을 위한 정밀도상 가장 문제가 된다.

   해머에 의한 타격의 발생 진동 에너지는 초음파법에 비할 바가 아니나, 진동파가 1㎑정도로 크기 때문에 매우 둔한 파동이 되어 측정 시 파동의 개시시각 설정이 매우 불안정하다. 따라서 타격파의 파동 개시시각을 어떻게 정확히 포착하는가가 측정 정밀도 향상에서 최대의 주요한 과제가 된다.

2) 구조체의 콘크리트 측정면이 평활치 못하고 요철이 심하면 파동이 산란되어 파동형성이 불안정하기 때문에 측정하기 전에 콘크리트의 측정면을 어느 정도 평활하게 하는 것이 필수이다.

3) 검사 대상체의 재질에 따라 해머타격으로 인한 표면이 오목하여 반발할 때까지 시간 차이가 있어서 일정하지 않다. 파동스타트는 반발과 동시에 되나 반발력이 작은 재질에서는 스타트 시각의 검출이 불안정하기 쉽다. 이의 극단적이 예는 토양인 경우이며, 이와 같은 곳에서는 충격판을 사용해야 한다.

4) 콘크리트 구조물은 콘크리트의 재질에 따라 음향필터의 특성이 있기 때문에 수신부의 주파수 대역을 어느 정도 크게 하는 편이 편리한 경우가 있다.

   현재는 콘크리트의 재질양부에 대한 대비기준이 확립되어 있지 않기 때문에 개개의 결과에 의거하여 판단해야 한다.

사진4. 16 탄성파 탐지기 (MK6)

사진4. 17 탄성파 레이더시스템(iTECS-5)

4.3.9. 철근 탐사

4.3.9.1. 개요

콘크리트 구조물에 손상을 입히지 않고 철근의 배근 상태를 탐상하는 방법으로서 전자유도법이 가장 널리 이용되고 있으며, 그 외 전자파 송·수신에 따른 전자파레이더법과 방사선법을 이용하기도 하고, 초음파나 열적시험 등의 비파괴 검사도 이용 가능 하지만, 이 중에서 전자기 유도를 이용하는 방법이 설비가 간단하고 저렴하며 기기작동이 편리하여 가장 많이 쓰이고 있다.

사진4. 18 보의 철근탐사

전자 유도법은 유도코일의 전압에 영향을 주는 인자인 시험체의 크기와 형태, 커플링 coupling의 정도 (life-off distance)가 전압의 크기와 위상에 미치는 원리를 이용하는 것으로서 크게 두 가지로 분류할 수 있는데 하나는 유도전압에 의한 자기적 측정법이고 또 다른 하나는 와전류 탐상법이다. 두 가지 모두 근본 원리는 Farady 법칙에 의거하지만 시험코일의 형태와 사용 주파수에서 차이가 난다.

4.3.9.2. 전자유도법의 탐사 원리

전자유도원리를 이용한 철근탐사법으로서는 낮은 주파수를 이용하는 유도전압에 따른 자기적시험에 의한 방법과 높은 주파수를 이용하는 와류시험에 의한 방법이 있다.

(1) 전자유도 현상과 Faraday 법칙

아래 그림과 같은 두 회로 P와 S에서 S에 검류계 G를, P에는 전지 B와 스위치 (switch) K를 연결한 후 스위치K를 연결하여 회로 P에 전류를 흐르게 하면 회로 S에 순간적으로 전류가 흐르게 된다.

그러나 P회로의 전류는 계속 흐르더라도 S회로의 전류는 곧 소멸하게 된다. 다음에 K를 차단하여 전류를 끊으면 회로 S에 순간적인 전류가 다시 흐르나 그 방향은 반대가 된다. 이와 같은 사실은 회로 S에 전류를 흐르게 하는 기전력이 순간적으로 발생

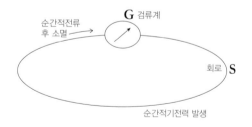

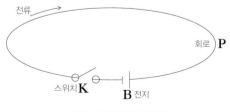

그림4. 56 전자유도현상

하는 것을 나타낸다. 다음 회로 P의 스위치 K를 차단하고 상호 위치를 이동하여 상대운동을 일으켜도 이 운동이 계속되는 동안 회로 S에는 기전력이 발생하며, 상대운동이 없어지면 기전력도 없어진다. 또 회로 P대신 영구자석을 움직이는 경우에도 위에서와 같은 효과가 나타나 회로 S에 기전력이 발생한다.

이와 같은 현상은 회로 S를 관통해 지나가는(쇄교, linkage) 자속(magnetic flux)수가 변화하기 때문에 회로 S에 기전력이 유기되는 것으로, 이러한 현상을 전자유도(electro-magnetic induction)라 하며, 발생된 기전력 및 전류를 유도 기전력 및 유도 전류라 하는데, 이 유도 전류는 원인이 되는 자속의 변화를 막는 방향으로 발생한다.

회로에 기전력이 발생하는 원리는 다음 그림과 같이 회로 S를 통과하는 자속 φ가 어떤 원인으로 dφ만큼 증가되었다면, 회로는 이 증가를 막기 위하여 −dφ만큼의 자속을 스스로 만들어 현재의 자속 φ의 상태를 유지하려 하므로 따라서 회로에는−dφ를 일으키는 전류가 오른손의 법칙에 따라 발생하게 된다. 반대로 자속이 감소하면 전류는 자속을 증가시키는 방향으로 유기되며, 유도 기전력의 크기는 자속의 시간에 대한 변화에 비례한다.

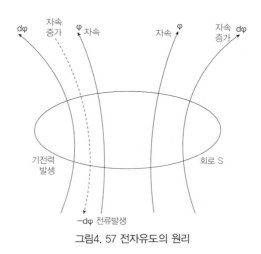

그림4. 57 전자유도의 원리

이러한 현상은 1831년 Faraday에 의하여 밝혀진 것으로 "전자 유도에 의하여 회로에 발생되는 기전력은 자속 쇄교 회수의 시간에 대한 감소 비율에 비례 한다"라고 정의되며 이를 "Faraday의 법칙"이라고 한다.

지금 회로와 쇄교하는 총 자속 수를 φ[Wb]라 하면 그 감소 비율은 −dφ/dt가 되므로

유도 기전력 U는: $U = \dfrac{d\varphi}{dt}$ [V]로 주어진다.

따라서 쇄교 자속이 1초에 1[Wb]의 비율로 변화하면 1[V]의 기전력이 발생된다. 만일, 회로의 권수가 N이고 이것에 자속 φ가 전부 쇄교 한다면:

$$U = -N\frac{d\varphi}{dt} \text{ [V]가 된다.}$$

(2) 전자유도 시험의 원리

전자유도 시험은 시험코일에 교류전류룰 흐르게 함에 따라 생기는 자계 내에 검사대상물을 놓고 시험을 실시한다. 시험 대상이 되는 것은 시험코일이 만드는 자속에 영향을 주는 철근과 같은 금속의 강자성재료 등이다.

　철근탐사 시 콘크리트 내의 철근은 연강재이므로 전자유도시험의 적용이 가능하여 비파괴 검사의 일종으로서 철근탐사법으로 이용되고 있으며 다음의 그림은 시험코일과 철근의 접근에서 발생되는 전자유도에 의한 자속의 변화와 기전력을 나타낸 것이다.

　즉, 도선을 원형으로 감은 시험코일에 교류전류를 흐르게 하면 시간적으로 변화되는 자속이 발생하는데 이 자속은 시험코일을 관통하게 된다. 그러면 단위시간마다의 자속의 변화량에 비례하는 기전력이 시험코일에 생긴다.

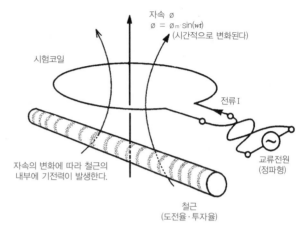

기전력 $V(t) = -n \cdot \dfrac{d\varphi}{dt}$

　단, φ는 자속, t는 시간, n은 코일을 감은 수 시험코일이 만든 자속은 철근에 침투된다.

그림4. 58 전자유도에 의한 자속과 철근

　이때, 철근의 전자기적 특성 등으로 인해 자속이 변화되면 시험코일의 기전력이 변화되는데, 이때 발생되는 신호에 의해 철근을 탐사하게 되며, 전자유도시험이라는 명칭은 이 원리로부터 유래된 것이다.

　일반적으로 시험코일의 자속에 영향을 주는 인자는 크게 2가지로 대별되는데, 그 첫째는 철근에 자속이 관통하기 쉬운 정도를 나타내는 투자율로서, 투자율 μ는 진공중의 값을 μ_0로하여 비투자율 μ_r와의 곱으로 표시된다.

　　즉, 투자율 $\mu = \mu_r \cdot \mu_0$ 단, $\mu_0 = 4\pi \times 10^{-7}(\mathrm{H/m})$

　예를 들어 알루미늄이나 동과 같은 비자성재료의 비투자율 μ_r값은 1이지만 철근과 같은 금속 등 자속을 잘 통하는 강자성재료의 비투자율 μ_r는 수백~수천으로 크기 때문에 그만큼 자속이 통과하기 쉬운 것을 의미하므로 시험 대상물 속에 철근의 존재로 인한 투자율의 변화는 자속을 크게 변화시키므로 비파괴 방법으로 철근 탐사가 이루어질 수 있게 된다.

　둘째의 인자는 철근의 도전율$\sigma(\mathrm{S/m})$이다. 상기 그림에서 나타낸 바와 같이 시험코일에서 만들어진 정현파상의 자속을 접근시킨 철근의 표면이나 내부에도 시험코일과 마찬가지로 기전력이 생긴다. 철근은 양도체이므로 이에 따라 철근의 내부에는 와전류라 부르는 전류가 흐르는데, 이 와전류는 철근의 도전율에 따라 크기가 변화되며, 시험코일에서 생성된 본래의 자속을 소멸시키려는 방향으로 자속이 흐른다. 즉, 시험체의 도전율에 따라 시험코일을 관통하는 방향으로 자속이 변화된다.

이상과 같이 시험코일의 자속은 철근의 투자율과 도전율의 쌍방에 영향을 받게 되며, 시험코일과 철근의 거리인 피복 두께, 철근의 직경이나 리브(rib), 마디의 형상과 체적 등에서도 영향을 받는다. 한편 철근을 둘러싼 콘크리트는 비자성체로서 도전율도 철근에 비하여 매우 낮기 때문에 일반적으로 자속에는 영향을 주지 않는 것으로 간주한다.

따라서 콘크리트 속의 철근을 전자유도시험으로 시험할 때에는 콘크리트의 영향은 받지 않는 것으로 생각해도 좋으나, 다만 주파수를 높게 한다든지 감도를 높게 할 때에는 그러하지 아니하다. 그러므로 철과 같이 강자성체이며, 도전율이 높은 재료에 대해서는 투자율과 와전류의 어느 것인가가 지배적이 되는가를 제어할 수가 있는데, 그것은 시험 주파수에 의한 것이다.

상기 기전력 V에 관한 식에서 알 수 있는 것처럼 전자유도현상에 의한 기전력은 주파수에 비례된다. 즉, 전자유도 현상에 따라 철근에 발생하는 와전류는 작용하는 교류자속에 작용하는 주파수가 높은 쪽이 많이 발생하며 직류에서는 제로이다.

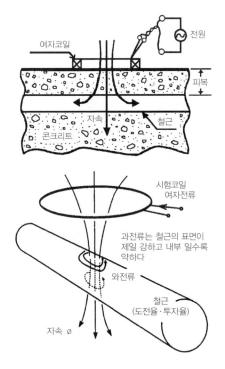

그림4. 59 철근에 발생하는 와전류 원리도

따라서 주파수를 낮게 하면 와전류가 감소하기 때문에 철근의 투자율의 변화가 지배적이다. 이와 같은 상태로 실시되는 시험은 주로 철근의 자기적인 특성에만 영향을 받게 되므로 자기적 시험법이 된다.

한편 주파수가 높은 경우에는 전술한대로 시험편에 발생된 와전류가 주체가 되어 자속에 변화를 주게 되므로 와류시험법이라 부른다.

상기 그림의 방식에서는 자속을 만드는 것과 자속의 변화를 검출하는 것을 하나의 시험코일로 실시하는 경우이며 이를 자기유도형이라 한다.

그런 반면 시험코일을 2개의 코일로 분리하여 실시하는 경우도 있다.

다음 그림과 같이 여자(자속을 만드는 일)코일과 검출코일을 분류하는 방법이 있는데, 이와 같이 하면 발생 신호의 검출특성상 설계 시에 자유도를 지니게 할 수가 있으나 본질적으로는 단일의 시험코일과 동일하다 하겠다.

이렇게 2개로 분리된 시험코일을 상호유도형이라 한다.

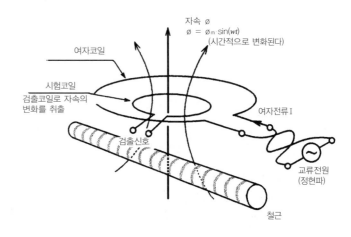

그림4. 60 상호유도형 시험코일의 원리도

(3) 유도 전압에 영향을 미치는 인자들

시험코일에 유도되는 전압은 시험 위치의 주변 조건에 따라 달라지게 되는데, 이 같은 현상을 이용하여 철근의 배근 상태를 추정하게 된다. 즉, 철 등의 강자성 물체뿐만 아니라 구리, 알루미늄 및 흑연 등의 모든 전기가 흐르는 도전성 재료는 철근 탐지기의 지시계에 변화를 일으키는 반면 유리, 돌, 합성수지, 나무, 콘크리트 등 도전성이 없는 비전도성 재료는 전혀 영향을 주지 않는다. 철근 탐지기 지시계에 영향을 주는 인자들은 대략 아래와 같다.

1) 강자성 물질

일반적으로 자성을 나타내는 물질들로서는 철, 니켈, 코발트 등이 있다. 자성을 얼마큼 나타내는가 하는 것은 자기투자율이라는 물질 상수가 얼마나 큰가 하는 것으로 표시하는데, 일반적으로는 공기 중의 자기 투자율을 1로 할 때 그에 비하여 몇 배가 되는가 하는 비투자율을 자성의 척도로 삼는 것을 주로 사용하고 있다.

보통의 비자성 물질들의 비투자비율은 거의 1로서 공기와 같으나 강자성 물질들은 수백에서 수만 배의 비투자율을 갖는데, 비투자율이 크면 클수록 유도 코일의 전압이나 와전류의 세기가 증가하기 때문에 철근 탐지기의 지시계의 변화량을 크게 한다. 철근은 강자성의 성질을 갖으며 제품마다 비투자율이 서로 다르다. 따라서 동일한 굵기의 철근이 동일한 깊이에 묻혀 있더라도 투자율이 서로 다르다면 지시계가 가리키는 신호량은 서로 달라지게 되며, 이러한 이유로 인하여 콘크리트에 묻혀 있는 철근에 대한 정보가 없으면 두께를 추정하기가 매우 어려워진다.

2) Life off 영향

전자유도 시험은 시험코일의 교류전류에 의해 발생되는 자계 내에 시험코일이 만드는 자속과

기전력 형성에 영향을 주는 철근과 같은 금속의 강자성재료 등 검사 대상물을 놓고 시험을 실시한다.

이때, 시험코일과 검사 대상체가 얼마만큼 떨어져 있는가 하는 것을 lift off거리라고 칭하는데, 시험코일과 검사대상체의 거리가 멀리 떨어질수록 지시계의 신호는 당연히 감소하며 코일의 감지 가능거리를 벗어나면 유도전압은 제로가 되어 전연 감지할 수 없게 된다. lift off 거리에 따른 탐지기 신호의 크기는 다음의 그림과 같다.

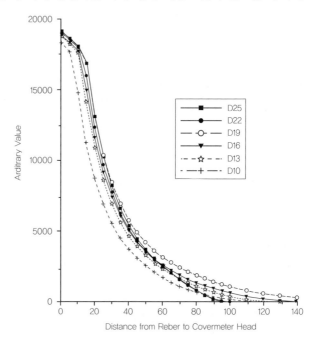

그림4. 61 Lift off거리와 신호크기

3) 철근의 굵기

철근의 굵기가 굵다고 해서 시험코일로부터 취득하여 감지되는 자속에 의해 철근 탐지기의 지시계가 더 큰 신호를 나타내는 것만은 아니다. 와전류 현상을 이용한 철근 탐지기는 철근이 굵을수록 탐지기의 신호도 커지는 것이 일반적이지만 유도전압을 측정하는 탐지기는 코일의 배열 상태에 따라 어떤 깊이에서는 굵은 철근의 신호가 더 작아질 수 있다.

이러한 현상을 설명하기에는 좀 더 전문적인 분석연구가 필요하지만 철근의 지름이 탐지기의 1차 코일과 2차 코일의 간격보다 커지면 2차 코일로 집약되어야 할 자력선이 공중으로 흩어져 마치 자력선 차폐 현상이 발생되는 것으로 추정되어 진다. 이러한 현상들로 인하여 미지의 철근의 깊이와 굵기를 동시에 측정하기란 매우 어려운 것이다.

4) 전도성 물질

전도성 물질에는 흔히 모든 금속류와 탄소, 전해액 등이 있으며 이러한 것들이 시험코일 부근에 있으면 영향을 준다. 강자성이 아닌 전도성 물질들은 강자성인 철근에 비하면 시험코일에 영향을 덜 미치기는 하지만 신호변화 크기에 대한 판독에 오류를 범할 수 있다. 특히 와전류를 이용한 탐지는 고주파수를 사용하기 때문에 유도 전압을 측정하는 탐지기에 비하여 금속성 물질에 훨씬 큰 영향을 받는다.

콘크리트 자체에도 약간의 전도성이 있으며 수분 함량이 클수록 전도성이 증가한다. 이 경우 전도성이 없는 콘크리트에 비하여 신호의 크기가 달라질 수 있다. 그러나 대개의 경우 철근으로부터의 신호가 훨씬 크므로 무시할 수 있을 정도이다.

5) 콘크리트의 함수율
전절에서 기술한 바와 같이 어느 정도의 콘크리트 수분함량은 철근으로부터의 신호가 훨씬 크므로 무시할 수 있으나, 시험 시의 환경이 우중에 시행할 경우에는 콘크리트의 함수량이 극히 크므로 콘크리트의 전도성이 극도로 증가하여 철근의 신호와 혼란을 야기할 수 있다.

6) 온도
일반적으로 전기저항의 온도계수에 따라 전도체, 반도체 절연체로 나뉘게 되는데 이는 온도가 증가하면 저항이 감소하고 온도가 낮아지면 저항이 증가함을 의미한다. 즉, 전자유도시험 시 온도가 낮아지면 전기저항이 증가하므로 시험코일의 교류전류에 의해 발생되는 자계도 감소하게 되어 시험의 오류를 범할 수 있게 된다.

그러므로 대기온도 −5℃ 또는 콘크리트 표면온도 0℃이하로 저하될 때는 시험을 중단하는 것이 좋다.

4.3.9.3. 기본적인 전기 법칙
(1) 에르스텟(전류의 자기작용의 법칙)
도선에 전류를 흐르게 하고 도선 가까운 곳에 철분을 뿌려 놓으면 도선에 철분이 달라붙고 다시 전류를 차단시키면 철분도 동시에 떨어지는 현상을 볼 수 있다. 이 실험에서 전류는 자력을 발생시키고 있다는 것을 알 수 있는데 이러한 현상을 전류의 자기작용이라 한다. 도선에 전류가 흐르면 도선을 중심으로 회전하는 자력선이 발생하는데 이때 같은 크기의 전류가 흐르는 도선에는 어느 점이나 똑같은 크기의 자력선이 생긴다.

또한 도선에 전류를 흘리면서 도선 주위에 철분을 뿌려보면 철분은 도선을 중심으로 하여 전류와 직각방향으로 원을 그리는데, 여기에 자침을 접근시키면 자침은 일정한 방향을 가리키고 정지한다. 그러나 전류의 방향을 바꾸면 자침의 방향도 바뀐다. 이상의 실험에 의하면 전류의 방향과 자력선의 방향은 항상 일정한 관계가 있음을 알 수 있다.

(2) 앙페르의 법칙(오른나사의 법칙)
직선인 도선에 전류를 흘리면 도선 둘레에는 동심원 모양의 원형 자계가 생기는데, 도선 둘레에 자침을 놓고 자계의 방향을 조사하면 자계의 방향은 오른 나사가 진행하는 방향을 전류의 방향으로 했을 때 나사를 돌리는 방향과 일치한다. 이것을 바로 앙페르의 오른나사의 법칙이라 한다. 도선 둘레의 어느 점에 있어서의 자계의 세기는 전류에 비례하고, 전류에서 그 점까지의 거리에 반비례한다. 전류가 흐르면 반드시 자계가 생기는데, 이것은 자계가 있는 곳에는 반드시 전류가 있다는 말이 된다.

(3) 페러데이 법칙(전자기 유도의 법칙)

코일의 양 끝에 검류계를 연결하고 자석을 코일에 가까이 했다 멀리 했다 하면 검류계의 바늘이 흔들린다. 즉 전기가 흐르고 있는 것이다. 이때 전류의 크기는 자석을 움직이는 속도가 빠를수록 크고, 전류의 방향은 가까이 할 때와 멀리 할 때 반대가 되며, 또 N극과 S극에서도 반대가 된다.

이처럼 자계의 변화에 의해 도체에 기전력이 발생하는 현상을 전자유도라고 하며 이 기전력을 유도기전력, 흐르는 전류를 유도전류라고 한다. 유도기전력의 크기에 관해 페러데이(Faraday)는 '유도기전력은 코일을 관통하는 자력선이 변화하는 속도에 비례한다.'는 사실을 알아냈다. 이것을 페러데이의 전자유도의 법칙이라고 하는데 이 법칙이 근거가 되어 발전기나 변압기도 발명할 수 있었다.

이러한 원리에 의해 비파괴방법으로 철근콘크리트 속의 철근 탐지기술이 개발되었다.

(4) 렌츠의 법칙

1834년 렌츠가 발견한 유도전류 방향에 관한 법칙으로서 회로와 전자기장의 상대적인 위치 관계가 변화할 경우, 회로에 생기는 전류의 방향은 그 변화를 저지하려는 방향으로 흐른다. 또 전류나 자극의 크기가 변화할 경우에도 세기의 증가와 감소를 각각의 거리의 감소, 증가로 바꾸어 놓아 유도전류의 방향을 알 수 있다.

(5) 플레밍의 법칙(왼손법칙)

두 토막의 레일(rail)위에 알루미늄 파이프를 올려놓고 레일에 전류를 흘리면서 자석을 움직이면 알루미늄 파이프는 레일 위에서 움직이기 시작한다. 이것은 알루미늄 파이프에 전류가 흐르면 자계에서 힘을 받는다는 것을 나타낸다.

자석의 방향을 이리저리 바꾸어 가면서 알루미늄 파이프에 작용하는 힘의 방향을 조사해 보면, 항상 전류의 방향과 자계의 방향 사이에는 직각관계가 있다는 것을 알 수 있다. 이와 같이 전류와 자계와의 사이에 작용하는 힘을 전자력이라고 한다.

이때, 힘의 방향을 정하는데 편리한 플레밍의 왼손법칙이라는 것이 있다. 왼손의 가운데손가락, 집게손가락, 엄지손가락을 서로 직각이 되게 벌리고, 가운데손가락을 전류의 방향으로, 집게손가락을 자계의 방향으로 하면 힘의 방향은 엄지손가락이 가리키는 방향이 된다. 이 법칙은 아주 편리한 법칙으로 모터의 회전 방향을 정할 때 등에 필요하다.

(6) 옴의 법칙

도체에 흐르는 전류의 크기는 도체의 양끝에 가해진 전압에 비례하고, 그 도체의 저항에 반비례한다. 이것이 바로 옴의 법칙이다. 마치 물탱크에 연결한 파이프를 타고 흐르는 물은 파이프에 걸리는 수압이 높을수록 양이 많아지고, 만약 파이프가 가늘어서 물의 흐름에 대한 저항이 클수록 물의 양은 적어지게 되는 것과 마찬가지이다.

(7) 줄(joul)의 법칙

전기는 전기가 흐르기 쉬운 동선 속을 흐를 때는 거의 열이 나지 않으나 전기저항이 많은 니크롬선 등의 속을 흐르면 열이 발생한다. 이처럼 전류가 흘러서 도체에 발생되는 열을 줄열(joul)이라고 한다.

줄이란 영국의 과학자의 이름으로 그는 1840년 이 발열량에 대한 상세한 실험 끝에 하나의 법칙을 발견했다. 그에 따르면 도체에 전류를 흘렸을 때 발생하는 열량은 전류의 제곱과 도체의 저항의 곱에 비례한다는 것이다. 이것을 줄(joul)의 법칙이라 한다.

4.3.9.4. 자기적 시험법에 의한 철근 탐사

(1) 개요

자기적 시험법은 시험코일인 프로브(probe)를 콘크리트표면에 접착시켜 표면을 스캐닝(scanning)하면 장치본체에서 피복 두께나 철근의 직경을 직접 읽거나 또는 부속의 그래프 등에서 읽을 수 있으며 시험주파수는 1㎑전후의 낮은 주파수가 이용되므로 자기적 시험법이라고 한다.

교류전류나 교류자계에는 크기와 위상 2가지의 정보가 있는데, 투자율은 자계의 크기에는 영향을 주나, 그 자체로는 시간 지연의 요소를 갖지 않으므로 위상에는 아무런 변화가 없다. 따라서 철근의 정보는 자속의 크기로서만 나타나며, 얻어지는 정보는 신호 강도의 변화뿐이므로 진폭에 큰 영향을 주는 콘크리트의 피복 두께는 측정하기 쉽다. 한편 철근의 직경변화도 진폭에 영향을 주므로, 이러한 영향의 잡음으로 직경을 탐지할 수는 있으나, 오차가 커지게 된다. 후에, 개량기술로 코일과 철근의 상대위치 변화에 의한 신호의 변화나 철근직경의 관계 등을 써서 철근직경 영향의 배제 혹은 적극적으로 철근의 직경을 측정할 수 있도록 되었다.

자기적시험법은 근본적으로 탐지하는 정보가 진폭뿐이므로 환경 및 측정조건이 나쁘면 철근 직경의 측정은 오차가 커지게 되는 반면 와전류의 발생이 없기 때문에 철근 재질의 차이 등에 의한 여타 정보들이 탐지신호에 포함되지 않는다는 이점이 하나의 특징이다.

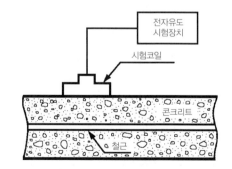

그림4. 62 전자유도법에 의한 측정

(2) 원리 및 특징

1) 원리

자기적 시험법은 시험코일에 교류전류를 흐르게 하여 와전류가 생기지 않을 정도의 비교적 낮은 주파수를 이용해서 교류자계를 발생시킨다.

그리고 이 시험코일을 철근이 매설된 콘크리트 표면에 접근시키면 다음 그림과 같이 시험코일이 형성하는 자속은 코일 둘레의 공간이나 콘크리트 속에 확산된다. 콘크리트의 비투자율이 약 1인데 비해, 철근은 강자성체이기 때문에 비투자율은 수십에서 수백으로 커지게 되어 자속은 자기저항이 낮으므로 철근 속을 잘 통하게 된다.

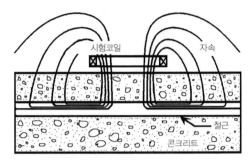

그림4. 63 자기적시험법의 원리

이러한 현상은 자기적인 등가회로로 표현할 수가 있는데 즉, 투자율이 높은 철근 등의 물질은 자기저항이 낮은 물질에 자속이 집중되어 분포되는 것을 자로를 형성한다고 하며 다음 그림과 같이 시험코일과 철근의 거리가 가까우면 공기와 콘크리트와 철근으로 된 자로 중에 철근의 비율이 크기 때문에 자로의 자기저항이 내려가며 시험코일을 관통하는 자속이 커진다.

이러한 원리로 시험코일과 철근의 거리가 달라지면 자속은 변화되게 되며, 이에 따라 자속의 변화를 검출하면 시험코일과 철근의 거리와 상관되는 결과가 얻어진다.

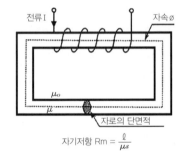

자기저항 $Rm = \dfrac{\ell}{\mu s}$

그림4. 64 자기회로와 자기저항

한편 철근의 직경이 변화되어도 자속은 변화하게 되는데, 자로의 자기저항은 전기저항과 같이 자로의 단면적에 반비례하므로 굵은 철근은 자속이 잘 통한다. 따라서 자속의 변화를 검출하면 철근직경의 변화도 알 수가 있다. 이와 같이, 시험코일에서 형성되는 자속은 철근과 시험코일과의 거리 즉, 피복콘크리트 두께 및 철근의 직경에 상관되는 것을 알 수 있다. 그러나 철근의 직경에 의한 자속의 변화는 피복 두께의 변화에 따른 자속의 변화에 비하면 매우 작다.

한편 시험코일에서 자속의 검출 방법은 와류시험과 마찬가지로 코일을 이용하는 것이 일반적이며, 시험코일에 쇄교되는 자속이 시간적으로 변화되면 전자유도 현상에 따라 시험코일에 기전력이 발생하게 되고, 통상 시험코일에는 정현파 교류전류가 흐르나, 이 경우에는 90°로 위상이 달라진 정현파의 전압이 얻어지게 된다.

이에 따른 정현파 진폭은 콘크리트의 피복두께나 철근직경의 변화에 대응하여 변화되므로 철근과의 거리나 철근 직경의 변화에 따른 자속의 변화를 시험코일에 발생하는 전압에 의한 진폭변화로서 검출하게 된다.

이러한 원리로 철근탐사기의 구조를 나타내는데. 발진기는 소정 주파수의 정현파전압을 발생시키고 이것을 전력증폭으로 시험코일에 주어 자속을 발생시키면 전자유도에 따라 시험코일에 발생하는 기전력은 검파회로에 의해 신호로서 진폭을 취출하게 된다.

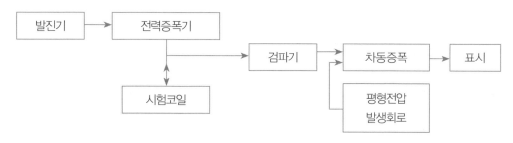

그림4. 65 자기적 시험법의 탐사기 구조도

시험코일을 콘크리트로부터 충분히 떼어놓은 상태에서도 당분간 자속이 지속적으로 발생하기 때문에 어느 정도의 신호가 생기는데 이것을 불평형 전압이라고 하며 실제 탐사작업 시 이런 상태가 많이 발생하기 때문에 보통 이때의 상태를 기준하여 불평형 전압을 없애고 제로화하는 밸런스회로가 있어 이것에 의해 기준신호가 제로가 되도록 조정한 출력이 얻어지게 되어 이것을 표시회로에 표시하게 된다.

또한, 철근의 피복 두께를 변화시켜서 그 출력신호를 측정하면 검출자료가 얻어지는데, 피복 두께가 커짐에 따라 신호는 거의 쌍곡선적으로 감소되므로 이와 같은 곡선을 사전에 작성해 두면 장치를 통해 피복 두께를 알 수가 있으며, 장치에 따라서는 내부에 이 곡선에 대응되는 자료를 미리 기억저장 시켜서 장치 내에서 이를 참조하여 피복 두께를 추정하고 디지털 표시화 하는 장치도 있다.

철근의 직경을 알 수 없는 경우에는 아래와 같은 보다 고도의 추정법을 채용하는 장치도 있는데, 시험코일을 콘크리트 표면에서 스캐닝(scanning)하면 시험코일이 철근의 바로 위에 왔을 때에 신호가 최대가 되기 때문에 철근 전후에 아래 그림과 같은 단봉의 곡선이 얻어진다. 아래 그림은 코일과 철근의 상대 위치의 변화를 나타내고 있는데, 2개의 시험코일을 특정의 거리 간격으로 배치하면 2가지 시험코일의 신호에 차이가 생기므로 이 차이에서 철근의 직경을 추정할 수가 있다는 원리에 의한 장치이다.

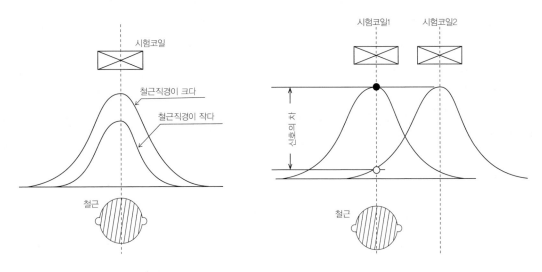

그림4. 66 철근의 상대위치와 신호파형

2) 특징

자기적 시험법에 의한 철근탐사는 낮은 주파수의 교류자계를 쓰기 때문에 철근 속에는 와전류가 거의 발생되지 않는다. 따라서 도전율의 차이 등 철근의 물리적 성질의 차이에 따른 잡음을 잘 받지 않을 가능성이 있으며, 또 자속의 크기만을 정보로서 취급하기 때문에 신호처리를 위한 복잡한 회로가 불필요하므로 장치를 소형화 할 수 있다는 장점도 있다. 그러나 정보를 신호의 진폭에만 의존하는 단점 때문에 피복 두께와 철근의 직경을 동시에 아는 것은 곤란하며, 그래서 신호에 대한 해석 처리가 필요하다.

복수의 철근이 근접되어 있는 경우에는 피복 두께나 철근 직경의 추정 오차가 커지든가, 혹은 개개의 철근을 식별할 수 없는 오류의 우려도 있다.

(3) 측정

자기적 방법은 변압기의 원리를 그대로 이용하고 있다. 아래의 그림처럼 1차 코일에 교류전류를 가해 주면 교류 자력선이 생성되어 2차 코일에 닿게 되고 전자유도 현상에 의해 2차 코일에 전압이 유도 되는데 자력선이 많을수록 전압이 크게 유도된다.

변압기에서는 이 자력선을 많게 하기 위하여 철심을 사용하는데 그것은 자력선은 주위의 매질이 강자성체일 때 많이 발생하기 때문이다.

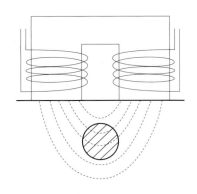

그림4. 67 전자유도현상

철근은 변압기에서의 철심처럼 탐촉자 코일의 전자 유도의 세기를 크게 하며 철근이 코일에 가까울수록 유도 전압이 증가하므로 이를 측정하여 철근과 탐촉자와의 거리를 가늠할 수 있게 된다.

이 방법의 경우, 와전류 방법에 비하여 저주파수를 사용하는데 대게 90Hz 내외에서 사용한다.

이 방법은 와전류 방법에 비하여 비교적 깊은 철근도 찾아낼 수 있는 반면, 코일의 크기는 상대적으로 크게 제작하여야 하며 측정값의 신뢰도가 떨어지는 경향이 있다.

그 이유는 1차 코일과 2차 코일이 동일 축상에 있지 않고 서로 떨어져 있는 상황에서 2차 코일에 유도되는 전압의 철근이 위치와 굵기에 따른 변화량이 단조 증가나 단조 감소하지 않고 어느 영역에서는 감소하다 어느 영역에서는 증가하는 등의 복잡한 현상을 나타내기 때문인데 이러한 현상은 모두 자력선의 분포가 외부 환경에 복잡하게 변화하기 때문이다.

1) 시험 절차

시험은 설정한 시험조건으로 행하고 그 시험 조건에 변화가 확인될 때에는 즉시 시험을 중단하여 다시 조정해서 시험을 속행한다. 코일 탐지기를 이송시킬 때 코일과 콘크리트 표면과의 거리의 변동이 잡음의 원인이 되기 때문에 변동되지 않도록 주의해야 하며, 탐지기의 이송 속도는 되도록 일정하도록 주의를 할 필요가 있다.

탐상은 콘크리트 표면의 청소, 탐상 시험장치의 예비 운전, 영점 조정, 탐지라는 순서로 작업을 한다.

① 측정 부위 선정

안전진단을 위한 철근탐사의 측정부위 선정은 층별로 각 부재별 3개소 이상씩을 무작위로 선정하되 가급적 시멘트모르타르 등의 미장 마감면이 없는 노출콘크리트 면을 선정한다. 가급적 콘크리트 반발경도 시험 부위와 동일한 위치를 선정하여 실시하는 것이 좋다.

② 콘크리트 표면의 청소

콘크리트 표면은 여러 가지 이물질이 존재하므로 탐지기의 진행이 곤란할 경우가 많으므로 이를 제거하여야 한다. 이러한 작업은 탐지기의 수명 연장에도 많은 도움이 되므로 반드시 시행토록 한다.

③ 탐지기의 예비 운전

탐지기가 준비되면 탐촉자를 탐지기에 연결한 후 전원을 넣는다. 배터리가 충분히 충전되어 있는지 전압을 체크한 후 영점을 조정한다. 탐지기가 정상으로 동작하는 것이 확인되면 시험하기 전 5분 정도 warming up 시켜 장치가 안정되도록 한 후 시험을 시작하도록 한다.

④ 영점 조정

탐지기가 안정이 되면 다시 영점조정을 하여야 한다. 이때 탐촉자 주위에는 어떤 금속 재료도 없도록 하여야 한다. 검사자 손목의 시계나 금속성 장식품 등은 착용하지 않는 것이 좋다.

⑤ 시험 결과 분석

구조물에 대한 철근을 탐사하고 측정 결과의 자료를 분석하여 판단한다.

2) 피복 두께 측정

일반적으로 피복 두께가 작으면 단기적으로는 부재의 유효길이가 증가하여 단면의 저항력 증가로 구조적 측면에서 유리하나, 장기적으로는 콘크리트의 중성화 및 철근 부식이 쉽게 발생될 수 있기 때문에 내구성 및 구조적 측면에서 불리하다.

각 부재별 피복두께는 일정한 값을 유지하고 있는지를 검토하며, 위치별 평균 피복 두께를 산출, 기록한다.

3) 배근간격 측정

각 시설물별 배근간격은 부재별로 검토하여야하며, 주철근의 평균 배근간격은 특히 중요하여 설계도면상의 간격과 비교 검토하여야 한다.

4) 철근 굵기 측정

철근의 굵기는 구조 내력상 매우 중요한 시험요소이므로 탐사 결과와 당초 설계도, 구조도면 및 구조계산서와 일치하는지 여부를 확인하여야 한다. 구조물에 대한 안정성 양부는 조사 결과를 토대로 구조검토, 해석 후 평가한다.

근래에는 탐지기의 기술개선 진보로 콘크리트 속의 철근배근 상태가 모니터 화상으로 나타날 뿐만 아니라 피복 두께 및 철근의 굵기까지 표시해 주는 장비들이 주로 사용되고 있어 그대로 프린팅(printing)하여 보고서 자료로 활용할 수 있다.

일반적으로 많이 사용되는 대표적인 철근 탐지기들의 개요를 간략히 기술한다.

(4) Profometer 4 장비

1) 원리

상기의 장비는 주어진 진동수의 탐촉자(probe)의 교류가 코일을 타고 흐를 때 전자장이 발생되어 콘크리트 내의 철근의 피복두께와 직경에 따라 감지기의 전압이 달라지는 특성을 이용한 평행 공진 회로의 탬핑(Tamping)원리를 이용한 것이다.

장치의 구성은 본체와 3가지 종류의 탐촉자로 되어 있는데, 종

사진4. 19 Profometer-4

류 및 용도는 아래와 같다.

2) 장치의 구성

    ① 본체: 화상모니터에 배근 상태가 나타나며 출력 가능.

    ② 탐촉자: Lift off거리(탐사깊이)에 따라 다음과 같다.

    - Spot probe: 0~60mm 이내, 철근의 위치 탐사용

    - Depth probe: 25~120mm 이내, 피복두께 측정용

    - Diameter probe: 20~50mm 이내, 철근굵기 측정용

    ③ 모듈 시험편: 기기의 정상작동 점검용 시험편

사진4. 20 Profometer-4 장치구성

3) 측정 방법

    ① 철근의 직경은 메인 메뉴의 "Bar Diameter"에서 미리 설정.

    ② 교류감지기를 허공에 들고 "Reset"키를 누르고, 간간이 영점조정을 시행하며 사용.

    ③ 탐촉자를 이동함에 따라 막대그래프가 오른쪽으로 이동하고 있으면 (크기가 커지면), 탐촉자(Probe)가 철근에 가까이 가고 있는 것이며, 거의 변화가 없으면 철근 바로 위를 지나가고 있는 것이다.

    ④ 탐촉자(Probe)의 "+"선이 철근의 바로 위를 통과하면 "삑"하는 음향 소리가 나면서 좌측 하단의 사각창에 "피복 두께"가 표시된다.

    ⑤ 즉, 콘크리트 표면으로부터 철근까지의 거리(피복 두께)가 "Memo" 창에 표시된다.

(5) Ferroscan 장비

1) 원리

Ferroscan은 사진4.21과 같이 한쪽 Sensor Coil에서 1초당 11,000번의 전자기파를 발산하여 전자기파가 철근에 반사되어 다른 쪽의 Sensor Coil에서 받아들임으로써 콘크리트 피복 두께, 철근 간격 및 직경을 구하는 자극유도원리(Impulse Induction Principle)에 의해 작

사진4. 21 Ferroscan 장비

동하며 이것이 모니터(monitor)에서 그래픽으로 나타나고 이를 출력할 수 있다.

2) 장치의 구성

    ① 본체 모니터(RV 10): 화상모니터에 배근상태가 나타나며 그대로 출력할 수 있다.

    ② 스캐너(scanner, RS 10): 전자기파를 발.수신하는 탐촉자

    ③ 연결 케이블(RC 10): 본체와 스캐너를 연결한 케이블

    ④ 모눈종이(RG 10 모눈종이, 600mm×600mm): 측정 부위에 부착용.

3) 측정 방법

    ① 1회 탐사시 탐사 범위는 가로, 세로 60㎝×60㎝이므로 지장물이 없는 곳을 선정하여 15㎝ 간격으로 가로 4줄, 세로 4줄을 표시한다.

    ② 모눈종이를 찾고자 하는 철근과 평행하게 콘크리트 표면에 붙인다.

    ③ 스캐너(scanner)를 모눈종이의 눈금과 평행하게 위치시킨 후 모눈종이 위에서 모니터에 표시 방향으로 움직이되 이동속도는 0.5m/sec 이하로 한다.

    ④ 상기와 같이 스캐너를 수평, 수직 방향으로 4회씩 작동시킨다.

    ⑤ 모니터상의 그래프에서 철근의 직경, 피복 두께 및 철근의 배근 간격을 분석한다.

    ⑥ 상기의 작업한 내용을 PC에 접속하여 프린팅과 저장시킨다.

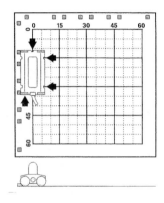

그림4. 68 모눈종이 및 스캐너

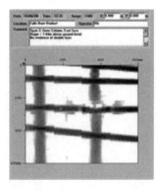

사진4. 22 Ferroscan 모니터의 배근 상태

4.3.9.5. 와류시험에 의한 철근 탐사

(1) 개요

  류시험에 의한 철근 탐사는 검사대상체에서 발생하는 와전류가 시간적으로 지연을 수반하기 때문에 신호 위상의 변화가 생기므로 따라서 검사대상체에 관한 정보는 진폭과 위상의 2차원 정보로서 얻어진다. 일반적으로 피복 두께는 신호의 진폭에 변화를 주며, 철근의 직경은 신호의 위상에 변화를 주는 것으로 알려져 있으므로 피복 두께와 진폭, 철근의 직경과 위상관계를 사전에 측정해 두면 그것을 기초로 철근의 피복 두께나 직경을 동시에 추정할 수가 있다. 신호의 진폭이나 위상의 변화는 시험 주파수에 따라 다르기 때문에 적당한 주파수를 선택할 필요가 있다.

  그러나 현재는 와류방식에 의한 시험은 주로 산업체의 생산품 품질 관리에 많이 쓰이고 철근콘크리트를 대상으로 하는 철근탐사 목적의 비파괴 검사용으로는 적용 기술이 까다로워서 시판되고 있는 것이 적고, 실시 예도 그다지 많지 않다.

사진4. 23 와류 철근탐사기

312

(2) 와전류 탐상 기술의 원리

와전류 탐상 기술은 전자기파와 전류를 이용하여 시험이 수행되기 때문에 탐상 속도가 빠르고, 복잡한 형태를 갖는 재료에 대해서도 그에 알맞는 탐촉자를 제작 사용함으로써 시험이 가능하다는 것이 이 시험 방법의 큰 장점이다.

또한 튜브의 내부 상태 조사와 같이 접근이 곤란한 부위에 대한 시험이나 비접촉에 의한 시험이 가능하므로, 이 시험 방법은 비파괴 시험 방법으로서의 유용성이 아주 높고 잠재성이 큰 반면, 시험 결과에 영향을 주는 인자 즉 사용주파수, life-off거리(or fill factor의 크기) 코일특성, 재료의 특성에 따라 측정 결과의 변화가 심하여 결과 분석이 용이하지 않다는 단점도 아울러 지니고 있어 그만큼 활용에 제한을 받고 있다.

콘크리트 속의 철근 탐지에 와전류 탐상 기술이 사용되기도 하고 변압기에서와 같이 전자유도현상을 직접 이용하기도 하는데 코일의 형태와 사용 주파수 범위가 조금 다를 뿐 기본적인 원리는 같다고 할 수 있다.

1) 와전류의 생성

이미 설명한 Faraday 법칙에 의하여 그림4.69(a)와 같이 코일 1에 교류를 흘려줄 때 코일 2에 전압이 유도되며 이때 코일2에 유도되는 전압은 코일 1에 가해준 교류의 세기와 주파수 그리고 코일 2의 권수에 비례하게 된다.

그런데 그림 (b)에서와 같이 코일 2대신 금속판을 가까이 하면 어떻게 될 것인지 생각해보자. 금속판이나 금속 튜브 봉등은 잘게 썬 코일이 서로 밀접해 있는 것으로 생각할 수 있으므로 금속 시편에서도 마찬가지로 전압이 유도되며, 전류가 흐르게 된다.

이 전류를 와전류라 하며, 이 와전류는 코일 1의 교류의 세기와 주파수에 비례하며, 시험편의 전기 전도도, 자기 투자율, 결함 유무 등에 따라 위상과 크기가 변화된다. 와전류의 크기와 위상을 측정하여, 시편의 성질이나 결함의 상태를 분석할 수 있는바 이러한 기술을 와전류 탐상 기술이라 한다.

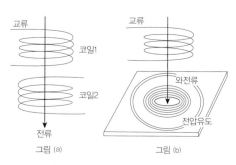

그림4. 69 코일과 도체의 전자유도현상

와전류는 시험편에 입사되는 교번 자력선에 의해 생성되었는데 이 교번 자력선은 1차 코일에 교류가 흐를 때 발생되는데, 이와 동일한 원리로서 와전류의 흐름에 의한 자력선이 금속에서도 발생된다. 즉 아래 그림에서와 같이 와전류에 의한 자력선이 코일(excitation coil) 방향으로 방사되며, 방사되는 자력선은 1차 코일에서 방사된 자력선과 합쳐져서 1차 코일을 통과하는 전체 자력선의 크기를 변화시킨다.

시험편이 만일 상자성체일 경우, 전기 전도도가 클수록 1차 코일에 의한 자력선의 크기는 줄어들게 되며, 시편에 결함이 있거나 전기 전도도가 작을 때는 그보다 적게 줄어들게 된다.

물론 결함의 크기와 깊이에 따라 그 변화는 달라진다. 시편이 강자성체일 경우에는 1차 코일의 자력선은 더 커지게 된다. 코일 내부의 자력선이 변화되면 코일에 유도되는 전압의 크기와 위상이 따라서 변화하게 되므로 이 전압의 변화를 측정하면 시험편의 상태를 분석할 수 있는 것이다.

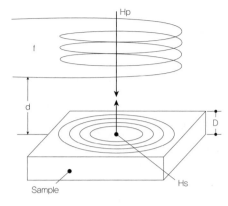

그림4. 70 자력선에 의한 와전류생성

2) 와전류의 밀도와 Skin Effect

도체에 생성되는 와전류의 세기와 위상은 도체 표면으로부터의 깊이에 따라 달라진다. 즉 와전류는 도체면의 표면에 집중되어지며, 깊이 들어감에 따라 급격히 약해지는데 이러한 현상을 표피 효과(skin effect)라 한다.

이러한 이유로 와전류 탐상은 금속의 표면이나 표면 근처만을 검사할 수 있다.

한편 와전류 밀도뿐만 아니라 와전류의 위상도 깊이에 따라 변화한다. 즉, 와전류의 위상은 깊이가 깊어질수록 증가하게 되는데 이와 같은 이유로 인해 결함의 깊이에 따라 와전류 신호의 위상이 차이가 발생하게 되는 것이다.

3) 와전류 탐상의 원리

와전류의 생성과 그 분포에 의한 와전류 현상을 이용하여 와전류 탐상을 할 수 있다. 코일로 구성된 탐촉자의 교류를 흐르게 하면, 이 교류는 교번 자력(time varying magnetic field)을 생성시킨다. 이 교번 자력은 도체 내에 와전류를 발생시키고, 이 와전류는 또 다른 자장을 생성시켜서 탐촉자 내의 코일의 임피던스 변화를 유발시킨다. 이때 검사대상체 재료 내에 결함이 포함되어 있으면 탐촉자의 임피던스 변화가 다르게 되므로, 이것을 측정함으로써 그 재료의 결함을 탐지할 수 있다.

또 임피던스의 변화는 투자율 및 전기전도도와 같은 재료의 물성에도 관계하므로 임피던스 변화를 측정하여 그 재료의 물성을 측정할 수 있다.

코일의 임피던스 변화에 영향을 주는 인자는 주파수, coupling (lift-off distance or fill factor), 코일의 특성, 그리고 시험체의 구조적 특성, 역학적 특성 및 전자기학적 특성에 의존하게 된다.

4) 코일의 임피던스

와전류 탐상을 효율적으로 수행하고 신호를 올바르게 분석하기 위해서는 코일의 임피던스에 대하여 이해하고 있어야 한다. 앞절에서 와전류 탐상 원리를 주로 자장의 발생과 유도전압 등으로 설명하였다. 그러나 실제 와전류 탐상에 있어서는 자장의 분포 변화를 분석하는 등의 작업은 하지 않는다. 그러한 작업은 복잡하고 어려울 뿐만 아니라 비효율적이다. 대신 코일의 임피던스 변화를 분석하여 탐상을 수행한다. 와전류에 의한 자장 분포의 변화는 모두 코일의 임피던스에 반영되어 진다.

5) 임피던스와 그 성분들

순수 저항 성분만 있는 회로에서의 전류는 회로에 가해진 전압을 저항값으로 나눈 크기만큼 흐르게 된다. 그런데 코일의 경우 저항 성분 이외에 리액턴스 성분이 존재하며 코일의 전기적 특성을 대표한다. 리액턴스에는 유도형(inductive)과 축전형(capacitive)이 있는데 코일의 리액턴스는 유도형으로 간주할 수 있다.

코일의 리액턴스는 인덕턴스라는 값의 비례와 밀접한 관계를 지니고 있는데 이러한 인덕턴스는 공심(air cored)코일일 경우 단면적에 비례하며 권수(turns)에 제곱 비례하는 값이다. 그러나 이 인덕턴스(inductance)는 코일 주변에 금속이나 자성체 등이 있을 경우 그 물체의 크기, 형상, 전기전도도, 자기 투자율 등에 따라 크기가 달라진다. 즉 코일을 통과하는 자력선의 변화에 따라 그 크기가 달라진다. 따라서 우리는 앞 절에서 배운 전자유도에 의한 자장의 변화에 대하여 이러한 인덕턴스(inductance)의 변화만 측정하여 와전류 탐상을 할 수 있는 것이다.

리액턴스와 전류, 전압의 관계는 저항과의 관계와는 다소 차이가 난다. 전류의 세기는 전압의 크기를 리액턴스 크기로 나눈 양 만큼 흐른다. 이 같은 사실은 저항의 경우와 흡사하다. 그러나 전류의 위상과 전압의 위상은 90°차이가 난다.

이상적인 코일의 경우는 유도형 리액턴스 성분만 있으나 실제로 구리선을 감아서 사용하는 코일은 저항과 커패시턴스가 존재한다. 따라서 모든 성분을 합친 임피던스라는 인자를 생각할 수 있다.

와전류 탐상은 일반적으로 수백 Hz~수백 kHz에서 검사하게 되는데 이 주파수 영역에서의 커패시턴스는 무시할 수 있으며, 저항은 주파수 증가에 따라 약간 변화한다.

임피던스를 구성하는 성분 중 주된 성분은 유도 리액턴스로서 주파수에 비례하여 증가한다. 와전류 탐촉자를 구성하는 코일의 임피던스가 실제 탐상에서는 시험편의 전기전도도가 증가할수록 저항은 커지고 리액턴스는 작아지게 된다. 즉 코일을 재료 표면에서 점점 멀리 떨어뜨리면 결국 공기 중에서의 임피던스 값으로 수렴해 가며 life-off선은 이 과정의 임피던스 변화를 나타낸다.

여기서 우리는 전기전도도 증감에 따른 임피던스의 위상 변화와 life-off에 의한 임피던스의 위상 변화 사이에 차이가 있음을 알 수 있으며, 이러한 위상 차이는 탐촉자의 흔들림에 의한 신호와 전기전도도 변화에 의한 신호를 분리할 수 있는 방법을 제시하고 있다. 실제 와전류 탐상 시 이러한 원리를 이용하여 신호를 분리하는 역할을 담당하는 부분은 이상기라고 하는 부분으로서 탐촉자나 재료의 흔들림에 의한 신호는 제거하고 이 신호와 다른 위상의 신호만을 증폭하여 검사할 수 있도록 하여준다.

(3) 와전류 탐촉자

와전류 탐상 시, 탐촉자의 선택에 따라 그 결과는 판이하게 달라질 수 있으므로 그 선택은 신중하게 이루어져야 한다. 값비싼 탐상기를 가장 효율적으로 이용하기 위해서는 최적의 탐촉자를 선택하여야 한다.

각 시험체에 따라 탐촉자도 그에 맞게 제작하여야 하는 와전류 탐상의 특성상, 장비 구입 시 탐상 목적에 맞추어 탐촉자를 장비 공급 업체에 주문 제작하거나 직접 제작하여 사용하는 것이 최상의 방법이라 판단된다. 와전류 탐촉자의 종류는 대상 시험편과 탐상 목적 등에 따라 매우 다양해서, 분류하는 방법에 따라 다음과 같이 나눌 수 있다.

사진4. 24 탐촉자(probe) 및 그에 따른 응용의 예

1) 탐상 원리별 분류
   ① 자기비교형(absolute probe): 감지 코일이 한 개로 구성되어 있는 탐촉자로서 전기전도도, 도장 두께, 튜브류의 두께 등 절대치를 알고자 할 때 주로 이용한다.
   ② 상호비교형(differential probe): 감지코일이 두 개로 구성되어 건전부분과 불건전부분의 신호를 서로 비교할 수 있는 탐촉자로서 주로 결함검출용으로 쓰인다.

2) 형태별 분류
   ① 표면주사형(surface scanning probe): 판재 등을 대상으로 제작한 탐촉자
   ② Encircling probe: 튜브(tube), 봉류가 생산 단계에서 탐촉자 내부를 관통하게 하여 결함을 검사하는 방식의 탐촉자
   ③ 내삽형(inside diameter probe): 발전소 등에서 열 교환기를 검사할 때 튜브(tube) 속으로 탐촉자를 삽입하여 검사하는 탐촉자

(4) 와전류 탐상 시험의 적용 분야

와전류 탐상 시험은 유리, 돌, 합성수지 등 도전성이 없는 재료는 적용이 안 되지만 철강, 비철금속 및 흑연 등의 도전성이 있는 재료로 만들어진 공산품에는 모두 적용이 된다. 와전류 시험 원리인 전자기 유도의 기본적 특성으로 재료의 구조적 특성이나 전자기학적 성질에 관련된 결함 탐지, 크기 측정 그리고 물성 측정에 가장 많이 응용되고 있으며, 그 외에도 이러한 원리를 이용한 측정은 다양한 편이다.

1) 와전류 탐상 검사의 장점

　① 결함 크기, 재질 변화 등의 동시 검사가 가능하여 응용 분야가 광범위.

　② 관, 환봉, 선 등에 대한 고속 자동화시험이 가능하여 생산의 검사 가능.

　③ 표면 결함의 검출 감도가 우수하며, 결함 크기 추정 및 결함 평가에 유용.

　④ 고온에서의 측정, 얇은 시험체, 가는 선, 구멍 내부 등 다른 비파괴 검사로 검사하기 곤란한 대상물에 검사가 가능.

　⑤ 지시가 전기적 신호로 얻어지기 때문에 전기적으로 보존 및 재생할 수 있다.

2) 결함 탐지

산업체에서 생산 제품의 품질 관리나 설비의 안전관리에서 가장 큰 문제가 되고 있는 것은 재료 내에 존재하는 결함이며, 이에 대한 관리적 측면으로 도체로 된 재료의 표면이나 표면 근처 결함 탐지에 와전류 시험 방법이 가장 효과적이다. 결함의 존재는 도체 내에 형성된 와전류의 흐름을 방해하여 주위 공간의 자장 분포를 변화시킨다. 이 자장 분포의 변화는 결함의 크기, 형태, 방향, 위치, 그리고 결함의 재료적 특성에 따라 좌우된다. 이에 따라 코일의 임피던스 변화를 조사함으로써 결함의 특성을 알 수 있는데, 예를 들면 결함의 깊이는 임피던스의 위상 변화에 크게 영향을 미치므로 위상 변화를 측정함으로써 결함 깊이를 알 수 있다.

3) 크기 측정

와전류 시험 방법에서 검사대상체의 크기와 형태, coupling의 정도(life-off distance 혹은 fill factor) 등 시험에 영향을 주는 특성인자들이 시험 결과에 미치는 점을 이용하여 제품의 품질 관리에 활용할 수 있다. 현재 산업체에서 결함 탐지 다음으로 품질관리 수단으로 활용되고 있는 것이 크기 측정으로서 두께 측정과 sorting 분야에 많이 활용되고 있다. 가장 많이 활용되는 두께 측정의 경우에는 lift-off 효과를 이용하는 경우가 대부분이며 lift-off의 특성을 이용하여 박막 두께 측정, 도금 두께 측정 그리고 부식 정도 측정에 많이 활용되고 있다.

4) 재료 물성 측정에의 응용

금속이나 합금의 물리적 성질의 측정을 위한 와전류 시험 방법은 전기전도도와 자기투자율에 의존하는데, 그러나 강자성체인 재료의 경우 물리적 성질과 자기투자율의 상관관계가 명확하지 않으며 재료 구조의 복잡성으로 인해 시험의 제한이 많다.

재료 물성과 와전류 시험 결과와의 관계를 확립시키는 일은 무척 어려운 일로서, 현재 비자성 재료에 대해서는 어느 정도 확립되어 있으나 강자성 재료에 대해서는 일반적으로 통용될 수 있는 표준이 없으며, 사용되고 있는 분야는 전기 전도도 측정, 자기 투자율 측정, 강도 측정 그리고 경도 측정 등이다.

전도도나 투자율 측정은 직접 와전류 시험 결과와 연결되므로 측정이 경도나 강도 측정보다 용이하며, 경도나 강도 측정은 각 재료에 따른 전기전도도 혹은 자기 투자율과 경도, 강도와의 관계 측정을 통한 간접적인 방법을 활용하고 있다.

5) 그 외의 응용

와전류 시험 방법은 비접촉법에 의해 이루어진다. 비접촉법에 의한 측정은 측정 부위의 오염이나 측정기에 의한 열 손실을 막을 수 있기 때문에 고온이나 저온에서의 재료 물성 측정에 많이 사용된다. 온도에 따른 전기전도도의 변화를 이용한 온도 측정, 고온이나 저온에서의 전기전도도 측정, 고온에서 온도차에 의한 재료의 파손시간 측정 등이 좋은 예이다.

① 탐상 시험 : 검사대상체의 표면 및 표면 가까이에 있는 흠집의 검출
② 재질 시험 : 금속 탐지, 금속의 종류, 성분, 열처리 상태 등의 변화의 검출
③ 치수 시험 : 검사대상체의 치수, 피막의 두께, 부식 상태 및 변위의 측정
④ 형상 시험 : 검사대상체의 형상 변화에 대한 판별

(5) 와전류 철근탐상의 장치

와전류 탐상 방법은 사용주파수의 중첩 정도에 따라 크게 단일 주파수 방법(single frequency method), 다중 주파수 방법(multifrequency method)과 펄스 와전류 방법(pulsed eddy current method)으로 나누어진다. 단일 주파수 방법은 말 그대로 단일 주파수를 갖는 전류를 사용하여 탐상하는 방법으로 다른 두 방법에 비해 기기 조작이 간단하고 장비가 저렴하기 때문에 산업체에서 자동화시켜 품질관리에 많이 사용되고 있다.

다중 주파수 방법은 몇 개의 주파수가 중첩된 파를 이용하여 탐상하는 방법으로 단일 주파수 방법이 갖는 단점, 즉 탐상 목적과 관계없는 인자에 의한 잡신호를 감소시켜 준다. 이 방법은 단일 주파수 방법보다 기기 조작이 복잡하고 장비가 고가이나 신뢰성이 높은 탐상이 가능하므로 중요한 설비의 안전관리에 많이 사용되고 있다. 펄스 와전류 방법은 다중 주파수 방법을 보다 개선한 방법으로 적당한 형태를 갖는 펄스를 이용하여 탐상을 수행하는 방법으로 그 원리에 있어서 다중주파수 방법과 유사하다.

철근콘크리트 구조물에 대한 와전류 시험에서는 전자유도 현상을 이용한 방법에 비하여 고주파수를 사용하며 대개 1㎑~수십㎑의 주파수를 사용한다. 이 방법은 철근이 7~8㎝ 이상의 깊이로 묻혀 있을 때는 감지가 곤란한 반면 어레이 코일을 제작하여 깊이와 굵기를 동시에 측정하거나 또는 감지 코일의 크기를 유도전압 측정법에 비하여 작게 제작할 수 있다. 또 측정값이 탐사 깊이가 얕을수록, 또는 철근 굵기가 굵을수록 증가하게 되는 경향이 있다.

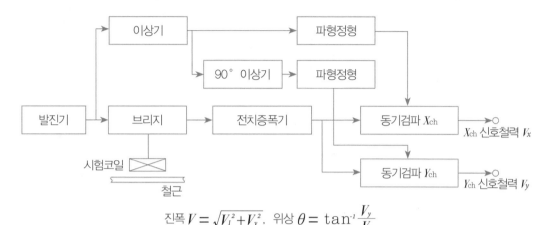

$$진폭\ V = \sqrt{V_l^2 + V_y^2}, \quad 위상\ \theta = \tan^{-1}\frac{V_y}{V_l}$$

그림4. 71 와류시험장치의 구성도

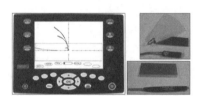

사진4. 25 와류시험장치 예(Locator 2)　　사진4. 26 장치 예(Phasec2)　사진4. 27 장치 예(Phasec2200)

4.3.9.6. 철근 탐사 시의 관리 요점

1) 콘크리트의 함수율

검사 대상 콘크리트 구조물에 어느 정도의 수분 함량은 철근으로부터의 신호가 훨씬 크므로 무시할 수 있으나, 만일 우중에 탐사를 시행하면 함수량이 극히 크므로 콘크리트의 전도성이 극도로 증가하게 되어 철근으로부터의 신호 혼란을 야기할 수 있다. 그러므로 우중에는 시행하지 않는 것이 바람직하다.

2) 철근의 화학성분에 따른 도전율

철근 재료의 화학적 구성 성분에 따른 도전율의 차이로 철근의 투자율 같은 자기적 특성과 밀접한 관계가 있을 수 있다. 따라서 철근 제조 시의 화학성분은 철근 탐지 시험 시에 신호의 편차를 만들 가능성이 크다.

표4. 62 철근의 화학성분과 도전율

번호 (철근종류)	화학성분(%)					도전율σ
	C	Si	Mn	P	S	(×10^6Ω^{-1}·m^{-1})
S1 (BBD 13-2)	0.18	0.19	0.92	0.036	0.033	4.903
S2 (MUD 13-5)	0.21	0.15	0.65	0.027	0.009	5.122
S3 (SKD 13-1)	0.16	0.20	0.83	0.025	0.031	5.136
S4 (TBD 13-3)	0.20	0.20	0.83	0.026	0.030	4.860
S5 (TKD 13-5)	0.18	0.22	0.78	0.036	0.035	4.818
S6 (TBD 13-1)	0.21	0.25	0.80	0.027	0.041	4.589
S7 (TBD 13-5)	0.19	0.20	0.79	0.027	0.033	5.171
S8 (TKD 13-6)	0.22	0.19	0.78	0.030	0.040	4.771
S9 (MUD 13-6)	0.22	0.22	0.71	0.021	0.015	5.076
S10 (SKD 13-4)	0.23	0.17	0.85	0.025	0.033	4.943

3) 온도 조건

일반적으로 전기저항의 온도계수는 온도가 증가하면 저항이 감소하고 온도가 낮아지면 저항이 증가하게 되므로 시험코일의 교류전류에 의해 발생되는 자계도 감소하게 되어 시험의 오류를 범할 수 있게 된다. 그러므로 대기온도 -5℃ 또는 콘크리트 표면온도 0℃ 이하로 저하될 때는 시험을 중단하는 것이 바람직하다.

4) 전도성물질 함유

콘크리트 내에 철근 결속선, 타이와이어 등의 강자성체 전도성 물질이 함유되어 있거나 또는 비록 강자성이 아닌 전도성 물질들도 강자성인 철근에 비하면 시험코일에 영향을 덜 미치기는 하지만 신호 변화 크기에 대한 판독에 오류를 범할 수 있다. 특히 와전류를 이용한 탐지는 고주파수를 사용하기 때문에 유도 전압을 측정하는 탐지기에 비하여 금속성 물질에 훨씬 큰 영향을 받는다. 콘크리트 자체에도 약간의 전도성이 있으며 수분 함량이 클수록 전도성이 증가한다.

5) 철근의 형상에 따른 혼란

과거에 사용하던 원형철근 형상의 단조로움에 비하여 이형철근의 리브(rib), 피치간격, 내경, 외경 및 마디 높이 등의 형상이 철근 제조사에 따라 다른 편차를 나타내고 있으므로 철근의 배근 상태를 위한 비파괴 검사 시에 이러한 철근의 형상 편차에 따른 탐지 및 판독상 혼란이 야기될 수 있다.

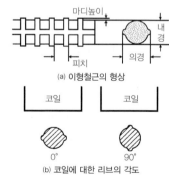

그림4. 72 이형철근의 형상과 리브 각도

6) 철근의 리브 회전 각도

앞 절의 그림과 같이 이형철근에는 축방향의 리브(rib)와 원주 방향의 마디가 있는데, 이중 리브(rib)의 시험코일에 대한 각도는 큰 신호 변화를 준다. 양옆의 리브(rib)가 시험 코일에 균등하게 상대되는 상태를 0°로 하고, 철근의 축을 중심으로 한 회전각에서 코일에 대한 철근의 회전각을 주게 되면 회전각에 따라 신호의 변화를 나타낼 수 있으므로 측정값의 편차 및 판독의 혼란을 야기할 수 있다.

7) 근접 철근의 영향

콘크리트 속에 각 철근들이 독립적으로 각기 배근되었을 경우에는 측정 범위나 피복 두께, 철근의 굵기 등에 대한 측정이 용이하나, 상호 철근들과의 간격이 과다하게 근접되어 있거나 겹친이음 또는 더블근 (double bar)으로 묶여있을 경우에는 철근탐사 시 판독에 혼란을 초래한다.

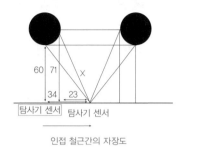

인접 철근간의 자장도

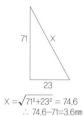

$$X = \sqrt{71^2 + 23^2} = 74.6$$
$$\therefore 74.6 - 71 = 3.6mm$$

인접 철근간의 자장거리

8) 신호음에 의존

근래 개량형 탐사기의 진보로 철근 배근 상태의 모니터(monitor) 화상장치가 많이 보급되어 있어 그대로 출력하여 어느 정도 시험 결과의 정확성을 기할 수 있으나, 재래장치로 탐사할 경우 탐지기의 신호음에만 의존하여 철근 위치 및 배근개수를 판단하는 경향이 종종 있으므로 오진의 우려가 있다.

4.3.10. 전자파 레이더법

4.3.10.1. 개요

전자파 레이더(radar)법은 1980년대 실용화되어 급속하게 보급되는 비파괴 검사법 중의 일종으로서 수십 ㎒ 이상의 고주파수 전자기파의 전파를 이용한 방법이므로 수㎐~수백㎑의 전자기 유도 현상을 이용하는 전자탐사와는 달리 전자기파 탐사라고 할 수 있으며, 이는 고주파의 특성상 전파가 매질속을 일정한 속도로 직진하는 성질이 있어서 이를 이용하여 콘크리트구조물 수십㎝ 내의 매설물 및 콘크리트 성상(부재 두께·공동·철근 등) 위치를 검지하는 방법이며, 취급이 간단하면서 단시간에 광범위한 조사가 가능하고 바로 검사 결과가 얻어지는 방법이다. 그러나 간편한 방법이면서도 작업자의 기량과 경험에 의존하는 경향이 많기 때문에 그만큼 오류 발생의 여지도 많은 방법이기도하다.

사진4. 28 전자파레이더 장치

4.3.10.2. 전자파 레이더법의 원리

(1) 측정 원리

전자파 레이더(Radio Detection And Ranging)는 현재 이용되고 있는 레이더와 기본적으로 같은 원리로서 임펄스상의 전자파를 콘크리트 내로 송신안테나로 방사하면 그 전자파가 철근·매설관·공동 등과 같이 콘크리트와 전기적 성질(비유전율·도전율)이 다른 물체와의 경계면에서 반사되어 다시 나오게 되는데 이를 수신안테나로 수신하고, 그에 소요되는 왕복 전파시간으로부터 반사물체까지의 거리를 계산하면 그 위치를 구할 수 있다.

즉, 콘크리트 내의 전자파속도(V)는:

$$V = C/\sqrt{\varepsilon_\gamma}\,(\text{m/s})$$

C : 진공 중에서의 전자파속도(3×10^8 m/s)

ε_γ : 콘크리트의 비유전율

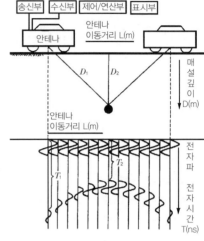

그림4. 73 전자파 레이더법의 원리도

또한 반사물체까지의 거리(D)는 다음 그림과 같이 입사파와 반사파의 왕복전파시간(T)을 측정하여 D=VT/2 (m)로 구할 수 있다.

이때 안테나를 콘크리트면상에서 이동시켜 일정한 간격마다 샘플링(sampling)한 수신신호를 점차 주행 방향으로 이동해가면 화면상에서는 철근으로부터의 반사신호 부분이 2차 곡선형으로 나타난다. 이 곡선의 정점위치 좌표가 철근의 위치 및 깊이를 나타내게 되며, 부재의 두께·공동조사의 경우는 이 정점의 반사신호가 연속적으로 표시되는 것으로 간주한다.

(2) 콘크리트의 비유전율

물질의 비유전율이란 그 물질의 전기적 특성을 나타내는 파라미터로서, 이에 의해 물질 내부를 관통하는 전자파의 전파속도가 결정된다. 예를 들면, 물의 비유전율은 81이고, 공기는 1이므로 수중에서의 전자파 전파속도는 공기 중에 비해 1/9로 된다. 콘크리트인 경우 건조 상태이면 4~12, 습윤 상태이면 8~20정도이며, 일반적인 물질의 비유전율을 아래의 표와 같다.

표4. 63 물질의 비유전율

재질	비유전율	재질	비유전율	재질	비유전율
진공	1	석회암(건조)	7	콘크리트(건조)	4~12
공기	1	석회암(습윤)	8	콘크리트(습윤)	8~20
청수(淸水)	81	모래(건조)	3~6	아스콘	4~6
해수	81	모래(습윤)	10~25	발포스티로폼	1
청수 얼음	4	흙 (건조)	2~6	도체(導體)	∞
해수 얼음	6	흙 (습윤)	10~30		
눈(덩어리)	1.4	쇄석	5~9		

(3) 전자파의 주파수 특성

콘크리트 속을 통과하는 전자파는 주파수에 따라 다음과 같은 특성이 있다.

① 주파수가 낮을수록 감쇠가 작으므로 보다 먼 물체를 탐사할 수 있지만 반면에 작은 물체는 탐사할 수 없다. 콘크리트구조물의 부재두께·공동에 대한 조사인 경우 400㎒~1 ㎓정도가 적당하다.

② 한편, 주파수가 높을수록 감쇠가 커서 가까운 물체밖에 탐사할 수 없지만 반면에 보다 작은 물체를 탐사할 수 있다. 콘크리트구조물의 철근 등의 매설물조사인 경우 800㎒ ~2㎓가 적당하다.

(4) 기타 사항

지중 및 콘크리트 내 탐사용 레이더는 공중 레이더에 비해 많은 제약을 갖고 있으므로 측정 화상의 질이 좋지 않은 편이며, 물체의 식별 등 신호 해석상의 어려움이 많다. 이를 해결하기 위해 현재 레이더 측정시스템의 신호처리 기능적 개선 연구가 다음과 같은 여러 가지 방법으로 시도되고 있다.

1) STC(Sensibility Time Control)

지중 및 콘크리트 내에 비교적 깊게 매설된 물체로부터의 반사 신호, 즉 수신파형 중에서 수신까지의 시간이 긴 부분에서는 수신파의 진폭치가 작게 나타남으로써 이 부분에서의 신호 판독이 상대적으로 어렵게 된다.

이와 같은 현상을 막기 위하여 사용되고 있는 기능이 STC이다. STC는 S/W상에서 행하는 신호증대법으로서 레이더로 측정된 신호에 STC곡선을 승산하여 약해진 신호를 증폭시킴으로써 판독이 용이하도록 해준다.

2) 반사파의 차(差)처리

레이더 화상에서는 항상 얕은 깊이의 위치에 수평방향으로 일정한 형태의 반사파가 존재하게 되는데, 이는 송신안테나로부터 수신안테나로 파(坡)가 직접 흘러 들어가는 직접결합과 측정 대상물 표면에서 반사 등에 의해 발생하는 것이다. 따라서 이런 성분을 제거하기 위해 수평 방향의 평균치를 구해 이를 각각의 수신파형으로부터 빼주면 제거가 가능하게 되어, 특정 목표물로부터의 신호 판별이 훨씬 용이해진다.

3) 합성개구(Synthetic aperture)처리와 펄스압축

송신안테나로부터 송출된 전자파가 안테나의 지향각에 따라 주위로 퍼져 전파됨으로 인해 목표물로부터의 반사파가 발생함으로서 안테나를 수평방향으로 이동시켜나갈 경우, 안테나의 지향각으로 퍼져나간 송출신호 중에서 제일 먼저 반사되어 온 신호부터 관측되기 시작한다. 따라서 단면 관측 패턴에서는 목표물로부터의 반사파는 쌍곡선상으로 되어 판독의 혼란

을 주게 된다.

그래서 이러한 현상을 역으로 이용하여 쌍곡선상의 패턴으로부터 콘크리트 속의 철근과 같은 목표물의 반사파를 한 점으로 집중시키는 합성개구처리방법으로 이러한 문제를 제어할 수 있다.

최근에는 전자파를 한 점에 집중시키기 직전에 수신파형의 시간축 방향 파형의 흐트러짐을 감소시키는 펄스(pulse)압축 신호처리 기술 개발로 수신파를 압축시켜서 시간축 상의 정도를 향상시키는 방법으로 합성개구처리 후의 단면 관측 패턴에서 목표물로부터의 반사파가 종래보다도 한점에 집중되게 되어 합성개구(Synthetic aperture)처리 효과가 보다 더 향상되고 있다.

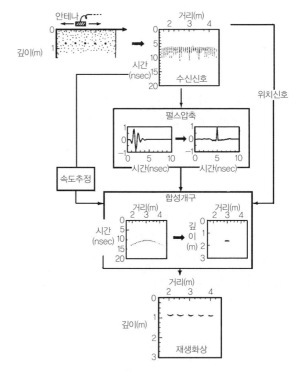

그림4. 74 합성개구처리와 펄스압축의 조합

4.3.10.3. 검사장치의 구성

검사장치의 기본 구성은 제어기와 표시기가 일체가 된 본체와 전파를 송신하여 수신하는 안테나로 되어있다.

이외에 표시화면의 프린터(printer) 및 외부 메모리로서 데이터의 레코더(recorder)가 사용된다.

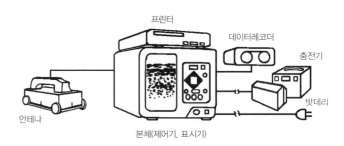

그림4. 75 전자파 레이더장치의 구성

(1) 패러렐 모드와 다이폴 모드

레이더 장비에는 안테나의 배치 형태와 사용방식에 따라 패러렐(parallel) 모드와 3소자 다이폴(dipole) 모드로 대별되는데, 아래 그림(a)와 같이 일반적으로 가장 많이 사용되는 모드인 발신기와 수신기가 평행인 패러렐(parallel) 모드의 안테나를 사용하는 방식에서는 전파의 편파방향이 고정되어 있기 때문에 전계 백터의 방향과 매설관이나 철근 은 매설물의 방향이 일치하는 경우에는 큰 반사파가 얻어지지만 서로 벗어날수록 반사파가 얻어지지 않게 된다. 따라서 매설물의 방향을 측정하기 위해서는 측정 표면을 중심으로 일정 간격 각 방위별로 측정해야 한다.

한편, 아래 그림(b)와 같이 3소자의 3편파 성분 안테나를 사용하는 3소자 다이폴 모드에서는 매설물이 어느 쪽 방향을 향하든지 계측된 3개의 서로 다른 편파면에 대한 산란파의 어느 쪽 파형에도 매설관의 반사를 포함한 신호가 포함되기 때문에 방향성에 의존하지 않는 계측이 가능하게 되므로 단 1회의 측정만으로도 매설물의 방향까지 측정할 수 있다.

이 3편파 성분의 안테나는 동일 평면상에서 벡터실효장이 같은 3개의 안테나가 서로 120°의 각도로 구성되어 있으며, 각 안테나 소자는 전파의 누전에 의한 상호영향이 없도록 칸막이가 되어져 있다.

따라서 먼저 120°간격의 양 안테나를 1조씩 송신과 수신부로 구성한 후, 3개의 안테나 소자 중 한 쪽을 송신회로와 접속하고, 수신안테나로부터 120° 회전한 안테나 소자를 수신회로와 접속하며, 나머지 안테나 소자를 접지 상태로 둔

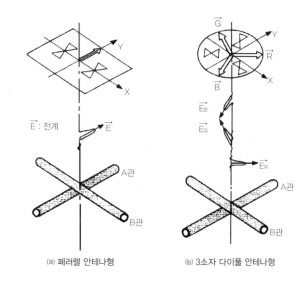

(a) 페러렐 안테나형   (b) 3소자 다이폴 안테나형

그림4. 76 안테나 모드별 계측 개념

다음에 안테나계를 각각 순차적으로 조합시켜 교대로 바꿔나가면서 측정하면, 3조 모두의 데이터로부터 산란행렬이 얻어지므로 매설물의 방향성과 무관하게 탐지할 수 있는 것이다.

(2) 철근 콘크리트용 검사장치

철근콘크리트용 레이더는 기존의 지중 레이더를 개량하여 손으로 쉽게 이동시키며 사용할 수 있는 콤팩트(coMPact)한 안테나가 사용되고 있다. 전자파는 콘크리트 중을 전파하기 어렵지만 주파수, 안테나 형식, 출력 등에 대한 연구 및 화상처리 기술로 해석능력을 향상시키고 있고, 포터블(portable)화 하도록 배터리로 전원을 공급하여 사용할 수 있게 진보되어 가고 있다. 국내에서 가장 많이 사용되고 있는 대표적 장치는 다음과 같다.

1) 아이언 시커(Iron seeker)

아이언 시커(Iron seeker) 검사 장치는 안테나부와 소형 컴퓨터부로 구성되어 있으며, 측정할 경우에는 안테나로부터의 신호를 전송하는 신호케이블을 소형 컴퓨터부에 연결시킨다. 안테나부는 펄스(pulse), 샘플링 보드, 신호변환보드, 송·수신안테나 및 엔코더(거리검출

기)로 구성되어 있으며, 펄스로부터 발신된 0.6ns (ns=10⁻⁹초)의 모노펄스(mono pulse)를 송신안테나로부터 방사하고 수신안테나에서 반사파를 수신하여 변환신호를 소형 컴퓨터부의 확장유니트로 보낸다.

엔코더는 안테나의 차축에 내장되어 안테나의 이동에 따라 소형 컴퓨터부에 신호를 보내고, 그 신호에 따라서 화면 영상을 횡축방향으로 이동시키는 기능을 가지고 있다. 소형 컴퓨터부는 크게 CPU(노트북 컴퓨터)와 확장유니트로 되어 있고, 확장유니트 내에 수용된 I/O보드로부터의 신호를 CPU(노트북 컴퓨터)에서 각종 신호처리를 실시하여 화상이 나타나도록 구성되어 있는 장치이다.

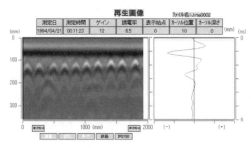

사진4. 29 Iron seeker 장치 및 모니터 화상

2) RC레이더

장치의 기본 구성은 제어부와 표시부가 일체로 된 본체와 전자파를 송·수신하는 안테나 및 표시 화면의 프린터와 외부메모리로서 데이터 레코더를 사용하도록 구성되어 있는 장치이며, 추정 정도에 대해서는 콘크리트의 비유전율이 전파의 전파 속도에 영향을 주기 때문에 명확히 명기되어 있지 않으므로 콘크리트의 비유전율은 시험체와 동질대비 시험체를 이용하여 교정할 필요가 있다.

4.3.10.4. R.C-Radar 장비

(1) 원리

본 장치의 원리는 전 절에서 이미 기술한 바와 같이 전자파를 이용한 비파괴 검사장비로서 현재 널리 이용되고 있는 일반적인 Radar와 기본 원리가 같다. 즉, 전자파를 안테나로부터 콘크리트에 방사해서 그 전자파가 콘크리트와 전기적 성질이 다른 물질, 즉, 예를 들면 철근, 공동 등의 반사물체와의 경계면에서 반사되어 다시 콘크리트 표면으로 나오면 표면에 위치한 수신안테나에 도달할 때까지의 시간으로, 반사물체까지의 거리를 알 수 있다. 본 장치는 콘크리트의 얕은 부분을 높은 분해능으로 탐사하는 것을 목적으로 하기 때문에 펄스(Pulse) 폭이

사진4. 30 R.C-Radar

극히 짧은 약 1nsec(10억분의 1초)의 펄스(pulse)파를 송신에 이용하고 있으며, 포터블화하여 개발되었기 때문에 금속 및 철근콘크리트 구조물에서 비파괴 검사용으로 널리 쓰이고 있다.

콘크리트 중의 전자파의 속도 V는 다음의 식으로 나타낼 수 있다.

$$V = C / \sqrt{\varepsilon}$$ 여기서, C : 진공중(공기중)에서의 전자파의 속도($3 \times 10^8 \text{m/s}$)

ε : 콘크리트의 비유전율(예, 6~10정도)

반사물체까지의 거리 D는 송신시각부터 반사파의 수신시각까지의 시간차 T에서

$$D = 1/2 \ VT \ (m)$$의 식(式)으로 구할 수 있다.

(2) 적용 조건

1) 적용 가능한 조건

① 측정심도 20㎝ 이내

② 측정대상 철근지름이 6㎜ 이상

③ 콘크리트의 품질이 대부분 균일한 것

④ 철근이 안테나 진행방향에 직교하는 것

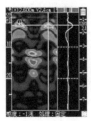

사진4. 31 포터블 RC-RADAR

2) 적용 곤란한 조건

① 콘크리트 표면에 금속 등과 같은 전파를 반사하는 물질이 있는 상황에서 그 저면의 철근 등을 측정하는 경우

② 철근 간격 100㎜ 이하의 피치(pitch)에서 배근되어 있는 경우

③ 안테나의 진행 방향과 평행으로 철근이 배근되어 있는 경우

④ 콘크리트의 수분 함유율이 극히 많은 경우

4.3.10.5. 전자파 레이더법의 측정상 관리 요점

지중이나 철근콘크리트 내부에 대한 전자파 레이더 탐사에서 데이터 채취 시에 유념하고 측정 관리에 감안해야 할 요점사항은 아래와 같다.

(1) 레이더의 분해능

레이더의 분해능이란 2개의 근접한 물체를 2개로 식별하는 능력을 말하며, 지중 또는 콘크리트 내부의 전자파 탐사 레이더의 경우 아래와 같은 특징이 있다.

1) 지중 또는 철근콘크리트 내에서 통과하는 전자파의 전파속도는 공중의 $1/\sqrt{\varepsilon_r}$배로 되기 때문에 같은 펄스(pulse)폭이면 거리방향의 분해능은 공중의 $\sqrt{\varepsilon_r}$배 향상된다. 이때, ε_r은 지중 또는 철근콘크리트 내의 비유전율을 의미한다.

2) 지표면 또는 콘크리트 표면 가까이에 놓여 진 안테나의 지중 또는 콘크리트 내부로의 방사 패턴은 자유공간에서의 방사패턴보다 좁아진다.

지금 거리 방향상에서 2개의 물체 간격을 δR라 하고, 수신파형은 주파수 f_c의 캐리어를 갖는 폭 $\triangle t$의 펄스(pulse)로 하여, 2개의 물체에 의한 에코(echo)의 지연시간을 각각 τ_1, τ_2라 하면 :

$$\tau_1 = 2R_1/v_{gc}$$
$$\tau_2 = 2(R_1+\delta R)/v_{gc} \text{ (여기서, } v_{gc}\text{는 지중 또는 콘크리트 내의 전파속도)}$$

가 되므로 이들 두 물체간의 전자파 전파속도의 시간차 δ_t 는

$$\delta_t = \tau_1-\tau_2 = 2\delta R/v_{gc}$$

위의 식에서 제2항은 자유공간(공중)에서의 분해능을 나타내므로 상기의 첫 번째 특징이 성립한다. 예를 들면, 펄스(pulse)폭 $\triangle t$=1ns(주파수 1㎓)의 분해능을 구하면 공중에서는 $\triangle$R=15㎝이지만, ε_r =12인 건조한 콘크리트 내에서는 그 $1/\sqrt{12}$배, 즉 $\triangle$R=4.3㎝가 된다. 그러나 실제로는 지중이나 콘크리트 내의 전파특성은 협대역이므로 파형이 흐트러져 분해능은 이보다 훨씬 좋지 않다.

또한 이들 매질 내에서의 전자파는 감쇠정수 $\alpha(1/\sqrt{\varepsilon_r}$에 비례)와 전파의 진향방향거리 z에 따라 지수함수적($e^{-\alpha z}$)으로 감쇠되면서 전파되므로 공중전파에 비해 감쇠의 영향도 크다.

그러므로 철근콘크리트 내부에서의 전자파의 감쇠는 공기 중에 비하여 대단히 크고 주파수가 높아짐에 따라 증대되므로 탐사 깊이를 크게 하는 데는 낮은 주파수를 쓰는 편이 적절하다. 그러나 그렇게 하면 안테나가 커져서 실제의 운용상 문제가 생기며 또한 분해능도 나빠지게 된다.

즉, 지중이나 철근콘크리트 내부의 매설물의 탐사 깊이와 분해능은 트레이드·오프의 관계에 있는 것으로 생각되기 때문에 탐사 목적에 따라서 안테나를 분류 사용할 필요가 있다.

(2) 콘크리트의 수분 함유율

콘크리트 내의 전자파 전파속도는 주로 콘크리트의 비유전율에 따라 전해지는데, 콘크리트의 비유전율은 콘크리트의 종류 및 수분 함유율에 따라 변화하므로 결국 전자파의 속도는 콘크리트의 수분 함유율과 밀접한 관계를 지닌다.

콘크리트 속의 철근이나 공동과 같은 매설물의 깊이 측정은 전자파의 왕복시간으로부터 산출되므로 전자파의 전파속도가 부정확하면 측정 정밀도도 부정확하게 된다.

(3) 링잉(Ringing)

전자파 레이더 측정 데이터를 관찰해 보면, 반사파가 일정 간격까지 다중으로 계속 나타나는 것을 알 수 있는데, 이러한 현상을 소위 링잉(Ringing)이라고 한다. 이와 같은 현상이 발생하

는 이유는 다양하지만 주된 원
인은 레이더 내의 시스템을 통
과하여 송출된 신호가 그 과정
에서 각 요소의 비선형성과 주
파수의 특성에 따라 변형되어
나타나기 때문이며 이를 간단
히 나타내면 다음 그림과 같다.
　즉 레이더의 펄스가 특정 주
파수 대역을 갖는 안테나 등 시

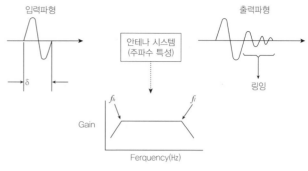

그림4. 77 장치내 링잉 발생 과정

스템계에 들어오면 그 시스템계의 고역통과(high pass: fh)와 저역통과(low pass: fl) 필터
의 주파수 특성에 따라 이 계를 통과하면서 파형이 변형되어 생기는 현상이다.

　이 외에도 링잉(Ringing)이 발생하는 이유에는 송신기와 송신안테나, 수신기와 수신안테나
등의 미스매칭 또는 이들 양자간 신호의 다중반사, 그리고 송신안테나와 측정표면 간의 왕복
등에 따라서도 발생한다. 따라서 이 현상은 이와 같이 다양한 원인에 의하므로 완전한 제거는
어렵고 이의 개선에 대해 다각적인 시도가 진행 중이다.

　(4) 탐사의 한계성
　콘크리트 속의 매설물 깊이 측정은 어느 정도 정확성을 기할 수 있으나 철근의 굵기나 또는
매설물의 형상에 대한 측정은 비록 여러 번 시도되고 있지만 현재까지의 기술에서는 불가능하
므로 앞으로의 기술개발이 필요한 분야이다.

4.3.11. 열적외선 탐사법

4.3.11.1. 개요
　절대영대온도(-273℃)가 아닌 모든 물체는 표면으로부터 적외선을 방출하는데, 그 방출량
은 물체의 온도와　밀접한 관계이며, 그 적외선량을 측정함으로써 그 물체의 온도를 알 수 있
다. 즉, 여러 가지 파장이나 강도의 전사방사라는 형으로 에너지를 방출하여 물체가 고온일 때
는 에너지 대부분은 금속압연기에서의 백열과 같이 눈에 보이는 방사, 즉, 빛이라는 형으로 방
출되지만, 500℃ 이하의 물체는 거의 모든 에너지가 적외선 방사로 방출되며 이 적외선의 파장
역에서 방사의 강도에 따른 온도의 함수로 얻어지는 농도의 화소로서 열적외선 화상을 작성할
수가 있다.

　따라서 이 화상 즉 적외선 센서를 이용하여 온도분포도를 정확히 얻을 수가 있다면 물체의
표면 혹은 내부의 이상을 아는 것이 가능하며, 이를 콘크리트 구조물에 적용할 경우 유효한 비

파괴 계측기술로 활용할 수가 있겠다.

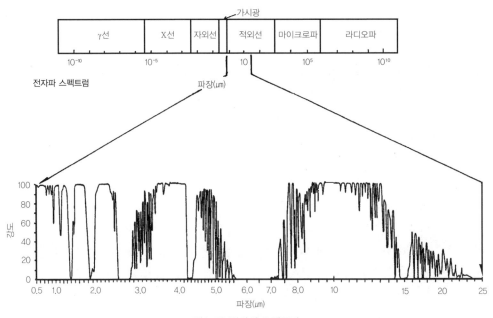

그림4. 78 적외선 스펙트럼

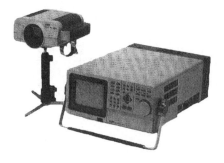

사진4. 32 열 적외선 탐지기

사진4. 33 적외선 탐지 화상

4.3.11.2. 원리

적외선은 약 0.5~1,000㎛의 범위의 파장을 갖고 있으며, 마이크로파와 가시광선 사이의 영역의 전자파이고 적외선 영역의 전자파만을 감지하는 소자를 갖는 적외선카메라를 이용해 일반의 광학적인 비디오카메라와 같은 방법으로 적외선화상, 즉 검사대상물의 온도분포화상을 얻을 수 있다. 또한 자외선과 가시광선과 비교해서 파장이 길고, 미립자에 의한 반사와 흡수가 작기 때문에 공기 중을 잘 투과하고, 어느 정도 먼 거리에서도 관측이 가능하며, 인공위성의 지상관측에도 이용되고 있다.

콘크리트 표면 근처에 공동이 존재하거나 건물외벽의 타일과 모르타르에 박리가 존재하면 건전부와 해당 결함부에서는 1일 기온변화에 따른 온도상승 또는 하강 형태가 다르고, 특정 시간대를 제외하고서는 건전부 외표면과 결함부 외표면에는 온도차가 생긴다. 따라서 벽면을 적외선 카메라로 관측해서 얻어진 온도 분포화상으로부터 방사된 적외선의 각 스펙트럼 강도를 추출하여 에너지양을 검지기에 의해 전기신호로 변환하고, 연산 처리하여 물체의 온도를 농도 또는 색에 의한 화상으로서 표시하는 것이 적외선 카메라이다.

물체에 도입되는 적외선에서 흡수율 α, 반사율 ρ, 투과율을 τ라 하면 에너지 보존 법칙으로부터 이들 사이에는 다음의 관계가 성립된다. $\quad 1 = \alpha + \rho + \tau$

킬리홉의 법칙에 의하면 물체의 방사선의 흡수능력과 방사능력과의 비는 일정하기 때문에 방사율을 ε이라 하면 흡수율 α $=\varepsilon$으로 된다. 또한 철근콘크리트와 같은 불투명체에서는 투과율 $\tau=0$이기 때문에 다음의 식이 성립된다.

$$\varepsilon = 1 - \rho$$

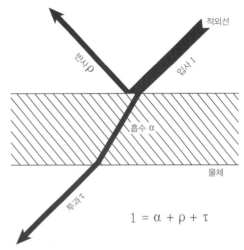

$$1 = \alpha + \rho + \tau$$

그림4. 79 적외선의 흡수, 반사, 투과의 관계

즉, 이것은 적외선을 잘 반사하는 물체는 적외선 방사가 작고, 역으로 적외선을 잘 흡수하는 물체는 적외선을 잘 방출하는 것을 의미한다.

적외선 열탐지 영상장치에 의한 철근콘크리트구조물의 이상 부위 검출은 어느 정도의 거리에서 비접촉으로 실시할 수 있기 때문에 다른 비파괴 검사 장치에 비해 넓은 면적을 빠른 시간 내에 검사할 수 있는 유효한 방법으로 다양한 콘크리트구조물의 이상부를 검출하기 위한 원리는 다음과 같다.

일반적으로 물체의 표면온도는 그 표면을 구성하는 재료의 재질, 비열, 열전도율, 열전달률 등의 열에 대한 차이에 의해 온도변화에 대한 정도가 각기 다르게 나타난다. 따라서 물체의 열데이터가 다른 영역, 즉 콘크리트 이상부와 건전부는 다음의 그림과 같이 열전도율 λ의 차이에 의해 온도차 $\varDelta T$를 나타낸다.

한편, 물체의 열전도율 λ는 재료에 따라 각기 다르므로 그 해당 물질의 종류 및 상태에 따라 정하고, 다음 식으로 나타낼 수 있으며, 주된 물질의 열전도율을 아래의 표에 나타내었다.

$$\lambda = \frac{dQ}{dA} \cdot \frac{1}{d\Delta t/dx} \ [\text{W}/(\text{m}\cdot\text{K})]$$

여기서, Q: 전열량, A: 면적,
  Δt: 온도차, x: 열이동 길이

  공기의 열전도율이 낮고, 콘크리트의 이상부에는 공기를 포함하는 요소들이 많기 때문에 그 값은 낮아지게 된다.

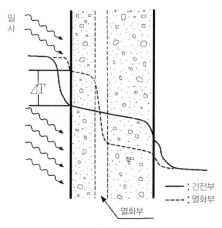

그림4. 80 온도차와 벽체의 열통과성

표 3. 64 각종 물질의 열전도율[W/(m·k)]

기체		단열재		액체		비금속		금속	
탄산가스	0.0145	코르크판	0.025	스핀들유	0.144	목재	0.106	철	49
암모니아	0.0219	석면	0.031	암모니아	0.521	베이크라이트	0.233	탄소강	53
산소	0.0229	양모(편물)	0.040	물	0.597	고무	0.237	황동(7:3)	110
일산화탄소	0.0233					콘크리트	0.5~0.6	알루미늄	228
공기	0.0237					적벽돌(200℃)	0.56~1.08	동	386

  또한 유공성 물체의 열전도율은 구멍이 작은 것일수록 또한 건조한 것일수록 낮아진다.
  건전한 콘크리트와 표면이 열화된 콘크리트의 온도차는 열화부에 공기가 많이 포함됨에 따라 아래 그림과 같이 열통과를 모델화 할 수 있으며, 여기서, 평행벽 내의 열유속은 아래의 식에 의해 나타낼 수 있고, 열전도율의 차이가 표면온도에 영향을 주는 것을 알 수 있다.

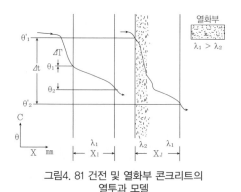

그림4. 81 건전 및 열화부 콘크리트의 열투과 모델

평행벽 내의 열유속 q는 다음식과 같다.

$$q = \frac{\lambda}{X}(\theta_1 - \theta_2) \ \ (\text{W}/\text{m}^2) \qquad \therefore \ t = q\frac{X}{\lambda}$$

  여기서, q: 열유속(W/m²), λ: 열전도율, X: 벽두께, Δt: $\theta_1 - \theta_2$

일반적으로 물체 표면은 내부온도 및 외기온도의 변화에 따라 1일 중에서 또한, 연간을 통해서 주기적인 온도변화를 하고 있다. 건전부와 이상부의 온도경시변화 모델을 아래 그림과 같이 나타내었다. 이것은 1일 동안이라도 건전부와 이상부와의 온도차가 일사량에 따라 영향을 받는 것을 나타내고 있다.

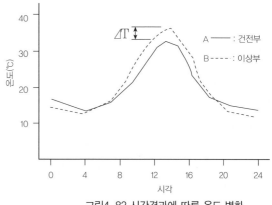

그림4. 82 시간경과에 따른 온도 변화

적외선 열탐지 영상장치에 의한 비파괴 검사는 이들 물체의 미약한 온도차 ⊿t를 적외선 센서에 의해 열영상 정보로서 측정하여 비파괴·비접촉으로 이상 부분을 명료한 패턴(면계측 방법)으로 검출하는 원리이다.

4.3.11.3. 검사 장치의 구성

열 적외선 탐지기는 렌즈 주사기구 및 검지기로 구성된 적외선 카메라와 이 카메라에서 송신되는 전기신호를 브라운관에 온도분포화상으로 나타내는 신호처리 기능의 제어판으로 구성되어 있다.

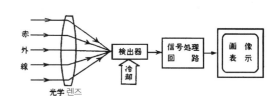

그림4. 83 적외선카메라의 구성

즉 적외선을 전기신호로 변환하는 것이 검출기이고 적외선카메라에는 응답성이 우수한 반도체가 사용된다.

반도체 검출기가 적외선의 조사를 받을 때에는 다른 종류의 재료 간에 생긴 밴드캡에 의한 전하의 이동을 이용하므로 반도체 종류에 따라 감지할 수 있는 파장이 다르며, 콘크리트 구조물에는 아르곤가스와 질소가스를 사용하는 것보다 전자냉각 방식이 유리하다.

최근의 열적외선 탐사장치들은 온도화상과 동축시야의 가시화상이 얻어지는 장치가 있

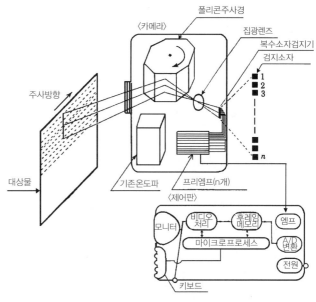

그림4. 84 장치구성의 일예(고속형)

으며, 물질의 차이에 따른 온도화상의 해석에 이용되는 기능이 부착되어 있는 것이 있다.

기능에 대해서는 각 장치 모두 다양한 화상처리기능이 부가되어 있으므로 대상물의 온도, 관찰면적의 세밀성, 온도변화의 속도, 촬영거리, 카메라의 방향과 검사 소요시간 등에 따라 적합한 기기를 선정하여 사용한다.

(1) 적외선 검사의 특징

① 먼 장소로부터 검사가 가능하여 검사 장소에 구애를 받지 않는다.

② 광범위한 온도 분포를 1회의 계측으로 측정할 수 있다.

③ 계측을 쾌속으로 할 수 있으며, 어떤 온도 영역에서는 0.1℃ 온도차를 감지할 수 있다.

④ 계측에 있어 열방사 패턴이 일정하다.

⑤ 물체표면의 온도분포를 화상으로서 확인할 수 있다.

⑥ 시간적으로 연속적인 계측이 가능하다.

⑦ 온도계측이 필요한 경우에는 시험체의 표면 방사율을 알아야 한다.

⑧ 계측대상의 반사율이 높은 물체는 외부로부터의 적외선 반사영향을 고려해야 한다.

4.3.11.4. 검사 방법

철근콘크리트 구조물에 대한 열 적외선 탐사법 적용은 자연의 온도 변화에 의해 이상부의 온도가 건전부와 다른 것을 이용함으로써 행해진다.

이 때문에 콘크리트 온도는 일사량과 밀접하게 관계되어 계절, 지역, 기후, 방위, 시각에 따라 달라짐과 더불어 특히 건축구조물에서는 건축물 사용조건에 따른 내부 온도의 영향을 받는다. 이와 같이 적외선법은 온도를 특정 지을 수 없는 조건에서 행해지지만 동시에 표면열의 차이에 따라 표면균열의 검출에도 적용이 가능하다.

(1) 적용 범위

① 외벽의 마감모르타르, 타일 등의 박리 및 들뜸 조사

② 검사 대상체의 표면균열 검출

③ 누수 개소, 옥상 노출방수 파단개소 조사

④ 표면결로, 벽체내부의 결로부 검출

⑤ 표면 열화부의 검출과 그 깊이의 추정

⑥ 철근콘크리트조 굴뚝의 라이닝재 박락 조사

⑦ 외장공사 개수후의 성능검사

⑧ 보강판과 콘크리트 표면의 수지주입 상황 조사

⑨ 냉방, 난방공조역의 밸런스 조사

⑩ 정온, 냉장, 냉동창고의 열손실 조사

콘크리트에 대한 검사에서 유리한 점은 광범위한 온도분포가 화상으로서 리얼타임으로 얻어지는 것이다.

단, 관측할 때의 기상조건, 표면상태, 거리 및 탐사각도 등에 제약이 뒤따르게 된다.

(2) 이상부 검출 방법
적외선 검사를 통하여 자연의 온도변화 중에서 미소한 온도차를 검출하기 위해서는 다음의 4가지 조건으로부터 적용 방법이 선정되어야 한다. 이들 검사결과들은 콘크리트의 표면조건 및 환경조건에 따라 정도가 다르기 때문에 적용 검토에 대해서는 검사 방법의 각 항에 대하여 고려해야 한다.

① 1일 중에서 온도가 가장 높아지는 시각에서의 순시화상에 의한 검출
② 온도상승 시에서의 순시화상에 의한 검출
③ 온도하강 시에서의 순시화상에 의한 검출
④ 경시온도 변화에 의한 화상차분을 포함한 검출

(3) 적외선 영상장치에 의한 온도
적외선 영상장치에 의한 이상부의 검출은 건전부와의 온도차 혹은 경시온도변화를 이용하는 기술이기 때문에 온도를 바르게 측정하는 것이 가장 중요한 과제는 아니다. 그러나 측정된 온도차 혹은 그 변화는 대상물의 이상에 의한 것 외에도 부분적인 반사율의 차이에 의한 경우가 많다.

적외선 방사원과, 이들 방사운이 측정되는 온도에의 영향 비율은 아래 그림과 같다.

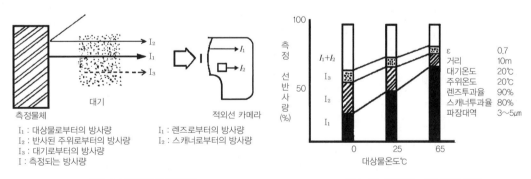

그림4. 85 적외선의 방사원   그림4. 86 측정되는 온도에의 영향

1) 방사율의 영향
방사율은 재료에 따라 다르지만, 동일 재료에서, 색상 혹은 광택에 따라서도 다르다. 또, 측정할 때의 실제 온도에 따라서도 차이가 있다.

적외선을 이용한 온도 측정에 있어서는 무광택의 흑색 래커와 같이 방사율이 1에 가까운 표면과, 백색 래커와 같이 방사율 0.8의 표면에서는, 전자의 경우에 온도가 30℃이더라도 후자의 경우에는 13℃에 해당하는 열에너지밖에 반사되지 않는다. 따라서 실제 온도차도 후자의 경우에는 적게 표시된다. 이 예는 색상과 표면의 광택 차이에 따른 방사율 측정 온도의 영향이지만, 색상 만에 대한 종이의 흑색과 백색의 방사율 차이는 0.2이므로 색상의 영향이 큰 것을 알 수 있다.

다음은 방사율과 반사율을 더한 에너지가 적외선 영상장치에 들어가는 전체 에너지이기 때문에 방사율이 낮은 것은 반사율이 높은 것으로, 주위 온도의 영향을 받는다. 이는 노이즈가 증대하는 것으로 온도가 검출에 영향을 미친다.

2) 대기의 영향

적외선이 대기 중을 통과하고 있는 상태에서는 H_2O 및 CO_2를 투과성과 흡수 측면에서 고려해야 하지만, CO_2는 대기 고도 내에서 지역·계절·흡수상 등에 의한 변화는 적다. 그러나 H_2O는 강우 시에는 측정할 수 없게 된다. 바람에 의한 표면온도 변화는 현저하지만 이 영향을 받고 있는 열화상은 끊임없이 변화하여 안정된 상태로 되지 않기 때문에 측정 중에는 식별이 가능하다.

(4) 화상 처리 및 해석

대상물에서 방사되는 적외선은 온도 노이즈를 포함한 것으로, 유용한 온도 신호만을 추출하는 하나의 방법으로서 화상 처리 기술이 이용된다. 일반적인 화상 처리 기법은 아래와 같다.

1) 화상 처리
　　① 패치워크 처리(화면간 접속)
　　② 기하학적 보정(촬영거리 보정 및 도면상 겹침)
　　③ 변형 보정(기계의 노이즈 및 렌즈광학적 변형)
　　④ 농도 보정(대기의 감쇠: 일반사나 패치워크 후의 농도 변화 등)

2) 화상 해석

대상물의 건전 상태에서의 표면온도 분포를 컴퓨터에 의해 시뮬레이션하여 화상 처리 후의 열화상을 그 산정 값으로부터 차분처리한다.(=차분처리) 그 결과 건전시의 표면온도(=기준온도)에 따라 고저온역을 분할한다.(=영역분할처리) 그리고 열화판별해석 소프트웨어에 의해 모의벽면의 기초열 데이터를 산정하여 작성된 열해석 소프트웨어에 따라 열화부(=박리부)를 추출(-특징추출 및 2차화처리) 하는 처리를 화상해석으로 한다.

3) 열화상 차분처리

이는 열화상에서 기준온도를 차인 하는 것을 말한다.

① 영역분할 처리: 열화상의 고저온부를 분할.

② 특징 추출 처리: 열화상 위로부터 열화부를 추출.

③ 2차화 처리: 건전부와 열화부를 2색으로 나누어 표시한다.

4.3.11.5. 표면온도에 영향을 주는 요인

표면온도는 다음 요인에 의해 영향을 받으므로 측정 때에는 주어진 조건 중에서 온도차가 가장 커지는 조건을 선정하는 데, 더욱이 측정환경에 따른 온도 노이즈가 가장 적어지는 조건을 고려하여 일몰 후 혹은 온도변화가 가장 현저한 때를 선정하는 것이 필요하고, 검출하고 싶은 부위의 상태에 따라서도 촬영 조건이 달라진다.

(1) 기상조건에 따른 영향

표면온도는 다음의 사항들과 같은 기상조건에 따라 변화하므로 적외선 탐사 시에는 아래 각각의 조건들을 고려해야 한다.

① 계절 : 일사강도, 각도(일사칼로리)

② 기후 : 일사 유무, 정도

③ 시각 : 온도차가 최대로 되는 시각과 그 전후의 시간

④ 기온 : 열에너지의 크기

이들 항목 중, 맑은 날의 일사량 산정은 탐사지점과 탐사시각, 그리고 검사대상물의 위치 및 방향에 따라 고려하여 시행하며, 태양의 위치와 검측 대상물의 수직면과의 관계는 태양고도 H, 측정면의 법선 벡터(N), 측정지점의 태양방향 벡터(k_2)로 하고 태양 복사강도 I_0, 확산일사량 I_{SH}, 대기투과율 P, 측정면의 면적 S를 고려한 다음의 식이 이용되고 있다.

$$\text{이론일사량 } R = \text{직접일사량 } P + \text{확산일사량 } Q$$

$$P = I_0 \cdot p^{(1/\sin H)} \cdot N^T \cdot k_2 \cdot S, \qquad Q = I_{SH}$$

또한 전국 126지점의 '태양고도에 의한 벽체 수열량 산정 프로그램'이 이용되기도 한다.

(2) 측정 환경

측정 환경에 따른 표면온도 변화는 일사 방향과 주위 구조물과 관계가 있고, 2차 반사까지를 조사할 필요가 있다. 또한 배경 온도로는 구조물 내부의 열원, 실온변화에 특히 주의를 기울이는 것이 중요하다.

사진4. 33 건축물 원화상(좌)과 적외선 화상 처리 결과(우)

4.3.11.6. 박리 또는 공동의 검출 원리

콘크리트 건물의 벽면은 기온 또는 태양의 복사열 변화에 따라 재료의 열전도율과 비열 등의 물리적 성질이 다르고, 표면형상, 상태의 차이 및 표면 근처에서의 공동과 박리 유무 등에 의해 다른 온도 변화를 보인다.

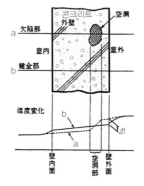

그림4. 87 주간 콘크리트 온도구배

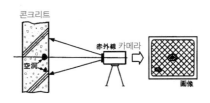

그림4. 88 적외선의 벽면 관측

예로 동일재질의 벽면에 건전부 및 박리 또는 공동이 존재하는 결함부의 주간온도구배는 그림4.87과 같으며, 외표면에서 생기는 온도차 Δt, 즉 이들 부분으로부터 방사되는 적외선량의 차를 적외선카메라로 측정하여 박리 또는 공동을 검출할 수 있다.

외벽면 건전부와 결함부의 1일 온도변화는 그림4.89의 그래프와 같다.

관측은 그림에서 나타난 건전부와 결함부의 온도차 Δt가 크게 되는 조건의 것으로 행하는 것이 유리하지만 온도가 역전할 아침과 저녁 시간대를 제외하면 기온의 일교차가 5℃ 이상이면 관측이 가능하게 된다.

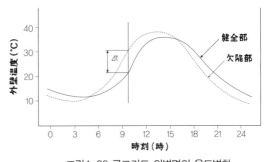

그림4. 89 콘크리트 외벽면의 온도변화

4.3.11.7. 적외선 카메라의 관측

적외선은 그림과 같이 관측 대상물의 표면 한 점으로부터 그 점의 수직축을 중심으로 약 120°의 입체각 범위에서 거의 동일하게 방사된다. 따라서 관측면 전체를 유효범위로 하려면 카메라의 양각 및 수평방향의 각을 제한해 주어야 한다.

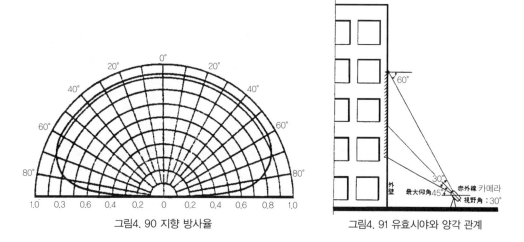

그림4. 90 지향 방사율

그림4. 91 유효시야와 양각 관계

4.3.11.8. 적외선 검사의 관리 요점

(1) 대상물의 표면 상태

기온의 일교차가 5℃ 이상이면 유효한 관측은 가능하지만, 벽면이 젖은 상태에서는 적외선 방사율ε이 변화하기 때문에 정확한 온도계측은 불가능하고 벽면이 젖어있지 않은 상태라도 우천의 경우는 카메라와 측정 대상물간의 빗물에 따른 적외선의 흡수가 측정 정도에 영향을 주기 때문에 관측의 정밀성을 기하기 어렵다.

측정면이 콘크리트 타설 마감면, 일반 모르타르 마감면 및 타일 마감면인 경우에는 측정 가능하지만, 굴곡이 심한 표면 상태인 경우에는 카메라 측에 대해 60°이상의 각도를 갖는 면의 온도가 실제보다 낮게 계측되고 정확한 온도 분포를 얻을 수 없기 때문에 적용이 불가능한 경우가 있다. 또 원주와 같은 곡면계측인 경우에는 평면인 경우에 비해 유효범위는 좁게 되기 때문에 대상물의 곡률 및 관측 거리에 따라 유효범위를 확인해야 한다.

(2) 다른 적외선원으로부터의 반사

아래의 그림 c점에서 관측된 물체표면 a점에서의 적외선 에너지는 물체의 a점으로부터 방사된 적외선 에너지에 b점을 지나 a점에서 반사된 다른 곳으로부터의 적외선에너지가 더해진 양으로 된다. 따라서 표면이 매끄러운 타일면 등 반사율 ρ가 높은 물체의 경우에는 태양으로부터의 적외선 또는 근처에 있는 온도가 높은 물체로부터 로부터 방

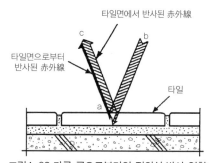

그림4. 92 다른 곳으로부터의 적외선 반사 영향

사된 적외선의 방사 영향을 받아 검측 대상으로 하는 표면온도를 계측할 수 없는 것도 있다.

이와 같은 경우에는 반사에 의한 적외선 영향을 받지 않도록 관측각도 또는 관측시각을 설정해야 한다.

(3) 일조시의 그림자

일조시에 건물 또는 검측 대상으로 하는 건물 자체의 구조에 따라 생긴 그림자가 관측 대상면을 부분적으로 덮는 경우에는 일조시간대를 피하든가 아니면 일조가 없는 날을 선택해 관측해야 한다.

(4) 기타

실내가 난방이 되어 있는 경우에는 그 영향으로 건전부와 결함부의 온도차가 작게 되고, 유효한 관측이 곤란한 경우도 있으므로 관측시기를 재검토하여 조정한다.

4.3.12. 방사선 투과 시험법

4.3.12.1. 개요

철근콘크리트의 투과 시험에 이용되는 방사선은 X선과 Y선으로서 X선 과 Y선은 $10^{-12} \sim 10^{-6}$ ㎝의 파장을 갖는 전자파이고, 물체를 투과하는 능력을 갖으며, 사진 필름을 감광시키기도 하고 형광물질을 발광시키기도 하는 성질을 가지고 있다.

X선과 Y선이 물체를 투과할 때에 그 물체에 흡수되는 경우는 투과하는 물질에 따라 다르고, 콘크리트 구조물을 예로 들면 콘크리트 중의 철근 또는 공동을 통과하는 방사선의 세기와 콘크리트 자체만을 통과하는 방사선의 차가 생기게 된다.

이 차이가 필름상에서는 농도의 차로, 형광판상에서는 발광량의 차이로 나타나기 때문에 내부 형상을 필름 또는 이미징 플레이트(IP)에 의해 콘크리트구조물의 투과 사진을 촬영하여 그 내부의 상태를 화상으로 관찰할 수 있게 하는 시험 방법이다.

방사선 투과 시험을 행하는 경우에는 다른 시험법과는 달리 인적 또는 물적인 장해에 대한 안전관리가 특별히 필요하게 된다. 그렇기 때문에 방사선 투과 시험 시에는 시험 그 자체 이외에 방사선 장해에 대해서도 고려하여야 하며, 촬영 시에도 X선 및 Y선 취급 자격이 있는 자가 행하여야 한다.

(1) X선

X선의 발생은 일반적으로 아래 그림의 X선관(진공관의 일종)에서 필라멘트에 의해 발생시

킨 열전자를 고전압에 의해 가속하여 티켓이라 불리는 텅스텐 등의 고융점을 갖는 금속에 충돌시킴으로써 생겨난다.

발생하는 X선은 아래 그림과 같이 광범위한 파장(에너지)성분을 갖는 연속 스펙트럼이고 태양으로부터의 백색광이 연속 스펙트럼(spectrum)을 갖고 있는 것에 비유해서 이를 백색 X선이라 부른다.

X선은 상기와 같이 전기적으로 발생시키기 때문에 인위적으로 관전류(필라멘트에 흐르는 전류)와 관전압(양극 음극 간에 가해지는 전압)을 변화시킴으로써 X선의 강도(선량) 및 투과능을 조정할 수가 있다.

(2) Γ선

Γ선은 ^{192}Ir, ^{60}Co 등의 방사선 동위원소로부터 얻어질 수 있는데, 이때의 Γ선은 X선과 달리 아래 그림처럼 파장(에너지)은 연속스펙트럼을 갖지 않고 불연속의 특정한 몇 가지의 스펙트럼을 갖는다.

따라서 투과능은 항시 일정하고 강도(Ci:큐리스)만이 시간의 경과와 함께 동위원소의 파괴에 따라 약해져 간다.

게다가 X선과 같이 인위적으로 그 세기 및 투과능을 조정할 수 없고 조사 시간에 따라서만 조정된다.

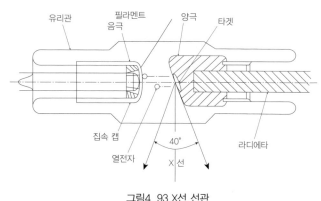

그림4. 93 X선 선관

Γ선의 선원은 스텐레스제의 캡슐에 봉입되어 미사용 시에는 납 용기에 격납 되었다가 촬영 시에 활용된다.

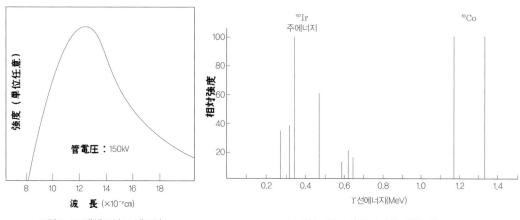

그림4. 94 백색 X선 스펙트럼　　　　그림4. 95 Γ선의 에너지 스펙트럼

(3) 선원의 선택

투과될 콘크리트 두께와 콘크리트를 투과한 후의 X선 및 Υ선의 선량율(일종의 세기)의 관계는 그림4.96과 같으므로 이에 따라 적정의 선원을 선택한다. 휴대용 X선 장치로 시험에 촬영할 수 있는 콘크리트의 두께는 대개 300kV, 500mA·min 정도로 약 360㎜이며, 그 이상은 실용상 459㎜까지이고 이 이상의 두께를 갖는 콘크리트에 대해서는 192Ir,과 60Co의 Υ선을 사용해야 한다. 259GBq(7Ci)의 60CO를 사용하면 2시간 정도의 노출시간으로 약 600㎜의 판두께까지 시험이 가능하다.

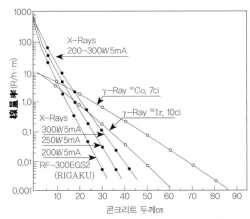

그림4. 96 콘크리트의 X선 및 Υ선의 선량율

이 수치는 대략의 값으로 콘크리트구조물의 성질 구조, 시험하는 대상 또는 시험 목적에 따라 시험이 가능한 콘크리트의 판두께는 다르다. 아래 그림에 시험 조건과 시험이 가능한 콘크리트 판두께의 관계를 표시한다.

물론 450㎜ 이하의 콘크리트를 Υ선을 이용하더라도 촬영할 수는 있지만 X선의 경우에 비해 사진의 선명도가 뚜렷하지 못하고 촬영에 수십 배의 시간을 요하기 때문에 X선이 우선적으로 선택되어 사용되고 있다.

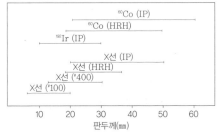

그림4. 97 시험이 가능한 판두께

(4) 시험 대상

일반적으로 방사선 투과 시험법이 적용될 수 있는 대상들은 다음과 같다.

① 콘크리트의 판두께 측정
② 콘크리트의 소밀공동 및 두판의 유무
③ 철근의 직경, 피복 두께 및 배근 상태
④ 매설관의 위치, 직경 및 내부의 부착물이나 부식 상태
⑤ PC의 시스위치, PC강선의 파단 및 그라우트의 충전 상태

방사선 투과 시험은 여러 검사 대상 중에서도 다른 시험 방법보다 특히 효과를 보이고 있는 것은 시스내 PC강선의 파단, 그라우트(grout)의 충전 상태, 매설관 내의 부착물이나 부식 상태 등에 대한 검사에서 효과를 보이고 있다.

4.3.12.3. 원리 및 특징

(1) 투과 시험의 원리

X선 또는 r선의 방사선이 물체를 투과하는 강도(선량)는 그 파장 즉 에너지와 투과되는 물체를 구성하는 재질의 종류 및 두께에 따라 결정지어진다. 그러므로 투과된 방사선의 강도를 측정함으로써 그 물체의 불균질성이나 두께의 변화 등을 구체적으로 알 수 있다.

그림4.98은 이러한 원리를 모식적으로 표시한 것으로서, 철근 및 공동을 가진 콘크리트의 한쪽에서 방사선을 조사하면 그와 반대편으로 투과된 방사선과 강약의 차이가 생기게 되는데, 이 강약의 차이를 X선 필

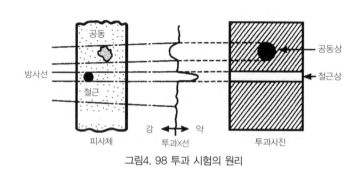

그림4. 98 투과 시험의 원리

름 등의 감광재료로 수광하면, 농도의 차이로서 철근 및 공동 등이 화상으로 검출되어 알 수 있다.

(2) 특징

철근콘크리트구조물은 비교적 가벼운 원소인 시멘트, 세골재, 조골재와 비교적 무거운 원소인 철근에 의해 구성된 복합재료로서, 일반적으로 그 판두께가 큰 편이다. 또한 시험 대상이 철근 또는 배관의 유무 등의 단순한 것부터 배관 내의 막힘 또는 부식의 검출 등 미묘한 농도 차이를 근거로 하는 세밀한 부문까지 시험하게 되므로 다음의 사항 등에 대해 세심하게 고려하여야 한다.

1) 산란선의 저감 대책

철근콘크리트 구조물에 방사선 투과 시험을 하는 경우 구조물의 특성상 비교적 많은 산란선이 발생하게 되는데, 감광필름을 사용하여 투과사진을 촬영한 경우 그 사진농도는 투과X선에 의한 농도와 산란선에 의한 농도의 합이 되므로 일정한 사진농도에서는 산란선이 증가되면 산란선에 의한 농도가 증가되는 반면 그 만큼 투과선에 의한 농도는 감소된다.

그러므로 투과선에 의한 농도에 따라서만 투과상이 형성되므로 명료한 투과상을 얻기 위해서는 산란선을 저감시키는 대책을 강구하여야 한다.

과거에는 판두께가 300㎜를 초과하면 투과 시험이 불가능하였던 것도 이러한 산란선의 영향이었으며, 산란선의 저감대책 기술이 그만큼 불충분하였기 때문이다. 그러나 현재에는 다음의 그림과 같은 산란선 저감법 등이 개발되어 단독 혹은 병용하는데 따라 좋은 효과를 얻고 있다.

① 조리개를 사용하여 조사 범위를 제안하는 방법: 그림(a)
② 흡수판을 사용하는 방법: 그림(b)
③ 그리드를 사용하는 방법: 그림(c)

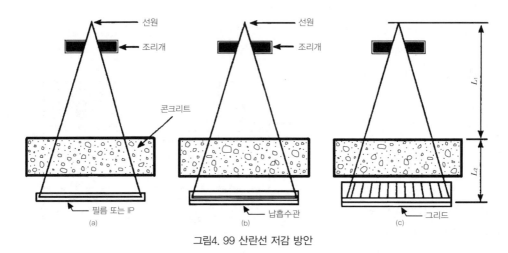

그림4. 99 산란선 저감 방안

2) 확대율

투과상의 확대율은 전절의 상기 그림을 참조하여 다음 식으로 정의된다.

$$M = \frac{L_1 + L_2}{L_1}$$

여기에서, M: 확대율,
L₁: 선원에서 콘크리트의 선원측 표면까지의 거리,
L₂: 선원측 콘크리트 표면에서 감광 재료까지의 거리.

일반적으로 콘크리트는 판두께가 크기 때문에 확대율을 낮게 하려고 한다면 선원과 감광재료 사이의 거리를 크게 잡지 않으면 안 된다. 그 결과, 방사선의 조사 시간이 길어져서 현장의 공간적 여건 혹은 시험의 경제적 측면에서 검사가 이루어지지 못하는 경우가 있을 수 있다. 이 확대율이 얼마까지 허용되는가는 해당 시험의 목적과 요구되는 정밀도에 의한다.
철근의 직경 또는 피복 두께를 구하는 경우에는 선원치수 2.5㎜이내의 현행 X선 장치 또는 γ선 장치를 사용하여 확대율이 1~1.7까지 크게 하더라도 좋은 정밀도로 측정된다.

3) 투과 사진 농도

방사선 시험에서 투과 사진의 사진 농도는 산란선에 의한 농도를 제한하지 않으면 만족할 만한 사진 농도를 얻지 못한다. 그렇기 때문에 산란선에 의한 농도를 낮게 할 수 있다면 관찰 조건에서 농도 3~3.5 이하인 경우 사진 농도가 높을수록 시험대상물이 명료하게 촬영된다.

중요한 것은 시험대상물과 주변부에 대한 사진 농도의 차이이며, 따라서 요구되는 시험대상

물과 시험 정밀도에 따라 그에 필요한 사진 농도가 정해진다. 예를 들면 철근의 배근 상태를 시험하고자 하는 경우에는 사진 농도는 0.5 혹은 그 이하에서도 목적이 달성되지만, 그러나 부식 상태를 시험하는 경우에는 사진 농도는 1.5 또는 그 이상 되어야만 만족한 투과 사진의 농도가 될 수 있다.

사진 농도를 측정하는 경우에 발생되는 장해 요소는 산재하는 조골재에 의한 농도의 국부적 변화이다. 이 때문에 콘크리트의 사진 농도는 대상 부위를 포함한 주변을 여러 개소 측정하여 그 평균치로 표시하여야 한다. 이러한 사진 농도의 국부적 변화는 배관 파이프 내의 부식, 시스관 내의 그라우트의 충전 상태 등, 부분적인 농도차에 의해 검출되는 경우에는 그들의 판독 및 최종적 판단에 영향을 줄 우려가 있으므로 세심한 주의가 필요하다.

4.3.12.4. 장치와 기구

(1) X선 장치

X선 장치에는 소위 X선관을 사용한 낮은 에너지장치와 입자가속관을 사용한 높은 에너지장치가 있다.

낮은 에너지 X선 장치는 X선관과 고전압 발생장치로 구성되어 있다. 또 X선관과 고전압발생기를 일체로 짜 넣어 휴대성을 높인 휴대형 X선 장치와 X선관과 고전압 발생장치를 분리하여 X선의 출력을 높인 가반형 X선 장치로 대별된다. 전자의 X선 장치는 소형 경량으로 300kV 수준까지 제품화되었으며 현장에서 많이 이용된다. 대표적인 장치를 아래의 그림에 표시한다. 가반형 X선 장치에도 X선관을 사용하는 것이 한계가 되며, 그 최고 과전압은 400kV 정도이다.

높은 에너지 X선 장치는 X선관 대신 입자가속관을 사용한다. 입자가속관으로는 몇 가지의 타입이 있으나 현재는 거의 직선입자가속관이 사용된다. 비파괴 시험에 일반적으로 사용되는 장치의 에너지는 낮은 에너지 X선 장치의 약10~100배로 수 MeV에서 십수MeV이다.

사진4. 35 X선 장치의 종류

사진4. 36 X선 장치

(2) γ선 장치

γ선 장치는 γ선을 방사하는 RI와 이것을 수납하는 용기 및 RI선원의 위치를 제어하는 조작 장치로 구성된다. X선 장치와 같이 전원을 필요로 하지 않고, 에너지적으로도 적당하고 비교적 소형 경량인 점등에서 현장에서 흔히 사용된다.

γ선의 조사 방식으로서 콜리메타까지 RI선원을 이송하여 1방향만 조사하는 단일방향 조사 방식이나, 콜리메타 밖으로 RI선원을 내서 2π방향 또는 4π와 같은 모든 방향으로 조사하는 전방향 조사 방식이 있다.

일반적으로 콘크리트 구조물의 시험인 경우는 단일방향 조사 방식이다.

선원용기는 RI의 저장용기 및 수송용기를 겸하기 때문에 차폐능력이 충분한 두께의 납과 텅스텐합금 등으로 제조되는 것이 많다. 용기 내에 격납된 RI에서의 선원 이송구에 대한 방사선의 차폐는 샤터로 실시하는 방식과 미로로 실시하는 방식이 있다.

(3) X선 필름

방사선 투과 시험에 사용되는 X선 필름을 대별하면 금속박증감지용의 필름과 형광증감지용의 필름으로 분류된다. 시험체나 방사선 발생 장치의 능력, 작업 조건 또는 작업 시간에 따라 선정한다. 콘크리트 구조물의 시험의 경우에는 판두께에 대해서 대략 다음을 이용한다.

i) 200㎜미만의 판두께: 금속박증감지용 필름과 금속박증감지의 조합 또는 금속박증감지용 필름과 금속형광증감지의 조합
ii) 200㎜이상의 판두께: 형광증감지용 필름과 금속형광증감지의 조합 또는 형광증감지용 필름과 형광증감지의 조합

필름에는 공업용과 의료용이 있으나 양자 모두 시용된다. 판두께가 크고 긴 조사시간이 예상되는 경우에는 고감도의 의료용 필름과 그 증감지의 조합이 유리하다.

(4) 이미징 플레이트(IP)

이미징 플레이트(imaging plate)는 휘주발광현상을 표시하는 형광체를 대지에 도포한 것으로 필름(film)과 형광증감지의 조합에 비하여 10~100배 고감도이다.

이는 반복 사용되는 이점 이외에도 넓은 노광과 계조라티튜드가 있기 때문에 두께나 재질 등 구체 조건의 불명확한 콘크리트구조물에 대해 노출 조건을 정확히 결정해야 하는 경우에도 충분히 대응할 수 있는 가장 적합한 감광재료이다.

IP에서는 화상판독장치, 처리장치, 기록장치 및 현상장치를 거쳐서 촬영사진이 얻어진다.

4.3.12.5 시험 방법

일반적으로 방사선 투과시험의 촬영은 아래 그림과 같이 대상물의 한쪽 측면으로부터 X선을 조사하고 반대측에 X선용 필름 또는 형광물질을 도포한 형광판을 배치하여 시행한다.

직접촬영법과 같이 X선용 필름을 사용하는 경우에는 투과한 X선으로 직접 필름을 감광시켜 투과사진을 촬영하지만, 간접촬영법처럼 형광판을 사용하는 경우에는 형광판에 사출된 상을 카메라 촬영한다.

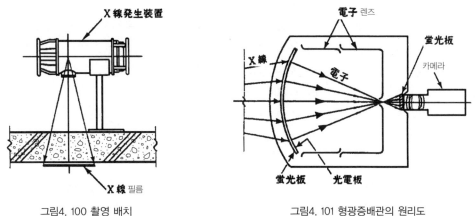

그림4. 100 촬영 배치   그림4. 101 형광증배관의 원리도

공업 분야에서는 통상 형광판만으로는 광량이 작기 때문에 상기 그림과 같이 형광증배관을 통해서 광량을 증폭해서 텔레비전 화상으로 관찰하는 투과법을 주로 사용한다.

이때 화상을 기록으로 남기고 싶은 경우에는 비디오 녹화, 또는 텔레비전 화상을 사진 촬영한다. 콘크리트 촬영의 경우에는 간접촬영법은 광량이 부족하고 또한 투시법은 장치가 크게 되며, X선 발생장치와 수상장치의 움직임을 정지시켜야만 하는 곤란 때문에 실제로 이용되는 일은 적으므로 주로 투과촬영법을 시행한다.

(1) 투과 사진

필름상에 상을 사출하여 사진으로 생성하는 작용을 하는 것은 투과선 또는 1차선이라 불리는 물체 내의 전자와 작용하지 않는 X선만이고, 이 투과선에 의해 선원과 필름 사이에 있는 물체가 확대된 투영상으로 필름상에 사출하게 된다. 전자와 작용한 X선은 산란선이라 하며, 그 일부도 투과해서 필름상에 도달하지만 상을 형성하는 작용은 없고, 오히려 사진의 콘트라스트(contrast)를 저하시킨다.

(2) 공동의 검사 방법

콘크리트의 생성 과정에서 발생되는 공동 현상은 구조체의 품질 및 내력을 저하시키는 주요 요인이 된다. 방사선 투과시험을 이용하여 콘크리트 내에 내재하는 공동의 탐사는 포지화상의 투과 사진에서 정상부분에 비해 보다 흰색상으로 사출되는 것에 의해 확인 된다.

투과 사진은 확대된 투영상으로서 사출되기 때문에 사진상의 상은 실제보다는 다소 크게 나타나며, 선원을 지나는 수직선상에 내재하지 않는 한 보다 벗어나게 되지만 실용상 공동의 평면상 넓이 및 위치는 사진만으로 판단할 수 있다. 그러나 두께 방향의 넓이 및 위치는 사진을 보는 것만으로는 판단할 수 없는 것이 일반적이다.

X선에 의한 공동조사는 콘크리트 타설 공사 중에 품질관리를 목적으로 시행되기도 하며, 내부의 공동을 탐사할 목적으로 실시되는 일은 그다지 많지 않고 단지 콘크리트 표면에 골재노출 등의 이상부가 검출된 경우에 시행되는 경우가 많다. 이 경우 이상부가 표면에서뿐인지 아니면 내부까지 들어가 있는지를 확인하는 일이 주된 목적이 된다.
이는 촬영된 투과 사진 상의 상과 표면에 나타나 있는 이상부의 형상을 비교해서 그 이상부의 넓이를 확인하고 상의 농도에서 깊이를 추정한다.

또한 필요에 의해 선원을 피사체면에 평행 이동시켜 촬영된 2매의 투과 사진 상의 엇갈림 량을 측정해서 깊이 방향의 위치를 추정한다.
공동부는 산란선의 영향으로 그 윤곽이 불명료하게 되는 경우가 많기 때문에 200mm를 넘는 두께의 콘크리트인 경우에는 납과 동의 필타 또는 X선 그릿을 사용하더라도 본래의 효과가 충분히 얻어지지 않을 우려가 있다.

(3) 철근의 위치 측정

기존 시설물의 안정성을 판단하기 위한 정밀진단 수행 시 구조체의 내력 정도를 파악하는 가장 중요한 요소는 철근의 배근 상태이다. 이를 검사하기 위해 비파괴 검사를 통하여 철근에 대한 검사의 대상은 콘크리트 부재의 두께, 철근 피복 두께, 배근 간격 및 철근의 직경 등이다.

이때, 방사선 투과 시험을 이용하여 철근의 배근 간격 및 직경의 상태 검사를 목적으로 하는 경우, 촬영 배치와 사진의 관계는 다음의 그림과 같이 촬영 배치의 기하학적 관계로부터 확대되어 사출되고, 간단히 촬영된 투과 사진으로부터 배근 간격과 철근의 직경 또는 종별을 어느 정도 추정할 수는 있으나 콘크리트 부재의 두께와 철근의 피복두께에 대한 정보는 전혀 얻을 수 없다.

그래서 컴퓨터를 사용하여 촬영시뮬레이션을 실시하여 부재의 두께 및 철근 등의 매설물 위치를 다음의 그림들과 같이 기하학적인 방법으로 측정한다.

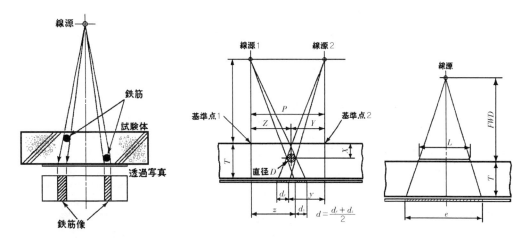

그림4. 102 철근위치와 철근상 관계 | 그림4. 103 철근배치와 철근의 기학학적 관계 | 그림4. 104 구조체 두께 측정 방법

즉, 상기 그림에서 선원 1의 위치에서 촬영한 후 선원을 피사체 표면과 평행으로 P만큼 이동하여 동일 철근을 촬영하면 그림에 나타낸 바와 같은 기하학적 관계를 얻을 수 있으며, 또 부재의 두께는 상기 그림과 같이 길이를 알고 있는 납과 텅스텐 등의 게이지(선 또는 2개의 점)를 선원측의 콘크리트 표면에 배치하여 촬영함으로써 구할 수 있다.

상기 그림들의 기하학적 관계로부터 아래의 식을 얻을 수 있다.

$$= \frac{FWD + T}{d} FWD$$

$$Y = (y + \frac{d}{2})(\frac{FWD + X}{FWD + T})$$

여기서, P: 선원 간격   FWD: 선원구조체 면간거리

     L: 두께측정용 게이지 길이   d: 철근상의 직경

     X: 구조체표면으로부터 철근중심까지의 깊이   D: 철근의 직경

     e: 두께 측정용 게이지상의 길이   T: 구조부재의 두께

     Y, Z: 기준점상으로부터 철근상까지의 거리

상기의 식에서 X, Y, Z 및 T를 구하면 철근의 피복 두께, 배근 간격 및 구조부재의 두께를 구할 수 있다. 그러나 상기의 식만으로는 철근 직경 D가 미지수이기 때문에 X, Y 및 Z가 구해지지 않는다.

철근 직경 D는 다음 그림4.105에서와 같이 아래식의 범위의 값을 취한다.

$$in < D < d$$

여기서 D_{min}은 다음의 식에서 계산된다.

$$D_{min} = d \frac{FWD}{FWD + T}$$

지금 D_n을 상기 식에 나타난 범위의 값으로 하고 대입해서 구해진 X값을 X_n, 이 X_n을 상기전식에 대입해서 구해진 Y 및 Z의 값을 각각 Y_n 및 Z_n으로 한다.

여기서 $Y_n + Z_n = Q_n$ (n=1,2,3 ——— K)로 하고 이 Q_n과 선원 피치와의 차의 절대값을 R_n이라 한다.

$R_n = |\ P-Q_n\ |$ (n=1,2,3 ——— K)

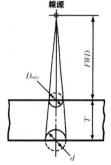

그림4. 105 철근경의 범위

여기서 D_n을 D_{min}으로부터 d까지의 범위에서 적당한 피치로 변화시켜, 각각의 $D_1(=D_{min})$, D_2, D_3 ——— $D_k(=d)$에 대한 R_1, R_2, R_3 ——— R_k를 구해 $R_n≒0$때의 D_n이 실제 철근경 D이고 이 D를 대입하여 얻어진 X, Y 및 Z에 의해 철근의 위치가 구해진다.

일반적으로 조사할 콘크리트 구조체의 표면은 금속면과 같이 평활하지 않고, 이형철근 등의 경우에는 조사 각도에 따라 상의 형상이 다를 수 있어 촬영상 및 해석상의 오차등도 고려하여 실제 해석에서는 $R_n≒0$에 한정하지 말고 임계값을 만들어 R_n이 임계값 이하로 될 때에 가정된 D 및 이들 D를 대입해서 얻어진 X, Y, Z의 평균치에 의해 철근직경 및 위치를 결정하고 있다.

이들의 시뮬레이션은 컴퓨터에 의해 철근 하나하나에 대해서 행해지지만, 해석 정도를 높게 하기 위한 다양한 보정을 적용하여야 할 필요가 있어 실제의 해석 프로그램은 보다 복잡하다.
이 방법에 의한 해석 결과의 측정오차율을 계산으로 구하는 것은 X선 및 필름의 물리적 성질이 복잡하기 때문에 곤란하다.

콘크리트 구조물의 경우 통상의 표면 상태라도 수 ㎜정도의 굴곡은 존재하기 때문에 실측에서도 개소에 따라서는 수 ㎜의 차가 생기게 되고, 해석상 수 ㎜의 오차는 오차로서의 의미를 갖지 않는다.

피복 두께 및 철근 피치(pitch)는 콘크리트 부재의 두께가 커짐에 따라 시험 오차도 커지게 된다. 이것은 콘크리트 두께가 두껍게 되면 투과 사진의 재질이 나빠져서 철근의 윤곽이 불명료하게 되기 때문에 사진 상에서의 치수 측정 오차가 크게 되는 것에 기인된다. 이에 대해 콘크리트 두께의 측정 오차가 콘크리트 두께에 관계없이 거의 일정한 것은 두께 측정을 위한 치수 측정이 점(또는 선) 사이에서 행하여지기 때문이고, 해석 과정에서의 오차 요인도 작기 때문이다.

4.3.13. 코어(Core) 강도 시험

4.3.13.1. 개요

기존 철근콘크리트 구조물에 대한 안정성 또는 잔여수명 등을 판단하기 위하여 시행하는 각종 검사 항목 중에서 재료의 물성과 아울러 콘크리트의 강도 검사는 가장 기본적인 항목이다. 이를 위해 각종 비파괴 검사가 적용되고 있으나 비파괴 검사는 한계가 있으므로 일종의 파괴 검사를 통하여 참값에 좀 더 근접한 자료를 획득하고자 기존 콘크리트 구조물로부터 코어드릴링(core drilling)에 의해 취득한 코어시험체를 압축강도기의 가력에 의해 파괴시켜 얻은 파괴 강도값을 각종 보정을 거친 후 콘크리트의 강도로 추정하는 방법이다.

이는 콘크리트 시험체를 직접 파괴시킴으로써 얻는 결과이므로 어떠한 종류의 비파괴검사 결과치보다는 더욱 신뢰성을 두고 있으며, 이를 반파괴 검사라고도 칭하여 일종의 건축물에 대한 조직 검사라 할 수 있다.

또한, 파괴 검사 이후에 생긴 콘크리트의 파쇄물로부터 함수율측정, 중성화 심도측정 및 염분측정검사 등의 시료로 사용하기도 한다.

4.3.13.2. 원리 및 시험 장치

코어 강도 시험은 여타 비파괴 검사에 대응하는 반파괴 검사로서 콘크리트의 강도를 추정하는 가장 적극적이며 신뢰성이 가장 높은 방법이다.

(1) 시험체의 규격

신규 공사 시의 콘크리트 타설시 채취하는 공시체는 원통형 또는 사각형으로서 여러 가지 규격으로 할 수 있으나 기존 콘크리트 구조물로부터 채취되는 코어(core) 시험체의 표준규격은 기존 구조물의 손상을 최소화 하기 위하여 직경 Ø100㎜ 및 높이 200㎜를 표준규격으로 한다.

(2) 시료 채취

일반적으로 시료 채취는 직경 Ø100mm의 다이아몬드 절삭날을 코어드릴 전동공구에 장착한 후 채취 코자 하는 콘크리트 부재에 정착하여 강력 회전시킴으로써 절삭에 의해

사진4. 37 옹벽 및 바닥의 코어드릴링

규격의 시험체를 취득하게 된다.

(3) 캡핑(Capping)

표준규격의 코어 시험체를 기존 콘크리트 부재로부터 채취하게 되면 등분포의 힘으로 가력하게 되는 상하부의 면이 평활치 못하고 콘크리트 원래의 자연 표면대로 채취하게 된다. 이를 그대로 가력하게 되는 경우 작용하는 힘의 응력이 균일하게 가해지지 않고 돌출부에 집중응력을 받게 되어 올바른 값을 취득할 수 없다. 그러므로 작용하는 힘의 응력이 균일하게 작용할 수 있도록 시험체의 상하부면을 컷팅(cutting) 및 그라인딩(grinding)한 후 배합비 1:1의 시멘트페이스트(cement paste)를 얇게 도포하여 가공하게 되는데 이를 캡핑이라 한다.

(4) 파괴 시험

시험체의 캡핑(capping)작업이 완료되면 압축강도기에 시험체를 장착하고 가력하게 된다. 이때 가력은 서서히 이루어져야 한다. 압축응력을 받던 시험체는 한계에 다다르게 되면 압축파괴되는데 이때의 가력 정도를 게이지 또는 기기의 수치상으로 측정한 후 그 값에 시험체의 단면적인 78.5㎠ 로 나누면 단위㎠당의 압축강도를 취득하게 된다. 이때 시험은 3개의 시험체에 대한 평균값을 택한다.

(5) 시험기기

압축강도 측정기는 가력 용량별로 구분되며, 게이지(gauge)의 눈금으로 판독하는 기본기기와 디지털상의 수치를 판독하는 기기 등이 있다.

사진4. 38 압축강도 시험기

4.3.13.3. 보정 인자

코어 시험체의 강도는 그 형태, 비례, 크기에 따라 달라질 수 있으며, 응결 중에 방해를 받은 시험체이거나, 양생의 부실, 충분히 굳기 전의 동해, 코어 채취 과정에서의 미세한 손상, 단순한 파괴 시험 결과 등에 따라 오류가 있을 수 있다.

그러나 우리가 알고자 하는 콘크리트의 강도는 기존 구조체의 실제 자연 상태에 대한 조건이므로 강도 추정에 오류를 일으킬 수 있는 이러한 요인들에 대해 적절한 보정을 한다.

(1) 높이 보정

코어 시험체의 표준 규격은 직경∅100㎜ 및 높이 200㎜로서 직경 D와 높이 H의 비율을 1:2로 하고 있다. 그러나 실제 구조물에서 채취하는 코어 시험체는 채취 위치에 따라 높이가 다를 수 있다. 코어 시험체의 높이가 표준 규격인 200㎜보다 클 경우에는 절단하여 사용할 수 있으나 두께 200㎜보다 작은 슬래브에서 채취한 경우에는 표준보다 작은 시험체를 채취하게 되

표4. 64 코어시험체의 높이 보정

H/D	JIS	BS	ASTM
2.00	1.0	1.0	1.0
1.75	0.98	0.97	0.98
1.50	0.96	0.95	0.96
1.25	0.93	0.92	0.94
1.10	–	0.90	0.90
1.00	0.89	0.89	0.8

므로 채취 높이의 비율에 따라 보정해 주어야 하며, 이를 높이 보정이라 한다.

H/D비가 1보다 작은 코어 시험체인 경우에는 신뢰할 수 없는데 BS 1881:Part 4:1970에서는 그 최소값을 0.95로 규정하고 있다. 아주 낮은 코어 시험체는 접착시켜 사용하기도 하지만 보통 규준에서는 150㎜ 또는 100㎜를 사용하도록 지정하고 있다.

직경∅ 50㎜ 크기의 코어 시험체인 경우에도 스위스에서 성공적으로 시험한 사례가 있으며, 이는 스위스나 독일 규준에서 찾아볼 수 있다. 같은 H/D비를 갖는 50㎜ 코어는 표준 규격인 200㎜ 규격보다 10% 높은 강도를 갖는다. 아주 작은 코어는 큰 것보다 더 많은 변수를 갖게 되므로 가급적 피하는 것이 좋지만 부득이한 경우에는 표준인 경우보다 3배수의 코어 갯수를 시험하는 것이 적절하다.

표준 시험체가 큐브(cube)이면 L/D비가 1인 코어를 사용하는 것이 유리하다. 왜냐하면 이런 실린더는 큐브와 거의 같은 강도를 갖기 때문이다. 그러나 그 비가 1과 2 사이인 경우에는 원통형 시험체인 경우와 마찬가지로 보정해야 할 필요가 있다.

(2) 골재치수 보정

콘크리트 제조에 사용된 골재의 최대치수와 코어의 직경 크기와의 상관관계를 의미한다. 일반적으로 코어 시험체의 지름이 골재 최대치수의 3배 이하이면 더 많은 개수의 코어를 시험해야 한다. Jaegermann과 Bentur는 골재 최대 치수가 20㎜일 때, 50㎜ 크기의 코어는 100㎜ 크기의 코어보다 10% 낮은 강도를 나타낸다고 하였다.

(3) 습윤 보정

코어 시험체는 담수하였다가 캡핑 후, 영국 기준 BS 1881:Part 4:1970 또는 ASTM S C42-77에 따라 습윤 상태에서 가력하여 압축시험 한다. 그러나 ACI에서는 실제 구조물의 실용 상태에 따라 건조 혹은 습윤 상태에서 시험할 것을 권장한다. 일본에서는 건조 상태에서 시험하면 습윤 상태에서 시험한 것보다 약 10% 가량 높은 강도를 보인다고 주장하고 있다.

(4) 진동 보정

코어의 강도는 일반적으로 공시체인 표준실린더보다 낮은 강도를 나타내는데 드릴링 작업의 영향이나 현장 양생 때문으로, 표준 시험체에서 실시하는 양생보다 불리한 상태에 있기 때문에 이런 현상이 나타난다. 특히 코어 드릴링(core drilling) 작업 시에 작은 시험체에 가해지는 진동에 의한 시험체의 손상 정도는 강도 추정에 보정을 필요로 하는 요인이 된다. 강도가 큰 콘크리트일수록 그 영향은 커지며 Malhotra는 400kg/㎠ 강도의 콘크리트에서 15%까지 강도가 감소된다고 주장하였으며, 콘크리트 협회(The concrete Society)는 5~7% 감소를 적절한 것으로 보고 있다.

(5) 철근 보정

코어 시험체를 가로지르는 철근이 존재하면 강도에 영향이 있으리라 예측된다. 응력의 전달은 매체의 강성과 비례하므로 시험체 내에 존재하는 철근은 콘크리트보다 응력의 전달이 빠르게 되므로 시험체에 가력시 응력의 전달이 철근하부에 먼저 도달함으로써 코어 강도에 영향을 미치게 된다. Malhotra의 논문에 있어서는 아무런 영향도 없다는 두 개의 결과와 철근이 없는 코어에 비해 8~13%의 강도 감소를 보인다는 한 개의 연구결과를 보고하고 있다. 콘크리트 협회(The concrete Society)는 콘크리트의 강도 감소는 철근의 위치와도 관계있는 것으로 발표하였다. 즉 철근 위치가 코어의 단부에서 멀어질수록 영향은 커진다. 이 때문에 가로지른 철근은 5~10%의 강도 감소를 가져오는 것으로 가정하는 것이 합리적이다.

(6) 재령 보정

구조물의 정확한 양생이력을 알아내기란 매우 어렵기 때문에 코어 시험체의 강도에 대해 양생이 미치는 영향은 불확실하다. 권장 규준에 따라 양생한 구조물에 대하여 Petersons는 동일한 재령인 경우 코어 시험체 강도와 콘크리트 타설시 채취한 공시체 강도의 비는 언제나 1 이하이며 공시체 강도가 증가할수록 그 정도는 심화된다고 주장하였다. 이 비율의 대략적인 값은 실린더 강도가 200kg/㎠일 때 1 이하, 600kg/㎠일 때 0.7을 쓴다.

수개월 된 콘크리트에서 채취한 코어는 28일 재령에서 보다 높은 강도를 갖는다고 주장하기도 하나, 현장 콘크리트는 28일 후 강도 증가가 거의 없다는 증거도 있다. 그렇기 때문에 영국의 콘크리트 협회에서는 코어의 강도 해석 시 재령을 따로 고려하지 않는다. Petersons는 일반 조건에서 재령의 영향으로 28일 강도에 대한 증가 정도가 3개월에서 10%, 6개월 재령에서 15%가 증가된다고 주장하고 있다. 그러나 한편으로는 절대적인 습윤 양생이 있을 수 없으므로 강도의 증가는 없는 것으로 한다.

(7) 채취 위치 보정

기존 구조물에서 코어 시험체의 채취 위치는 강도 추정에 영향을 끼친다. 코어(core)는 일반적으로 구조물의 최상단에서 가장 낮은 강도를 갖는데, 이는 기둥, 벽, 보, 슬래브까지 확대시킬 수 있다. 최상단에서 밑으로 깊이가 깊어질수록 코어의 강도는 증가하지만 300㎜ 이상의 두께에서는 더 이상의 증가가 없다. 그 차이는 10% 심지어 20%까지 될 수 있다. 슬래브의 경우 양생 상태가 나쁘면 이 차이는 더욱 커진다. 인장강도와 압축강도에 모두 같은 정도로 영향을 준다.

(8) 수평 채취 보정

코어 시험체를 슬래브(slab)에서 코어드릴링 수직 방향으로 채취한 경우와 옹벽과 같이 코어 드릴링 수평 방향으로 채취한 경우의 사이에는 강도의 차이가 나타난다. 이는 채취 과정에서 드릴링(drilling) 장치기구가 시험체에 영향을 주기 때문인데, 시험체에 수평으로 채취하면 전형적으로 8% 가량 강도가 감소한다.

(9) 기타

일반적으로 코어(core)의 강도는 공시체에 의한 표준 시험체 강도의 70~85%를 넘지 못한다. ACI에 의하면 코어의 평균 강도가 공칭 강도의 85% 이상이고, 75% 이하인 강도가 한 개도 없을 경우에 그 콘크리트는 적합한 것으로 본다. ACI에 따라 코어를 건조 상태에서 시험하면, ASTM이나 BS에 따라 시험한 경우보다 높은 강도를 나타내므로 결국 위의 필요조건들에 구애받지 않는다.

또 다른 나라에서는 코어 강도는, 표준 시험체 강도의 일정 한도를 넘지 않는 것으로 본다. 즉 독일에서는 85%, 덴마크에서는 90%, 노르웨이에서는 70%로 규정하고 있다. 그러므로 코어 시험체에 의한 강도 시험 결과는 그 차체가 이미 합리적인 평가 기준이기 때문에 코어 강도를 공시체의 실린더 강도로 무조건 환산하지 않는다.

사진4. 39 슬래브에서의 코어 채취 모습 　　　사진4. 40 채취된 코어 시료

4.4. 화학반응 검사

4.4.1. 중성화 검사

4.4.1.1. 개요
콘크리트의 중성화는 부동태피막의 파괴에 따른 콘크리트 내부 철근의 부식에 크게 영향을 끼친다는 점에서 철근의 단면감소에 따른 구조체의 내력상 매우 중요한 반응이므로 콘크리트의 중성화검사와 아울러 검사 부위의 철근 부식 상황도 함께 검사하여 분석하는 것이 바람직하다.

중성화는 이산화탄소 또는 액상 속에 녹은 탄산이온으로 수화물이 탄산화를 받아 그 조직이 변화 또는 분해하는 반응인데 그 반응으로 알칼리농도(Ph)가 저하하여 중성으로 변화하므로 이를 중성화라고 한다.

4.4.1.2. 중성화 검사 항목
대기 중의 콘크리트 중성화 속도는 대기 중의 탄산가스(CO_2) 농도, 온도, 콘크리트부재의 마감재 등의 환경조건 및 시멘트의 종류, 배합 조건, 함수율, 다짐 정도 등 콘크리트 자체의 성능 및 품질 등의 요인들에 의해 복잡한 영향을 받으므로 중성화 검사의 위치 선정은 이러한 여러 가지 요인들을 고려하여야 한다.

중성화 검사의 주된 조사 항목은 다음과 같다.
① 측정 대상 구조물 및 측정 위치의 환경 조건
② 부재 마감재의 종류와 두께
③ 측정 부위 콘크리트의 상태 및 기타 사항
④ 콘크리트의 중성화 깊이
⑤ 철근의 피복 두께, 종류, 직경, 방향 및 부식 정도

표4. 65 중성화 검사 위치 선정시 고려해야 할 인자

구분	위치	인자
일반부분	부위	옥내·옥외, 방향, 풍향, 해측, 육측, 직접 우수가 닿음, 닿지 않음
	부재	기둥, 보, 벽, 마루, 채양, 기초 등
	마감재	종류, 시방, 시공시기 등
	콘크리트	골재의 종류(자연골재, 쇄석골재, 경량골재) 물시멘트비(배합강도), 시공시기 및 기간(하기, 동기)
결함 부분		균열부, 이어치기부, Cold Joint부, 곰보 발생부, 철근의 발청에 의한 균열, 박리 등이 인정되는 부위

4.4.1.3. 중성화 깊이의 측정 방법

중성화 검사란 콘크리트 표면으로부터 얼마만큼의 깊이로 중성화가 진행되어 있으며, 아울러 잔여 알칼리 성분의 정도 등을 검사하는 화학반응검사의 일종으로서 페놀프탈레인 1% 용액(100cc 용액인 경우, 95%에탄올 90cc+페놀프탈레인 분말 1g+증류수)을 검사시약으로 사용한다.

페놀프탈레인이란 약품은 pH-9 이상의 알칼리성분과 만나면 진홍색의 색상을 띄게 되므로 시약을 콘크리트 내부에 분사시켜보면, 중성화가 이루어져 알칼리 성분을 상실한 부위에서는 무색 반응을 일으키므로 중성화 진행 정도를 파악할 수 있다. 콘크리트 내부에 시약을 분사시키는 방법으로서 콘크리트의 절취면, 코어(core)의 할열면 등에 분사하는 것이 가장

사진4. 41 중성화에 의한 박락

정확한 검사이나, 기존 구조체에 손상을 주지 않고 검사하는 방법으로는 드릴링(drilling)에 의해 토출되는 콘크리트 분말가루에 분사시켜 진홍 색상으로 변색 시점의 드릴링 깊이를 측정하는 방법이 현장에서는 많이 쓰인다.

기존 콘크리트 부재의 중성화된 깊이를 측정하고자 하는 중성화 심도 조사는 측정면의 바탕 처리 방법과 시약의 분사 시기 및 조건에 따라 크게 영향을 받으므로 아래와 같이 측정면의 조건에 따라 시약의 분사 시기 및 측정 시기를 선정할 필요가 있다.

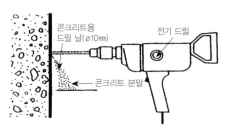

그림4. 106 드릴링에 의한 중성화검사

표4. 66 중성화 시험 요령

case	측정면	청소방법 전처리법	시약의 분무 시기	중성화 깊이의 측정 시기 (분무후의 경과시간)
I-1	까냄 V커트면	blow 불기	직후	직후
I-2			3~6시간후	1~10분 후
I-3			1~7일후	1분~2일 후
II-1	코어 균열면	blow불기 후 물축임	직후~1일후	직후
II-2			2~4일후	직후~2일 후
II-3			5~7일후	직후
III-1	채취한 코어표면· 콘크리트커터 절단면	물씻기 후 표면 건조	1일후	10분~2일 후
IV-2	수중양생 후의 할열면	blow 불기	직후~1일후	직후
V-3	수중양생후의 콘크리트커터 절단면	물씻기 후 표면건조 분무전 물축임	1일후	10분~2일 후

드릴법에 의한 시료	코어에 의한 시료	측정 개소 수
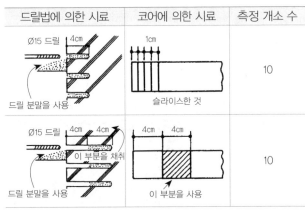		10
		10

그림4. 107 중성화 검시법

사진4. 42 코어 중성화 시험체

콘크리트를 절취하여 행하는 경우, 코어 채취 시험체로 시행하는 경우, 드릴링에 의해 토출되는 콘크리트 분말가루를 이용하여 시행하는 경우의 중성화 검사 순서는 아래와 같다.

(1) 콘크리트를 절취한 경우

1) 조사하고자 하는 부위의 환경조건, 부재명, 위치를 기록한다.

2) 조사 부위 절단면의 표면 상태를 사진촬영하고 기록에 남긴다.

3) 마감재가 있는 경우는 10×10㎝ 정도의 크기로 잘라내고 마감재의 종류, 두께, 열화 등의 상황 및 콘크리트의 표면 상황을 사진촬영하고 기록한다.

4) 콘크리트를 5~10㎝ 정도 취핑(chipping)으로 까내어, 내부 철근의 뒷측 길이가 약 3㎝ 이상 관찰될 수 있도록 한다.

5) 절취한 표면의 콘크리트 분말을 블로어, 에어건 등을 이용하여 완전히 제거한다.

6) 철근표면을 육안 관찰하여 철근 1본마다 아래의 표와 같은 grading으로 분류한다.

7) 철근의 종류, 굵기, 피복 두께, 방향을 측정·기록한다.

8) 중성화 깊이 측정용 시약을 스프레이 등을 이용하여 절취면에 분사한다.

9) 콘크리트 표면에서 비발색부기점까지의 거리를 깊이계, 캘리퍼스, 스케일 등으로 측정한다. 표본 조사개수를 측정하고 그 평균치를 ㎜단위로 중성화 깊이로 한다.

표4. 67 철근 부식 과정의 grading의 녹평점

등급	녹평점	철근의 상태
I	0	흑피 상태, 또는 녹이 있지만 전체적으로 얇고 치밀하며, 콘크리트면에 녹이 부착되어 있지 않은 상태.
II	1	부분적으로 들뜬 녹이며 적은 면적에 반점상이다.
III	3	단면결손은 눈으로 관찰 또는 인정되지 않지만, 철근의 주근 또는 전장에 걸쳐 들뜬 녹이 있다.
IV	6	단면결손이 일어나고 있다.

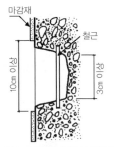

그림4. 108 콘크리트 절취모습

(2) 코어 시험체에 의한 경우

코어 시험체의 채취는 JCI-DDI 콘크리트 구조물에서 코어 채취 방법(안)에 따라 행하는 것이 바람직하며, 진동으로 인한 손상이 최소화 할 수 있도록 하여야 한다. 채취한 코어 시험체의 변색, 균열의 유무, 골재의 종류, 시멘트경화체 조직의 변질과 기포의 유무, 골재로서 석회암의 사용유무에 관해서 조사하고, 그 결과를 기록한다.

사진4. 43 중성화검사 시료

코어(core)시험체에 의한 중성화 검사의 순서는 다음과 같다.

1) 조사 위치의 환경조건, 부재명, 위치를 기록한다.
2) 코어를 채취하기 전에 조사 부위의 표면 상태를 사진촬영하고 기록한다.
3) 경우에 따라서는 콘크리트 절단기를 이용해서 콘크리트 블록을 채취한다.
4) Ø100mm 코어비트가 장착된 코어드릴링 기기를 이용하여 코어시험체를 채취한다.
5) 시험체의 콘크리트 분진을 깨끗이 제거하고 시료 측정번호 및 방향을 기록한다.
6) 할렬면에 부착된 콘크리트를 완전히 제거한다.
7) 중성화 깊이를 측정하는 시약을 스프레이 등을 이용하여 절단면에 분무한다.
8) 중성화 깊이는 발색부와 비발색부의 경계선까지를 중성화깊이로 한다. 최저 3개소 정도의 중성화 깊이를 구하여 그 평균치를 구한다.

(3) 드릴링(drilling)에 의한 경우
1) 조사 위치의 환경조건, 부재명, 위치를 기록한다.
2) 드릴링 전에 조사 부위의 표면 마감 종류 및 깊이를 측정하고 기록한다.
3) 해머드릴 전동공구를 이용하여 조사 부위에 드릴링하며 토출되는 콘크리트 분말가루에 중성화검사 시약을 분사한다.
4) 초기엔 비발색 분말가루만 토출되다가 어느 깊이부터 발색 분말가루가 생기는데, 이때 드릴링을 멈추고 드릴링 깊이를 측정하면 이 수치가 중성화 깊이가 된다.

사진4. 44 드릴링 후 중성화 깊이 측정

4.4.1.4. 측정 결과의 평가 방법

(1) 피복 두께와 대비 평가

철근의 부식은 옥외에서 콘크리트의 탄산화가 철근 위치에 달했을 때, 실내에서는 탄산화가 철근의 피복 두께보다 20mm 안쪽에 달했을 때에 시작된다고 하는 연구보고가 있다. 각 조건마다에 중성화 깊이와 재령의 관계식을 구하여 이를 이용해서 기대 내용연수에 있어서 중성화 깊이를 예측한다. 중성화 깊이(c)와 재령(t)의 관계식에는 $c=A\sqrt{t}$식이 일반적으로 이용된다. 여기서 A는 콘크리트의 품질, 콘크리트의 표면마감재나 환경조건 등에 의해 정해지는 탄산화 속도 정수이다.

(2) 제안식에 의한 대비평가

기존의 많은 제안식 가운데 일본건축학회 건축공사 표준시방서 5 「철근콘크리트공사(JASS5)」에 기재된 식을 다음에 나타낸다.

$$t=0.3(1.15+3W)C^2/R^2(W-0.25) \qquad (W\geq60\%) - ①$$
$$y=7.2C^2/R^2(4.6W-1.76)^2 \qquad (W\leq60\%) - ②$$

W: 물시멘트비 C: 중성화깊이(cm) t: 기간(年) R: 콘크리트의 종류에 의한 정수 상기의 ② 식을 변형하면 다음식과 같다.

$$W=58.3C/\alpha\cdot\sqrt{t}+38.3 \qquad 여기에서 R= \cdot\beta\cdot\alpha\cdot\gamma$$

α: 열화외력의 구분에 의한 계수 β: 마감재의 계수 γ: 시멘트의 계수

(3) 잔존수명 산정 방법

탄산가스(CO_2)에 의한 콘크리트의 중성화 깊이로부터 잔존수명을 추정할 수 있다.

아래 그림은 중성화와 철근 콘크리트의 수명과의 관계를 나타낸 것이다. 여기서 t_1은 중성화가 내부 철근에 도달하는 시점이며 지금까지는 중성화수명설에 의해 철근콘크리트 구조물의 수명을 t_1의 시점으로 판단하여 왔다. 그리고 한편으로는 구조내력 수명설에 의해 부재 내력이 한계에 도달하는 시점인 t_3를 수명으로 보는 설도 있다. 그러나 최근에는 t_1의 시점은 부재 내력상 너무 안전하고 t_3는 너무 위험한 영역에 속한다하여 철근이 부식되어 균열을 발생시키는 시점인 t_2를 철근콘크리트의 수명 산정점으로 정의하고 있다. 즉 잔존내용년수는 t_2에서 t_1을 뺀 값(t_2-t_1)으로 한다.

$\frac{C}{t}$ $(A\geq0.373) \rightarrow t = (\frac{d}{A}) \rightarrow t_2 = t - t_1$	t_1: 경과년수 t_2 : 잔존 수명 t : 내용년수 C : 중성화깊이 d : 피복두께 A: 중성화속도계수

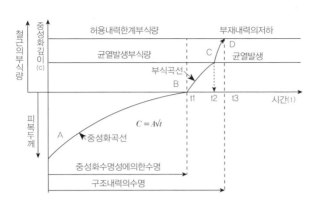
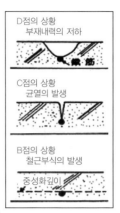

그림4. 109 중성화의 진행과 철근 부식 개념도

(4) 탄산화·염해 및 철근 부식에 의한 수명의 개념

철근콘크리트 구조에서 부재의 내구성이 저하되어 노후 과정의 귀착점은 철근 부식이고, 이 철근 부식 정도에 따라 철근의 단면감소에 의해 내력이 감소되기 마련이며, 이는 곧바로 구조 부재의 내력 감소로 이어져 구조 안정성에 직접적으로 영향을 미치게 된다.

이것은 내구성과 구조안정성의 관계에서 강재의 부식 이외의 내구성능 저하의 현상이 구조안 정성에 직접적인 영향을 끼치지 않는다는 점(중요도=0)을 내포하고 있다.

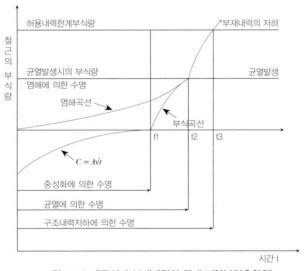

그림4. 110 내구성과 부재내력의 관계도(일본건축학회)

4.4.1.5. 기타 기기분석 조사에 의한 중성화 시험법

(1) 분말X선 회절법

시멘트의 수화생성물에는 수산화칼슘[$Ca(OH)_2$] 및 C-S-H가 주요 생성물이다. 그중에서 수산화칼슘은 결정성물질로서 분말X선 회절시험에 검출된다. 그러나 C-S-H는 일반적으로 비결정질 또는 저결정질로 이루어져 있어서 분말X선 회절법에 의한 검출이 어렵다. 기타 수화 생성물도 결정도가 낮으므로 명료한 회절선을 나타내지 못한다. 콘크리트의 탄산화는 수산화 칼슘 및 C-S-H가 탄산칼슘으로의 변화가 주요한 반응이다.

보통 탄산화생성물인 탄산칼슘($CaCO_3$)은 결정도가 양호한 결정성물질로서 생성되며, 분말 X선 회절법으로 용이하게 검출된다.

실제 구조물에서 코어를 채취하여 시멘트경화체 내부의 탄산화 영역 및 미탄산화 영역의 X선 회절분석결과 타설 후 60년이 경과하였음에도 불구하고, 강한 수산화칼슘의 회절선이 검출되어 콘크리트의 건전성이 확인된 고품질의 콘크리트인 경우가 있으며, 타설 후 경과년수가 20년 밖에 안됐는데 중성화 깊이가 20㎜에 달했으며, 미탄산화영역에서 소량의 수산화칼슘의 회절선이 검출되었고 탄산화영역에서는 강한 탄산칼슘의 회절선이 검출되어 탄산화의 진행이 확인된 저품질의 콘크리트인 경우가 있다.

(2) 열 분석법

시멘트수화물에 열을 가하여 온도를 높여가면 100℃ 부근에서 자유수의 탈수, 100~300℃ 부근에서 모노설페이드(monosulphate)의 탈수, 400~500℃에서 수산화칼슘 [$Ca(OH)_2$]의 탈수, 800℃에서 탄산칼슘($CaCO_3$)의 탈탄산반응이 일어나게 된다.

따라서 시차열분석기(TG/DAT)를 이용하여 이러한 열적 변화에 따른 중량 변화로부터 탄산화 반응의 주역인 수산화칼슘이나 탄산칼슘의 양을 측정할 수 있다.

가열에 의한 수산화칼슘의 흡열 및 감량현상은 $(OH) \rightarrow CaO + H_2O$의 탈수반응에 의하며, 탄산칼슘의 흡열 및 감량은 $CaCO_3 \rightarrow CaO + CO_2$의 탈탄산반응을 나타낸다.

(3) 편광현미경

탄산화에 의한 탄산칼슘의 석출상태 등을 관찰하려면 박편을 이용하여 직접 편광현미경으로 관찰할 수 있다. 기본적인 물질의 편광현미경하에서의 특징은 다음과 같다.

1) 탄산칼슘은 현미경에서 무색(갈색), 1축성 광학적 이방체이고, 주굴절율은 1.486~ 1.658, 광학성은 마이너스, 1차 간섭색은 황~청색, 복굴절은 0.172로서 극히 높다.
2) 수산화칼슘은 결정도가 낮고 미세한 입자로 마치 비정질물질의 구성으로 관찰된다.
3) ettringite는 보통 침상결정의 집합체로 출현된다. 현미경에서는 무색, 일축성 광학적 이방체, 주굴절율은 1.4618~1.4655, 복굴절은 0.0037이다.

(4) C-S-H의 정량법

탄산화반응은 수화생성물의 분해에 의해 이루어진다. 시멘트 수화생성물은 수산화칼슘과 C-S-H가 주성분이며, 또한 알루미나계 시멘트에서는 ettringite가 주요 성분이다.

이들 생성물은 탄산화에 의해 서서히 분해되어 탄산칼슘, 실리카겔, 석고 및 알루미나겔로 변화하게 된다. 이것을 중액분리, 용매유출에 의해 분리하여 각 성분별로 원자흡광, 시차열분석 등으로 분석하고 각 성분의 존재비를 정량적으로 파악함으로써 탄산화의 정도를 검사하는 것이다.

아래는 고로시멘트를 사용한 콘크리트를 실외에 10년간 폭로한 후 C-S-H 정량법으로 분석한 결과이다. 탄산칼슘이 생성된 것으로 보아 탄산화가 어느 정도 진행된 것을 알 수 있다.

표4. 68 고로시멘트의 C-S-H의 정량분석 결과

$Ca(OH)_2$	$CaCO_3$	ettringite + monosulphate	C-S-H + 실리카겔	알루미나겔	부착수분
7.9	10.4	10.8	61.6	0	9.8

(5) 실리카겔의 정량법

시멘트의 수화생성물 중 C-S-H의 탄산화에 의해 생성된 실리카겔을 고정도로 정량 분석하는 방법으로서 C-S-H의 탄산화에 의하여 생성된 실리카겔($SiO_2 \cdot nH_2O$)을 측정하여 시멘트 수화물조직의 탄산화에 의한 화학변화를 파악하는 것이다.

정량은 콘크리트의 경화체에서 채취한 시료에 살리실산 메탄올처리와 염산 처리를 하여 시멘트수화물 중에 실리카겔을 분리한 다음 수산화칼륨 처리를 거쳐서 ICP 발광분광분석에 의해 정량한다.

물시멘트비 60%, 흐름도가 180~200㎜인 모르타르(시멘트 1+모래 2.4)를 제작하여 실리카겔을 정량 분석한 결과 아래의 표와 같으며, 탄산화공시체는 제작 후 촉진탄산화 한 것이다. 미탄산화 모르타르에는 실리카겔이 0.1 wt%이고, 탄산화 모르타르에는 2.2wt%이었다.

표4. 69 모르타르 공시체의 실리카겔 분석 결과 (wt%)

용매처리	미탄산화 모르타르		탄산화 모르타르	
	가용분	잔 분	가용분	잔 분
살리실산 메탄올	31.0	69.0	23.8	76.2
염산	4.5	64.5	14.8	61.4
수산화칼륨	0.1	64.4	2.2	59.2

(6) 촉진 탄산화법

콘크리트의 중성화저항성을 조기에 판단하기 위하여 탄산가스(CO_2)의 농도를 높여서 탄산화를 촉진시켜 검사하는 방법이다.

또한 실구조물에서 콘크리트를 채취하여 촉진 탄산화시켜 그 반응생성물인 탄산칼슘

(CaCO₃)의 유무와 양적비율을 조사하여 촉진탄산화에 따르는 질적변화 즉 시멘트경화체의 품질 평가를 하고자 하는 데 적용된다.

이 시험 방법은 일반적으로 일본콘크리트공학협회 및 일본건축학회의 제안방법을 주로 따른다.

① 시험체의 표준규격 및 개수는 $10×10×40$㎝, 3개 이상으로 한다.

② 시험체 제작 시 거푸집은 금속제로 하고 다짐봉 및 진동기를 이용하여 다짐하며 거푸집 측면도 가볍게 두드리고 상부의 여분 콘크리트를 걷어낸 후 흙손 마감한다.

② 시험체는 습윤 상태 4주 양생 후 상대습도 $60∓5\%$, 온도$20∓2℃$의 건조실에서 4주간 정치한 후 시험체의 타설면, 양단면 및 밑면을 에폭시수지 등으로 잔구멍(pinhole)이 없도록 두께 1㎜이상으로 메꿈(seal)한다.

③ 중성화를 촉진하되 촉진조건은 온도$20∓2℃$, 상대습도$60∓5\%$, 탄산가스 농도$5∓0.2\%$로 하며 각 시험체의 간격은 2㎝ 이상으로 하여 시험체 주변의 환경조건 및 존치조건을 균일하게 한다.

④ 중성화 깊이 시험 방법은 소정의 재령에 달한 시점에서 공시체의 장변방향과 직각으로 시험체의 단부에서 약 6㎝ 간격으로 측정하되 시약을 측정면에 분사하여 콘크리트 표면에서 착색 부분까지의 거리를 버어니어캐리퍼스로 계측한다. 이때 측정개소는 1측면에 대하여 6등분한 5개소로 한다.

⑤ 중성화 깊이는 2개 시험체의 각2면, 도합 6개면 30개소의 중성화깊이의 평균으로 하며, 소수점 이하 1자리까지 ㎜단위로 구한다.

⑥ 시약은 1% 페놀프탈레인에탄올용액(함수율15%)를 사용하되, 시약의 제조 방법은 페놀프탈레인 1g을 95% 에탄올90㎤에 용해한 후 순수를 가하여 100㎤로 한다.

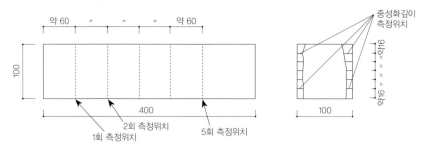

그림4. 111 중성화깊이의 측정위치

4.4.2. 알칼리 골재 반응 검사

4.4.2.1. 개요

미국 King City교에 1940년 발생한 원인불명의 균열을 T.E.Stanton이 알칼리(Alkali)
와 골재의 화학반응 원인이라고 지적한 것이 알칼리-골재반응의 시초였다. 그후 1950년 골재
의 알칼리골재반응 판정 방법으로 현재까지 사용되고 있는 ASTM C 289의 화학법이, 1952
년 astm c 227 모르타르 바법이 채택되었다. 한편 일본 한신고속도로공단의 콘크리트 구조물
에 1982년 알칼리골재반응에 의한 균열이 확인되어 JIS A 5308 AAR판정시험방법이 확립
되었다.

알칼리 골재 반응(AAR-Alkali Aggregate Reaction)은 알칼리-실리카 반응, 알칼리-
탄산염 반응 및 알칼리-실리케이트 반응 등의 총칭이며, 이 가운데 알칼리-실리카 반응이 가
장 흔하게 발생되어 골재반응의 대표적이라 하겠다.

알칼리-실리카 반응(ASR)은 콘크리트의 알칼리 금속이온(Na, K)과 골재속의 비결정질 실
리카성분이 다음의 식과 같이 화학반응하여 팽창성 겔(gel)을 생성시켜 골재 주변에 팽창성
압력이 작용함으로써 구조물에 균열을 유발시키는 현상이다.

$$SiO_2 + 2NaOH + 8H_2O \Rightarrow Na_2H_2SiO_4 \cdot 8H_2O$$

4.4.2.2. 알칼리-골재 반응의 시험 종류

(1) 암석학적 시험 방법

콘크리트의 골재 내에 반응성 광물의 함유 여부를 현미경 혹은 X선회절 등에 의해 암석학적
으로 판정하는 시험 방법이다.

이는 조속한 판정에 적당하지만 다양한 골재가 존재하는 경우에는 이 방법만으로 골재의 유
해성을 판정하는 것은 곤란하다.

(2) 화학적 시험 방법

알칼리(Alkali)와 반응하기 쉬운 물질이 어느 정도 함유되어 있는지를 골재의 화학반응성에
의해 판정하는 시험 방법이다.

이는 조속한 판정에 적당하지만 숙련된 화학실험 전문가의 정밀성이 요구되며, 시험 조건이
가혹함으로 무해한 골재도 유해한 반응성 골재로 오판할 가능성이 있다.

(3) 모르타르, 콘크리트 공시체에 의한 시험 방법

모르타르(mortar) 또는 콘크리트 공시체의 성상을 통하여 비정상적인 팽창 혹은 변형이 발

생하는지의 여부를 판정하는 시험 방법이다.

이는 직접적인 시험 방법으로서 다른 시험 방법에 비해 가장 신뢰성이 높은 방법이지만, 3개월 또는 6개월 이상의 장시간이 소요되는 단점이 있다. 이 시험 방법은 원석채취장을 선정하고자 하는 경우처럼 비교적 시간의 여유가 있는 경우에는 적합하나, 구조물의 알칼리−골재반응(AAR-Alkali Aggregate Reaction)의 검사와 같이 신속하게 판정해야 할 필요가 있는 경우에는 바람직하지 않다.

표4. 70 알칼리골재반응 시험법의 분류

분류	구분	시험법
규격화된 시험법	암석학적 시험법	KS F 2548, ASTM C 295
	화학적 시험법	KS F 2545, ASTM C 289 JIS A 5308 부속서 7
	물리적 시험법	KS F 2546, ASTM C 227, ASTM C 586, JIS A 5308 부속서 8, JASS 5NT 2101, XSA A 23.2−14A
	복합법	DIN 4226
제안된 시험법	암석학적 시험법	Point Count 법
	물리적 시험법	덴마크 : 포화나트륨용액침적법,　　　중국 : Autoclave 법 일 본 : GBRC촉진법, 竹中기술연구소 제안시험, 九大 제안시험 四林法, 五洋건설 제안시험, NBRTLR 금속 모르타르 법

4.4.2.3. 알칼리−실리카 반응 검사법

알칼리−실리카 반응(ASR-Alkali Silica Reaction)은 알칼리골재반응 중에서 가장 흔하게 발생하는 대표적인 반응으로서 일반적으로 골재반응이라 하면 알칼리 실리카반응을 칭하기도 한다.

알칼리 실리카 반응에 대한 시험법은 ASTM시험법을 각국의 실정에 맞춰 적합하도록 변형시킨 시험법들과 해당 지역 암석들의 특성에 따라 독자적으로 개발된 시험법들이 있다.

국내의 경우 KS의 알칼리−실리카 반응 시험 방법은 ASTM을 번역하여 규격화시킨 것으로서 국내 자체 개발된 시험 방법은 아니다. 규격화된 ASTM의 시험법 중 가장 많이 사용되고 있는 것은 ASTM C 289의 화학법 및 ASTM C 227의 모르타르 방법이다.

(1) 화학법

화학적 방법은 ASTM C 289에 준하여 시행되며, 콘크리트에 함유된 알칼리에 대한 골재의 잠재적인 반응성을 화학적으로 시험하는 것이다.

시험하고자 하는 골재를 파쇄하여 0.15~0.3mm로 입도조정한 골재를 밀폐용기 안에 알칼리용액(1규정액의 수산화나트륨용액)과 같이 넣어 온도 80℃에서 24시간 동안 반응시켜 여과한 용액을 0.05 규정의 염산으로 적정하여 감소한 알칼리량을 측정함과 동시에 여과용액 중에 용출한 실리카량을 중량법 또는 흡광광도법으로 측정하여 이들 값을 정해진 판정도에 표시하여 골재의 반응성을 판정하는 방법이다.

한편 실제 구조물에서 채취한 겔(gel)을 그 화학 조성으로 분류하여 판단하기도 하는데, 겔의 조성은 반응성 골재의 종류, 비반응성 골재와의 치환율, 동일한 콘크리트 조직에서 반응된 골재 입자의 거리 등에 따라 서로 다르므로 판정에 혼란이 따르기도 한다.

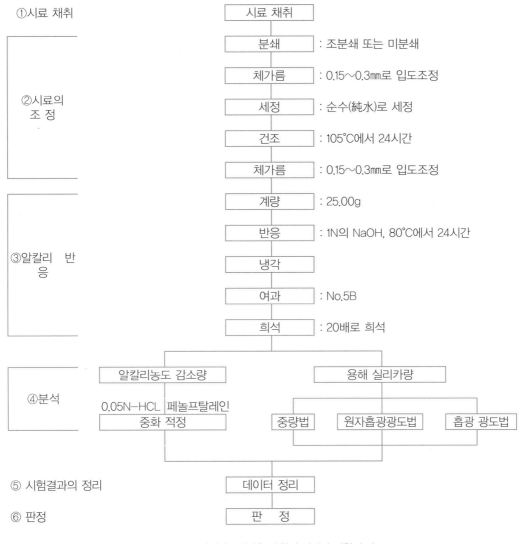

그림4. 112 알칼리골재반응 화학법 검사의 시험 순서

367

(2) 모르타르 방법

　모르타르 바(Mortar Bar)법은 ASTM C 227이나 ASTM C 227에 준거한 KS F 4009 부속서 8"골재의 알칼리 실리카 반응성 시험(모르타르 방법)에 준하여 시행되며, 모르타르 공시체를 제작하고 모르타르 바의 길이 변화를 측정함으로써 골재의 잠재적인 반응성을 조사하는 시험 방법이다.

　잔골재 또는 5㎜ 이하로 분쇄한 시료 및 알칼리량이 0.6% 이상의 시멘트를 사용하여 시멘트와 잔골재의 중량비를 1:2.25로 한 모르타르(Mortar)로서 2.54×2.54×285.75㎜의 모르타르 바를 제작하여 온도 38.8±1.7℃ 상대습도 95% 이상의 조건하에서 3개월간 보존했을 때 팽창량이 0.05% 이상 또는 6개월간 보존했을 때 팽창량이 0.1% 이상의 골재를 유해라고 판정하며 그 이외를 무해한 것으로 간주한다. 그러나 모르타르 바 방법은 상당히 많은 양의 골재 시료를 필요로 하며 일손과 시간을 많이 요하는 방법이므로 화학법이 많이 사용되고 있다.

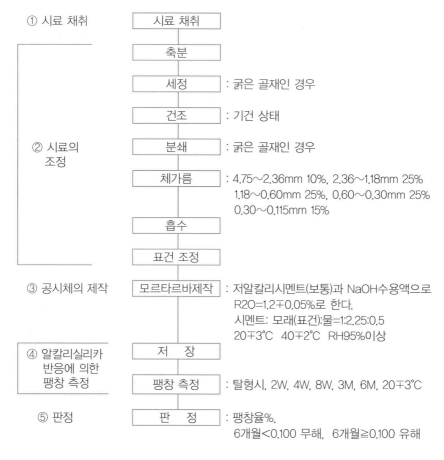

그림4. 113 알칼리골재반응 모르타르 바 검사의 시험 순서

그림4. 113 알칼리골재반응 모르타르 바 검사의 시험 순서

구분	시험법		시험내용 및 판정법
암석학적 방법	KS F 2548 ASTM C 295		시료골재에 함유된 유해광물, 암석 유무로 판정
	Point Count법(덴마크)		Opal을 함유한 모래에 적용. 현장관리에 실용화 되어 있음
화학적 방법	KS F2545 ASTM C 289		NaOH(IN)용액에 80℃에서 24시간 반응 후 Sc, Rc측정으로 유해 판정도에 따라 판정
	JIS A 5308 부속서 7		ASTM C 289와 시험방법 및 과정은 같으나 판정에서 Sc≥Rc이면 유해가능성으로 판정
물리적 방법	모르타르 바법 모르타르 바법 모르타르 바법	ASTM C 227 KS F 2546 JIS A 5308	1×1×11¼in(JIS:4×4×16cm) 모르타르 바 제작. 37.8±1.7℃, RH100%에 보관 후 길이팽창률측정. 3개월에 0.05% 또는 6개월에 0.1%이상의 길이팽창은 유해로 판정
		포화나트륨 용액침적법	4×4×16cm 모르타르 바를 50℃, 포화NaCl중에 침적. '판정치'는 특별히 정해져 있지 않음
		Autoclave법 (중국)	1×1×4cm의 모르타르 바를 100℃, RH100%, 150℃에서 4시간 Autoclave(10% KOH용액)에서 6시간
	콘크리트 프리즘법	CSA A 23·2 – 14A	7.5×7.5×35cm~12×12×45cm 콘크리트 프리즘, 23±3℃, RH100% '판정치' 0.03%(재령무관), 0.02%(습윤3개월), 0.04%(건조3개월)
	암석법	Grantten	3×6×30mm의 암석공시체 2N NaOH용액에 침적 '판정치' 특별히 없음
복합법	암석학적 방법과 화학적 방법	독 일 법 (DIN 4226)	시료를 세·조골재로 나누고, 4mm이하는 4% NaOH에서 시험. 4mm 이상은 암석학적으로 시험. Opal사암만 10%NaOH용액으로 처리.
	물리적 방법과 화학적 방법	Gel Pat 법	시험골재시료를 W/C=0.4의 시멘트페이스트 중에 넣고 Ca(OH)$_2$포화용액에 0.5 NaOH를 가한 혼합용액 중에 침적하여 알칼리·실리게이트겔의 발생을 관찰, '판정치' 없음

4.4.2.4. 알칼리-탄산염 반응 검사법

(1) Rock Cylinder 법 (ASTM C 586)

돌로마이트(Dolomite)질 석회암의 알칼리-탄산염암 반응을 판정하는 시험법으로 직경 9±1mm 길이 35±5mm의 원주형 공시체를 암석에서 채취하여 1N NaOH용액에 침적시킨 후 팽창량이 0.1% 이상일 경우 반응성이 있는 것으로 판정한다. Rock Cylinder 공시체가 팽창을 시작하는 것은 일반적으로 침적 후 28일 이후이다. 이는 공시체를 암석에서 직접 채취하므로 암석 내부의 성분, 층, 맥리 등의 영향을 받기 때문에 많은 공시체를 시험하지 않으면 판정이 적절하지 않을 뿐만 아니라 기존 시설물의 유지관리적인 측면에서는 적용이 부적합하다.

(2) Miniature Rock Cylinder 법 (Gratten Bellew 법)

Rock Cylinder 법을 개량한 방법으로서 암석에서 직접 3×6×30mm규격의 극히 작은 공시체를 채취하여 2N NaOH용액에 침적시켜서 공시체의 팽창량을 측정하는 방법이다. 공시체가 작고 ASTM C 586보다 알칼리 농도가 높기 때문에 약 일주일 후면 결과를 얻을 수 있으며 알

칼리-실리카 반응에도 적용시킬 수 있다.

그러나 이 시험은 Rock Cylinder 법과 마찬가지로 암석에서 직접 채취되기 때문에 시료의 대표성 확보가 힘들고, 암석 내부 성질의 영향을 받으므로 많은 공시체를 시험해야 한다는 단점이 있다.

4.4.2.5. 알칼리골재반응 구조물의 조사

(1) 반응 구조물의 특징

알칼리골재반응 중에서 가장 흔하게 발생하는 알칼리-실리카반응(ASR-Alkali Silica Reaction)이 나타난 구조물의 열화현상은 다음과 같은 특징을 지니고 있으므로 콘크리트 표면의 관찰과 손상이 심한 부분에서 채취한 콘크리트 파편을 검사하여 알칼리-골재 반응 (AAR-Alkali Aggregate Reaction)의 유무를 판단할 수 있다.

① 콘크리트 표면에 귀갑상, map상으로 불규칙한 특징적인 균열,
　또는 120°각을 이루는 거북등 균열의 발생
② 공극 또는 균열을 통하여 백색의 겔(gel) 또는 투명한 쏠(sol)의 침출
③ 굵은 골재의 주위에 나타난 암색의 반응환
④ 팽창으로 인한 줄눈부의 어긋남, 이동, 밀려남 등의 구조물의 변형

골재반응에 의한 균열은 준공 2~3년 후에 발생하기 시작하여, 5~6년 후에 균열이 눈에 띄게 되는 예가 많은데, 주로 철근량이 적고, 주위로부터 그다지 구속을 받지 않는 벽상의 콘크리트 부재에 잘 나타난다.

콘크리트의 팽창이 다량의 배근이나 인접 부재에 의해 구속되어 있는 경우에는 주근의 방향 혹은 구속하는 힘의 방향에 따라 직선적인 균열로 변화한다. 즉 보, 기둥부재에서는 축방향에 평행한 균열이 많이 생기게 되며, 옹벽에서는 수평방향의 균열이나 옹벽 윗면에서는 벽길이 방향의 균열이 발생하게 된다.

알칼리-골재 반응에 의한 균열은 내부 흰색의 겔(gel)상 물질이 침출되어 새어나와 다갈색으로 변색하여 균열의 테두리가 검게 되는 일이 많으며, 이 겔(gel)상 물질의 존재가 알칼리-골재 반응(AAR)을 구분하는 하나의 특징이다.

골재 단면에서 보이는 반응환은 골재의 가장자리 및 골재 내부의 균열에 따라 생기는 것으로, 육안으로 보면 검게 염색된 것 같은 환상 또는 띠상의 변색역이 있다. 반응환 부분은 골재가 시멘트 페이스트의 세공용액에 닿아서 투명한 겔(gel)상 물질이 생성된 곳으로 생각되며, 골재 조직의 연화현상이 발생되어 콘크리트 표면에는 골재가 표면으로부터 이탈하는 pump out현상이나, 콘크리트 표면이 원뿔모양으로 박리되는 pop out현상 등이 발생하기도 한다.

그러나 겔(gel)등의 반응생성물이 콘크리트 표면으로 반드시 나타난다고 규정지을 수는 없으며, 반응성 균열이 특히 두드러진 경우 외에는 육안으로 반응성의 유무를 판단하는 것은 상당히 곤란하므로 코어(core)를 채취하여 검사하는 방법이 가장 바람직하다.

(2) 현지 조사

현지 조사는 알칼리골재반응(AAR-Alkali Aggregate Reaction)의 유무확인 및 열화정도의 파악을 목적으로 한다. 현지 조사의 항목은 균열조사(패턴, 밀도, 폭, 길이 등) 및 쪼아내기조사 등의 골재반응 상황조사, 콘크리트 표면의 음파검사, 초음파 속도측정검사, 반발경도시험, 드릴링(drilling)에 의한 콘크리트 분말채취검사 등을 들 수 있다.

현지 조사를 통하여 골재반응의 의심 부위는 코어(core)시료를 채취하여 상세 조사를 하고 발생 원인 및 현상과 향후 예측에 관한 정보를 취득하여 적절한 대책을 강구한다.

표4. 72 외관에 의한 조사항목

성능저하 증상		상태
균열	부재의 재축방향	기둥, 보에서는 부재의 재축방향에 생기는 균열로 부재의 중심선근에 1~3개 생긴다.
	거북등형상	벽 또는 이와 유사한 부재에 생기는 거북등 모양의 균열로 구속의 정도에 따라 방향성을 갖는 것이 있다.
	개구부주변	벽의 개구부 주변에서 변에 평형으로 생기는 균열로서 개구부의 모서리부분에서 외측을 향하여 생기는 균열은 제외된다.
흰색물질의 침출		콘크리트 표면으로 백색의 겔(gel)상 물질이 새어나오는 상태로서, 균열부분에서 침출되는 것이 많으며, 빗물이 닿기 쉬운 장소에서는 변색 혹은 착색되어 흰색을 띠지 않는 경우도 있다.
POP OUT		콘크리트 표면 부근에 반응성 골재 입자가 있는 경우에 반응에 의한 팽창성 물질의 생성에 의해 골재가 빠지거나, 골재가 갈라지거나, 콘크리트 표면에 원추형의 패인 상태.
박리	마감재	마감재가 벗겨져 떨어진 상태로서 경우에 따라 콘크리트까지 박리되는 경우도 있다.
	콘크리트	들떠 있던 콘크리트가 구체에서 벗겨져 떨어진 상태로서 반드시 철근의 노출이 따르지 않는다.
변형		상단이 구속되어 있지 않은 부재(발코니의 파라펫, 계단, 난간, 벽 등)의 경사. 창호의 개폐감각에 의해 확인.

표4. 73 알칼리골재반응의 주된 조사사항

목적	조사 방법		조사 방법	조사 사항
열화 원인 추정	구조체	전반	관련자료 조사	과거 보수 또는 보강이력 콘크리트의 배합설계 부재단면 및 배근상황
			육안 조사	균열분포, 형상 및 폭과 길이 겔(gel) 침출 유무 및 정도 현저한 변형(처짐, 휨, 국부파괴)유무 인접구조물의 열화상황
		손상 부분	절취 조사	반응생성물의 유무확인 반응환의 유무확인
	콘크리트		코어 조사	잔존 팽창량(%) 정도
	골재	전반	관계자료 조사	골재의 산지, 암석의 종류 알칼리 반응성에 관한 실험결과
			육 안 조 사	반응성 골재의 함유 유무확인
		종류별	편광현미경관찰 분말 X선 회절	반응성광물의 유무확인
			ASTM화학법 ASTM모르타르바법 GBRC 촉진법	알칼리 반응성의 유무확인
	반응 생성물		화학 분석	이산화규소 등의 정량
			주사형 정자현미경에 의한 관 찰, 분석	반응성생성물의 유무확인 Si, Na, K 유무
열화 상황 파악	구조체		육안 조사	균열분포, 형상 및 패턴
			치수 측정	균열길이, 폭, 변형(처짐, 휨)량
			재하 시험	처짐, 강성
			실내 계산	옹력, 처짐, 강성, 내력의 구조계산 검토
	콘크리트		반발경도, 초음파속도측정	콘크리트 강도조사 및 상대적인 안전도
			절취 조사	균열 깊이, 중성화 깊이 조사
			코어 조사	균열 깊이, 중성화 깊이, 압축강도 탄성계수, 초음파 전파속도
	철근		전기화학적비파괴조사 X선 촬영 콘크리트의 절취조사	부식도 측정
			철근 채취 조사	존재응력, 인장강도 확인
열화 속도 추정	구조체		환경 조사	수분·염분의 공급 상태, 일사조건
			장기 계측	변형(처짐, 휨)량, 균열분포, 길이, 폭
	콘크리트		코어 조사	알칼리량, 잔존팽창량, 염분량
	철근		배근 조사	피복두께 확인
			전기화학적비파괴검사	부식상황 조사

(3) 현지 조사의 평가 방법

현지 조사를 통하여 다음과 같이 알칼리골재반응(AAR)의 가능성과 상세조사의 필요여부를 판정한다.

1) 가능성 판정

다음과 같은 경우에는 알칼리골재반응(AAR)의 가능성이 없다고 판정한다.

① 수분의 공급을 받는 부재에 팽창성균열이 확인되지 않는 경우
② 수분의 공급을 받지 않고 또한 단면이 작은 부재에 균열이 확인되는 경우

2) 상세조사 여부에 대한 판정

다음의 경우에는 알칼리골재반응(AAR)에 대한 상세조사를 시행한다.

① 경미한 열화이지만 그 원인이 알칼리골재반응 이외라고 단정할 수 없는 경우
② 열화의 정도가 경미하지 않는 경우

표4. 74 상세조사를 요하는 AAR 열화 정도의 기준

증상		구분을 위한 단위 척도	성능 저하도		
			I(건전)	II(방치가)	III(요조사)
균열	축방향	길이 1m로 환산하였을 때의 100m당의 개수	없음	1~2개	3개이상
	개구부주변	개구부 10개소 당의 개소	0~2개	3~4개	5이상
	거북등균열	발견면적당의 발생 면적률	5%미만	5%이상 10%미만	10%이상
들 뜸 현 상		발생 면적률	1%미만	1%이상 3%미만	3%이상
박락	마감재 만	발생 면적률	없음	1%미만	1%이상
	콘크리트	100㎡당의 개수	없음	1개소미만	1개소이상
흰색 물질의 침출		100㎡당의 개수	없음	4개소미만	4개소이상
pop out		10㎡당의 개수	없음	1개소미만	1개소이상
누수 흔적		건축물 전체의 유무	없음	없음	1개소이상
변형		건축물 전체의 유무	없음	없음	1개소이상

(4) 코어 채취에 따른 상세 검사

알칼리-골재 반응(AAR)으로 인해 손상을 받은 콘크리트 구조물의 반응성 유무를 판단하기 위해 코어 채취에 따른 방법은 다음과 같다.

① 직경75㎜, 길이 150㎜의 코어(core)시험체를 3개 채취하고 외관검사를 시행한 후 길이 측정용 스텐레스 밴드(stainless band)를 설치한다.
② 20℃ RH(상대습도) 100%에서 5주간 양생하여 코어(core)의 팽창변형 (개방팽창량)을 측정한다.
③ 코어(core)시험체 표면의 반응환, 겔(gel)현상 물질의 유무를 확인하고, 확인된 겔(gel)의 성분을 분석한다.

④ 온도 40℃, RH100%에서 10주간 정도 촉진 양생하여 코어 시험체의 팽창변형(잔존팽창량)을 측정한다.

⑤ X선회절 또는 편광현미경으로 골재속의 유해광물을 확인한다.

표4. 75 콘크리트코어 시험체의 분석 방법

항목		방법
코어의 표면 관찰		코어 마감재 부분 및 콘크리트 부분의 성능저하 상황을 기록한다. 콘크리트 중의 균열유무, 조골재의 종류·rim·습기·백색물질의 유무를 조사하여 성능저하 상황을 사진촬영과 함께 도면화하고 기록한다.
암석 감정 암석 감정	육안에 의한 관찰	코어의 slice편을 이용하여 확대경으로 조골재의 암종을 추정한다. 검사결과는 접사 촬영한 것에 기입한다.
	분말X선 회절	육안에 의한 안식감정 결과, 알칼리골재반응을 일으키고 있는 여지가 있는 골재와 동종의 골재를 콘크리트 중에서 채취하여 메노유발로 미분쇄하여, 분말X선 회절장치를 이용하여, X선의 입사각과 그 반사각도의 패턴 등에서 암석의 구성광물을 추정한다.
	편광 현미경 관찰	분말X선 회절을 한 것과 동일암석을 약 5cm두께로 절단한 후, 폴리에스테르 수지에 함침시켜 보완하고, 실리콘 카바이트NO.800, 코란담9.5, 5.0, 0.5μm를 이용하여 20-30μm의 두께가 될 때까지 연마하여 단니콜하 및 직교니콜하에서 현미경 관찰 및 사진 촬영을 한다.
겔의 분석	적외 분광 분석	시료를 메노유발로 분쇄하고, 그 2.0-0.2g을 동일하게 미분쇄한 취화칼륨과 완전히 혼합하여 약 0.5g의 파렛트를 만들어, 적외 분광분석기를 이용하여 적외부의 흡광도를 측정하여 함유물질을 추정한다.
염분 분석		두께 2mm정도의 slice편을 절건상태로 하여 미분쇄하고, 초산으로 전용 해지시킨 후, 여과액에 대하여 전위차 적정법, 흡광 광도법 등에 의해 염소 이온량을 정량 분석한다.
알칼리량 분석		ASTM C 114에 의한다.
압축 강도		JIS A 1107에 의한다.
동탄성계수		동탄성계수는 JIS A 1127의 종진동의 경우에 의한다. 정탄성계수는 압축강도 시험시의 응력도-변형도 곡선에 의해 구한다. 통상 최대응력도의 1/3의 응력도에서의 할선기울기로 구한다.
초음파 속도		일본건축학회의 강도 추정을 위한 비파괴시험 방법 매뉴얼에 의한다.
배합 추정		시멘트 협회 콘크리트 전문위원회 보고 F-18에 의함

개방팽창량과 잔존팽창량의 합계를 전팽창량이라 하며 이는 곧 구조물이 독자적으로 유지하는 반응성 팽창량을 나타내고 있다. 단, 건전한 구조물이라도 350×10^{-6}정도의 팽창은 발생하는 경우가 있다.

다음 그림의 경우 CASE-1과 같이 잔존팽창량에 비해 개방팽창량이 큰 경우에는 알칼리-실리카 골재반응(ASR)이 종료기에 접근하고 있는 것을 나타내며, 반대 경우는 구조물의 손상이 진행될 여지가 있음을 나타내고 있다.

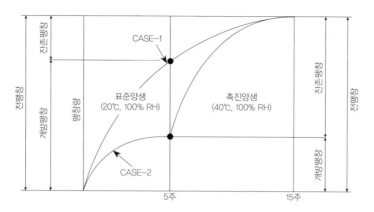

그림4. 114 코어시험체의 팽창시험 개략도

1) 코어시험체의 외관 관찰

코어의 표면, 슬라이스 또는 균열 단면 등에서 다음 항목에 대한 조직을 관찰한다.

① 균열상태 및 깊이와 방향을 관찰하고 굵은 골재와의 관련 및 균열부에 대한 반응생성물의 유무를 조사한다.

② 골재 주변의 반응 림(rim)의 유무, 골재자체의 균열과 파단 및 반응생성물의 유무를 조사한다. 반응 림은 ASR의 유력한 단서지만, 반응 림이 나타나지 않는 골재도 있으며, 또 골재의 풍화로 인한 변색과 혼돈하기 쉬우므로 주의해야 한다.

③ 반응생성물의 유무를 확인하여야 한다. ASR로 인한 반응생성물은 투명하고 끈기가 있는 졸(sol)상 또는 백색의 겔(gel)상 형태를 띠며, 골재의 표면 또는 파단면에 생성하고 모르타르 속으로 이동하여 기포부분에 괴거나 표면균열에서 외부로 침출한다.

2) 코어의 현미경 관찰

코어(core)의 현미경 관찰은 골재, 모르타르 및 골재와 모르타르의 경계부분 등에서 박편시료를 만들어 콘크리트의 미세한 조직을 편광현미경으로 관찰한다.

① 골재 관찰: 골재를 현미경 관찰로 얻을 수 있는 정보는 골재의 암석종류와 광물 종류, 반응림의 존재와 골재내부의 미세한 균열 등이다. ASR에 관해서 유해한 반응성을 가진 광물 중 X선회절로는 검출하기가 어려운 화산글라스나 미소석영 등을 동정할 수 있다.

② 콘크리트 조직관찰: 골재나 모르타르 조직의 미세균열과 반응생성물의 형태 등에 대해서 관찰하고 외관관찰에 따른 조직진단을 보강한다.

3) 코어의 화학적 시험

알칼리골재반응(AAR)은 시멘트의 알칼리성분과 반응하기 쉬운 골재와의 화학작용에 의해서 나타나는 현상이므로 반응생성물에 대한 화학적 시험 및 콘크리트 내의 알칼리함유량 측정과 같은 화학적 시험은 골재반응 검사항목 중 중요한 역할을 한다.

① 반응 생성물에 대한 화학적 분석방법은 샘플량 1g 이상으로 KS L 5210의 포틀랜드 시멘트 화학 분석방법에 따라 시행한다. 분석항목은 Na_2O, K_2O, CaO, MgO, SiO_2 이며 SiO_2가 30% 이하일 때는 알칼리 실리카겔로 판정한다.

② 콘크리트 속의 알칼리량은 골재의 알칼리 실리카 반응(ASR)과 함께 장래 ASR의 진행을 예측하는 데 중요한 정보가 된다.
콘크리트 속의 알칼리량 분석 방법은 미분쇄한 콘크리트 시료에서 온수 추출로 수용성 알칼리량(Na_2O, KO_2)을 분석하는 방법이며, 분석 결과 Na_2O 환산율 ($Na_2O++0.658K_2O$)로 $3kg/m^3$이상일 때 골재가 ASR에 관해서 유해한 반응성을 가진다면 이후에도 ASR이 진행할 가능성이 있다고 판단한다.

4) 코어의 촉진 팽창시험

알칼리-실리카 골재반응(ASR)이 골재와 콘크리트 속의 알칼리(alkali)가 화학 반응을 일으키고 그 후 반응생성물이 흡수 팽창한다는 물리적 과정을 거쳐 진행하므로 코어(core)를 고온, 고습의 환경조건에서 양생하면 팽창하게 된다. 그 팽창 정도는 구조물에 대한 알칼리-실리카 골재반응(ASR)의 진행 정도에 관련하고, 반응 초기의 것일수록 팽창이 크다.

시험 방법은 JCI-DD2의 알칼리 골재 반응을 일으킨 콘크리트 구조물의 코어 시험에 따른 팽창률의 측정 방법(안)이 있으며 온도40℃, 상대습도 95%이상에서 6개월 동안 양생한 코어(core)의 팽창률이 0.1% 이상일 때 열화의 원인으로서 알칼리-실리카 골재반응(ASR)의 가능성이 높고, 이후로 골재반응에 의한 열화가 진행할 가능성이 많은 것으로 판정한다.

그러나 한 가지 시험을 통하여 얻은 결과로 콘크리트의 열화 및 성능저하 원인을 알칼리-실리카 골재반응(ASR)이라고 판정하는 것은 다소 무리가 있으므로 몇 가지 조사 및 시험을 적절하게 조합하여 종합적으로 진단할 필요가 있다.

알칼리-실리카 골재반응이 상당히 진행된 콘크리트에서는 골재의 반응 림(rim)이나 반응 생성물의 존재가 알칼리-실리카 골재반응이 발생된 것이라는 판단의 유력한 증거가 되지만, 단순히 콘크리트 열화의 주원인을 알칼리-실리카 골재반응의 징후라 하기는 어려우므로 콘크리트 속의 알칼리량, 골재의 반응성과 코어의 촉진팽창시험 결과 등을 병행하여 얻은 결과로 종합적인 판단이 이루어져야 한다.

5) 코어에서 채취한 굵은 골재 조사

코어(core)에서 굵은 골재를 채취하여 굵은 골재의 알칼리 실리카 반응성을 직접 조사할 수 있다. 채취 방법은 우선 코어를 굵게 부숴 골재를 빼내고 골재 표면의 모르타르를 면밀하게 제거한다. 다시 HCl(1+1) 용액에 1시간 정도 담가두어 골재 표면에 고착한 수화물 등을 용해하고 나서 물씻기하여 건조시킨다.

① 알칼리골재반응(AAR) 검사법 중 일명 화학법이라 불리우는 골재의 알칼리-실리카반응성(ASR)시험은 ASTM C 289에 준거하여 규격화시킨 JIS A5308(KS F 4009, 레디믹스 콘크리트 참조) 부속서 7에 준하여 시행하고, 그림의 화학법에 대한 판정도에 준하여 골재와 알칼리의 화학 반응성을 유해, 무해, 또는 잠재적 유해로 구분하여 판정한다.

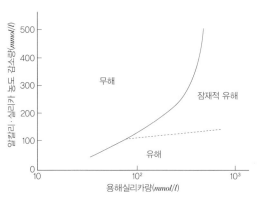

그림4. 115 화학법에 대한 판정도

② 골재반응 검사법 중 일명 모르타르 바법(mortar bar법)이라 불리는 골재의 알칼리-실리카 반응성(ASR) 시험은 ASTM C227을 기초로 제정된 JIS A 5308(KS F 4.9 참조)부속서 8에 준하여 시행한다.

이 모르타르바법(mortar bar법) 시험은 Na_2O 환산으로 1.2%의 알칼리(alkali)를 함유한 시멘트를 사용한 모르타르에서 골재의 알칼리-실리카 골재반응(ASR)으로 인해 유해한 팽창의 유무를 기준하여 판정한다. 일반적으로 4℃에서 양생된 모르타르가 6개월 동안에 0.1% 이상의 팽창을 하였을 때 골재를 유해하다고 판정한다.

6) 코어의 역학적 시험

코어(core) 시험체의 역학적 시험으로서 압축강도 시험과 탄성계수 시험 등을 시행한다.
알칼리-실리카 골재반응(ASR)에 따라 열화된 콘크리트의 역학적 성질의 특징으로서 압축강도의 저하에 비하여 탄성계수 저하가 크다고 되어 있다. 실측 예로서는 20~30%의 압축강도 저하에 대해서 정탄성계수의 저하가 40~60%이었다고 하는 보고가 있다.

4.4.2.6. 판정

코어 시험체에 겔(gel)이 확인되면 일단 골재반응을 일으킨 것으로 생각되지만, 겔(gel)과 코어(core)의 팽창이 확인되어도 균열이 발생하지 않는 구조물도 상당히 있다. 또 전팽창량이 1000×10^{-6}정도의 구조물의 균열은 피복 두께 정도의 깊이에서 안정되어 관리상 문제가 없다. 그래서 1000×10^{-6}을 기준치로 하고 이 이상의 구조물에 대해서는 알칼리−실리카 골재반응 (ASR)이 이후에도 유해할 것으로 규정하여, 손상의 진행을 고려한 보수방안을 계획한다. 또, 팽창량이 적은 경우에도 PC구조물에서 0.2㎜, RC구조물에서 0.3㎜이상의 균열 및 총연장이 100m를 넘는 것에 대해서는 알칼리−실리카 골재반응(ASR)이 유해하기 때문에 보수를 하여야 한다. 이는 상기의 균열 총연장이 200m를 또는 전팽창량이 1000×10^{-6}을 넘을 경우에, 구조물의 초음파 전달속도와 코어(core)의 압축강도가 저하하는 경향이 있기 때문이다.

(1) 알칼리골재반응 가능성 판정

조사한 구조물에 다음 7가지의 특징이 확인되는 경우에는 알칼리골재반응(AAR)의 가능성이 높은 것으로 판정한다.

① 보나 기둥에서 재축방향으로 부재의 중심선 부위에 특이한 균열이 확인된다.
② 옹벽에서 채취한 코어(core)의 단부, 즉 벽면에 평행한 균열이 확인된다.
③ 압축강도 시험시의 응력−변형곡선이 위로 볼록한 곡선이 되지 않는다.
④ 굵은 골재에 반응성광물을 포함하는 암석이 사용되고 있다.
⑤ 균열 발생개소가 비에 젖는 부분이나 누수개소와 같이 수분의 공급이 되기 쉬운 부분이다. 옥외라도 비에 젖지 않는 개소에는 균열이 없다.
⑥ 콘크리트의 까낸면 혹은 코어(core)의 절단면의 굵은 골재에 반응환, 균열, 습기, 백색의 겔(gel)형상 물질이 확인된다.
⑦ 백색 겔(gel)모양의 물질이 알칼리 실리케이트이다.

(2) 부위별 열화도의 판정

일본 건설성의 알칼리골재반응 피해건축물의 조사지침(안)에서는 "철근콘크리트조 건축물의 열화진단지침"에 준하여 아래와 같이 균열 폭에 의해 열화를 판정하는 방법을 제안하고 있다.

표4. 76 균열폭에 의한 열화도의 분류

성능저하도	구분의 기준 (균열폭)	
	실외	실내
Ⅰ 급	0.05mm 미만	0.2mm 미만
Ⅱ 급	0.05mm 이상 0.5mm 미만	0.2mm 이상 1.0mm 미만
Ⅲ 급	0.5mm 이상	1.0mm 이상

4.4.3. 강재침투탐상 검사

4.4.3.1. 개요 및 적용

 침투탐상 검사(Liquid Penetrate Testing)는 금속 또는 비금속인 것으로 만들어진 기기 또는 강재구조물의 표면에 노출돼 있는 균열 등의 결함 검출에 이용된다.

 구조물을 구성하고 있는 재료나 용접부에 표면결함이 존재할 경우, 그 부분에 반복응력이 가해지면 피로균열 발생하고, 이것이 서서히 진행하여 종국에는 구조물의 파괴에 이르게 된다. 이러한 표면 결함의 대표적인 것이 균열이며, 이를 물리·화학적으로 탐상하는 방법의 하나가 침투탐상 검사이다.

 침투탐상 검사의 주된 목적은 표면에 발생한 균열 검출이지만, 이 밖에 균열과 비슷한 선형 모양으로 발생되어 있는 결함과 균열처럼 유해하지는 않지만 다수가 모인 점상결함 또는 원형과 불규칙한 형상으로 존재하며 어느 정도 체적을 가진 결함의 검출을 목적으로 한다.

 침투탐상 검사는 침투시키는 물질이 액체 또는 기체인가에 따라 액체침투탐상 방법과 기체침투탐상 방법으로 분류되며, 일반적으로 사용되고 있는 액체침투탐상에 사용하는 침투액의 종류와 현상제의 종류는 매우 다양하다.

사진4. 45 철도의 염색침투탐상   사진4. 46 항공기의 형광침투탐상

4.4.3.2. 원리 및 기초

 시험편의 표면에 침투액을 떨어뜨려 균열 등의 불연속부에 모세관현상을 이용하여 침투시킨 후 표면의 과잉 침투제를 제거하고, 현상제를 다시 도포하면 불연속부에 침투된 침투액이 추출되어 불연속의 위치 크기 및 지시 모양을 검사하는 방법이다.

 즉, 물체의 표면에 균열과 같은 개구부가 있는 경우 특정의 색깔 또는 형광물질이 포함된 침투력이 좋은 침투제를 도포하여 침투시키고 표면에 남아있는 과잉침투제를 깨끗이 닦은 다음 침투제를 잘 빨아내는 분말, 또는 현탁액을 표면에 도포하면 흠 안에 남아있는 침투제가 흡출되어 눈에 보이게 된다.

 곧, 무언가 보이면 그것은 불연속의 존재를 표시하며, 아무런 변화가 없으면 불연속이 없는 정상인 것으로 판정할 수 있다.

침투액은 결함의 내부에 빠르고 쉽게 침투되는 성질이 요구되며, 침투되기 위해서는 침투할 공간이 필요함과 동시에 충분히 침투되기 위한 시간이 필요하다. 이 시간은 동일한 결함에 대해서도 액체의 성질, 결함의 직경 또는 폭에 따라 다르다. 더욱이 액체의 성질은 온도 또는 재질 등의 환경조건에 따라 변하므로, 검사 시 환경 조건에 주의하여 침투처리를 하도록 해야 한다.

모세관 내를 침투하는 액체의 침투속도는 액체의 표면장력, 접촉각, 점성, 밀도, 모세관의 직경(결함의 폭) 등의 영향을 받으며, 또한 침투되는 깊이에 따라서도 다르다. 이 중에서 표면장력, 접촉각, 점성 등은 온도에 의해 영향을 받기 쉽고, 따라서 침투속도는 온도에 의한 영향을 받기 쉽게 된다. 침투액의 점성은 침투속도와 관계되어 점성계수가 작을수록 침투속도가 빨라지고, 액체의 온도는 낮을수록 점성계수는 크게 되므로 저온에서의 침투속도는 늦어진다.

(1) 표면장력
동일한 체적을 가진 여러 형상 중에서 표면적이 최소인 것은 구형이다. 액체의 표면에는 항상 표면적을 최소로 하려는 힘이 작용하고 있는데 이 힘을 표면장력 또는 계면장력이라 한다.
일반적으로 물질은 하나의 상을 띠고 있으며, 그 계면은 기상/액상, 기상/고상, 고상/고상의 4종류이다. 이중 한쪽이 기상으로 되어 있는 계면을 표면이라 한다. 그리고 이처럼 표면에 표면장력이 존재하는 것은 단지 표면을 형성하고 있는 분자의 자유에너지에 의한 것이다. 그리고 이 에너지는 서로 작용하여 합해져서 표면에너지의 분포가 가능한 한 균일하게 되도록 작용하며, 그 결과 표면적이 최소의 구상이 된다. 이 에너지를 자유표면에너지라 하며, 표면의 단위길이에 작용하는 힘을 표면장력이라 한다.

(2) 적심과 접촉각
금속 표면 위에 어떤 액체를 떨어뜨릴 때, 액체는 금속 표면 위에 퍼진다. 이것은 액체가 가지는 표면장력을 이겨내는 강한 표면장력이 고체면 위에 흡착되어 있는 기체가 액체로 교체되기 때문이다. 이 현상을 적심이라 하고, 고체/기체 계면이 바뀌는 현상으로 정의되고 있다. 적심이 쉬운가, 어려운가를 나타내는 기준으로 접촉각이라는 양이 도입되고 있다.
접촉각은 액면과 고체면이 접촉되는 점에서 끌어낸 접선이 고체면과 이루는 각 내의 액을 포함하는 각도를 말하고, 접촉각이 작을수록 액체는 고체표면을 적시기 쉽다.

(3) 특징 및 장단점
1) 장점
　① 시험 방법이 간단하다.
　② 고도의 숙련이 요구되지 않는다.
　③ 제품의 크기, 형상 등에 크게 구애를 받지 않는다.
　④ 국부적 시험이 가능하다.

⑤ 미세한 시험도 가능하다.

⑥ 비교적 가격이 저렴하다.

⑦ 판독이 비교적 쉽다.

⑧ 철, 비철, 플라스틱 및 세라믹 등 거의 모든 제품에 적용된다.

2) 단점

① 시험할 표면이 개구부이어야 한다.

② 시험할 표면이 너무 거칠거나 기공이 많으면 허위 지시 모양을 만든다.

③ 시험할 표면이 침투제 등과 반응하여 손상을 입은 제품은 검사할 수 없다.

④ 주변 환경, 특히 온도에 민감하여 적용상 많은 제약을 받는다.

⑤ 후처리가 종종 요구된다.

⑥ 침투제가 오염되기 쉽다.

4.4.3.3. 장비구성 및 규격

침투탐상검사에 사용되는 탐상제에는 침투액, 세정제, 현상제 및 유화제의 4종류가 포함되어 있으며, 제각기 그 역할 및 특징을 지닌 물질로 만들어져 있다.

(1) 침투액

침투액에는 관찰 방법의 차이에 따라 형광 침투액, 염색 침투액 및 이원성 침투액이 있으며, 각각에는 세정방법에 따라 용제제거성 침투액, 후유화성 침투액, 수세성 침투액 등 성질이 각기 다른 침투액의 종류가 있다.

1) 관찰 방법에 따른 분류

① 형광 침투액 : 형광침투탐상검사에 사용하는 침투액으로서 지시모양은 자외선을 조사하면 황록색의 형광을 발한다.

② 염색 침투액 : 염색침투탐상검사에 사용하는 침투액으로서 지시모양은 가시광선 하에서 적색을 나타낸다.

③ 이원성 침투액 : 이원성 침투액에는 수세성, 후유화성 및 용제 제거성 침투액이 있으며, 이원성 침투액을 사용하는 탐상검사는 밝은 장소와 어두운 장소의 양쪽에서 관찰하는 경우에 사용된다.

2) 세척 방법에 따른 분류

① 용제제거성 침투액 : 침투액이 높은 유성 침투액으로서 물에 불용성인 유가용제 및 형광염료, 또는 적색염료를 기름에 용해시킨 것이다. 점성을 낮게 하여 침투성을 높이고, 침투속도를 빠르게 하여 지시모양을 명료하고 순도가 높은 적색으로 나타내게 하기위해

휘발성이 있는 유가 용제가 많이 첨가되어 있다.

② 후유화성 침투액 : 개방형 용기에 담아서 사용하는 경우가 많으므로 용제 제거성에 비하여 휘발되기 어려운 용제가 사용된다. 침투액의 성분은기본적으로 유성이기 때문에, 유화제를 사용하여 유화처리를 실시하지 않으면 수세성은 불가능하다.

③ 수세성 침투액 : 물로 세척이 가능하도록 수성 침투액에 계면활성제(유화제)를 넣은 것으로 잉여 침투액은 물로 세정하는 것이 가능하다. 이 침투액은 어느 정도의 물이 혼합되면 젤리상(gel화)으로 되어 노화되기 때문에, 수분의 혼합을 피하도록 한다.

(2) 세척제

세척제로는 물 또는 용제가 주로 사용되고 있으며, 유기용제에는 인화성이 강한 벤젠, 아세톤, 가솔린 등의 석유제와 같은 가연성 용제와 염소, 불소 등을 화합한 불연성 유기용제의 두 종류가 있다.

세척제에 요구되는 일반적인 성질은 다음과 같다.

① 세척성이 좋아 잉여 침투액을 용이하게 제거할 수 있을 것.
② 분산성이 좋을 것.
③ 중성으로서 부식성이 없을 것.
④ 독성이 없을 것.
⑤ 인화점이 높을 것.

(3) 현상제

현상제는 결함 중에 침투된 침투액을 표면에 흡출과 동시에 확대하여 침투액에 의해 지시모양을 형성시키기 위해 사용하는 것으로 기본적으로는 백색 금속산화물의 미분말이 사용된다. 어떠한 현상제도 화학적으로 안정된 미분말을 주체로 해야 하며, 그밖에 다음의 성질이 일반적으로 요구된다.

① 침투액의 흡출 능력이 강한 미분말로 되어 있을 것.
② 분산성이 좋을 것.
③ 중성으로 검사체에 대해 부식성이 없을 것.
④ 자외선에 의해 형광을 발하지 말 것.
⑤ 속건식, 습식의 경우는 현탁성이 좋을 것.
⑥ 염색침투탐상검사에 사용하는 것은 백색일 것.

(4) 유화제

후유화성 침투액에 적용하여 수세성을 가능하게 하는 탐상제를 유화제라 한다. 유화제의 주성분은 계면활성제이고, 유성과 수성의 두 종류가 있다. 유화제는 검사체 표면을 적시고 있는 침투액에 균일하게 얼룩이 없도록 적용 가능한 것이어야 한다. 그 외 유화제에 요구되는 일반적인 성질은 다음과 같다.

① 침투액과 상용성이 있을 것.
② 소량의 수분이 혼입되어도 노화되지 않을 것.
③ 중성으로 부식이 없을 것.
④ 인화점이 높을 것.

4.4.3.4. 검사 방법 및 순서

침투탐상 검사는 검사대상물 표면에 침투액을 떨어뜨려 침투시킨 후 표면의 과잉 침투제를 제거하고, 건조시킨 후 현상제를 다시 도포하고 관찰하면 불연속부에 침투된 침투액이 추출되어 결함을 관찰할 수 있다. 이에 대한 Flow chart와 순서는 아래와 같다.

그림4. 115 침투탐상검사의 Flow chart

① 침투처리 ② 세척제도포 ③ 제거처리 ④ 현상처리 ⑤ 관찰

그림4. 116 침투탐상 검사 순서도

(1) 전 처리

표면의 균열과 결함 내에 유지류와 수분 등이 들어있거나, 검사 면에 녹과 스케일(scale) 등의 고형물이 존재하고 있으면, 침투액의 결합내부 침투가 어려우며, 검사면상에 퍼지면서 표면을 잘 적시는 것을 방해하게 되므로 이러한 나쁜 영향을 미치는 오염 물질을 제거하기 위해 가장 먼저 표면의 청정작업을 실시해야 하며, 이 작업을 전처리라 한다. 일반적으로 유지류에 의한 오염제거용으로는 유기용제, 수분을 제거하기 위해서는 건조, 기타 오염물은 물이나 적절한

약재를 사용하여 제거한다.

(2) 침투 처리

검사체의 결함에 침투액이 잘 스며들게 하기 위해서는 침적, 붓칠, 스프레이(spray)에 의한 도포 등의 방법으로 검사체 표면을 침투액으로 완전히 덮어두면, 결함이 있는 경우에는 결함의 내부에 침투액이 침투되어 간다. 침투처리란 결함의 내부에 침투액이 충분히 침투하도록 하는 탐상작업이다.

침투처리 시에 침투액이 결함 내에 침투되기 위해서는 침투할 공간 및 충분한 시간이 필요하다. 침투 시간은 침투액체의 성질, 결함의 직경 또는 폭에 따라 다르며, 더욱이 액체의 성질은 온도 또는 재질의 환경조건에 따라 변하므로 침투처리의 조건에 주의하여 침투처리를 하도록 하여야 한다.

(3) 제거(세척) 처리

침투액이 표면 결함에 충분히 침투된 후 검사체 표면에 부착되어 있는 잉여침투액을 완전히 제거하여 침투액이 결함 내부에만 잔존하는 상태로 만들어야 한다.

세척제를 사용하여 제거하는 경우, 결함내부에 침투된 침투액까지 씻어버릴 수 있으므로 건조한 천이나 종이 등으로 대부분의 침투액을 우선 제거하고, 마무리로서 세척제를 천이나 종이 등에 소량 묻혀 표면의 잉여 침투액을 제거하는 것이 바람직하며 이를 제거처리라 한다. 반면, 물을 사용하여 세척하는 경우에는 검사면에 직접 물을 분사하여 잉여 침투액을 세척하며, 이를 세척처리라 한다.

(4) 건조처리

물에 의한 세척처리 후 검사체 표면이 물에 젖어 있거나, 오목부에 남아있는 물을 그대로 두면 다음의 현상처리가 제대로 되지 않는다. 이 때문에 검사체에 남아있는 세척수를 자연건조, 천, 종이, 냉풍, 온풍, 또는 열풍을 사용하여 건조시켜야 하며, 이를 건조처리라 한다.

즉, 건식 현상제를 사용하는 경우, 검사체의 표면에 수분이 있으면 현상제 분말이 검사체 전면에 부착되어 바탕면이 불량하므로 명료한 결함 지시모양을 얻지 못하거나, 의사모양의 원인이 된다. 또한 속건식 현상제를 사용하는 경우에는 현상제가 건조되지 않거나, 결함에서의 침투액의 흡출을 방해한다. 습식 현상제를 사용하는 경우에는 현상제의 막이 형성되지 않거나, 결함에서의 신속한 침투액 흡출이 일어나지 않아 식별성을 저하시키게 된다.

건조처리 시에 특히 주의해야 할 것은 건조온도와 건조시간이다. 즉, 고온에서 건조하거나 장시간 건조하면 결함내의 침투액 성질이 변화하여 지시모양의 식별성이 저하될 우려가 있다.

따라서 건조온도는 그다지 높지 않게, 현상제 중의 수분을 건조시키는 정도에서 멈출 필요가 있으며, 일반적으로 건조온도는 검사체 표면온도가 50℃를 초과하지 않도록 한다.

건조처리 방법은 자연건조와 천 또는 종이 등으로 수분을 흡수하여 건조하는 방법, 또는 헤어드라이어, 공기분사, 건조기 등에 의한 방법 등이 있지만, 건조속도가 빠르고 동시에 검사체의 온도를 조절할 수 있는 열풍순환식 건조기를 사용하는 것이 바람직하다.

(5) 현상처리

건조되어 있는 검사체에 현상제를 사용하여 현상작업을 실시하면 결함 중에 잔존하던 침투액은 현상제와 접촉하여, 현상제 피막 중에 빨려나와 침투액의 지시모양이 나타나는데, 이를 현상처리라 한다. 현상처리 작업은 결함지시모양을 나타나게 해야 하므로 매우 중요한 작업이며, 실수할 경우에는 지금까지 행한 검사처리가 일순간에 전부 무효가 되어버리는 작업이므로 숙련을 요하는 작업이다.

현상처리는 결함부 표면에 미립자의 현상분말로 매우 얇은 층을 형성시켜서, 각각의 미립자 사이에 형성된 매우 미세한 틈 사이가 모세관현상을 일으켜서, 결함 중에 들어있는 침투액이 이 틈 사이로 피막 중에 흡출·확장되어, 마침내 표면에서 육안으로 식별 가능한 지시모양이 형성되도록 실시하는 작업이다.

염색침투탐상 검사의 경우에는 침투액을 빨아올림과 동시에 넓은 면적으로 확장시켜, 실제 결함 크기보다 훨씬 크게 확대된 지시모양을 형성시켜 사람의 눈으로 용이하게 볼 수 있는 크기로 하며, 또한 지시모양의 색(침투액의 색)이 주변의 색(건전부 표면의 색)과 명료하게 구별될 수 있도록 하얀 백그라운드(back ground)를 형성시킨다.

형광침투탐상 검사의 경우에는 결함에서 지시 모양만을 밝고 빛나게 형광을 발하여 결함부를 용이하게 찾아내는 방법이다.

이밖에 형광침투탐상 검사에서 현상제에 의한 흡출효과를 이용하지 않고, 가열처리에 의한 침투액의 팽창과 결함 내부에 남아있는 공기의 팽창 등에 의해 침투액이 결함 개구부 주변에 퍼져 확대된 지시모양이 형성되는 무현상법이 있다.

(6) 관찰

현상처리에 의해서 나타난 지시모양은 자연광, 백색광 또는 자외선의 아래에서 육안관찰 하는 것에 의해 미세한 결함도 확대되어 검출된다.

이 경우 지시모양의 식별도는 현상제 피막 중에 빨려나온 침투액에 의한 지시모양의 확대와 침투액과 현상제 피막간의 색과 밝기의 차이, 즉 대비(콘트라스트)에 크게 의존되며 더욱이 상의 번짐, 지속시간 등에 의해서도 크게 영향을 받는다.

염색침투탐상검사는 색에 의해 지시모양의 지각 및 식별하는 것으로, 지시모양은 명료한 적색이어야 하며, 그 형상과 윤곽의 식별 가능한 밝기가 필요하다.

형광침투탐상 검사의 경우는 형광물질에서 빛나는 밝기를 식별하는 것으로 관찰하는 환경은 가능한 어둡게 하고, 그 반면 형광체는 가능한 한 밝은 빛을 발하도록 해야 한다. 형광체의 밝기를 필요한 밝기로 유지하기 위해서는 충분한 강도의 자외선을 조사하여 두는 것이 필요하며, 그러기 위해서는 조사거리를 너무 멀리하지 말고, 필터 전면의 더러움을 제거하여 강도가 약하게 되지 않도록 해야 한다.

(7) 후처리

결함에 침투된 침투액은 현상제 피막 중에 대부분 흡출되므로 후처리 대상으로는 표면의 침투액과 현상제 제거 처리이다. 침투액은 일반적으로 용제에 의해 제거되지만, 현상제가 묻어있는 그대로 용제를 분산시켜 제거하면 현상제를 도리어 확산시킬 뿐이므로 충분하게 제거하는 것이 곤란하다. 따라서 먼저 현상제를 제거하고, 후에 침투액을 제거하도록 항시 주의해야 한다.

현상제를 제거할 때에는 천으로 닦아내거나 와이어 브러쉬로 문질러 기계적으로 제거하는 것이 가장 바람직하다. 만약 그래도 충분하지 않으면 온수로 세정하거나 계면활성제를 조금 첨가한 온수 또는 물로 씻어내는 것이 좋다. 특히 계면활성제가 첨가된 것은 침투액도 동시에 제거할 수 있어서 편리하다.

4.4.3.5. 측정시 유의사항

① 침투탐상 검사의 가장 중요한 점은 침투액이 결함내부에 잘 침투되어야 하므로 결함 내부를 깨끗이 하는 전처리 작업을 철저히 하여야 한다.

② 이 처리는 유지류를 유기용제에 용해하여 용해되어 있는 용제가 휘발되기 전에 제거하는 작업이므로 용해에 필요한 시간과 충분한 양의 용제를 사용하여야 한다.

③ 전처리 작업시 결함의 개구부를 막아버리는 표면처리는 사용하지 않아야 한다. 또 침투액의 색과 형광도 등 콘트라스트와 관계있는 인자에 나쁜 영향을 미치는 용제, 세정제 및 표면처리제 등을 사용한 경우에는 중화, 수세 등에 의해 충분히 제거되도록 해야 한다.

4.4.4. 강재 자분탐상 검사

4.4.4.1. 개요 및 적용

자분탐상검사(M/T검사, Magnetic Particle Testing)는 물리·화학적 방법의 하나로서 철강 등 자성재료의 표면 및 표면직하의 결함 탐상에 적합한 시험방법이다.

이는 철분을 자석에 달라붙게 하는 현상을 검사에 응용한 것으로서 검사 대상물인 강자성체 표면에 자장을 형성시키고, 자분이라 불리는 자성분말을 골고루 산포한다. 그러면 결함이 있는 부분으로부터 표면에 새어나온 누설자강(Leakage field)에 의해 자분이 모이거나 붙어서 불연속부의 결함 모양을 나타내며 이때 결함지시모양은 결함의 수십 배로 커지기 때문에 쉽게 발견할 수 있다.

자분탐상검사의 특징 및 적용성과 주요 용도는 다음과 같다.
① 결함모양이 표면에 직접 나타나 육안 관찰이 용이하며, 표면균열검사에 적합하다.
② 얇은 도장, 도금 및 비자성 물질의 도포 등에도 작업이 가능하다.
③ 시험품의 크기, 형상 등에 그다지 구애를 받지 않는다.
④ 정밀한 전처리가 요구되지 않으며, 작업이 신속 정확하고 자동화가 가능하다.
⑤ 검사자가 쉽게 검사 방법을 배울 수 있으며, 검사 비용이 비교적 저렴하다.

표4. 77 강재 자분 탐상검사의 주요 용도

철강, 금속	빌렛트, 환봉, 선재, 주강품·단조품의 탐상, 용접강판의 탐상, 압연 ROLL의 탐상, 후판의 표면탐상
수송기	크랭크샤프트, 캠샤프트 등의 자동차용주조, 단조부품의 탐상, 항공기용 엔진, 기체용 부품의 탐상, 선박용 디젤 엔진 부품, 열차 차량, 차축의 탐
전력, 가스, 석유, Plant	석유탱크의 내면 및 용접부, LPG탱크홀더, 발전용 터빈샤프트. 베어링, 배관류의 탐상
기계 부품	베어링, Pump, Valve , 볼트 등의 탐상, 건설기계, Forklift등의 탐상

4.4.4.2. 자분 탐상시험의 원리

강자성체는 작은 자석의 집합체라고 생각할 수 있으며, 자화될 때까지 이 작은 자석은 각각 임의의 방향으로 향하고 있지만, 자장 중에 놓이게 되면 지금까지 임의의 방향으로 향하고 있던 자석이 동일한 방향으로 정렬되어 새로운 자석이 된다.

즉 자극이 나타나게 되고 이 자극에 의하여 자속이 발생한다. 이 경우 단면적에 대한 자속을 자속밀도라 한다. 만약 시험체 중에 자속의 흐름을 방해하는 불연속이 존재하면 자속은 우회하거나 공기 중으로 누설되어 흐른다. 이 누설된 자속을 누설자속이라 하며, 이 결과로 생긴 자장을 누설자장이라 부른다. 이 누설자속에 의하여 자화된 자분이 누설자속 주변에 집적되어 결함의 폭보다 넓은 폭을 갖는 자분 모양이 형성되며, 이 자분 모양을 관찰하여 결함의 존재를 알게 된다.

즉, 자분탐상 시험은 강자성체의 표면 및 표면 직하의 결함을 탐상하는 방법의 하나로서 강자성체에 자장을 가하면 결함부에 생기는 누설자장으로 인해 자분이 자화되어 결함부에 보이게 되면서 불연속부의 윤곽을 형성하며, 그 위치, 크기, 형태 등을 검사하는 비파괴 검사 방법 중의 하나이다.

4.4.4.3. 자분탐상 장치(M/T장치)

자분탐상장치의 구성은 자장을 일으키는 장치, 결함부를 식별할 수 있게 하는 자분 및 자분액 산포장치로 대별되며, 자장을 일으키는 방법으로 검사 대상물에 직접 전류를 흘려 자화하는 것과 비접촉으로 대상물을 자화하는 것이 있다. 자분탐상장치는 자화장치, 자화전원, 자분액 공급장치, 자분액 산포장치, 검사

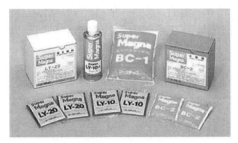

사진4. 47 자분탐상장치의 구성 예

실 등으로 구성되며 검사대상물의 재질, 치수, 처리시간 등을 고려해서 검사장치의 사양을 결정한다.

(1) 자분

자분탐상 검사는 자외선 탐사 등의 아래에서 시행하는데 이때 형광을 발광시키는 형광자분이 있다.

또, 산포방식에 따라 분체 그대로 사용하는 건식자분과, 물 또는 기름에 분산시켜 사용하는 습식자분이 있다.

습식으로 사용할 때에는 자분분산액을 균일하게 하고, 탐상성을 향상시키기 위해 자분 분산제를 사용한다. 분체 제품 외에 사용이

사진4. 48 자분의 예

간단한 에어졸(air sol) 형식과 물에 희석시키는 것만으로 사용가능한 농축액 형태의 자분도 개발되어 있다.

자분에 요구되는 일반적인 성질은 다음과 같다.
    ① 자분의 자기적 성질 : 투과율이 높고, 보자력이 작을 것.
    ② 자분의 입도 : 입도가 큰 경우는 폭이 넓은 결함의 검출에 유리하고, 입도가 작은 경우는 폭이 좁은 결함의 검출에 유리하다.
    ③ 자분의 비중 : 겉보기에 비중이 가벼운 것이 좋다.
    ④ 자분의 색조 및 휘도 : 시험면과 적절한 명암도를 가져야 한다.

(2) 분산제

분산제는 자분을 습식법으로 사용할 때에 사용하는 것으로서 검사대상물 표면과의 접착력을 좋게 하고, 자분 분산의 균일성을 유지하기 위해 사용한다.

분산제의 요구조건을 아래와 같다.

① 점도가 낮고, 적심성이 좋을 것.

② 장기간 변질이 없을 것.

③ 휘발성이 작을 것.

④ 시험체에 해가 없을 것.

⑤ 인화점이 높을 것.

⑥ 인체에 유해하지 않을 것.

사진4. 49 형광자분 분산제

사진4. 50 백색자분 페인트

(3) 검사액

검사액은 분산매에 자분을 함유시켜 검사대상체에 자분의 접착력을 좋게 하고 식별이 용이하게 하는 자분탐상용 액체로서, 요구되는 일반적인 성질은 아래와 같다.

① 적당한 분산농도의 자분을 함유할 것.

② 결함부 자분지시 모양의 콘트라스트(선명도)를 저하시키지 않기 위하여 분산매가 색상 또는 형광성을 띠지 않을 것.

③ 검사액 중에 자분이 잘 분산되어 있을 것.

④ 검사액 중에 있는 자분의 현탁성이 장시간 유지될 수 있을 것.

⑤ 시험면에 대하여 적심성이 좋을 것.

⑥ 시험면에 대하여 부식성이 없을 것.

(4) 콘트라스트와 식별성

시험면상에서는 자분모양이 결함부뿐만 아니라 건전부에도 형성되어 있으며 미세한 자분모양 즉, 미세결함은 식별이 곤란하므로 결함부에 충분한 양의 자분을 집적시키고, 한편 건전부에는 자분이 부착 또는 잔류하지 않도록 하는 동시에 적절한 조명을 가해 충분한 밝기가 되도록 해야 한다.

결함부 자분 밝기와 건전부에 부착된 자분(Background) 밝기의 차를 건전부 자분의 밝기로 나눈 값을 콘트라스트(선명도)라 부르며, 다음과 같이 나타낸다.

$C = |B_F - B_0| / B_0$ 여기서, B_0 : 건전부에 부착된 자분의 밝기

B_F : 결함부 자분의 밝기

C : 콘트라스트

4.4.4.4. 자분탐상 시험의 종류

강재 자분탐상 시험의 종류는 자화방법, 자화시기, 자분의 조건 등에 따라 아래의 표와 같이 분류할 수 있다.

표4. 78 자분탐상 시험의 종류

분류의 조건	분류
자분적용에 대한 자화 시기	연속법, 잔류법
자분의 종류	형광자분, 비형광자분
자분의 분산매	습식법, 건식법
자화전류의 종류	직류, 교류 등
자화 방법	축통전법, 전류관통법, 프로드법, 극간법 등

(1) 자화시기에 의한 분류

1) 연속법

자화전류를 흘리거나 또는 영구자석이나 전자석을 시험면에 접촉시켜 자화하면서 자분을 적용하는 방법으로 강자성체에 적용한다.

2) 잔류법

자화를 중지한 후 자분의 적용을 행하는 방법으로 보자력이 큰 재료에 사용이 가능하며, 연속법에 비해 검출능력이 다소 떨어지지만 표면의 요철부 또는 단면 불연속부에 자분 흡착이 적어 결함의 지시모양 관찰이 용이하다. 특히 나사부 등 복잡한 형상부의 검사에 적합한 방법이다.

사진4. 51 포터블 자화장치의 예 　　　　사진4. 52 휴대용 자화장치 및 적용의 예

(2) 자분의 종류에 의한 분류

1) 비형광 자분

백색, 흑색, 적색, 회색 등 여러 가지 색의 자분으로, 형성된 자분모양을 가시광선 아래에서 관찰할 때 사용되며, 색상에 의한 콘트라스트를 이용하여 식별한다.

2) 형광자분

자외선의 조사에 의해 형광을 나타내는 도료를 도포시킨 자분으로 어두운 곳에서 자외선을 조사하면서 관찰할 때 사용되며, 밝기에 의한 콘트라스트를 이용하여 자분모양을 식별하며 비형광자분에 비해 식별성이 좋다.

표4. 79 형광 및 비형광 자분의 비교

	비형광 자분	형광 자분
장점	• 가시광(백색광) 아래에서 검사가 가능하므로 특별한 조명이 불필요하다. • 자분의 색 종류가 많다.	• 피검사물과 명암도가 좋으므로 미세 결함의 검출에 적당하다. • 저농도로도 사용 가능하다.
단점	• 검사물과의 명암도를 고려하여야 한다. • 형광자분 보다 고농도로 사용한다.	• 암실이 필요하다. • 자외선 조사장치(Black light)가 필요하다.

사진4. 53 일반자분

사진4. 54 백색자분 에어졸

사진4. 55 형광자분

(3) 자분의 분산매에 의한 분류

1) 건식법

공기를 분산매로 하여 건조된 자분을 이용하는 방법으로서, 사용되는 자분은 습기에 약하므로 보관에 유의해야 하며, 공기를 매개로 검사체의 자분을 직접 불어넣거나 뿌려서 적용한다.

2) 습식법

등유나 물 등의 액체나 자분을 분산, 현탁시켜 적용하는 방법이다.

표4. 80 건식법 및 습식법의 비교

	건식법	습식법
장점	• 피검사물의 방청을 고려할 필요가 없다. • 자분은 사용하고 버리기 때문에 사용 중 자분관리가 별도로 필요 없다. • 비교적 거친 표면 상태에 사용할 수 있다.	• 미세결함의 검출이 가능하다. • 검사액의 회수가 용이하여 연속사용이 가능하다. • 검사액의 살포가 쉽다.
단점	• 피검사물과 자분 모두 건조가 필요하다. • 살포방법이 비교적 어렵다. • 대량 사용할 때는 집진장치 등이 필요하다.	• 피검사물의 방청을 고려하여야 한다. • 첨가제를 필요로 하며, 검사액 관리가 어렵다. • 기름분산은 특히 화재, 냄새 등에 주의해야 한다.

(4) 자화전류의 종류에 의한 분류

표4. 81 자화전류의 종류에 의한 분류

	직류	맥류	충격전류	교류
표면결함의 검출	적당	적당	적당	적당
표면부근의 내부결함 검출	적당	적당 (조건부)	부적당	부적당
연속법	적당	적당	부적당	적당
잔류법	적당	적당	적장	부적당

(5) 자화방법에 의한 분류

원리적으로 전류에 의해 발생하는 자장을 이용하는 방법(직접통전법)과 영구자석이나 전자석의 자장을 이용하는 방법(극간법)이 있다. 특히 전류를 이용하는 방법에는 시험체에 직접 전류를 흘리는 방법과 직접적으로 흘리지 않는 방법이 있다. 자화방법 선택 시 고려할 사항은 아래와 같다.

① 모든 방향의 결함을 검출하기 위해서는 자장의 방향에 수직하게 교차할 수 있는 방법으로 2회 이상 자화해야 한다.
② 자장의 방향과 결함의 방향이 직각일 때 가장 잘 검출되므로 시험방법에 대한 자장의 방향을 이해하는 것이 요구된다.
③ 시험체의 크기, 형상이 큰 경우 분할하여 자화하는 방법을 적용한다.
④ 시험환경, 시험장소가 높은 곳 등에서는 부득이 작업성은 떨어지더라도 결함의 검출성능은 저하되지 않도록 주의를 요한다.

표4. 82 자화 방법

자화 방법	기호	비고
축 통전법	EA	시험품의 축방향에 직접 전류를 보낸다.
직각 통전법	ER	시험품의 축에 대하여 직각방향으로 직접 전류를 보낸다.
프로드법	P	시험품의 국부에 2개의 전극을 맞추어 전류를 보낸다.
전류 관통법	B	시험품의 구멍 등으로 관통시킨 도체에 전류를 보낸다.
코일법	C	시험품을 코일속에 넣어 전류를 보낸다.
극간법	M	시험품을 전자석이나 영구자석의 자극 사이에 둔다.
자속 관통법	I	시험품의 구멍 등에 관통시킨 자성체에 교류자속 등을 주어서 시험품에 유도 전류를 보낸다.

4.4.4.5. 자분지시 모양에 영향을 주는 요인
① 자장의 방향과 강도　　② 불연속 결함부의 크기, 형태 및 방향
③ 자화 방법　　④ 자분의 특성 및 적용방법
⑤ 시험편의 자화 특성　　⑥ 시험체의 형태 및 표면의 특성

4.4.4.6. 자성체의 분류
(1) 강자성체

강자성체는 철, 니켈, 코발트 및 이들의 합금이 이에 속하며 자장에 강하게 반응하여 자분탐상검사에 가장 적합한 재료이다. 그러나 스테인레스강 같은 재료는 어느 특정온도(즉, 퀴리온도) 이상이 되면 강자성의 성질이 상실되는 재료가 있다. 이때 물질에 따라 이 온도는 변하나 약 760℃가 퀴리온도가 되는 경우가 많다.

또한 저탄소강들은 고탄소강보다 높은 투과율을 가지므로 표면하의 1/4인치까지도 탐상이 가능하다. 니켈, 코발트 등은 표면 검사에 한한다. 단, 합금강 중에 오스테나이트상으로 된 스테인레스강 등은 자분탐상 검사를 할 수 없다.

(2) 상자성체

자장에 약간 영향을 받으나 자분탐상검사에는 적합하지 않은 재료로서 알루미늄 및 그 합금, 마그네슘, 티타늄 합금 등이 이러한 재질에 속한다.

(3) 반자성체

가해주는 자장과 반대 방향으로 자기쌍극자(magnetic dipole)가 생기나, 매우 약하다. 자장에 거의 영향을 받지 않으므로 자분탐상법으로는 검사할 수 없는 재료들이며, 금, 구리, 비스무스 및 아연 등과 같은 것이 여기에 속한다.

4.4.4.7. 강재의 불연속(결함) 종류

(1) 불연속의 종류

① 고유 불연속 : 주물 주조품의 제조 과정에서 나타날 수 있는 불연속부에는 대표적인 것으로 파이프, 기공, 개재물, 편석, 탕계, 고온 균열 등이 있다.

② 가공중 불연속 : 일차가공(단조, 압연) 및 최종가공(연마, 열처리, 용접, 기계가공 등) 과정에서 발생하는 결함으로서, 대표적인 것은 겹침, 단조터짐, 심레미네이션, 연마 및 열처리 균열, 각종 용접 결함 등이 있다.

③ 사용 중 불연속 : 사용 중 불연속으로 피로균열이 대표적이다. 피로 균열은 통상응력이 집중되는 부위 혹은 주변에 나타난다.

(2) 주조품의 결함

① 탕계(Cold shut) : 용금의 온도가 낮은 용탕이 합친 곳이 완전히 용착되지 못하고 기계적으로 접촉되어 있는 선형 결함.

② 기공 : 주형이 용금의 열로 인하여 수증기와 같은 가스를 발생하고, 이 가스가 외부로 배출되지 못하여 남아 있는 것. 그러나 기공도 종종 표면과 연결 되는 미세한 통로를 가지는 형태로 나타날 때 침투탐상검사로 가능하다.

③ 수축공 : 용탕의 수축에 의해 생긴 유공.

④ 개재물 : 래이들로부터 용재가 주물 내에 말려 들어간 것.

⑤ 기타 : 단조품의 결함, 압연 강판의 결함, 용접부의 결함 등.

4.4.4.8. 자분탐상 검사 방법

자분탐상 검사의 시험 Flow chart 및 각 순서별 내용은 아래와 같다.

그림4. 117 자분탐상 시험의 Flow chart

(1) 전처리

용접부 표면에 결함검출 성능을 저하시키는 요인이 있는 경우, 일반적으로 다음과 같이 전처리를 하여 적절한 표면상태가 되도록 한다.

① 그라인딩(Grinding) : 형상, 거칠기의 수정, 스패터, 스케일, 기타 이물질의 제거
② 박리제의 도포 : 페인트의 제거   ③ 브러싱(brushing) : 녹 등을 제거
④ 유기용제 세정 : 유지류의 제거   ⑤ 건조(건식법) : 수분의 건조
⑥ 탈자 : 전류자장에 의하여 검사에 영향을 미칠 우려가 있는 경우

(2) 자분의 종류와 선택

시험방법, 시험장소, 피검물의 형상, 표면상태 등의 조건에 따라 적합한 자분을 선택한다. 일반적으로 미세한 입자의 자분은 결함부에 부착된 자분 지시모양이 가늘어 선명하게 관찰되고, 입자가 큰 자분은 자분 모양의 지시가 굵어 폭이 넓은 결함의 검출에 적당하다. 미세결함의 탐상에는 입자 지름의 작은 자분이 탐상 정밀도를 높이고 의사 지시모양의 판별이 비교적 쉽다.

(3) 자화 및 자분의 적용
1) 통전시간
　　① 연속법 : 검사면에 자분 도포 후 자분모양 형성에 필요한 시간보다 여유 있는 긴 통전시간이 필요하며, 형광자분은 약 3초, 비형광자분은 5초 정도 필요하다.
　　② 잔류법 : 일반적으로 1/4~1초 정도의 통전시간이 필요하고 충격전류를 사용할 경우 1/120초 정도로 3회 이상 통전한다.

2) 자분의 적용방법
자분의 적용은 결함이 검출되는지의 여부를 좌우할 정도로 시험기술자의 기량에 크게 영향을 받기 쉬우므로 건식법과 습식법의 경우 다음과 같은 주의사항을 고려하여야 한다.

i) 건식법의 경우

① 격심한 공기의 흐름에 사용하지 않는다.

② 자분이 덩어리 형태로 되어 떨어지지 않도록 한다.

③ 시험편은 충분히 건조시킨다.

④ 건전부에 부착하여 있는 자분을 약한 공기흐름으로 제거한다.

ii) 습식법의 경우

① 탐상범위 전면에 균일하게 산포한다.

② 시험면에 경사를 주어 검사액에 머무르는 자분이 없도록 한다.

③ 검사액을 흐르는 상태로 적용한다.

④ 시험면에 직접 검사액을 적용하지 않고 위로부터 흘러내리도록 한다.

(4) 자분모양의 관찰

자분의 지시모양 관찰은 원칙적으로 자분의 적용이 끝난 직후에 하여야 한다. 자분 지시모양의 관찰은 다음 요령에 따른다.

1) 일반 사항

① 시험품을 손으로 유지하며 관찰하는 경우는 우선 유지하고자 하는 부분부터 관찰하거나 관찰이 끝난 부분을 유지하도록 한다.

② 자분의 지시모양이 관찰되면 우선 의사지시 모양인가 결함지시 모양인가를 구별한다. 종종 결함이 아닌 것이 포함되어 있으므로 육안관찰에 주의하여야 한다.

③ 육안관찰은 관찰면에 정면에서 한다. 비스듬히 관찰하는 것은 미세한 자분 또는 표면 요철부 등에 부착된 자분지시 모양의 구별이 곤란하여 오류를 범할 수 있다.

④ 관찰하기 위한 광선(자외선 조사등 또는 가시광선 램프)은 관찰면에 대해 반사광이 없는 위치와 각도에서 조사하도록 한다. 특히 관찰면의 마무리 상태가 좋은 경우 강한 반사광으로 관찰이 곤란하게 될 때가 있다.

⑤ 자분 지시모양의 상태로부터 결함의 깊이를 추정하는 것은 곤란하다.

2) 형광 자분

① 충분히 어두운 장소(20Lux 이하)에서 관찰한다.

② 자외선 조사장치 요구 성능: 파장: $320\sim400\,nm$, 강도: $800\sim1000\,\mu m/cm^2$ 이상

③ 가시광선 램프를 준비하여 필요에 따라 관찰면의 상태를 비교, 관찰한다.

3) 비형광 자분

① 비형광 자분인 경우 가급적 밝은 장소에서 관찰한다.

② 건식자분의 경우 자분모양 형성 후 여분의 자분을 제거하고 뚜렷하게 관찰한다.

4) 시험면의 밝기

비형광자분의 경우는 50Lux 이상의 조도를 취하여 가급적 밝은 곳에서 관찰한다. 형광자분의 경우에는 시험면의 표면에서 자외선의 강도가 800㎛/㎠이상의 밝기가 필요하며, 특히 자외선 조사장치의 경우는 시험면에 가까이 하고 광축이 가능한 한 시험면에 수직이 되도록 한다.

사진4. 56 자외선 조사장치

형광자분의 경우 어두운 곳에서 자분모양을 관찰하여야 하며, 사람의 눈이 어둠 속에 익숙해지는 데에는 약 5분의 시간이 필요하다.

또 주위의 백색광에 의한 밝기는 20Lux 이하로 시험체가 희미하게 보일 정도로 차단하는 것이 바람직하다. 형광 또는 비형광 어느 쪽의 경우에도 시험면의 밝기가 부적당하면 자분모양의 검출을 빠뜨릴 수가 있으므로 세심한 주의가 필요하다.

5) 자외선 조사장치 또는 백색등의 조사 방향

자분에 의한 결함의 관찰은 세심한 주의가 필요하다. 직접광 또는 반사광이 눈으로 들어가지 않는 방향을 선정한다. 특히 자외선이 눈으로 들어가면 눈에 수정체가 발광하여 자분모양의 식별성을 나쁘게 하여 시험에 오류를 범할 수 있다.

(5) 검출의 기록

자분 지시모양의 기록 방법은 스케치, 전사, 사진촬영 등의 방법이 있다. 또한 특수한 목적을 위해 자분 지시모양을 시험면에 놓고자 할 때는 자분 지시모양을 잘 건조하여 투명한 니스나 락카 등으로 처리하여 시험면에 고정하거나 가열에 의해 고착하는 자분을 이용, 시험면을 가열하여 자분 모양을 고정하는 방법이 있다.

가급적 검출 및 불연속부의 내용을 도시화하고 근접 사진 촬영하여 기록하도록 한다.

(6) 탈자

시험품에 주어진 자장의 방향을 교대로 반전시키면서, 자장의 세기를 서서히 약하게 하여 0(Zero)까지 내리든가, 자장의 세기를 일정하게 유지하고 시험품을 자장 중에서 서서히 멀리 하여 각각 전류자기를 없애는 방법이다. 자장의 방향을 교대로 반전시키는 데는 교류를 사용하는 방법과 직류 또는 맥류의 극성을 저주기로 바꾸는 방법이 있다.

교류탈자에는 상용 교류전원이나 자분탐상장치에서 발생되는 교류전류를 사용하나, 직류탈자에는 탈자장비가 필요하다.

1) 탈자시 주의사항

① 탈자할 때 걸어주는 교번자장의 방향은 시험품을 자화시켰을 때의 방향으로 한다.

② 교류탈자에서는 표피효과로 인해 내부는 거의 탈자 되지 않는다.

③ 자화자장의 세기보다 더 강한 자장으로 탈자를 수행한다.

④ 탈자전류가 거의 0에 도달하여야 한다.

⑤ 반자장을 고려하여야 한다.

2) 탈자의 확인

① 시험품에 자극이 있는 경우 : 자극 발생부는 일반적으로 단면 급변부이다.

- 자속계 또는 자장지시계 등을 이용하여 전류자기를 측정한다.
- 나침반의 자침이 기우는 것을 가지고 잔류자장을 확인한다.
- 철핀이나 철분 등을 시험체의 자극부에 흡착하여 잔류자장의 유무를 확인한다.

② 시험품에 자극이 없는 경우 : 일반적으로 시험품의 단면 형상이 비교적 균일한 Ring 모양의 경우 시험체에 자극이 존재하지 않는다.

- 결함이 존재하면 탈자 후 결함에 자분을 적용하여 자분의 부착 여부를 확인한다.
- 시험품을 강자성체로 마찰한 후 자분의 부착 유무로 확인한다.

4.4.4.9. 자분탐상 검사 시 유의사항

① 자분탐상 검사는 강자성체의 재료에 국한하여 시행한다.

② 강자성체의 표면 또는 직표면 검사에만 가능하며, 내부 검사는 불가능하다.

③ 불연속부의 위치가 자속방향에 수평인 결함은 검출이 곤란하다.

④ 검사 중 또는 검사 후 탈자가 요구되는 경우가 있다.

⑤ 검사 완료 후 자분제거 등의 후처리가 종종 필요하다.

⑥ 특이한 형상의 시험체를 검사하기 위해서는 시험 방법이 매우 까다롭다.

⑦ 대형의 구조물, 단조물의 시험에는 대단히 높은 전류가 요구되기도 한다.

⑧ 전기 접점에서 가공 면에 손상을 가져오는 경우가 있다.

⑨ 자분으로 나타난 지시모양의 판독에 많은 경험과 숙련이 필요하다.

4.5. 변위 검사

4.5.1. 수평변위 검사

4.5.1.1. 개요

수평변위 검사는 수직하중에 의한 부재의 처짐 또는 기초 및 지반의 부동침하로 인하여 구조물의 침하 여부를 조사하기 위한 검사로서 일반적으로 레벨기를 사용하여 각 지점별 변위를 측정한다. 레벨기를 이용하여 고저차를 측정하는 일반적 방법은 다음과 같다.

1) 기계설치

삼각다리를 닫은 채로 지면에 세워서 삼각머리부분이 눈높이가 되도록 다리를 늘리고 고정나사를 조인 후 삼각을 펴고 삼각머리 부분을 수평으로 한 뒤 지반에 고정시킨다.

레벨기를 삼각대 머리 부분에 올려놓고 고정나사를 고정시킨 후 수평나사를 돌려서 기포가 중앙에 위치하도록 조정하여 레벨기의 수평위치를 확보한다.

2) 시준

레벨기 파인더부 대물렌즈를 목표물에 위치하고 접안렌즈를 서서히 돌려 초점판의 십자선이 선명하도록 하고, 미동나사를 이용하여 시야 중앙부에 목표물이 오도록 설정하고 초점나사를 돌려서 초점을 맞추고 목표물의 상과 십자선이 일치하는 지점을 계측한다.

사진4. 57 레벨기

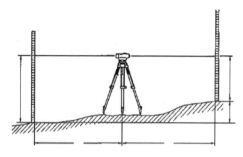

그림4. 118 고저차 측정 방법

사진4. 58 레이저레벨기

사진4. 59 레이저레벨기의 실내 측정

4.5.1.2. 수평변위 검사 방법

실내의 부재 처짐상태 등을 조사할 경우에는 레이저레벨기를 이용하거나 레벨기와 스태프를 이용하여 측정한다. 그러나 수평변위 검사는 대부분 구조물의 침하여부를 검사하기 위한 방법이므로 주로 이에 대하여 기술한다.

1) 기계고

레벨기를 설치하였을 때 설치지반으로부터 검측렌즈의 십자선까지의 높이를 말하며, 이는 시설물의 장변길이가 길어서 레벨기를 한번 설치하여 측정하지 못하고 옮겨가며 측정할 경우 전차와 후차의 연결점을 계산할 때 사용하게 된다.

2) 기준점

시설물의 수평변위를 측정하기 위하여 기준이 되는 위치를 선정하는 것으로서 준공 당시에 수평이었을 곳으로 정하며, 건축물인 경우 일반적으로 채양 하부면 또는 창문인방선 등을 선정하되 시설물별 조건에 따라 측정자가 선정하게 된다.

3) 측정점

침하 여부를 판단하기 위하여 레벨기에 의한 일정간격의 측정위치를 말하며, 선정된 기준점과 동일 부재에서 동일한 수평방향의 일정간격 위치를 측정점으로 선정하고 설치된 레벨기로부터 각 위치별 십자선 수치를 기록하여 수평변위도를 도시하면 지점별 수평변위 정도를 파악할 수 있다.

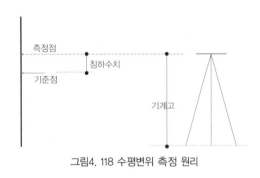

그림4. 118 수평변위 측정 원리

아래의 그림은 OO학교 교사동 건축물의 수평변위를 측정한 사례로서 1층 채양 하부면을 기준점으로 설정하고 각 기둥위치를 측정점으로 선정하여 검사한 결과이다.

그림4. 119 각 지점별 변위수치 및 변위도

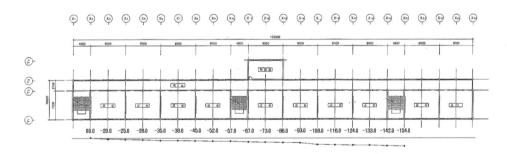

그림4. 120 수평변위 수치에 따른 입면 및 변위도

사진4. 60 레벨기를 이용한 침하(수평변위) 검측 모습

표4. 83 구조물의 최대 허용침하량 및 각 변위의 한계

침하형태	구조물의 종류	허용 침하량(cm)
전체 침하	배수시설 출입구 석조 및 벽돌구조 뼈대 구조 굴뚝, 사일로, 매트	15.0~30.0 30.0~60.0 2.5~5.0 5.0~10.0 7.5~30.0
전도	탑, 굴뚝 물품 적재 크레인 레일	0.04S 0.01S 0.003S
부등 침하	빌딩의 벽돌벽체 철근콘크리트 뼈대구조 강 뼈대구조(연속) 강 뼈대구조(단순)	0.0005S~0.002S 0.003S 0.002S 0.005S

(주) S : 기둥 사이의 간격 또는 임의의 두 점 사이의 거리

표4. 19 기초 및 지반침하의 평가기준

평가등급	전체 침하량	부동 침하량	진행성	평가지수
A	–	L/750 이내	없음	1
B	2.5cm 이하	L/500 이내	없음	3
C	2.5cm 초과 5cm 이하	L/300 이내	0.01mm/일 이내	5
D	5cm 초과 10cm 이하	L/200 이내	0.02mm/일 이내	7
E	10cm 초과	L/200 초과	0.02mm/일 초과	9

※ L : 두 측정점 간의 거리

4.5.2. 수직변위 검사

4.5.2.1. 개요

수직변위 검사는 부재의 수직도 또는 기초 및 지반의 부동침하로 인하여 구조물의 기울어짐에 대한 수직도를 검사하는 항목으로서 실에 메달은 추를 사용하기도 하지만 일반적으로 트랜싯 기기를 사용하여 검사한다.

트랜싯 기기는 본래 각도를 측정하는 기기로서 주척눈금으로부터 분도원 및 버어니어 눈금을 독치하여 단측법, 배각법, 방향관측법 및 각관측법 등에 의해 각을 계측하지만 수직변위 검사시에는 구조물의 상단모서리를 기준점으로 선정하고 수직으로 이동하여 하단부 모서리의 이격거리를 측정하여 기울기를 측정하는 방법이다.

4.5.2.2. 수직변위 측정 방법

수직변위 검사는 소규모 구조물이나 개별부재인 경우 실에 메달은 추를 이용하는 방법이 있으나 일반적으로 트랜싯기기를 이용하여 구조물 상단의 기준점으로부터 수직으로 기기의 파인더부를 내려서 하단부 측정점과의 이격수치를 독치하여 계측한다.

1) 기준점

구조물의 네 모서리 상단부의 어느 한 지점을 기준점으로 선정하고 트랜싯 기기의 파인더뷰 대물렌즈를 기준점에 위치시키고, 접안렌즈를 서서히 돌려 초점판의 십자선이 선명하도록 조절하고 초점나사를 돌려서 초점을 맞춘 후 미동나사를 이용하여 중앙부 십자선에 기준점이 오도록 설정하고 기기의 수평회전이 안 되도록 나사를 조여 고정시킨다.

2) 측정점

기준점으로부터 파인더뷰 대물렌즈를 수직으로 내려서 구조물의 하단부의 변위를 측정하기 위한 위치를 선정하는데 이 지점을 측정점으로 한다. 측정점은 기준점으로부터 수직으로 내려오는데 아무런 구속이나 장애를 받지 않는 동일 마감재이어야 한다.

사진4. 61 트랜싯

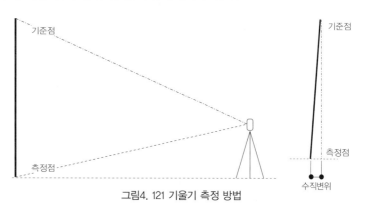

그림4. 121 기울기 측정 방법

아래의 그림은 ○○학교 교사동 건축물의 수직변위를 측정한 사례로서 옥상 모서리를 기준점으로 설정하고 수직으로 하단부 모서리를 측정점으로 선정하여 하단부의 변위를 계측하였다.

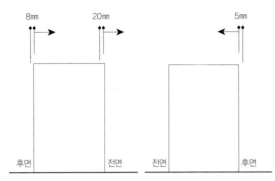

그림4. 122 수직변위 수치에 따른 측면도 및 변위도

사진4. 62 기울기(수직변위) 검측모습

4.5.2.2. 수직변위의 이해

구조물의 수직변형이 발생되지 않았거나 사다리형 또는 편사다리형인 경우 안정한 것으로 판단하되 양편 모두 한쪽으로 기울어진 경우 불안정한 것으로 판단한다.

이때 수직변위값에 따른 각변위(기울기)값을 구하여 상태평가 기준에 따라 등급을 추정하지만, 시공오차를 감안하여 판단하여야 한다. 시공오차는 구조물의 시공상태와 마감상태에 따라 경험치로서 판단하여야 하겠으나 일반적으로 30mm까지는 시공오차의 범주 내에 있는 것으로 간주한다.

그림4. 123 구조물의 수직변형에 대한 안정성 판단

표4. 84 건축물의 기울기에 대한 상태평가 등급기준

평가 등급	평가 기준		평가 점수 (대표값)
	기울기(각변위)	내용	
A	1/750 이내	예민한 기계기초의 위험 침하한계	1
B	1/500 이내	구조물의 균열발생 한계	3
C	1/250 이내	구조물의 경사도 감지	5
D	1/150 이내	구조물의 구조적 손상이 예상되는 한계	7
E	1/150 초과	구조물이 위험할 정도	9

참고문헌 · 찾아보기

표 · 그림 · 사진목록

참 고 문 헌

제1장 총론 및 개요

1. 시설물 사고사례 조사 – 한국시설안전공단, 1997년
2. 시설물 유지관리 – 김양중, 건설기술교육원, 2005
3. 안전정책과정 – 김양중, 경기도지방공무원교육원, 2006
4. 콘크리트진단 및 유지관리 – 한국콘크리트학회, 2005
5. 한국구조물진단공학 – 한국구조물진단학회, 2006
6. 시설물의 생애 – 뉴하우징, 2000
7. 사용자를 위한 유지관리 매뉴얼 – 한국건설기술연구원, 1997
8. 안전한 장수명 시설물을 통한 삶의 질 향상 – 한국건설기술연구원, 2010
9. LCC 예측모델을 활용한 도로시설물 유지관리계획 수립방안 – 한국시설안전공단, 2010
10. 업무시설의 시설관리를 위한 운영관리비 산정모델 개발 – 김세량, 대한건축학회, 2010
11. 시설물의 안전 및 유지관리 기본계획 – 한국시설안전공단, 2013
12. 시설물의 안전점검 및 정밀안전진단 지침 – 국토교통부, 2012
13. 시설물 유지관리업 통계연보– 대한전문건설협회, 시설물유지관리협회, 2011
14. 효율적인 시설물유지관리를 위한 설계.시공단계 정보수집체계 개선방안
    – 이슬기, 유정호, 안호경, 대한건축학회,2012
15. 청주우암상가 아파트 화재 및 붕괴 – 한국시설안전공단, 2010
16. 공공시설물 자산관리 정보시스템 개발 – 한국건설기술연구원, 2011
17. 도로시설물의 자산관리를 위한 자산가치 평가방법에 관한 연구
    – 안재민, 박종범, 이동열, 이민재 – 한국건설관리학회 논문집, 제13권 제4호, 2012. 07
18. 안전점검 및 정밀안전진단 세부지침해설서, 2012
19. 시설물별 안전 및 유지관리계획 수립의 적정성 검토 – 한국시설안전공단, 2012
20. 건축물 유지관리 점검 매뉴얼 – 한국시설안전공단, 2013
21. 시설물의 안전관리에 관한 특별법. 2014
22. Reliability Centered Maintenance – Bloom Neil, McGraw Hill, 2008
23. Facility Manager's Maintenance – Bernard Lewis, Richard Payant, 2012

제2장 성능저하 원인 및 대책

1. 한국구조물진단공학 – 한국구조물진단학회, 2006
2. 철근콘크리트의 특성과 성능저하방지에 관한 연구 – 김양중,한국구조물진단학회, 2010
3. 최신철근콘크리트구조 – 노희일, 부석량, 김현산, 산업도서출판사, 1989
4. 시멘트·콘크리트의 품질시험 및 품질관리 – 한국콘크리트학회,1995

5. 콘크리트진단 및 유지관리 - 한국콘크리트학회, 기문당 2005

6. 시설물 유지관리 - 김양중, 건설기술교육원, 2005

7. 안전정책과정 - 김양중, 경기도지방공무원교육원, 2006

8. 콘크리트구조물의 성능저하원인에 관한 기초적 연구 - 김양중, 김성훈, 김효중
   - 리모델링 전문가 협의회 논문집, 2001

9. 시설물의 객관적인 상태평가 기준정립(건축) - 시설안전기술공단, 2002

10. 건설품질시험 및 품질시공관리실무 - 예문사, 1998

11. 알칼리골재반응 진단 - 이종득, 도서출판 일광, 1996

12. 콘크리트의 조직구조 진단 - 이종득, 도서출판 일광, 1996

13. 철근부식 진단 - 이종득, 도서출판 일광, 1998

14. 실용방식공학 - 전대희, 한국건설방식기술연구소, 동화기술, 1995

15. 시설물 손상 및 보수사례 - 서울시 동부건설관리사업소, 광성문화인쇄사, 1998

16. 부식과 방식기술 - 한국건설방식기술연구소,

17. 콘크리트 구조물의 조기열화, 내구성 진단 - 이종득 감수, 도서출판 일광, 1996

18. 탄산화를 중심으로 한 콘크리트의 복합성능저하
    - 류재석, 김홍삼, 이정배, 한국콘크리트학회, 2010

19. 콘크리트 균열 및 PC강재의 녹에 의한 내하력 저하의 원인 - 한국시설안전공단, 2010

20. 철근콘크리트 복개구조물의 성능저하 원인 및 철근부식의 평가
    - 문한영, 김성수, 김홍삼 - 대한토목학회, 2010

21. 화재발생에 따른 시설물에 대한 조사 및 분석 - 한국시설안전공단, 2012

22. 익스팬션죠인트의 성능저하 - 한국시설안전공단, 2012

23. Design and control of concrete mixtures - Portland cement association, 1994

24. Durability of concrete - jens Holm. ACI SP-131,1992

25. Durability od concrete structures - Geoff Mays, E & FN SPON,

26. Concrete repair & Maintenance illustrated - Petter H. Emmons, rsMEANS, 1993

27. Design and Construction Failures - Dov Kaminetzky - 1991. Mcgraw Hill Inc.

28. 황산염침식 및 콘크리트 구조물의 성능저하 - 이승태, 한구구조물진단학회, 2008

29. 염해에 의한 교량의 콘크리트 및 철근의 부식 - 한국시설안전공단, 2010

30. 터널구조물의 균열, 누수원인 및 변화특성 간과에 의한 구조물 내구성 단축
    - 한국시설안전공단, 2012

31. 해양환경아의 교량 내하력 저하원인 및 보강대책 - 한국시설안전공단, 2012

32. 國土開發技術研究センタ - 建築物耐久性向上技術普及委員會編: 建築物の
    耐久性向上技術シリーズ - 建築仕上編I - 外裝仕上げの耐久性向上技術, 出版 技報
    堂,1986

33. 建築保全センター:建築仕上げリフォーム技術研修テキスト

34. 建設省總合技術開發プロジェクト建築物の 耐久性向上技術の開發 報告書- 建設省 1985

제3장 균열의 종류 및 형상

1. 콘크리트진단 및 유지관리 - 한국콘크리트학회, 2005
2. 한국구조물진단공학 - 한국구조물진단학회, 2006
3. 콘크리트 구조물의 균열 - 한국콘크리트학회, 2001
4. 콘크리트의 조직구조 진단 - 이종득, 도서출판 일광, 1996
5. 시설물 유지관리 - 김양중, 건설기술교육원, 2005
6. 안전정책과정 - 김양중, 경기도지방공무원교육원, 2006
7. 리모델링 실무메뉴얼 - 한국건설기술정보원, 산업기술연구원, 2002
8. 콘크리트 구조물의 조기열화, 내구성 진단 - 이종득 감수, 도서출판 일광, 1996
9. 콘크리트 균열과 성능저하 - 최완철, 2010
10. 화재를 입은 콘크리트 구조물의 평가 및 유지관리기술 - 한병찬,김재환,권영진
    - 한국구조물진단학회, 2010
11. 콘크리트 건물의 균열원인과 대책-송호산, 문운당, 2011
12. 재료특성 변화에 따른 철근콘크리트 휨부재의 간접균열 제어방법 - 최승원, 김우,
    - 한국콘크리트학회, 2011
13. 사용성 및 내구성과 균열제어 - 이광명, 이수권, 이재훈, 한국콘크리트학회, 2012
14. 공동주택 콘크리트 균열의 하자판정 기준 - 정지성, 유용신, 윤호빈, 정인수, 이찬식,
    - 대한건축학회, 2012
15. 공동주택의 균열폭 허용한계에 관한 연구 - 박주경, 광운대학교 건설법무대학원, 2013
16. 콘크리트도상 궤도의 균열 - 권세곤, 군산대학교 대학원, 2013
17. Durability of concrete - jens Holm. ACI SP-131,1992
18. Concrete Repair Manual: ICRI, ACI
29. Design and Construction Failures - Dov Kaminetzky - 1991. Mcgraw Hill Inc.
20. Crack Analysis in Structural Concrete - Shi, Zihai, Butterworth-Heinemann, 2010
21. Crack Width and Corrosion Rate of Steel in Concrete - Zhen Chang, VDM Verlag, 2010
22. 建築保全センター: 建築仕上げリフォーム技術研修テキスト

제4장 비파괴검사 및 안전진단

1. 한국구조물진단공학 - 한국구조물진단학회, 2006
2. 시멘트·콘크리트의 품질시험 및 품질관리 - 한국콘크리트학회,1995

3. 콘크리트진단 및 유지관리 – 한국콘크리트학회, 2005

4. 시설물 유지관리 – 김양중, 건설기술교육원, 2005

5. 철근콘크리트조 건축물의 내구성조사 · 진단 및 보수 지침(안) · 동해설
   – 이민석,박승진–도서출판 건설도서, 1998

6. 콘크리트의 비파괴시험 – 이의종, 도서출판 골드, 1997

7. 구조물진단 · 계측기술교육 – 한국표준과학연구원, 1998

8. 콘크리트의 조직구조 진단 – 이종득, 도서출판 일광, 1996

9. 리모델링을 위한 정밀안전진단과 구조물 보수 · 보강 – 김양중,(주)건설산업정보,2001

10. 시설물 안전진단 장비의 사용 및 유지관리 매뉴얼 – 시설안전기술공단, 2000

11. 콘크리트 구조물의 균열 – 한국콘크리트학회, 2001년도 제3회 기술강좌

12. 실존 콘크리트 구조물의 강도추정에 관한 연구(1) – 권영웅, 한국레미콘공업협회, 1992.12

13. 콘크리트의 압축강도 시험방법 – KSF2405–79

14. 콘크리트 구조물의 조기열화, 내구성 진단 – 이종득 감수, 도서출판 일광, 1996

15. 콘크리트 구조물의 진단 및 유지관리 – 정병열, 2010

16. 안전점검 및 정밀안전진단 세부지침해설서, 2012

17. 건축물 유지관리 점검 매뉴얼 – 한국시설안전공단, 2013

18. 시설물의 안전관리에 관한 특별법, 2014

19. 건축물의 지반약화 및 부등침하 – 한국시설안전공단, 2012

20. 소규모 안전취약시설 자체안전점검 매뉴얼 – 한국시설안전공단, 2014

21. Test method for concrete – DIN1048, Part 2.

22. Obtaining and testing drilled cores and sawed beams of concrete –
    ASTM42–77

23. Durability of concrete Structures and Concrete – Poukhonto, Balkema, 2003

24. Concrete repair & Maintenance illustrated – Petter H. Emmons, rsMEANS, 1993

25. BS 1881: Part 201: 1986, Guide to the use of non – destructive methods

26. BS 1881: Part 203: Recommendations for measurement of velocity of
    ultrasonic pulses in concrete, 1986

27. Durability od concrete structures – Geoff Mays, E & FN SPON,

28. 日本非破壊檢查協會: 非破壊平價の標準化に關する調査研究, 平成2年度報告書, 1991

29. 日本建築學會: コンクリート強度推定のための非破壊試驗方法マニュアル,1983

30. 小松勇二朗 · 森田司朗:構造體コンクリート強度管理への引拔き試驗方法の應用,
    日本建築學會學術講演梗概集A,1991

찾 아 보 기

초판 발행일 2007년 04월 19일
개정판 발행일 2014년 05월 15일

지은이 김양중
펴낸이 김양수
표지·편집디자인 이정은

펴낸곳 도서출판 맑은샘
출판등록 제2012-000035
주소 경기도 고양시 일산서구 중앙로 1456(주엽동) 서현프라자 604호
대표전화 031.906.5006 **팩스** 031.906.5079
이메일 okbook1234@naver.com
홈페이지 www.booksam.co.kr

ISBN 978-89-98374-62-4 (94540)
ISBN 978-89-98374-61-7 (세트)

「이 도서의 국립중앙도서관 출판시도서목록(CIP)은 서지정보유통지
원 시스템 홈페이지(http://seoji.nl.go.kr)와 국가자료공동목록시스템
(http://www.nl.go.kr/kolisnet)에서 이용하실 수 있습니다.(CIP제
어번호: CIP2014015210)」